本书为教育部人文社会科学重点研究基地重大项目
“生态文明的哲学基础”
（项目批准号：15JJD710001）
成果

方李邦琴北京大学人文学科文库出版基金赞助

北大马克思主义哲学研究丛书

生态文明的哲学基础

Philosophical Foundations of Ecological Civilization

徐春 著

图书在版编目(CIP)数据

生态文明的哲学基础/徐春著.—北京:北京大学出版社,2022.6

(北京大学人文学科文库.北大马克思主义哲学研究丛书)

ISBN 978-7-301-23921-6

Ⅰ.①生…　Ⅱ.①徐…　Ⅲ.①生态文明—哲学—研究　Ⅳ.①B824

中国版本图书馆CIP数据核字(2022)第068714号

书　　名 生态文明的哲学基础
SHENGTAI WENMING DE ZHEXUE JICHU
著作责任者 徐　春　著
责任编辑 董郑芳
标准书号 ISBN 978-7-301-23921-6
出版发行 北京大学出版社
地　　址 北京市海淀区成府路205号　100871
网　　址 http://www.pup.cn
新浪微博 @北京大学出版社　@未名社科-北大图书
微信公众号 ss_book
电子信箱 ss@pup.pku.edu.cn　dzfpku@163.com
电　　话 邮购部010-62752015　发行部010-62750672
编辑部010-62753121
印 刷 者 大厂回族自治县彩虹印刷有限公司
经 销 者 新华书店
730毫米×980毫米　16开本　29.25印张　346千字
2022年6月第1版　2022年6月第1次印刷
定　　价 101.00元

总　序

袁行霈

人文学科是北京大学的传统优势学科。早在京师大学堂建立之初，就设立了经学科、文学科，预科学生必须在五种外语中选修一种。京师大学堂于1912年改为现名，1917年，蔡元培先生出任北京大学校长，他“循思想自由原则，取兼容并包主义”，促进了思想解放和学术繁荣。1921年北大成立了四个全校性的研究所，下设自然科学、社会科学、国学和外国文学四门，人文学科仍然居于重要地位，广受社会的关注。这个传统一直沿袭下来，中华人民共和国成立后，1952年北京大学与清华大学、燕京大学三校的文、理科合并为现在的北京大学，大师云集，人文荟萃，成果斐然。改革开放后，北京大学的历史翻开了新的一页。

近十几年来，人文学科在学科建设、人才培养、师资队伍建设、教学科研等各方面改善了条件，取得了显著成绩。北大的人文学科门类齐全，在国内整体上居于优势地位，在世界上也占有引人瞩目的地位，相继出版了《中华文明史》《世界文明史》《世界现代化历程》《中国儒学史》《中国美学通史》《欧洲文学史》等高水平的著作,并主持了许多重大的考古项目,这些成果发挥着引领学术前进的作用。目前北大还承担着《儒藏》《中华文明探源》《北京大学藏西汉竹书》的整理与研究工作,以及《新编新注十三经》等重要项目。

与此同时,我们也清醒地看到:北大人文学科整体的绝对优势正在减弱,有的学科只具备相对优势了;有的成果规模优势明显,高度优势还有待提升。北大出了许多成果,但还要出思想,要产生影响人类命运和前途的思想理论。我们距离理想的目标还有相当长的距离,需要人文学科的老师和同学们加倍努力。

我曾经说过:与自然科学或社会科学相比,人文学科的成果,难以直接转化为生产力,给社会带来财富,人们或以为无用。其实,人文学科力求揭示人生的意义和价值,塑造理想的人格,指点人生趋向完美的境地。它能丰富人的精神,美化人的心灵,提升人的品德,协调人和自然的关系以及人和人的关系,促使人把自己掌握的知识和技术用到造福于人类的正道上来,这是人文无用之大用!试想,如果我们的心灵中没有诗意,我们的记忆中没有历史,我们的思考中没有哲理,我们的生活将成为什么样子?国家的强盛与否,将来不仅要看经济实力、国防实力,也要看国民的精神世界是否丰富,活得充实不充实,愉快不愉快,自在不自在,美不美。

一个民族,如果从根本上丧失了对人文学科的热情,丧失了对人文精神的追求和坚守,这个民族就丧失了进步的精神源泉。文化是一个民族的标志,是一个民族的根,在经济全球化的大趋势中,拥有几千年文化传统的中华民族,必须自觉维护自己的根,并以开放的态度吸取世界上其他民族的优秀文化,以跟上世界的潮流。站在这样的高度看待人文学科,我们深感责任之重大与紧迫。

北大人文学科的老师们蕴藏着巨大的潜力和创造性。我相信,只要使老师们的潜力充分发挥出来,北大人文学科便能克服种种障碍,在国内外开辟出一片新天地。

人文学科的研究主要是著书立说,以个体撰写著作为一大特点。除了需要协同研究的集体大项目外,我们还希望为教师独立探索,撰写、出版专著搭建平台,形成既具个体思想,又汇聚集体智慧的系列研究成果。为此,北京大学人文学部决定编辑出版"北京大学人文学科文库",旨在汇集新时代北大人文学科的优秀成果,弘扬北大人文学科的学术传统,展示北大人文学科的整体实力和研究特色,为推动北大世界一流大学建设、促进人文学术发展做出贡献。

我们需要努力营造宽松的学术环境、浓厚的研究气氛。既要提倡教师根据国家的需要选择研究课题,集中人力物力进行研究,也鼓励教师按照自己的兴趣自由地选择课题。鼓励自由选题是"北京大学人文学科文库"的一个特点。

我们不可满足于泛泛的议论,也不可追求热闹,而应沉潜下来,认真钻研,将切实的成果贡献给社会。学术质量是"北京大学人文学科文库"的一大追求。文库的撰稿者会力求通过自己潜心研究、多年积累而成的优秀成果,来展示自己的学术水平。

我们要保持优良的学风,进一步突出北大的个性与特色。北大人要有大志气、大眼光、大手笔、大格局、大气象,做一些符合北大地位的事,做一些开风气之先的事。北大不能随波逐流,不能甘于平庸,不能跟在别人后面小打小闹。北大的学者要有与北大相称的气质、气节、气派、气势、气宇、气度、气韵和气象。北大的学者要致力于弘扬民族精神和时代精神，以提升国民的人文素质为己任。而承担这样的使命，首先要有谦逊的态度，向人民群众学习，向兄弟院校学习。切不可妄自尊大，目空一切。这也是“北京大学人文学科文库”力求展现的北大的人文素质。

这个文库目前有以下17套丛书：

“北大中国文学研究丛书”（陈平原 主编）

“北大中国语言学研究丛书”（王洪君 郭锐 主编）

“北大比较文学与世界文学研究丛书”（张辉 主编）

“北大中国史研究丛书”（荣新江 张帆 主编）

“北大世界史研究丛书”（高毅 主编）

“北大考古学研究丛书”（沈睿文 主编）

“北大马克思主义哲学研究丛书”（丰子义 主编）

“北大中国哲学研究丛书”（王博 主编）

“北大外国哲学研究丛书”（韩水法 主编）

“北大东方文学研究丛书”（王邦维 主编）

“北大欧美文学研究丛书”（申丹 主编）

“北大外国语言学研究丛书”（宁琦 高一虹 主编）

“北大艺术学研究丛书”（彭锋 主编）

“北大对外汉语研究丛书”（赵杨 主编）

“北大古典学研究丛书”（李四龙 彭小瑜 廖可斌 主编）

“北大人文学古今融通研究丛书”（陈晓明 彭锋 主编）

“北大人文跨学科研究丛书”（申丹 李四龙 王奇生 廖可斌 主编）①

---

① 本文库中获得国家社科基金后期资助或入选国家哲学社会科学成果文库的专著，因出版设计另有要求，我们会在丛书其他专著后勒口列出的该书书名上加星号注标，在文库中存目。

这17套丛书仅收入学术新作，涵盖了北大人文学科的多个领域，它们的推出有利于读者整体了解当下北大人文学者的科研动态、学术实力和研究特色。这一文库将持续编辑出版，我们相信通过老中青学者的不断努力，其影响会越来越大，并将对北大人文学科的建设和北大创建世界一流大学起到积极作用，进而引起国际学术界的瞩目。

2020年3月修订

“北大马克思主义哲学研究丛书”序言

北京大学是马克思主义在中国传播的发源地，具有悠久的马克思主义理论研究传统。五四新文化运动中，李大钊、陈独秀发起成立“马克思学说研究会”，最早开设唯物史观课程，宣传马克思主义。中华人民共和国成立后，北京大学一直是马克思主义哲学教学、研究和宣传的重要阵地，冯定教授等对马克思主义哲学学科的建设起了重要的组织、推动作用。1978 年以来，黄枬森教授等在原有的基础上，开创了马克思主义哲学史学科，拓展和完善了马克思主义哲学研究领域，使其成为首批全国重点学科。

多年来，北京大学马克思主义哲学学科在其研究中逐渐形成了自己的传统，这就是重视马克思主义哲学基础理论研究。“史”（马克思主义哲学史）与“论”（马克思主义哲学基本原理）成为研究的重点。特别是改革开放以来，伴随马克思主义哲学史方向的成功开创，形成了鲜明的研究特色。由黄枬森等教授主持编写的以及与国内同行共同编写的各种版本的《马克思主义哲学史》在全国学界产生了重要影响。20世纪90年代以来，本学科在保持原有传统优势的基础上，又根据新的发展需要，逐渐拓宽了研究领域，形成了这样几个主要的研究方向：一是文本研究，包括文献研究和文本内容研究；二是基本原理的专题性、分支性研究，特别是历史哲学的研究；三是国外马克思主义研究，重点是西方马克思主义研究；四是马克思主义人学和社会发展理论研究，主要结合当代社会发展变化的实际，对相关重大理论和现实问题从人学和发展理论的视角予以新的探讨。这些研究方向的确立，意味着研究不再仅仅限于传统教科书的框架，而是拓展视野，走向新的交叉、融合。

在新的历史条件下，要推进马克思主义哲学研究，必须处理好传承与发展的关系。这里讲的传承，既指马克思主义哲学理论本身的传承，同时也指马克思主义哲学研究传统、研究成果的传承；这里讲的发展，既指马克思主义哲学理论本身的不断创新，同时也指马克思主义哲学研究水平的突破与提升。要加强马克思主义哲学的研究，无疑需要继承本学科的优良传统，但更需要推进理论创新。严格说来，只有在创新中才能得到真正的传承。就以基础理论研究来说，同样是马克思主义哲学史的研究，不能仅仅限于通史式的描述与阐释，应当调整和改变原有的研究范式和研究方法，加强断代史、专题史、问题史的研究，使其焕发生机、走向当代；同样是哲学原理的研究，不能将其做僵化、固定化的理解，应当善于根据新的情况、新的研究成果，不断调整和完善原有的理论，因为基本原理也是发展的、开放的。总之，唯有探索和创新，才能弘扬和传承学科传统，切实加强马克思主义哲学学科的建设。

现在我们所处的时代是一个社会大变革的时代，这是一个需要理论而且能够产生理论的时代。社会的深刻变革，实践的重大创新，给马克思主义哲学研究提出了许多新的课题，同时也提供了强大动力和广阔空间。这是马克思主义哲学繁荣、发展的大好机遇。研究应当面向现实，强化问题导向、问题意识，在问题研究中凸显马克思主义哲学的价值与魅力，同时也给新的实践提供一定的理论支撑。因此，加强基本理论研究与加强问题研究应当是统一的，而不应是分离的。我们的哲学研究应当有这样的理论自觉，也应当有这样的责任担当。

推进马克思主义哲学的发展，不仅要加强基本理论和现实问题的研究，而且要加强“对话”研究。加强与国内外相关哲学、思想流派的对话、交流，这是深化马克思主义哲学研究的一个内在环节和重要渠道。马克思主义哲学本来就是一个开放的思想体系，它正是在同其他哲学和思想流派的对话、交锋中不断形成和发展起来的。今天，在新的历史条件下，要深化马克思主义哲学研究，同样需要加强对话。通过对话，可以加强沟通，消除隔阂和误解；可以打开思路，促进深入思考；可以相互启发，互为借鉴。就此而言，我们的研究必须有宽广的学术视野，注意吸收借鉴人类文明的有益成果，使马克思主义哲学在世界文化的发展中发挥更大的作用，做出新的更大的理论贡献。

“北大马克思主义哲学研究丛书”是“北京大学人文学科文库”的一个组成部分。它为从事马克思主义哲学研究的北大学者搭建了一个开放的研究平台，可以汇聚马克思主义哲学学科的学术骨干力量，形成整体性的发展优势，奉献能够代表北大水平的研究成果，展示北大马克思主义哲学学科的研究业绩和特色，为拓展和深化马克思主义哲学研究、加强学科建设发挥重要的促进作用。我们将努力把本套丛书打造成为体现北大马克思主义哲学研究水平和特色的标志性品牌。

本套丛书的策划和出版得到了北京大学、北京大学哲学系以及北京大学出版社的大力支持,在此表示衷心的感谢和诚挚的敬意。

丰子义

2018 年 5 月 1 日

目　录

导　论

自1978年实行改革开放以来，中国开始了突飞猛进的工业化建设，所取得的经济发展成果令世界瞩目，但是经济发展的粗放模式却付出了资源和环境代价，生态环境恶化和环境污染问题凸显出来。20世纪80年代末90年代初，我国少数学者就开始意识到生态文明的理论和实践问题，并对中国哲学思想天人合一中所包含的生态伦理、生态保护思想进行了挖掘和阐释，也开始对西方生态伦理思想、西方生态学马克思主义、绿党政治等学术观点进行介绍和评论分析，这为我们今天从理论到现实深入研究生态文明问题提供了学术积累。可以说，生态文明在中国的讨论主要有两个层面，一个是理论层面的，一个是实践操作层面的，两者关系密切。实践层面提出问题，理论层面进行反思。在关于生态文明问题的理论探讨中近年来出现了很多著作和文章，一些学者对生态文明的内涵、特征和意义等理论问题进行了不同阐释。一个值得深入思考的问题是，生态文明仅仅是为应对工业化以来由于人类活动对自然的大规模改造所带来的生态破坏和环境污染提出的解决方案，还是人类文明处于转折点时提出的问题？如果是因为工业文明后期人与自然的尖锐矛盾出现而迫使人类选择新的生产方式和生存方式，就需要从人类文明发展史的角度，在学理上对生态文明的哲学基础问题进行系统深入的研究。基于此，本书试图从自然观、历史观、价值观三个维度阐述生态文明的哲学基础。

自然观是研究生态文明的理论逻辑前提。自然观是每一个时代哲学的基础，研究生态文明离不开对自然观的讨论。随着人类认识自然、改变自然的能力的变化，其自然观也在发生变化，这种变化中有科学技术发展的推动，也有学术思想的传承发展。

自人类文明诞生以来，人类在利用自然、改造自然的活动中首先从事的是农业生产活动。东西方的古代文明都是以农业经济为特征，以农为本。比较而言，中国古代的农业文明在相当长的一个历史时期，处于人类进化的前列，中国古代天人关系思想中所表达的天人合一自然观主张严格地顺应自然，反对盲目地干预自然。以儒家和道家为代表的中国传统文化通过直观的方式体悟到人和自然统一的精神，在对待人与自然的关系上占主流的是顺应自然的哲学观念，这种朴素生态哲学思想的产生基于农业文明完全依存于自然的生产方式。

在西方文化中，古希腊之前，人们普遍持有神话自然观和万物有灵论。到了公元前 6 世纪，古希腊哲学诞生了。关于自然的研究是贯穿古希腊哲学始终的主导线索。古希腊人有一种可贵的直觉，即认为世界是一个自身有生命的、渗透着神性的、处在不断的生长过程之中的有机体,世界中的万事万物均是从这个有机体中生长出来的。古希腊哲学思想和基督教《圣经》是影响中世纪自然哲学的主要思想源流。在西欧中世纪,基督教信仰始终占支配、主导地位,哲学因被用作确证基督教教义和信仰的工具,经历了一个起初被混同于基督教神学随后又与之逐步分离的发展过程。在此过程中,理性逐步从宗教信仰转向自然、转向经验现实中的感性存在物,当初被基督教融入神学的哲学获得了新的内容和方法,形成了自然哲学,为近代科学的产生提供了直接的思想母体。要想全面地了解近代以来自然科学的兴起和发展,古希腊和中世纪是不应该被忽略也无法被忽略的。古希腊和中世纪代表着两个完全不同的方向,但正是在它们共同作用的中世纪,孕育了后来科学发展的种子。

大约在 16 世纪到 17 世纪,一种与希腊自然观相对立的新的机械论自然观开始兴起,并迅速取代前者占据主导地位。机械论自然观把大自然比作机器,不再认为自然是个有机体,即自然不具有生命和活力,也不具有理智和理性,不能自主地运动和变化,而是像钟表和水车一样的机器。只不过钟表和水车是由人创造的,而自然这个大机器是由上帝创造的。上帝设计出一套原理,把它放进自然界并操纵自然界运动,而自然界本身完全是被动的、受控的,仅仅是一部“机器”。这样,在犹太—基督教传统中有其根源、文艺复兴晚期开始浮现的“控制自然”的观念,借助机械论和理性主义的奇妙结合,终于获得了完整的哲学形式。

自然目的论思想埋藏着机械论自然观解体的种子。目的论是西方哲学中的一个核心问题,它是关于“目的”和“合目的性”的说明、疏通和批判。古希腊的目的论主要是一种自然目的论,以理念为万物的最高指向,但是除了这种目的论之外,与之相关的还有一种后来中世纪意义上的神学目的论。目的论从前苏格拉底时代发端,在15世纪到18世纪之间受到巨大冲击,但却并没有因此绝迹,它一直潜伏在笛卡儿等人的哲学中,其后通过康德哲学重见天日。当18世纪的自然科学理论对生命的自律和自然的统一性的难题无能为力时,康德提出了自然目的论。为了弥补机械因果作用解释方式的不足,康德在解释生命有机体的和谐统一的自然系统时,引进了与神学目的和机械原因不同的"自然目的"概念。康德告诉我们,有机的存在物可以被认作具有"内在目的"的,这种"内在目的"与经验判断的相对目的或外在目的不同。一个自然的产物可以被认为内在地具有目的或有一个自然的目的,因为它不同于纯粹的机器或人造的仪器,是一个"有机的存在物,而且是有自身组织的存在"[①]。黑格尔延续了康德对于有机生命的见解。"生命"与"目的性"这两个概念在黑格尔那里有着相辅相成的关系。黑格尔的自然哲学是他对19世纪初达到的整个自然科学成就所做的概述。黑格尔把自然从最低级阶段到最高级阶段的发展看作是一个必然的过程,把这种必然性理解为绝对的目的性。如果不梳理西方哲学史上的目的论传统,我们很难理解罗尔斯顿对自然内在价值的论证。

20世纪是科学观念发生急剧变革的时代。20世纪中期,在现代自然科学一系列新成就基础上形成了以三门横向跨界新型学科——信息论、控制论、系统论为主导的系统科学运动,为人们提供了一幅世界自组织演化的自然图景。进化问题开始得到更多

① 贺麟:《论自然的目的论》,《中国社会科学院研究生院学报》1986年第2期,第1—6页。

哲学家的关注，如柏格森的创造进化论、怀特海的过程哲学等。现代科学的兴起及其发展，冲击了机械论自然观的基础，形成了一种新的科学自然观和解释框架。同近代科学的机械论自然观相比较，我们在一定意义上可以把这种新的自然观叫作“有机论”自然观。现代有机论自然观既不像古希腊的有机论那样，仅仅是一种直观的猜测和哲学的思辨；也不像19世纪的有机论那样，仅仅是某一哲学派别的特征。现代有机论是建立在现代物理学、生物学以及信息论、控制论、系统论等科学基础之上的自然观，是现代科学自然观的总体性特征，而非某一派别的特征。现代生态科学也把自然看作是一个有机体和无机体密切相互作用的复杂网络，人与自然是同处于地球生态系统中的有机整体。可以说，现代有机论自然观既继承了中国古代“天人合一”的精神，又肯定了古代西方那种对自然的深入探索与合乎目的的改造，自然界既是外在于人的客体，又是不可与人分割的人类赖以生存的部分。这是一种新型的、现代的、科学的自然观。基于此，可以说，生态文明是基于现代科学对自然全面、系统的认识促使哲学自然观发生改变，从而超越近代机械论自然观转向现代有机论自然观而做出的一个重要理论表达。也可以说，我们通过梳理自然观演进寻找到了从工业文明向生态文明转型的自然观根据。

从人类文明发展的历史进程看，生态文明是人类文明处于转折点时提出的问题，是人类文明螺旋上升发展过程中的一个阶段，是对工业文明生产方式的否定之否定。马克思在《德意志意识形态》中说：“我们仅仅知道一门唯一的科学，即历史科学。历史可以从两方面来考察，可以把它划分为自然史和人类史。但这两方面是不可分割的；只要有人存在，自然史和人类史就彼此相互制约。自然史,即所谓自然科学,我们在这里不谈;我们需要深入研究的是人类史……”[①]马克思在《资本论》第一版序言中又说:“我的观点是把经济的社会形态的发展理解为一种自然史的过程。不管个人在主观上怎样超脱各种关系,他在社会意义上总是这些关系的产物。”[②]在这些论述中,马克思和恩格斯揭示了社会历史发展同自然界的发展一样,是客观的、物质的、辩证的发展过程,是由低级形态向高级形态不断演进的,从这方面来说,社会历史过程与自然历史过程的确具有相似性,但不可能相同。

人类文明是在生物圈的基础上产生、形成的,人类不仅生活在自然界中,也生活在自己创造的文明之中,它所创造的文明是它所处的生态系统的重要组成部分。文明的产生是自然环境与社会环境互相选择的结果,文明的发展是人类通过不断改变生产方式推动的,文明的发展同时也遵循着交相更迭的规律。通常在每一个文明形态后期都因为人与自然产生尖锐矛盾迫使人类选择新的生产方式和生存方式,而每一次新的选择都能在一定时期内有效缓解人与自然的紧张对立,使人类得到持续生存和繁衍。事实上,任何一种社会发展的最终指向都在于追求人类社会的更高级的生存方式,实现更高层次的文明状态。

人类的前文明时代是蒙昧和野蛮的。在前文明时代,人仅仅是自然生态系统中的普通成员,是食物链中的一个普通环节。虽然原始人与生态系统中的其他生物及其环境也存在矛盾,但这种矛盾从根本上说,属于生态系统内部的矛盾,表现为一种自然生态过程。

---

① 《马克思恩格斯选集》第 1 卷,北京:人民出版社 1995 年版,第 66 页。

② 《马克思恩格斯全集》第 44 卷,北京:人民出版社 2001 年版,第 10 页。

传统农业的出现标志着人类历史从野蛮时代发展到了农业文明时代。传统农业的出现开启了人类对自然系统大规模的利用和改造过程,人与自然相互作用的方式发生了变化。虽然在传统农业社会中人相对自然依然处于被动地位,其技术结构和自然系统之间没有必然的冲突,但也不是什么问题都没有,最直接的问题是土地的不合理使用造成了土壤侵蚀和土地退化,社会的承灾、抗灾能力低下,人类遭受各种肆虐的自然灾害,等等。很多资料表明,玛雅文明的消失、中国黄土高原的退化都是由人口与土地的矛盾导致的人与自然的矛盾的激化。

工业的兴起,彻底改变了农业社会人与自然的相互作用方式,对人与自然关系的变化产生了重大影响。20 世纪 70 年代至 80 年代,随着西方工业化达到其最高成就,它所带来的资源枯竭、生态环境恶化等严重问题使人类面临发展困境。一些社会学家、未来学家预感到了传统工业时代的结束,用不同的概念来表述西方社会正在进入的时代,如"后资本主义社会""后文明时代""后工业社会"等。在工业文明走到尽头之日人类文明将向何处发展,已经成为有远见的未来学家、社会学家、哲学家、历史学家、科学家共同关心的问题。

工业文明推动了人类社会的高速发展,但其产生的负面效应也是巨大的:过度的工业化不仅严重破坏了人类赖以生存的自然环境,也使人类自身所处的社会环境受到了伤害和冲击。这种异化现象的产生,深刻暴露出以工业为主体的社会发展模式与人类的环境要求之间的矛盾,以一种后现代的方式将人与环境的关系问题尖锐地提交给了全人类。人类文明要想继续发展就需要改变人对自然作用的生产方式,向寻求人与自然和谐的生态化方向发展。正是在人类社会面临生态环境危机和发展困境的现实条件下,新的生态文明萌生于工业文明的母体。

从人类生产方式发展的历时性角度看,生态文明将是工业文明之后未来的人类文明形态。它和以往的农业文明、工业文明既有连接之点,又有超越之处。生态文明和以往的农业文明、工业文明一样,都主张在改造自然的过程中发展社会生产力,不断提高人们的物质和文化生活水平。但它又和以往的工业文明、农业文明有所不同,生态文明是运用“现代生态学”的概念来应对工业文明所导致的人与自然关系的紧张局面,强调的是人与自然和谐共生以及在此基础上建立人与人、人与社会关系的和谐。生态文明所追求的人与自然和谐不简单等同于传统农业文明中由于生产力落后而形成的“天人合一”理念,它是建立在工业文明所打下的深厚物质基础之上,依靠科学技术进步所带来的对自然规律及人与自然之间互动关系的深刻认识,自觉实现的人与自然的和谐共处。可以说,生态文明并不是对工业文明的完全否定和遗弃,而是对工业文明的扬弃,是对以往的农业文明、现存的工业文明的优秀成果的继承和保存,同时更有超越。建设生态文明需要依靠工业文明已有的物质基础和完善的市场机制,同时更要致力于利用生态系统自然生产的循环过程,构建人与自然的和谐,并通过生产方式的改变不断建设性地完善这种和谐机制。21 世纪人类文明发展将进入生态化时代,生态化将全面渗透到物质文明、精神文明、政治文明之中,发展循环经济将引导物质文明的成长,人与自然和谐将成为精神文明的重要内容,推动环境友好将成为政治文明的重要策略。

以上论述是对人类文明发展进程的总体判断。对中国这样的发展中国家来说,农业文明尚有遗留,工业文明尚未成熟发展,距离完成从工业文明转型到未来文明还有很长的路要走,我们正处在从农业文明向工业文明转型的历史时代。因此,中国生态文明建设的历史定位,既不是单纯解决传统农业生产方式带来的生态破坏、人口与土地的矛盾,当然也包含解决这些矛盾,也不是完全后现代的解决工业化完成后的问题,而主要是解决中国社会在从农业社会向工业社会转型过程中所产生的生态破坏和环境污染等问题。解决这些问题要有前瞻性,要推动面向未来的生态文明发展。历史发展具有过程性,中国的生态文明建设还处于初级阶段,在时空压缩下生态文明的历时性和共时性特点同时显现,但是推进中国特色生态文明建设不能脱离人类文明发展的主干道。

资本是现代工业社会的起点,也是现代社会发展的灵魂,同时又是现代社会一切危机的根源。工业革命以来,特别是在当代全球化背景下,资本裹挟自然资源超越地域性的限制在全世界进行疯狂的生态掠夺,直接威胁着整个人类社会的生存与发展。西方社会对生态环境问题的系统批判开始于 20 世纪 60 年代、70 年代。西方生态学马克思主义思想家立足生态哲学的基本理论立场,从马克思主义的视角出发反思现代生态问题根源,指向了对资本主义生产方式的批判,认为正是资本主义不合理的生产关系造成了人与自然关系的紧张。他们把全球性生态危机的根源直接指向了资本主义生产方式以及它的运行所必需的资本主义制度,把生态问题的根本解决寄希望于对资本主义经济与政治制度的超越。生态学马克思主义延续了西方马克思主义的批判模式,但更注重与马克思历史唯物主义相结合,力图通过构建马克思主义生态学来揭示生态危机的本质。随着西方社会生态运动的蓬勃兴起,生态学马克思主义也在不断发展,显然生态学马克思主义已成为当今西方马克思主义中最有影响的思潮。从马尔库塞区分生态逻辑与资本逻辑,认为生态危机是资本逻辑内在矛盾必然导致的结果之一,到威廉·莱斯对马克思“控制自然”思想的辩护和对异化消费的批判,本·阿格尔对从劳动异化到消费异化逻辑的揭示,以及福斯特、奥康纳、科威尔(也译科维尔)等人对资本主义的生态批判,都包含着对资本逻辑本身的探讨。他们均认为,只要资本主义生产方式存在,生态危机就不可避免。消灭生态危机只能通过改变资本主义的生产方式,进入生态社会主义的模式,即以合理的方式发展生产和技术,既维护社会正义又维护生态正义。他们实际上是从人性、生产、消费、技术、制度等不同侧面对生态危机的原因和机制进行了分析。这些分析对于我们正确认识生态环境问题,为科学、理性地驾驭资本,建设可持续发展的生态文明社会,提供了理论参考。

“资本”是一个经济、哲学范畴,也是一个历史范畴,资本体现着人与人之间的社会关系,也体现着人与自然之间物质变换的生态关系。资本具有无限增殖与创造文明的双重逻辑,资本的双重逻辑又产生了双重的生态效应。在人与自然之间的关系上:一方面,资本利用自然中天然存在的物质基质创造出丰富的物质财富,无限增殖,追逐剩余价值,占有自然又破坏自然,具有反生态特性,在自然生态领域表现为,对自然资源的严重掠夺和破坏带来了深刻的生态环境危机;另一方面,资本具有创造文明的逻辑,又以一定的资金形式为生态环境保护和生态治理创造着物质前提和基础,科学、理性地利用资本,也可以使资本发挥积极的生态效应。全面看待资本对生态环境的作用,既要看到资本增殖所产生的消极的生态后果,又要注重资本在生态建设中不容忽视的积极作用。只有理性驾驭资本,既利用资本又管控资本,才能使资本更好地服务生态文明建设。

在对自然价值的认识上,人类经历了从农业文明时代因靠天吃饭而产生的敬畏自然、顺应自然的价值观念,到工业文明时代因人定胜天思想而产生的对自然的工具性价值认识,再到生态文明时代因受到自然惩罚而认识到的自然具有内在价值。这种自然价值观的改变是基于,在西方近代工业化带来生态环境危机以后,人们开始对人类中心主义进行反思和批判。在这个批判过程中,生态伦理学兴起。西方生态伦理思潮作为对“现代性”道德的一种反思和批判,开始追问:我们该如何理解自然和自己?我们该如何定位人与自然的关系?我们该以何种方式对待自然?它开始探讨伦理学所观照的对象应该扩大到人之外的生命和自然。人际伦理应向土地伦理转向,实现从对自然单一的工具价值认识转换到对自然生态系统内在价值的认识,建立起人对自然的伦理责任和道德规范。生态伦理思想在现代环保意识觉醒的过程中不断发展、完善和体系化,成为生态文明的自然伦理价值观基础。

事实上,在中国古代农学思想和哲学思想中,在“天人合一”的自然观中,就存在丰富的自然伦理观念和行为准则。在农业社会,自然是直接的存在,是直接的生存资源,比较容易建立起直观质朴的自然责任伦理。儒家的宇宙哲学蕴涵着人与天地万物相通的精神。人不能把自己看作是世界上万事万物的主宰,不能以自然为奴仆,相反,人应视天地为父母,视所有生命都有与自己相通的精神。儒家生态伦理自然观是在贵人而不唯人、尽物而亦爱物的两极之间形成的。道家生态伦理的支持精神主要是“道法自然”,它以天人合一的哲思玄想为基础提出了道法自然、无为而治的生态伦理原则,主张建立起万物平等自化的生态伦理理想世界,由此引导出一系列节制物欲的生态伦理规范。中国古代“天人合一”的自然伦理思想经过否定之否定的文化超越,与现代生态环境伦理对接,将会为建立一种健全的生态环境伦理学做出重要贡献。

在西方传统哲学和伦理学中,“价值”是属人的,只有人才有价值(内在价值),自然界的事物只有在与人的主观目的相关时才有意义,只有具备了满足人类需要的用途和功能才有价值(工具价值)。基于这种传统价值观,人们看到的只是自然界的工具价值和短期的效用价值,这造成了无限制地征服自然的恶果。深重的生态环境危机迫使人类价值取向发生深刻转换,去思考自然的内在价值对人类的深刻意义。20世纪最具代表性的生态伦理学家如史怀哲(又译施韦泽、史怀泽)、利奥波德、罗尔斯顿等人,从提出生命伦理拓展到提出土地伦理,以至于系统论证自然的内在价值,使伦理的范围逐步扩大、生态伦理价值观不断体系化。

在20世纪初,史怀哲通过提出“敬畏生命”的思想,拓展了传统伦理学的对象范围,这种拓展同时也是对思想史上固有的“人类中心主义”的超越。史怀哲将一切生命纳入伦理学的范畴,试图构建一种人与其他生命和谐相处的伦理观,也就是敬畏生命的伦理观。按照敬畏生命的原则,人不是其他生命体的主宰,也没有资格去伤害其他生命,人不仅不能以自身的尺度去衡量其他物种,而且要去主动感受生命、救助生命。史怀哲指出的自然法则认为,我们所处的自然状态是所有物种相互参与、相互影响的动态平衡。比起其他物种,人类显然是强有力的,这意味着人既能对自然造成极大的破坏,也能在最大限度上保护自然。如果人能够承担起对其他生命的责任,那么所有的生命都能在最大限度上得以保存。因此,与自然和谐相处的生态伦理就具有了实现的可能。史怀哲所开创的敬畏生命伦理成为当代生态伦理学的重要思想渊源。

20世纪中期,美国著名生态学家利奥波德提出的土地伦理思想突破了传统伦理界限,直接将人与自然看作是一个整体的伦理世界。利奥波德指出,地球上的人、人之外的有机生命体和无机生命体共同组成了新的土地共同体,共同体之内的各个成员紧密联系、互为因果。虽然人类具有理性能力,但是物种之间的依赖性让人类不能站在自己利益的基础上继续享有掠夺土地资源的特权,而不尽任何义务,人类要从土地征服者的角色转变为土地共同体中的普通一员。保护土地共同体的完整、稳定和美丽是人类活动的基本道德原则。利奥波德的土地伦理思想开启了环境伦理转变的关键期,他首次从伦理学角度出发,将道德意识延展到了整个自然领域,被称为"生态伦理之父"。

20世纪80年代,罗尔斯顿继承发展了康德的自然目的论和史怀哲、利奥波德的生态伦理思想,系统论述了自然的内在价值,成为现代环境伦理学的奠基者。他指出:"自然的内在价值是指某些自然情景中所固有的价值,不需要以人类作为参照。"[①]所有生物都把"自己的种类看成是好的"[②],这意味着一切生物都主动

---

① 〔美〕霍尔姆斯·罗尔斯顿:《哲学走向荒野》,刘耳、叶平译,长春:吉林人民出版社2000年版,第189页。

② 同上。

地捍卫它们的生命,奋力传播自己的物种。在自然生态系统中,不同物种之间发生着工具价值与内在价值的转化与融合,每个生物都有一种内在的生命目的性。罗尔斯顿阐发自然的内在价值并非为了否定其工具价值的存在,而是为了明确两个问题:第一,自然的内在价值是指生态系统自身的内在目的性,其对于维护整个生态系统的稳定、完整、有序具有价值和意义。第二,作为主体的人与作为客体的自然物所形成的价值关系只是价值关系中的一种形式,不是唯一的价值关系,更不是整个生态系统中最主要的价值形式。人类不是价值关系中唯一的主体,人的尺度也不是价值评价的最终根据;相反,在某种意义上人要服从于自然的尺度。

从理论上讲,生态伦理的核心任务在于为确立人对自然的道德责任提供伦理基础。从现实角度讲,伦理道德作为人的一种存在方式,必然随人类活动空间的扩展而拓展自己的作用范围。生态伦理学对伦理学的拓展不同于以往人际范围内的伦理扩展,而是将道德关怀的对象拓展至动物、植物、物种、生态系统和自然景观,更强调伦理的全球性和生态性,而非伦理的亲缘性和人文性。这一伦理拓展对传统伦理学的挑战在于要重新界定道德责任的界限。

本书力图在学术传承和应对现代生态环境危机挑战的双重背景下阐述生态文明价值观的确立。本书认为,生态文明价值观的核心是尊重自然、顺应自然,承认自然生态系统具有内在价值,确立人对自然的伦理责任和道德规范。它是对东西方传统自然价值观的批判、继承和创新,有着深厚的历史文化基础,其中有对中国古代“天人合一”的自然伦理思想的吸收,有对西方近代人类中心主义价值观的反思和批判,更有在现代有机论自然观基础上对自然价值的重新建构。从康德到史怀哲、利奥波德,再到罗尔斯顿,从“人是目的”到生命价值,再到自然内在价值,价值体系不断扩大;从人际伦理到自然伦理,道德的义务范畴也不断延伸。生态伦理学家把伦理关注的焦点从人类社会扩展到整个生态系统,表明了人类对自然价值认识的升华,也为现代社会重新审视人与自然的关系提供了价值参照。生态伦理价值观只有转化为生活的常识,才能对生活实践产生影响,促使我们重建生活价值坐标和改变生活方式,从而选择一种符合生态文明的生活方式。

生态文明建设是为应对工业化带来的生态环境恶化而提出的时代问题,人类文明转型却是历史发展的趋向问题。探索时代问题的理论源头,从自然观、历史观、价值观三个维度挖掘和阐述生态文明的哲学根据,就是本书的写作宗旨。

第一章

生态文明的自然观哲学基础

自然观是每一个时代哲学的基础。人类的生存和发展首先面对的是在自然中求生存、寻发展,因此最初产生的是对自然之物的认识,然后才有其他哲学观念。人类文明自诞生以来,在利用自然、改造自然的活动中首先从事的是农业生产活动。东西方的古代文明都是以农业经济为特征,以农为本。比较而言,中国古代的农业文明在相当长的一个历史时期内处于人类发展的前列,因此首先讨论中国古代的天人关系观念所表达的自然观。中国传统哲学是"究天人之际"的学问,其基本精神集中体现在农业中。在农业生产中,古代中国人主张严格地顺应自然,反对盲目地干预自然。关于人与自然的关系,占主流的是顺应自然的哲学观念,这种朴素生态哲学思想的产生是基于农业文明完全依存于自然的生产方式。

古希腊哲学,特别是前苏格拉底时期的自然哲学,主要研究的是宇宙的生成和自然的本原等问题,有机论的自然观贯穿古希腊哲学发展的全过程,并通过柏拉图和亚里士多德的著作深刻地影响了中世纪和文艺复兴时期的西方自然哲学。尽管古希腊哲学表现为物活论的有机论自然观,但它确立了自然界独立于人的客观性,开始基于自然界本身研究自然事物。16世纪到17世纪,科学尚处于对无机界的简单研究阶段,机械力学成为其他科学的基础,由此产生了“控制自然”的机械论世界观,它与新兴的以追求财富为目的的资本主义精神一起构成了工业文明时代的意识形态。工业革命过分强调人对自然的征服和统治,导致了20世纪严重的全球性生态环境危机,给人类带来了新的生存困境。现代科学的兴起和发展冲击了近代机械论世界观的基础,促成了一种新的现代有机论自然哲学观,这为后现代的生态文明奠定了哲学基础。

第一节　中国古代天人观

中国古代自然哲学是一种有机论的宇宙观,其基本特点是把整个宇宙自然看作一个有机系统。它以“元气”说明宇宙万物的基本构成,以“阴阳”说明物质内部的对立统一,以“五行”表示万物的分类属性。阴阳五行都是元气的本质特征。中国古代有机论自然哲学的合理性在于,它把整个宇宙当作一个大系统。大系统下面有各种层次的子系统,社会政治组织是一个系统,人的生命机体也是一个系统,各种系统之间具有功能的相似性。中国哲学中的“天人合一”就根植于这种系统观念,并成为中国文化根深蒂固的深层结构。

天人关系是中国哲学的基本问题或最高问题。所谓“天人相与之际,甚可畏也”(董仲舒语)[①],所谓“学不际天人,不足谓之学”(邵雍语)[②],都是讲这个问题在中国传统学问中有着至高无上的地位。中国哲学中的天人关系包含着丰富、复杂的内容,但它的一个最基本的含义就是指人与自然界的关系。虽然天人之学并非全部是人与自然之间关系的学说,但其中包含着一些非常重要的关于人与自然关系的思想,诸如:人是自然的产物,是自然的一部分,与自然处于“一体”即不可分割的联系中;人身上保持着种种自然属性,因此也受自然规律的支配;自然界是人赖以生存的条件,人只能从自然界取得维持其生存的物质资料,因此人必须顺应和利用自然;出于维护自身生存和道义原则的需要,人肩负着保护自然界的责任;等等。

“天”是中国古老的哲学范畴之一,中国儒家传统哲学中所讲的“天”有“意志之天”“命运之天”“义理之天”等含义,但不能否认,它的一个最基本的含义就是指自然界,即“天地之天”“自然之天”“物质之天”。孔子说:“天何言哉!四时行焉,百物生焉,天何言哉!”[③]这个“天”就是指包括四时运行、万物生长在内的自然界。中国哲学家荀子、刘禹锡、章太炎都著有《天论》,他们所论之“天”,都是指自然界或自然界运行的规律。道家所讲的“天”,除了指自然界、与“地”相对而作为物质实体的“气”或天空之外,还指“自然无为”,总的来说都可以归入“自然之天”的范畴。其他几种含义的“天”的产生都与自然界有密切关系。

① 《天人三策》。

② 《皇吉经世书》。

③ 杨伯峻:《论语译注》,北京:中华书局1980年版,第188页。

在远古的农业文明时代，由于社会生产力和人的认识能力极其低下，因此人们的生产和生活对自然界有极强的依赖性，人们对自然界及其变幻莫测的力量不能认识，更无法掌握，于是产生了天神崇拜观念，企图通过献祭、祷告等活动来祈求“天”给人类带来恩泽，避免灾难。因此，“天”同时被赋予了人的意志和喜怒哀乐的感情，它通过祥瑞或灾异等自然现象来表达“天意”，以示对人的表扬或警告。统治阶级为了把自己的伦理观念和道德原则绝对化、神圣化，就把它说成是如同天经地义的自然规律一样不可改变的“天理”，强迫人民去遵守。也就是说，无论是“主宰之天”“命运之天”，还是“义理之天”“道德之天”，都不能完全离开自然界这个“天”的本义，因为“巍巍乎大哉”的自然界是最值得尊崇和敬畏的。关于中国传统哲学对天人关系问题的回答，多数哲学家都是主张“天人合一”的，或者说，这是一种占主导地位的观点，是中国传统社会的时代思潮。①

一、儒家文化的天人观

“天”在儒家哲学中有多种含义，也有多种诠释。南宋时朱熹就曾在《理气上·太极天地上》中指出：“经传中‘天’字”，“要人自看得分晓，也有说苍苍者，也有说主宰者，也有单训理时。”②由此可知，宋时之天即有“自然之天”“神性之天”与“义理之天”三种不同的说法。现代学者冯友兰先生则认为：“在中国文字中，所谓天有五义：曰物质之天，即与地相对之天；曰主宰之天，即所谓

---

① 方克立：《“天人合一”与中国古代的生态智慧》，《当代思潮》2003 年第 4 期，第 28—39 页。

② （宋）黎靖德编：《朱子语类》卷第一《理气上·太极天地上》，北京：中华书局 2020 年版，第 6 页。

皇天上帝，有人格的天、帝；曰运命之天，乃指人生中吾人所无奈何者，如孟子所谓'若夫成功则天也'之天是也；曰自然之天，乃指自然之运行，如《荀子·天论篇》所说之天是也；曰义理之天，乃谓宇宙之最高原理，如《中庸》所说'天命之为性'之天是也。"[①]冯友兰先生讲的主要是儒家之"天"的含义，其中"物质之天"与"自然之天"意思接近，"主宰之天"与"运命之天"意思也大体接近。所以张岱年先生认为，中国哲学中的"天"有"最高主宰""广大自然"和"最高原理"三种基本含义。[②] 综合先贤哲人对"天"的多种理解可以体会到，在儒家哲学里，"天"是整个自然界的总称，具有宇宙性，但是也有超越的层面。无形的"天道""天德"是超越层面，具有精神属性；有形的天空和大地是物质层面，具有物质属性。在中国哲学中，"运于无形"之道是天，那"苍苍者"也是天，"'形而上者'与'形而下者'不是分离的两个世界，而是统一的一个世界"。[③] 在儒家哲学对天的复杂解释中，"有意志之天""自然之天"和"道德之天"三种含义常交织在一起，这反映出农业文明时期儒家哲学把自然神圣化了，对天有着深切的敬意。与"天"相对的"人"的含义虽然要相对简单一些，但也有单个的人、整体的人之区别，有时则指"圣人"。

儒家主张的"天人合一"包含不同层次的内容，不同哲学流派和不同哲学家对此也有不同解释，但这一理念的基本含义则是万物一体、天人相参，强调人与自然具有内在统一性。张岱年先生认为，天人合一的观念起源于西周时代。周宣王时的尹吉甫作

---

① 冯友兰：《三松堂全集》第二卷，郑州：河南人民出版社 2000 年版，第 281 页。

② 张岱年先生在许多文章中表达过这个观点，代表性文章是《中国哲学中"天人合一"思想的剖析》，《北京大学学报（哲学社会科学版）》1985 年第 1 期，第 1—8 页。

③ 蒙培元：《中国哲学生态观论纲》，《中国哲学史》2003 年第 1 期，第 8—11 页。

《烝民》之诗，有云“天生烝民，有物有则。民之秉彝，好是懿德”（《诗经·大雅·烝民》）。这里含有人民的善良德性来自天赋的意义。[①] “天人合一”学说虽然渊源于先秦时期，但正式成为一种理论观点则是在汉代哲学与宋代哲学中。明确提出“天人合一”四字成语的是张载，他说：“儒者则因明致诚，因诚致明，故天人合一，致学而可以成圣，得天而未始遗人。”（《正蒙·乾称》）对于古代哲学中所谓“合一”的意义，我们也需要有一个正确的理解。张载除了讲“天人合一”之外，还讲“义命合一”“仁智合一”“动静合一”“阴阳合一”（《正蒙·诚明》）；王守仁讲“知行合一”（《传习录》）。“合”有符合、结合之意。古代所谓“合一”与现代语言中所谓“统一”可以说是同义语。合一，但不否认区别。合一是指对立的两方彼此又有密切相连、不可分离的关系。[②]

儒家的创始人孔子从一开始便对“天”有一种很深的敬意。孔子曰：“君子有三畏：畏天命，畏大人，畏圣人之言。”（《论语·季氏篇》）在理解孔子的天命思想时，“天命”虽然具有形而上意义的必然性，但还保留着“命令”的某些含义，具有目的性意义。“天”不是绝对的神，已经转变成具有生命意义和伦理价值的自然界。孔子说：“天何言哉，四时行焉，百物生焉，天何言哉。”（《论语·阳货篇》）这里所说的“天”，就是自然界。四时运行，万物生长，这是天的基本功能，其中，“生”字明确肯定了自然界的生命意义。天之“生”与人的生命及其意义是密切相关的，人应当像对待天那样

① 张岱年：《中国哲学中“天人合一”思想的剖析》，《北京大学学报（哲学社会科学版）》1985年第1期，第1—8页。

② 同上。

对待生命，对待一切事物。[1] 孔子还说“智者乐水，仁者乐山”（《论语·雍也篇》），他把自然界的山、水和仁、智这种德性联系起来，这不是一种简单的比附，而是要表达人的生命存在与自然存在有着内在关联。孔子思想中透露出来的一个重要观念就是，对天即自然界要有一种发自内心深处的尊敬与热爱。

在儒家哲学中，天人合一的思想起源于孟子的“知性则知天”的观点，其中肯定人性与天道是统一的。孟子说：“尽其心者，知其性也，知其性则知天矣。”（《孟子·尽心上》）以为尽心即能知性，知性就知天了，把天与人的心性联系起来了。孟子此说非常简略，不易理解。因此应先考察孟子所谓心、性、天的意义。孟子论心云：“耳目之官不思，而蔽于物，物交物则引之而已矣。心之官则思，思则得之，不思则不得也，此天之所与我者。”（《孟子·告子上》）心是思维的器官，心的主要作用是思维。孟子论性云：“恻隐之心，人皆有之；羞恶之心，人皆有之；恭敬之心，人皆有之；是非之心，人皆有之。恻隐之心，仁也；羞恶之心，义也；恭敬之心，礼也；是非之心，智也。仁义礼智，非由外铄我也，我固有之也，弗思耳矣。”（《孟子·告子上》）性的内容即恻隐之心、羞恶之心、恭敬之心、是非之心。所以尽心即能知性。这恻隐之心、羞恶之心、恭敬之心、是非之心，都是“思则得之，不思则不得”的。而这思的能力是天所赋予的。孟子以天为最高实体、政权的最高决定者，认为舜、禹“有天下”，都是“天与之”（《孟子·万章上》）。又说：“舜、禹、益相去久远，其子之贤不肖，皆天也，非人之所能为也。莫之为而为者，天也；莫之致而至者，命也。”（《孟子·万章上》）凡

① 蒙培元：《中国的天人合一哲学与可持续发展》，《中国哲学史》1998年第3期，第3—10页。

"非人之所能为"的,都是由于天。天又赋予人以思维能力,即所谓"心之官则思,思则得之,不思则不得也,此天之所与我者"(《孟子·告子上》)。孟子认为思是"天之所与",思与性是密切联系的,所以"知性",即"知天"。孟子的"知性则知天"的观点语焉不详,论证不晰,没有举出充分的理据。但孟子通贯性天的观点对于宋明理学的影响极大。张载、程颢、程颐都接受了孟子的这个观点,并提出了各自的解释和论证。[①]

天人合一的思想虽然渊源于先秦时期,但正式成为一种理论观点乃是在汉代哲学及宋代哲学中。汉宋哲学中关于天人合一主要有三说:一是董仲舒的天人合一观,二是张载的天人合一观,三是程颢、程颐的天人合一观。

董仲舒讲"天人相类""人副天数"。他说:"天以终岁之数成人之身,故小节三百六十六,副日数也;大节十二分,副月数也;内有五藏,副五行数也;外有四肢,副四时数也。"(《春秋繁露·人副天数》)又说:"天亦有喜怒之气,哀乐之心,与人相副。以类合之,天人一也。"(《春秋繁露·阴阳义》)董仲舒的天人相类说内容牵强附会,比较粗浅,没有太多理论价值。

张载的天人合一观比较复杂。他在《正蒙·乾称篇》中提出了"天人合一"的词语,是在对佛教进行批判中提出的。他认为,佛教的"以人生为幻妄,以有为为疣赘,以世界为荫浊"是错误的;而儒者则主张"天人合一,致学而可以成圣,得天而未始遗人"。所谓"得天而未始遗人"既肯定天的实在性,理解天道的内容,又

---

① 张岱年:《中国哲学中"天人合一"思想的剖析》,《北京大学学报(哲学社会科学版)》1985年第1期,第1—8页。

肯定人的价值、人生的意义；既知天而又知人，达到天人合一。[①]

张载在《西铭》中以形象的语言表达了天人合一的观点，他说："乾称父，坤称母；予兹藐焉，乃混然中处。故天地之塞，吾其体。天地之帅，吾其性。民，吾同胞；物，吾与也。"[②]意谓天地犹如父母，充塞于天地之间的"气"构成我的身体；作为"气"的变化的统帅的是我的本性；人民都是我的同胞，万物都是我的伴侣。"民胞物与"可以说是天人合一的基本内容。张载的所谓天人合一，并不是说天与人完全没有区别，而是说天与人虽有区别，但也具有一定的统一性。天与人是有别而又统一的。

程颢、程颐赞扬张载所著的《西铭》，也都讲天与人的统一，但其所讲又与张载不同。程颢强调"万物一体"。程颢论天与人的关系说："天人本无二，不必言合。"(《二程遗书》卷六)他不同意用"合一"来表示天与人的关系，认为天人本一。程颢高度宣扬"万物一体"，他说："仁者以天地万物为一体，莫非己也。认得为己，何所不至？"(《二程遗书》卷二上)"学者须先识仁。仁者，浑然与物同体。……天地之用皆我之用"(《二程遗书》卷二上)。所谓天人本一，意谓人与天地万物本是一体。程颐则强调"天道与人道只是一个道"。程颐不谈"与物同体"，而专讲天道与人道的同一性，他说："安有知人道而不知天道者乎？道一也，岂人道自是人道，天道自是天道？"(《二程遗书》卷十八)又说："道未始有天人之别，但在天则为天道，在地则为地道，在人则为人道。"(《二程遗书》卷二十二上)而这道的内容即"仁义礼智信"。他说："自

---

① 转引自张岱年：《天人合一评议》，《社会科学战线》1998年第3期，第68—70页。

② (宋)张载撰：《张子正蒙》，〔清〕王夫之注，汤勤福导读，上海：上海古籍出版社2000年版，第231页。

性而行，皆善也。圣人因其善也，则为仁义礼智信以名之”，“合而言之皆道，别而言之亦皆道也。”（《二程遗书》卷二十五）程颐认为“仁义礼智信”既是人道、人性的内容，又是天道的内容。《二程遗书》中有一条说，“鼓舞万物，不与圣人同忧，此天与人异处。圣人有不能为天之所为处”（《二程遗书》卷二上），也承认天与人有相异之处。[①]

董仲舒讲“以类合之，天人一也”。张载讲“天人合一”。程颢讲“天人本一”。三者用语不同，其学说的内容亦不同。但他们的基本观点还是一致的，即肯定天与人有统一的关系。天是广大的自然，人是人类。人是天所生成的，是天的一部分。人与天不是敌对的关系，而是共存的关系。所谓合一不是说没有区别，而是说有别而统一。

明代王阳明的“万物一体”理论贯穿他对整个宇宙人生的理解，其多次提到“万物一体”，但是在不同的场合，“万物一体”的所指也有所不同：有时候指人的一种精神境界，“大人者，以天地万物为一体者也”；有时描述的是一种万物实存的状态，“风、雨、露、雷、日、月、星、辰，禽、兽、草、木、山、川、土、石，与人原只一体”；有时则指的是心体的本来面貌。“夫人者，天地之心，天地万物，本吾一体者也”。在《大学问》中，王阳明说：

> 大人者，以天地万物为一体者也，其视天下犹一家，中国犹一人焉。若夫间形骸而分尔我者，小人矣。大人之能以天地万物为一体也，非意之也，其心之仁本若是，其与天地万物而为一也。岂惟大人，虽小人之心亦莫不

---

① 张岱年：《天人合一评议》，《社会科学战线》1998年第3期，第68—70页。

然,彼顾自小之耳。是故见孺子之入井,而必有怵惕恻隐之心焉,是其仁之与孺子而为一体也;孺子犹同类者也,见鸟兽之哀鸣觳觫,而必有不忍之心焉,是其仁之与鸟兽而为一体也;鸟兽犹有知觉者也,见草木之摧折而必有悯恤之心焉,是其仁之与草木而为一体也;草木犹有生意者也,见瓦石之毁坏而必有顾惜之心焉,是其仁之与瓦石而为一体也;是其一体之仁也,虽小人之心亦必有之。是乃根于天命之性,而自然灵昭不昧者也,是故谓之"明德"。[①]

王阳明的这段话鲜明地体现了儒家对人的存在方式的理解:首先,人是道德性存在,不仅大人如此,小人也无不如此。人所追求的终极目标是"大人",与天地万物为一体是大人的根本内涵。其次,道德主要不是个理论问题,而是个实践问题,道德修养的目的是获得与天地万物为一体的精神境界。一个有道德的人的境界是"与万物为一体",如见孺子入井必有恻隐之心,见动物觳觫哀鸣必有不忍之心,见草木摧折必有怜悯之心,见瓦石毁坏必有顾惜之心。他同时认为,人对待万物和自然有轻重厚薄的价值秩序,这是"良知上自然的条理"。人既可以普遍地关爱万物,又可以合理地取用万物。[②]

明末清初思想家王夫之论天人关系说:"在天有阴阳,在人有仁义;在天有五辰,在人有五官。形异质离,不可强而合焉。所谓肖子者,安能父步亦步,父趋亦趋哉?父与子异形离质,而所继者

---

① 吴光等编校:《王阳明全集》,上海:上海古籍出版社2011年版,第1066页。

② 张学智:《从人生境界到生态意识——王阳明"良知上自然的条理"论析》,《天津社会科学》2004年第6期,第29—35页。

惟志。天与人异形离质,而所继者惟道也。”(《尚书引义》卷一)从形质来说,天与人是“异形离质”的,不可强合;从道来说,天与人有“继”的关系,人道与天道有一定的联系。王夫之此说反对董仲舒的“人副天数”,而赞同程颐所说的“天道”与“人道”的同性。王夫之强调“尽人道而合天德”,他说:“圣人尽人道而合天德。合天德者,健以存生之理;尽人道者,动以顺生之几。”(《周易外传》卷二)天的根本性质是健,人的生活特点是动。人的动与天的健是一致的。王夫之重视“健”与“动”,这是进步思想。[①]

清代思想家戴震讲伦理原则,也力图为人伦道德寻求天道的根据。他认为善的基本标准有三,即仁、礼、义。这三者“上之见乎天道,是谓顺”(《原善》)。就是说,仁、礼、义的根源在于天道。天道的内容就是变化不息,他说“道,言乎化之不已也”,也就是生生而有条理。

> 是故生生者,化之原;生生而条理者,化之流。动而输者,立天下之博;静而藏者,立天下之约。博者其生,约者其息;生者动而时出,息者静而自正。君子之于问学也,如生;存其心,湛然合天地之心,如息。人道举配乎生,性配乎息;生则有息,息则有生,天地所以成化也。生生者,仁乎;生生而条理者,礼与义乎!何谓礼?条理之秩然有序,其著也;何谓义?条理之截然不可乱,其著也。得乎生生者谓之仁,得乎条理者谓之智;……是故生生者仁,条理者礼,断决者义,藏主者智。(《原善》)[②]

① 张岱年:《中国哲学中“天人合一”思想的剖析》,《北京大学学报(哲学社会科学版)》1985年第1期,第1—8页。

② 戴震:《原善孟子字义疏证》,章锡琛点校,北京:古籍出版社1956年版,第3—4页。

生生与条理以及条理之秩然、截然，都属于天；仁、礼、义则属于人。人懂得条理，称为智。戴震这样把“天道”与人伦之“善”联系起来。这可以说是戴氏的天人合一观点。①

在中国近古哲学中，从张载、二程到王夫之、戴震都宣扬天人合一，但是其中的理论基础不同。张载、王夫之、戴震是在肯定物质世界是基础的前提下讲天人合一的。张载说：“理不在人皆在物，人但物中之一物耳。”《西铭》说：“乾称父，坤称母，予兹藐焉，乃混然中处。”其主要意义在于肯定人类是天地即自然的产物。张载在《正蒙·参两篇》中说：“若阴阳之气，则循环迭至，聚散相荡，升降相求，絪缊相揉，盖相兼相制，欲一之而不能，此其所以屈伸无方，运行不息，莫或使之，不曰性命之理，谓之何哉？”阴阳相互作用、相互推移的规律就是性命之理，人也服从这普遍规律。自然界有普遍规律，自然界与人类遵循同一规律。

程朱学派则是在肯定超自然的观念是基础的前提下讲天人合一的。程颐说：“道与性一也。”他认为天道、地道、人道具有同一性，其内容就是理，也就是仁义礼智等道德原则。人性即天道，道德原则和自然规律是一致的。

各派虽然用语不同，其学说内容也不同，但这些观点或理论的基本走向就是“天人合一”，而不是“天人为二”，这一点则是一致的。天人合一最基本的含义就是肯定自然界和精神的统一，承认人与天地万物具有不可分割的意义关系。“天”是广大的自然，但有神性，“人”是人类。“人”是“天”所生成的，是“天”的一部分。“人”与“天”不是敌对的关系，而是共存的关系。视天地人为

---

① 张岱年：《中国哲学中“天人合一”思想的剖析》，《北京大学学报（哲学社会科学版）》1985年第1期，第1—8页。

一体,强调和追求天地人的整体性、系统性和和谐性。对于天人之间的“合一”,不能把“合一”两字大而化之地处理为“合而为一”,也不是天与人主动相合,而是指人主动地与天相合,人参与宇宙进程,与宇宙秩序保持和谐,但不是把人的意志强加在自然之上。同时,各派都企图从天道观中引申出人伦道德来,也不乏浓厚的神秘主义色彩,这是中国古代哲学的特点之一。塔克尔指出:“儒家天、地、人三才同德有赖于三者浑然天成并且充满活力的交汇。不能与自然保持和谐、随顺它的奇妙变化,人类的社会和政府就会遭遇危险。”[①]所以“天人合一”远不是一种静态的关系,而是一个不断更新的动态过程。

天人合一是儒家文化的主流思想,但是儒家哲学中还有另一种天人观就是“明于天人之分”“天与人交相胜、还相用”的学说。荀子是主张“明于天人之分”的思想家,他这样主张是为了反对认为“天”有意志、可以决定人事吉凶祸福的宗教天命论。荀子提出了“天行有常,不为尧存,不为桀亡”的著名命题,认为自然界有其客观的必然规律,与人间的治乱祸福并无联系,天与人各有自己的功能。

> 天行有常,不为尧存,不为桀亡。应之以治则吉,应之以乱则凶。强本而节用,则天不能贫,养备而动时,则天不能病;修道而不贰,则天不能祸。故水旱不能使之饥渴,寒暑不能使之疾,祆怪不能使之凶。本荒而用侈,则天不能使之富;养略而动罕,则天不能使之全;倍道而妄行,则天不能使之吉。故水旱未至而饥,寒暑未薄

---

① 杜维明:《当代新儒家人文主义的生态转向》,载 Mary Evelyn Tucker、John Berthrong 编:《儒学与生态》,彭国祥、张容南译,南京:江苏教育出版社 2008 年版,第 307 页。

> 而疾，祆怪未至而凶。受时与治世同，而殃祸与治世异，不可以怨天，其道然也。故明于天人之分，则可谓至人矣。[1]

“常”可以理解为规律，即天有着自己的运行规律，天是指自然之天，具有物质性，不会因为喜欢尧这样的善王而运行，也不会因为厌恶桀这样的暴君而改变自己的运行规律。用安定的措施来适应它就会吉利，用混乱的措施来适应它就会凶险，加强作为根本的农业，节俭费用，天不能够使人穷；衣食充足按时劳作，天不能够使人生病；遵循规律不去违背，天也不能够使人遭遇灾祸。各种自然界的异常现象都有相应的措施予以应对，这样就不会有祸乱的发生。如果违背规律，即使没有灾祸也会遇到凶险，而且这个时候不能怨天，因为是人自己作为的结果。

社会的动乱和灾祸是人违背规律的结果，如果人能够做到“强本而节用”“养备而动”“修道而不贰”，则天不能够使得人贫穷、患病，也不能施加祸患，即其取决于人的行为是否适合，人的治理是否恰当。与此相对，如果人“本荒而用侈”“养略而动罕”“倍道而妄行”，那么天不能够使得人富有、保全、顺利，因为这些动乱都是人自己作为的结果，与天的运行没有因果联系，所以遭遇的灾祸不能够怨天，而是“由人”。能够合理地区分天和人之间关系的人被称为“至人”。

天虽然有自己的规律，但是并不意味着天和人之间是绝对地割断了联系的，人可以认识自然规律，通过自己的理性去参与造化，发挥能动性，而非绝对地服从自然力量，但这也不表示人将自

---

① 王先谦撰：《荀子集解》，沈啸寰、王星贤点校，北京：中华书局 1988 年版，第 306—308 页。

己的意志强加于天，而是一种双向的互动。人直接地区别于动物之处就在于人能够对规律进行把握和应用，并参与其中。

> 大天而思之，孰与物畜而制之？从天而颂之，孰与制天命而用之？望时而待之，孰与应时而使之？因物而多之，孰与骋能而化之？思物而物之，孰与理物而勿失之也？愿于物之所以生，孰与有物之所以成？故错人而思天，则失万物之情。①

荀子强调：人应该有所作为，发挥自己的能动性去利用规律，与其尊崇、想象、歌颂自然，盼望它能有所给予，不如掌握规律来利用自然；与其等待时令来坐享其成，比不上根据四时来为自己所用；与其依靠万事万物的自然繁衍，不如发挥人的能力使得万物为人所有。自然不会平白无故地施舍人东西，给人以各种恩赐，人应该通过自己的努力，去争取自己想要的东西。人的物质性的基础虽然来自天，但是一个人能成为什么样子则在于自己。荀子强调改造自然的重要性，提出了“制天命而用之”的主张，在中国哲学史上呈现出独特的光彩。

但是荀子没有找到改造自然的有效途径。荀子以为，人类生活的理想应是“经纬天地而材官万物”，“天之所覆，地之所载，莫不尽其美、致其用”。他主张改造自然、利用万物，以利于人类的生活，但不重视对自然的研究。他说，君子之“于天地万物也，不务说其所以然，而致善用其材”。事实上，要利用万物，必须掌握万物的规律，不理解万物的“所以然”是难以“善用其材”的，这是荀子学说的不足之处。

---

① 王先谦撰：《荀子集解》，沈啸寰、王星贤点校，北京：中华书局 1988 年版，第 317 页。

荀子天人观的继承和发扬者,唐代诗人、思想家刘禹锡在提出“天人交相胜”学说的同时,还肯定了天与人在功能上有“还相用”的互动互补关系,实际上也认为天与人二者是处在一种对立统一的关系中。刘禹锡写《天论》一书,深入论述了天人关系,他认为,所谓“天命”乃是不可违抗的自然力量在人的观念中的一种曲折的反映。刘禹锡生动地揭示了“天命”思想产生的认识根源,他说:

> 若知操舟乎?夫舟行乎潍淄伊洛者,疾徐存乎人,次舍存乎人。风之怒号,不能鼓为涛也;流之溯洄,不能峭为魁也。适有迅而安,亦人也;适有覆而胶,亦人也。舟中之人未尝有言天者,何哉?理明故也。彼行乎江河淮海者,疾徐不可得而知也,次舍不可得而必也。鸣条之风,可以沃日;车盖之云,可以见怪。恬然济,亦天也;黯然沈,亦天也;阽危而仅存,亦天也。舟中之人未尝有言人者,何哉?理昧故也。[①] (《天论中》)

他譬喻:船航行在小河上,人们掌握自然规律,能驾驭自然,是人胜天;船航行在大江上,人们难以掌握自然规律,只好听天由命,是天胜人。这是说,天和人均受各自的一定规定性(“数”)与运动趋势(“势”)支配,人有时能够,有时又不能够掌握规律,就会出现“天人交相胜”的情况。当人们昧于对自然规律的认识,还不能掌握自己命运的时候,就只能把生死安危系之于“天”或“命”。刘禹锡讲的“天胜”是天然条件的胜利,“人胜”是人为条件的胜

---

① (唐)刘禹锡:《刘禹锡全集》,瞿蜕园校点,上海:上海古籍出版社 1999 年版,第 42 页。

利。在旅途中，由于环境的变化，“天胜”或“人胜”可能会交替出现。刘禹锡认为，生于治世，社会的法制和是非判断起了作用，人们只好把命运归于天理，是天胜人。

与“天人交相胜”密切相联系，刘禹锡还提出了“天人还相用”的命题。他说：“天之道在生植，其用在强弱；人之道在法制，其用在是非。”（《天论上》）[①]天道在于生长万物，它的作用表现为力量的强弱；人道在于建立法制（制度），其作用在于区别是非，实行赏功罚恶。天可以用人，人也可以用天。刘禹锡着重强调，人可以用天，即“用天之利，立人之纪”，利用天的有利因素，建立人的法纪，为人类造福。例如，天时有生植的季节，也有肃杀的季节；水有灌溉之利，也有泛滥之灾；火有照明之功，也有焚烧之祸。人们在生产实践中，可以春夏种植，秋冬收藏，用水灌溉，用火照明，从而逐渐形成相应的制度。

“天人交相胜”是人与自然对立、斗争的一面，“天人还相用”则是人与自然统一、依存的一面。刘禹锡既注意天人的“相分”，又看到天人的“相合”，比较全面地阐发了人类与自然的辩证关系。这说明，产生于农业文明时代的荀子一派哲学，也没有完全脱离、超越“天人合一”的时代思潮。

二、道家哲学的天人观

在道家的话语系统里，“天”基本上是指“自然之天”，是从根本上否定“天”的意志属性，而强调其自然属性。《老子》一书中用了29次“天”的概念，都是指无意志、无道德属性的自然之天。老

① （唐）刘禹锡：《刘禹锡全集》，瞿蜕园校点，上海：上海古籍出版社1999年版，第40页。

庄的天人观与孔孟不同,老庄否定了主宰之天和道德之天,代之以自然之天。老子认为,“道”是先天地存在的,它超出天地万物,是宇宙的本体。天地由道而出,天低于道,它不是最高的主宰,而是物质性的、与地相对的自然之天。道虽无形,却不脱离天地万物,而是体现于其中。老子以这样的道否定了宗教神学中天帝的无上权威,对后来的哲学思想产生了很大的影响。从自然之天出发,老子还反对天有道德的说法。老子说,“天地不仁,以万物为刍狗”(《老子·五章》),强调了天的自然属性。“天道无亲,常与善人”(《老子·七十九章》),就是说,天作为物质性的自然存在,不具有人类的道德感情,是无所偏爱的。在老子看来,源出于道的天地万物是个和谐统一的整体。[①] 在老子那里,天还是一个具有从属地位的范畴,“人法地,地法天,天法道,道法自然”(《老子·二十五章》),天的属性还是从属于道,有赖于道去规定和赋予,天还不是最高的本体意义上的范畴。

一般认为庄子之“天”有两层含义:一是指天地万物,即自然之天;二是指自然本然的状态,即无为,自然而然的状态。郭象注《庄子·齐物论》指出,“故天者,万物之总名也”,说的就是庄子之天的第一层含义。这里的天是指自然之天,常与地连用或对举。例如,“天地者,万物之父母也,合则成体,散则成始”(《庄子·达生》);“天地固有常矣,日月固有明矣,星辰固有列矣”(《庄子·天道》);“天地与我并生,而万物与我为一”(《庄子·齐物论》);“天无不覆,地无不载”(《庄子·德充符》)。在这里,天是指自然之天,包括各种纷繁复杂的自然现象。“天者,万物之总名

---

① 李春平:《论先秦儒道的天人观》,《清华大学学报(哲学社会科学版)》1988年第2期,第30—36页。

也”,这与董仲舒的“天者,百神之大君也”(《春秋繁露·郊语》)的观点正好相对,一个代表自然之天,另一个则是指宗教神灵意义上的天。但第一层含义不是庄子论述的重点,他所主要阐发的是另一层意义上的天,即自然、本然之天。《庄子》一书中曾有两处对“天”进行了明确界定:“无为为之之谓天。”(《庄子·天地》)“何谓天?”“牛马四足,是谓天。”(《庄子·秋水》)在这里,天与道的意义相近,具有本体的意味,无为、自然是它们的共同属性。

道家的“人”有两层含义:一是指人类,一是指人为。道家所指的人类不是“受命于天”的人,也不是指个别的人。老子说:“道大、天大、地大、人亦大。域中有四大,而人居其一焉。”(《老子·第二十五章》)这从根本上肯定了人与天的平等地位,也肯定了人与人的平等地位。庄子继承了老子的这一思想,明确地指出,“天地与我并生,而万物与我为一”(《庄子·齐物论》),并且庄子又丰富了“人”的含义,使之有了人为的意思。曰:“何谓天?何谓人?”“牛马四足,是谓天;落马首,穿牛鼻,是谓人。”(《庄子·秋水》)总的来说,在庄子看来,自然之天是天地万物的总称,自然而必然的状态是万物的本然存在状态。前者对应人,后者对应人为。但无论从哪一层意义上来看,庄子的天都是无意志的。[①]

自然的观念在老子的思想体系中具有根本性的价值,这明显地体现在人、天地、道与自然的关系上。《老子·第二十五章》中讲道:“人法地,地法天,天法道,道法自然。”人生活在天地之中,而天地又来源于道,道在宇宙万物中是最高、最根本的,但道的特点却是“自然”二字。人取法于地,地取法于天,天取法于道,道又

---

① 黄成勇:《庄子“天人合一”思想初探》,《长春理工大学学报(社会科学版)》2006年第2期,第50—53页。

取法于自然,所以道是最高的实体,而自然则是最高的实体所体现的最高的价值或原则。“道法自然”的“自然”这个词,不像“道”那么古老,它是老子发明并首先使用的。老子所说的“自然”,当然不是我们现在常用的指称“客体”——自然界的“自然”,而是指称事物的“自己如此”“自我造就”“自然而然”,这也是这个词在古代中国哲学中的主要意义。“道法自然”的确切意思是,道遵循或顺应万物的自己如此。[①]

老子自然观念的意涵包含三个相互关联的层次:第一,自己如此之性质;第二,自然无为之原则;第三,自然而然之状态。“自己如此”肯定了万物依靠自身力量成就自己的性质,且在老子看来这种性质是万物发展、变化的根本力量。而老子对万物的观察,并非如同古希腊哲学那样仅仅在于探究万物生成的规律,而是意图将其对万物生成的这种认识上升为“爱民治国”的根本原则。因而,自然由万物自己成就自己之性质抽象为万物皆应遵循的原则。自然的第三层意涵则是在前两者的基础上生发出来的,如果我们肯定了万物、百姓自生自成这种性质的根本性,能遵循自然原则,就能够达到一种自然而然的状态和境界。自然作为基本的价值或原则普遍适用于处理人与人、人与万物以及人与宇宙本体的关系。人—地—天—道—自然,虽然“地”“天”“道”在老子哲学中都是很重要的概念,但在这里的论证中,“地”“天”“道”都是过渡、铺排和渲染的需要,全段强调的重点其实是两端的人和自然的关系,说穿了就是人特别是君王应该效法自然。所谓法地、法天、法道都不过是逐层铺垫、加强论证的需要。人类社会应

---

① 王中江:《道与事物的自然:老子“道法自然”实义考论》,《哲学研究》2010年第8期,第37—47页。

该自然发展,这才是老子要说的关键性的结论。换言之,自然是贯穿于人、地、天、道的,因而是极根本、极普遍的法则。法自然也就是效法自然而然的原则,随顺外物的发展变化,不加干涉。道家讲自然,其关心的焦点并不是大自然,而是人类社会的生存状态。① 老子认为,道生天地万物,它的自然无为的本性也贯穿和体现于天地万物,是其必然要遵循的法则。这就是天地万物和谐一体的根据,也是"天人合一"的根据。

在先秦诸子中,老子最先表达了天人合一思想:"人法地,地法天,天法道,道法自然"(《老子·第二十五章》)。"天"与"地"合而为宇宙天地,或者说"天""地"合而为与"人"相对的"天",而"道"即"自然"则是通贯"天""人"的"一","天地"遵从自然之道,"人"也遵从自然之道,"天地"与"人"合于自然之道。庄子也明确提出,"无受天损易,无受人益难。无始而非卒也,人与天一也"(《庄子·山木》),"夫形全精复,与天为一"(《庄子·达生》)。老庄的"天人合一",并不是讲以"人"合"天",而是主张"天""人"合于"自然之道"。世间万物都是在一定的自然环境中产生和发展,不仅离不开自然环境,而且最后又自然而然地复归于自然环境。所以正如《老子》所说:"夫物芸芸,各复归其根。归根曰静,静曰复命,复命曰常。"(《老子·第十六章》)庄子也指出:"万物皆出于机,皆入于机。"(《庄子·至乐》)这里的"机"是指自然之生机,强调人如果不以主宰自居,便能做到"同与禽兽居,族与万物并"(《庄子·马蹄》),感悟自然中的"天机",真正达到"天

---

① 刘笑敢:《老子之自然与无为概念新诠》,《中国社会科学》1996年第6期,第136—149页。

人合一”的境界。[①]

道家的“天人合一”主要是指人与自然界的关系，主要是从人必须因任、顺应自然，取消人为，合人于天地自然的角度来讲天人合一。道家总体上认为，自然高于人为，自然规律优于人为制定的各种规范、法则，其天人合一思想有着不同于儒家的某些特点。相对于儒家，道家的“天人合一”可称为“无我”形态，它肯定人之外的其他自然物具有内在价值，主张通过将人消泯于自然界，即以“人的自然化”来实现人和自然之间的和谐。

首先，道家的“天人合一”认为自然高于人为。道家作为儒家的对立面，与儒家的思想方向不同，对儒家提倡的道德仁义展开了批判。老子曰：“失道而后德，失德而后仁，失仁而后义，失义而后礼。夫礼者，忠信之薄而乱之首也。”（《老子·第三十八章》）同孔子一样，老子也以“有道”为理想社会状态之标志，但他所谓的“有道”并不是就道德仁义而言，相反，他认为从道而德，从德而仁，从仁而义，从义而礼，人类文明每前进一步都意味着离“有道”状态更远一步。人类社会要想回归到“有道”的理想状态，必须向相反的方向发展，即“绝圣弃智，民利百倍；绝仁弃义，民复孝慈；绝巧弃利，盗贼无有”（《老子·第十九章》）。老子对儒家提倡的道德仁义的批判被后世道家普遍继承，如庄子指出，“毁道德以为仁义，圣人之过也”（《庄子·马蹄》）。

其次，道家否定人禽之辨，认为万物平等，其他存在物也是价值主体，不能仅仅被视为人达到某种目的的手段。道家认为，道是世界万物的根源，人与万物皆出于道，万物消尽，又终将复归于

① 王崎峰、王威孚：《道家“天人合一”思想的现代环境伦理价值》，《求索》2009年第6期，第88—90页。

道,这个过程用老子的话说就是:“道生一,一生二,二生三,三生万物。”(《老子·第四十二章》)道虽然生育万物,但它和万物却不是主宰和被主宰的关系,即老子所谓:“生而不有,为而不恃,长而不宰。”(《老子·第十章》)道生万物是一个自然的过程,其间没有安排造作,因此人与物之间没有贵贱之别。庄子明确指出:“以道观之,物无贵贱。”(《庄子·秋水》)这里的“物”显然是指包括人与其他存在物在内的由道而生的所有存在物。庄子讲过这样一个寓言:“今之大冶铸金,金踊跃曰:‘我必且为镆铘!’大冶必以为不祥之金。今一犯人之形而曰:‘人耳!人耳!’夫造化者必以为不祥之人。”(《庄子·大宗师》)“大冶铸金”隐喻道生万物,钝刀、镆铘本质上并无区别,孰为钝刀、孰为镆铘皆是大冶随意为之。同样的道理,人与物皆出于道,本质上也无区别,孰为人、孰为物亦出于造化之自然,不必自贵而相贱。“不祥之人”是指自贵而贱物之人,用今天的话来说就是强调人类中心的那些人,庄子称他们为“不祥之人”似乎也隐喻着他们必将给整个自然界带来灾难。人与物之间的平等不是外在价值上的平等,而是内在价值上的平等,这意味着其他存在物也可以是价值主体,也应该被当作目的而不仅仅是人实现目的的手段。

最后,道家以无为作为实现“天人合一”的途径,要求取消人为,返归自然状态。在实现“天人合一”的途径问题上,相对于儒家要求人通过积极地“赞天地之化育”去实现“天人合一”,道家崇尚无为,明确指出“圣人观于天而不助”(《庄子·在宥》)。据安乐哲先生统计,《老子》一书中论及“无为”的地方共有12处,此外,诸如“无事”“无形”“希言”“守静”等概念也与无为相关。对自然界和其他存在物而言,无为意味着人应该尊重自然,不干涉其他存在物的存在方式。“无为”和“自然”在道家的话语体系里是一体之两面。庄子曰:“无为为之之谓天。”(《庄子·天地》)这里的“天”即自然,人无为而万物自然。对人而言,无为既是人向自然状态回归的途径,又是人合于天的境界。老子曰:“为学日益,为道日损,损而又损,以至于无为。”(《老子·第四十八章》)“为学”代表着接受人类文明的教化,“为道”代表着回归天人合一的自然状态,这是两种截然对立的生存方式,弃前者返归后者即“无为”,也就是人去除一切人类文明的痕迹,完全融合于大自然的境界。道家认为,天人本是一体的,“天人合一”是人类的本然存在方式。[①]

三、“天人合一”思想的现代意义

“天人合一”是中国古代生态思想的哲学基础。中国古代的天人合一观念是农业文明的产物,反映了人与自然息息相关、相依共存的密切关系,反映了人对大自然的一种依赖感与亲和感。中国传统哲学主要是从人与自然的相互依存、相互关联(“相与之际”),而不是相互对立的角度来考察二者的关系,认为天与人是不可分离的有机统一整体,人是自然界的一部分。天人合一不同层面的含义都对反思工业文明和科技文明所产生的负面效应——人与自然的疏离,人对自然的征服、统治,生态环境的破坏——重新建立人与大自然之间的和谐共生关系,有不同程度或不同方面的现代意义。同时,从现代性的视角,我们也要看到其局限性,这就是过于浓厚的道德主义色彩使主流的天人合一观不

---

① 王海成:《儒、道“天人合一”的不同形态及其生态伦理意蕴》,《江汉大学学报(社会科学版)》2016年第4期,第98—102页。

重视对自然的实际变革和改造,这不利于甚至阻碍了科学技术和社会生产力的发展。

就整个人类思想和哲学智慧的发展而言,中国传统哲学的天人合一观对人类思想的最大贡献无疑是提供了人与自然有机统一、和谐共进的朴素辩证的“天人协调说”。以《易传》为代表的天人协调说,是中国传统哲学中关于人与自然关系的一种比较全面的朴素辩证观点。它继承了老庄的因任自然说与荀子的改造自然说中的合理因素,同时又克服了其片面性,提出了既要通过人的实践力量来引导、调节自然的变化,又要遵循、适应自然运行规律的“裁成”“辅相”原则。与之相近的还有《中庸》中“能尽人之性,则能尽物之性;能尽物之性,则可以赞天地之化育;可以赞天地之化育,则可以与天地参矣”提出的“参赞”原则。这是中国传统天人合一学说中最正确的一个发展方向,也是在农业文明时代积极改造自然、发展生产而又注意保持生态平衡的一条有效途径。[①] 后来虽有不少哲学家沿着这个方向继续做出了贡献,但遗憾的是,它并没有成为中国古代“天人合一”思想发展的主流。

儒家“天人合一”思想的人文主义特征更加突出,其中包含着肯定人是自然界的一部分,人性来源于天道,因而二者具有内在的统一性,人负有“仁民爱物”、善待自然的伦理义务等合理内容。张载的天人合一说具有丰富的生态意义,可说是中国古代最具代表性的生态哲学。这一学说的最大特点是承认自然界有内在价值,而自然界的内在价值是靠人类实现的。他的“乾坤父母”“民胞物与”,以及“大其心以体天下之物”的学说,强调人类要尊重自

---

① 方克立:《“天人合一”与中国古代的生态智慧》,《当代思潮》2003 年第 4 期,第 28—39 页。

然,爱护自然界的万物。张载的学说对于保护生态平衡和维持人类可持续发展具有极其重要的现实意义。如果我们能以"仁民爱物""民胞物与"的胸怀,以"万物一体"的境界对待自然界,在这样的人文关怀下,再去利用和开发自然,其结果就大不相同了。这种开发是建设性的,绝不是破坏性的。我们既需要发展科学技术,又要关心自然的人文价值,使二者能够更好地结合起来。

受农业生产方式所带来的经济发展缓慢的制约,儒家并非一直以经济的不断发展为其基本的价值取向,并非以物质财富的不断涌流、人民生活水平的不断提高为己任,而更注重形成崇高而优美的人格、德性。一方面不断在道德上超越,力求造就高尚的君子、圣贤;另一方面也使社会的风俗淳美,上下相安。用梁漱溟先生的话说,它主要是"向内用力",而不是"向外用力"。儒家固然也主张富民养民,丰衣足食,但在这方面它是有一个限度的,即认为在人们的生活资料满足到一定程度后必转向道德修身和教化,而不以不断鼓励民众拓殖财富为能事。它促使社会上最优秀、最聪明的那一部分人的视线和精力朝向人文与道德修养,而不是朝向科技与经营。在儒家思想家那里,一直有一种重义轻利的倾向,在他们影响到的国家政策上则表现为重本抑末、重农轻商。[①] 这也抑制了最有可能带动经济飞速发展的商业活动。但是,儒家对经济及物欲的看法,即限度和节欲的观念,在现代社会对环境保护仍有重要价值。即便这样,农业文明时代也有一个"强本节用"、发展社会生产力的问题,所以在中国古代也产生了积极改造自然的思想。将改造自然与遵循自然规律结合起来的

① 何怀宏:《儒家生态伦理思想述略》,《中国人民大学学报》2000年第2期,第32—39页。

天人协调说,是中国古代“天人合一”学说中最有价值的思想成果。

道家“天人合一”思想的主要价值是强调,人要尊重生命,顺应自然,“原天地之美而达万物之理”,不胡作妄为,如做违背自然本性的蠢事。他们向往的人类生活环境是“万物群生,连属其乡;禽兽成群,草木遂长。是故禽兽可系羁而游,鸟雀之巢可攀援而窥”(《庄子·马蹄》)的那种“天和”“天乐”的“至德之世”。庄子那种“万物齐一”的宇宙情怀,对我们今天消除以自我为中心的利己主义和人类中心主义所产生的种种消极影响有重要作用。

道家哲学中“道”的本质是“自然”。“自然”是老子思想的核心概念,是其整个思想的实质所在。老子思想的程式和基础在于:“人法地,地法天,天法道,道法自然。”(《老子·二十五章》)在老子那里,万物、人、地、天都从属于道,而道的实质是自然——这里的“自然”不是指自然界,而是指宇宙的内在本质或万物生存与变化的原理。“自然”虽然不等于自然界和自然事物,但是万物无不合乎“自然”的原则,也无一物能够逃脱“自然”的规定,它既是事物存在的法则,也是人类的价值理念,表明中国文化走上了高度亲近自然、重视环境因素的发展道路。从自然观上看,道家自然观在消除当代人与自然关系的误解方面具有积极意义。老子在“道法自然”的基础上,倡导人与自然的亲和性、同一性,倡导生命与生命、生命与自然的和谐共生。这种思想也正是对西方主客二元对立思维方式的调整和超越。“自然”理念产生后,成了往后一切道家思想形态之间的共同纽带。道家认为:自然原则是神圣不可逾越的,文化来自“自然”;大巧不如大拙,人类不能窃取和滥用天能、天功、天德。道家自然观把人与自然的关系规定为主体与主体的关系，即生命与生命的关系，这让道家文化始终行走在包容万物、顺物自然、赏玩自然、友爱自然和回归自然的文化道路上，使得前现代中国文化始终是世界上对天地万物最友善的文化。

老子一开始就将整体世界及其状态和过程当成思考的对象，从道和自然的思考出发，最早提出了人类应该以“无为”的原则自律，这使得老子思想成了某种最早的环境思维。道家反对人类自大妄为和违逆自然，主张“无为而无不为”，因任万物，成就万物，其中潜藏的思维机制就是以自然的方式思考自然。在道家眼中，自然不做无用功，自然是最省力的，自然知道对错，自然是最佳的。“无为”的提出标志着我国古代哲学在世界上第一次提出了人类对自然的自律准则，这种自律给自然万物的自化让出了空间。

中国古代道家学派蕴藏的生态智慧和环保思想资源，是中国环境哲学的重要思想营养。20世纪以来，许多迹象显示，中国古代道家思想正在急速复活、变异和生长，有可能成为救治现代文明异化的一个要素。如果说道家的自然观的影响过去只限于中国，那么在人类文明交汇的今天，它便具有了世界性的实践价值和现实意义。

在古代，中国人赖以生存的经济结构是完全的农业生产方式，农业的好坏与“天”直接有关，与此相联系有句话叫作“民以食为天”，所以“天”通过农业之丰歉作用于中国社会，使中国哲学家不能不关心天人关系。作为中国传统哲学，天人观所处的时代是农业文明时代，因此占主导地位的是顺天，当然这里的“天”不完全是自然，中国的“天”在一定意义上发挥了“上帝”的功能，因而中国的天人合一也就始终保持着一种宗教式的情结,即所谓敬天意识、顺天意识、法天意识和同天意识。如《周易》中所说:“夫大人者,与天地合其德,与日月合其明,与四时合其序,与鬼神合其吉凶”,即敬天意识;“先天而天弗违,后天而奉天时”,即顺天意识。由此而论,天人合一尽管保持着一种对天的宗教式的情结,但其核心内容则是关于人在宇宙中的地位和人与宇宙万物的关系,以及人的行为准则和精神生活的终极根源。虽然天人合一的理论也涉及人与自然生态的关系,但这种关系是以政治、伦理和精神境界为本位的。[①] 中国传统的“万物一体”“天人合一”的思想对于人与自然的关系问题,只是一般性地为二者间的和谐相处提供了本体论上的根据,为人与自然和谐相处追寻到了一种人所必须具有的精神境界,却还没有为如何做到人与自然和谐相处找到一种具体途径及其理论依据。这主要是由于,传统的“万物一体”“天人合一”思想的重点不在讲人与自然的关系,而重在讲“合一”“一体”,不注重主客之分,不重视认识论。由于时代的限制,先秦的“天人合一”思想中具有较多的消极因素,最主要的是,它过多地限制了人的主体能动性,太多地强调了以人顺天的方面。先秦的“天人和谐”思想还属于朴素的、较低的层次,缺乏一种达到人与自然和谐的积极有为的方法。老子、庄子讲消极直观的朴素认识论,孔孟重个人的修养方法,荀子“不求知天”,这些都不足以使人深刻地认识自然、改造自然,在改造自然中达到“天人和谐”。荀子讲“不求知天”,是要让人“不与天争职”,不去研究自然,不去探求自然界发展变化的规律和原因。从这个意义上说,

---

① 刘立夫:《“天人合一”不能归约为“人与自然和谐相处”》,《哲学研究》2007年第2期,第69页。

孔、孟、老、庄也都是不求知天的。因为,孔子讲的是知“天命”,孟子讲的是“思诚”,老庄讲知“道法自然”,基本上都不主张去认识和研究自然。王阳明的“万物一体论”的局限在于:“气”作为宇宙论的基础,还是一种朴素的直观。用“同此一气”解释万物是一个有机的生态整体,虽强调对世界整体的、综合的认识,但是忽略了“事事物物皆有定理”。王阳明对“气”的有关论述在强调天人不间断的同时,也混淆了道德规律与自然规律,对事物缺少理性的分析,结果可能会导致神秘主义。正如李存山先生所概括的:“中国传统哲学两千年的发展是气论服务于仁学,道德压倒了知识。”由于对道德关系的强调压制了科学理性的发展,因此自然科学在中国始终没有充分发展起来。王阳明的心学同样如此,对整体之“仁”的强调大于对个体其他价值的观照,虽挺立了人的道德主体的地位,但在现实安排上过度依赖主观心性。缺乏对事物内部层次和外部条件的深入分析导致的结果往往会和主观愿望产生差距。其实,中国古代的思想家大都只注重一门学问,即做人的学问,都只主张读圣贤书,如四书五经之类,而不像西方近代的哲人那样,也孜孜不倦地读自然这本大书。由此可见,“不求知天”的消极作用是很大的,这使中国在19世纪与西方相撞时马上显出了实力的落后。

有人说,中国“天人合一”的传统文化是农业社会“靠天吃饭”的哲学,如果说它在历史上曾经起过一些作用的话,那么到了工业社会(乃至后工业社会)就完全不能适用了,它与现代文明是格格不入的。如果还主张用这种天人合一哲学解决现代化(乃至后现代化)的问题,那只能是倒退!事实是,我们经常讲的“扬弃”也罢,“批判继承”也罢,都承认吸收了传统哲学的积极成果或成分。

人类社会的发展无疑有其历史性,但并不是一切都要“决裂”、重新开始。“天人合一”最深刻的含义之一,就是承认自然界具有生命意义,具有自身的内在价值,在这方面,道家思想尤为显著。换句话说,自然界不仅是人类生命和一切生命之源,而且是人类价值之源。正因为如此,所谓“究天人之际”的问题才成为中国哲学不断探讨、不断发展的根本问题。这就是承认自然界是生命之源,因此,开发利用时要以爱护和尊重自然界为前提。这虽然是讲农业社会的事情,但是在人与自然界的关系这个基本问题上,对于任何社会都是适用的,尤其是对于工业社会而言,就更具有说服力。因为工业社会无论从哪方面说,对于自然的开发与利用都远远超过了农业社会。如果把社会凌驾于自然之上,以社会性高于自然性而自居,且把自然性仅仅理解为生物性,这本身就是“忘本”。[①] 我们所追求的应该是一种更高层次的“天人和谐”的境界。这就需要我们一方面批判地继承我国古代的“天人和谐”的思想,另一方面深刻地总结西方工业社会改造自然的得与失的经验,并重视合理地运用这些科学技术,真正通过改造自然的积极有为活动,达到“天人和谐”。

自然观无论在东方或西方的文明史中都属于重要的哲学范畴,它的演绎与发展影响了东西方文明的内涵与发展方向。中国传统“天人合一”观要对人类未来有所贡献,需要完成现代转化,这就是从前现代性的“天人合一”转化为现代性的“天人合一”。说中国传统“天人合一”观完全没有受到过主客二分与主体性思想的洗礼有点过于绝对,中国古代不但有“明于天人之分”的思

---

① 蒙培元:《中国的天人合一哲学与可持续发展》,《中国哲学史》1998 年第 3 期,第 3—10 页。

想,而且不乏区分"能知"与"所知"的认识论思想,但从总体上说,传统"天人合一"观过分注重人伦道德而忽视对自然的认识,过分注重整体性而忽视人的个性,因而说其缺少一个以主客二分和主体性思想为主导原则的阶段,是符合历史实际的。应当承认,中国传统哲学中并没有现代科学的因子,在实现现代化的过程中,我们需要吸收和发展科学技术,提倡科学上的创造精神。

尽管西方文化中主客二分与主体性思想的片面发展已造成了严重的弊端,但中国还必须补上这一课,要把"天人合一"的正确思想原则与发展现代科技结合起来,如此才能为解决生态危机、改善人类的生存环境做出切实的贡献。如果只是陶醉于古代"天人合一"思想的高远境界,而不做长期艰苦的现代转化工作,那是根本谈不上什么"拯救人类"的。要知道,自然物不同于人,它不可能约束自己,主动使自己适应人、与人和谐相处。人要想与自然和谐相处,除了必须具有高远的"天人合一"境界外,还必须依靠自己的认识、实践,掌握自然物本身的规律,以改造自然物,征服自然物,使自然物为人所用。中国传统的"天人合一"思想——无论是儒家的还是道家的,都不注重人与我、人与物、内与外之分,都不注重考虑人如何作为主体来认识外在之物的规律以及人如何改造自然,其结果必然是人受制于自然,难以摆脱自然对人的奴役。这样一来,又何谈人与自然间的和谐相处?

张世英先生认为,西方近代的"主—客"思维方式是产生诸如生态危机、环境污染之类流弊的重要原因之一,但这些流弊只是把这种思维方式抬到至高无上的地位的结果,我们不能因噎废食,因见其流弊就完全否定它,而应该走中西会通之路,把"天人合一"思想与"主—客"思维方式结合起来:一方面让中国传统的

“天人合一”思想具有较多的区分主客的内涵,而不致流于玄远;另一方面把“主—客”思维方式统摄在“天人合一”思想指导下,而不致任其走向片面和极端。如果可以把中国传统的那种缺乏主客二分的“天人合一”叫作“前现代的主客关系的天人合一”,那么结合二者为一体的“天人合一”就可以叫作“后主客关系的天人合一”,这里的“后”不是抛弃、排斥,而是超越。这似乎是中国古代的“天人合一”思想的未来发展之路。[①]

我们应当客观看待中国传统文化中的缺陷,承认其科学理性不足这一事实。“万物一体”思想虽然蕴含着极其深刻的生态智慧,但是还需进行一个当代的转化。因此我们需要,在宇宙论上,将这种朴素的整体论同当代生态学和复杂性科学的理论成果相结合,从而尽可能地提供一种科学的自然观;在论证方法上,将个体的直觉体验同科学的分析和实验相结合;在实践层面,将知识的普遍性和个人性相结合,使中国传统智慧和当代科学成果共同为生态危机的解决和中国特色生态文明的建设服务。

第二节　古希腊物活论自然观

在古希腊之前,人们普遍持有神话自然观和万物有灵论,认为自然是一个茫茫有生命的、自我运动的、有感觉和有意识的有机体,其中人类和其他生物被置于渗透一切的灵魂实体的中心。如此,自然现象被神话和人格化了,神统治着世界,灵魂成为事物运动的原因,事物的存在、运动和变化通过神话以及拟人化的方式得以解释。

---

① 张世英:《中国古代的“天人合一”思想》,《求是》2007 年第 7 期,第 62 页。

到了公元前6世纪,在神话自然观和万物有灵论盛行的同时,一种新的哲学思维模式——古希腊哲学诞生了。在古希腊,科学处于萌芽状态,自然哲学和自然科学没有区分开来,哲学家对自然的认识是以思辨和直观的方式进行的,他们开始探寻世界的成分、组成、形式结构和它的运行,深入思考、推论和证明自然的法则,形成了对自然的独特看法。古希腊人有一种可贵的直觉,即认为世界是一个自身有生命的、渗透着神性的、有灵魂的、处在不断的生长过程之中的有机体。古希腊思想家把自然中灵魂的存在当作自然界的规则或秩序的源泉,把自然界看作一个运动体的世界。按照古希腊人的观念,运动体自身的运动是由于活力或灵魂。"由于自然界不仅是一个运动不息从而充满活力的世界,而且是有秩序和有规则的世界,他们理所当然地就会说,自然界不仅是活的而且是有理智的(intelligent);不仅是一个自身有灵魂或生命的巨大动物,而且是一个自身有心灵的理性动物。"①

一、前苏格拉底时期的自然哲学

关于自然的研究是贯穿古希腊哲学始终的主导线索。越是在早期希腊哲学中,自然的含义就越是单纯。亚里士多德在《形而上学》第五卷的第四章总结了"physis"(自然)这个词的几种含义:第一,生成或诞生;第二,事物由以生长的种子;第三,事物生长的动力源泉;第四,事物由以组成的原始材料;第五,事物的本质或形式;第六,一般的本质或形式;第七,自身具有运动源泉的

---

① 〔英〕罗宾·科林伍德:《自然的观念》,吴国盛、柯映红译,北京:华夏出版社1999年版,第4页。

事物的本质。[1] 在这七种含义中，前两种应当属于前亚里士多德哲学的范围。第一种意思最陌生也最古老，说的是，“自然”即生长。最原始的“自然”概念指的就是这种生长过程。“自然”是生长（诞生和发育成长），与其最相关的问题是生长的来历，即本原，因此爱奥尼亚的“自然”哲学家起初给自己规定的任务是探求“本原”。可以说早期希腊哲学，特别是前苏格拉底时期的自然哲学主要研究的是有关宇宙的生成和自然的本原等问题。

最早对“自然”做哲学思考的是活动于古希腊伊奥尼亚的米利都城的泰勒斯、阿那克西曼德和阿那克西美尼三位哲学家。他们一致认为，宇宙万物是由单一的物质性本原构成的，而他们的任务就是去找出这个本原是什么。泰勒斯认为本原是“水”，阿那克西曼德认为是“无定”（一种虚拟物质），阿那克西美尼认为是“气”。宇宙万物的生成、变化是物质性的本原“浓聚”或“稀散”的结果。泰勒斯为什么会提出“水为万物之源”这个命题呢？亚里士多德的解释是：他之所以做出这一论断，可能是因为看到了：“一切种籽皆滋生于润湿，一切事物皆营养于润湿，而水实为润湿之源。”[2]也就是说，万物都靠水分来滋润。由于这一点，再加上万物的种子本性都是潮湿的，所以水就成了潮湿东西的自然本原。泰勒斯是根据对自然的观察，用自然的因素来解释自然的。他很可能把地球想象成一个牧场，悬浮在水面上。地球浮在宇宙之水中“像一根圆木”，这是亚里士多德所传下来的泰勒斯的观点。不

---

① 〔古希腊〕亚里士多德：《形而上学》，吴寿彭译，北京：商务印书馆 1959 年版，第 99—101 页。转引自何怀宏所做的概括，见《生态伦理——精神资源与哲学基础》，保定：河北大学出版社 2002 年版，第 266 页。

② 〔古希腊〕亚里士多德：《形而上学》，吴寿彭译，北京：商务印书馆 1959 年版，第 8 页。

过,必须明确的是,泰勒斯所说的"水"不是我们现代自然科学所理解的水,也不是指万物的基本物质成分是水,而是指万物的开端、开始和起源是水,水是生命的本原,渗透在宇宙的万事万物中,使宇宙成为一个有机体。根据他的这一命题,宇宙作为生长、生成、生活的生命整体的本质就被揭示出来了。这种含义可从他的一段话中反映出来:"宇宙的心灵便是神,万物是活的,而且充满了精灵;正是通过基础性的水,宇宙的运动贯注着神圣的力量。"[①]泰勒斯把世界看作"'被赋予灵魂的',因而是一个生命机体"[②]。

"万物是活的",这便是早期希腊哲人看待宇宙的基本眼界。万物(包括宇宙和其中的一切事物)皆为有机体,皆在生长,皆有灵魂;世界是一个有其自身生命、渗透着神性、处于生长过程中的有机体,世间万物都由其中生长出来。如此一来,地球不仅是一个有机体,而且是能够孕育、诞生其他有机体的有机体。相对于那些被孕育的有机体来说,地球是创造性的,从而是神。这是希腊人"自然"观念的原型和要旨,是一种有机论的世界观。

这种自然观也典型地体现在泰勒斯之后的阿那克西曼德和阿那克西美尼那里。在接近公元前6世纪中期,阿那克西曼德把地球当作球体,认为它自由地浮在一个与构成它的材料没区别的环境中。这种材料在他看来不是水,而是被称为"无限者"的某种东西,它在空间和时间的量上都是无限的,它在质上不确定,没有液体性,同时也没有固体或气体等这些特殊的性质。阿那克西曼

---

① 肖显静:《古希腊自然哲学中的科学思想成份探究》,《科学技术与辩证法》2008年第4期,第72—81页。

② 〔英〕罗宾·科林伍德:《自然的观念》,吴国盛、柯映红译,北京:华夏出版社1999年版,第34页。

德认为,宇宙像活着的东西一样,是由种子生长而成,“宇宙及其重要特征,包括地球上的生命,被设想为是两种基本而对立的自然力量间进化着的相互作用的产物”①。由此可以看出,阿那克西曼德比泰勒斯前进了一步,给出了宇宙演化的一个说法,但是,他仍然没有说明这块木头或那片面包与无限是不是同一实体这一问题。不过,有一点是肯定的,在他那里,这个世界中被自然创造的自然在空间范围和其生命的延续性上是有限的,但创造自然的自然是无限者及其循环运动的创造本性,并因此是永恒和无限的。②

阿那克西美尼将世界的本原归结为“无规定的气”,各种自然物质的区别在于,火是这种气的稀薄化,而风云、水土和石头则是这种气的逐渐凝结。这不能不说又是一个进步,因为他“把一种解释事物从什么而来的理论与一种解释事物如何从其而来的明确说法——即通过稀释与凝聚的过程——结合了起来”③。它涉及的是在自然现象中仍能观察到其起作用的过程。这与阿那克西曼德的理论的任意抽象性又有所不同,比他的解释更加明确。

通过上面的论述可以看出,米利都学派提出的自然哲学不是纯粹的猜测,而是以一定的自然观察和思考为基础,他们的问题意识一代比一代强。尽管他们所持有的是一种有机生成论的自然观,尽管早期的希腊哲学家还远不是无神论者,很多思想还带

---

① 〔英〕泰勒:《从开端到柏拉图》,韩东晖等译,北京:中国人民大学出版社 2003 年版,第 69 页。

② 〔英〕罗宾·科林伍德:《自然的观念》,吴国盛、柯映红译,北京:华夏出版社 1999 年版,第 38 页。

③ 〔英〕G. E. R. 劳埃德:《早期希腊科学:从泰勒斯到亚里士多德》,孙小淳译,上海:上海科技教育出版社 2004 年版,第 20 页。

有很强的早期神话的味道,但他们的解释与神话的解释不同,并提出了自然主义的解释。“他们摒弃了超自然的原因,认识到自然主义的解释可以并且应该被用于更大范围的现象;而且他们朝着理解变化这一问题迈出了尝试性的最初一步。”[①]

按照希腊古老的自然宗教传统,自然界是充满灵魂的。这种观念被人类学家称为“物活论”或“万物有灵论”。文化人类学认为,物活论是原始人类基于对生命现象的自我体验类推自然的产物。米利都派哲学家的思考正是在这一文化背景下开始的。泰勒斯就说过,万物充满神(灵魂)。然而在泰勒斯那里,这并不是对流行的宗教观念的重复。相反,他借助传统宗教的语言形式道出了全新的内容。据亚里士多德记载,泰勒斯把灵魂看作一种能运动的东西。因此,对于泰勒斯来说,一切事物都是由单一的物质本原(水)构成,本原之所以化生出万物,是因为它自身是能动的。在希腊文献中,灵魂常被称为神。关于这一点,阿那克西美尼表达得更明确。他说,神性的气不仅是构成世界的实体,而且是包围它并使它结成一体的天层或表皮,就像人的灵魂包围人的身体并使它结成一体一样。[②] 本原(气)就是神,是不可测量的、无限的,并且在不断运动之中。所以,气又被称为“精气”,包含气息和精神两层含义。这样,米利都学派通过对流行的宗教观念的改造在事实上肯定了,本原不仅是构成事物的基本元素,而且是事物运动、变化的根源。

米利都学派本原学说的真正局限在于,它无法解释宇宙的秩

---

① 〔英〕G. E. R. 劳埃德:《早期希腊科学:从泰勒斯到亚里士多德》,孙小淳译,上海:上海科技教育出版社 2004 年版,第 21 页。

② 〔英〕罗宾·科林伍德:《自然的观念》,吴国盛、柯映红译,北京:华夏出版社 1999 年版,第 40 页。

序问题。这一步是由另一位伊奥尼亚哲学家赫拉克利特提出的。赫拉克利特认为，宇宙的本原是“火”，火化生万物，依据“道”（logos，又译“逻各斯”，有规律、理性、语言、尺度等多重含义）。“道”是本原火所固有的属性，火按照它自身的“道”燃烧、熄灭，生成万物，而由火产生的一切事物都必然普遍地遵循“道”。至此，希腊哲学的第一个完整的自然观得以形成。其主要内容是：自然界的一切事物都是由单一的本原生成的；本原不仅是构成自然事物的元素，而且是事物运动、变化的源泉和事物间秩序的赋予者；由本原产生出的自然界是充满内在活力和秩序的整体，并且具有神性。从泰勒斯的“灵魂”到赫拉克利特的“逻各斯”，一个视自然界为生命机体的哲学隐喻逐步确立了。“物质本原”的自然哲学思想作为古希腊哲学从宇宙神话中脱胎的奠基性原理，其关键在于确立了自然界的独立于人的客观性。当人被放逐到宗教和神学中时，自然哲学则可以基于自然界本身研究自然事物。

二、柏拉图、亚里士多德的自然哲学观

柏拉图在批判继承早期自然哲学家的宇宙生成论思想基础上，以理念论为中心阐述了他的宇宙生成论思想。柏拉图认为，宇宙是由“宇宙的创造者”即“万物之父”“神”依照永恒不动、自我同一的理念范型，利用材料和场所创造而来的。材料是指水、火、土、气这些在创造之前就混沌存在的东西，而场所是指空间。神首先创造出世界灵魂，然后依次是天体、各种动物，最后创造了人。世界灵魂由同和异两部分构成，同和异是推动形体运动的两种力量，二者按相反的方向做圆周运动。世界灵魂是神的影像，同时也是理念世界和可感世界的中介。天体是指日、月、星、辰等

星体,它们有序地分布在地球周围。各种动物依据它们居住的领域又被划分成四类:天上的小神、空气中的有翼动物、水栖动物和陆地动物。神最后创造出了人,首先是人的理性灵魂,接着是灵魂的非理性部分,然后再创造出人的肉体。人是大宇宙的缩小,其身体各部分都合乎目的而具有完满性。在这众多的创造物中,由于人独具理性灵魂,因此人为万物之灵。这样,柏拉图的宇宙中充满了灵魂,在同和异的推动下,它绕着自己的轴转动。而地球周围依次被水、空气包围,在最外层火的顶部固定着人们见到的星星。从地球中心起,依次为月亮、太阳、水星、金星、火星、木星和土星。可见,柏拉图的宇宙中的物体说明与现实自然宇宙的物体相"吻合"。同时,柏拉图以不朽的灵魂贯穿宇宙事物,呈现了自然宇宙生生不息、具有生命性的一面。所以,柏拉图的宇宙是一种"拟人观"作用下的自然的、和谐的、完美的宇宙,是有形体、有灵魂、有理性的活着的有机体。①

在柏拉图的解释中,他始终强调智能的、有目的的意志在宇宙中的作用,即认为自然中有设计的成分。他描绘了一个有生气的宇宙,它渗透着理性,充满着目的;他将造物主引进来,而且正是造物主的稳定保持了自然的规律性,造物主的功能巩固和解释了自然的合理性,自然界运动变化的原因寓于造物主模仿理念创造自然界的过程之中,造物主不仅是理性的工匠,而且是一位数学家,他按照几何原理即按照数学规律构造了宇宙、设计了自然。这样,自然就数学化了,造物主就成为宇宙和变化的事物起源的最高原则。

---

① 唐代虎:《柏拉图的宇宙观及其哲学意义》,《佳木斯大学社会科学学报》2011 年第 1 期,第 1—3 页。

柏拉图的泛神论观点对他的学生亚里士多德有很大影响。亚里士多德从事物的本质探求事物的终极原因和目的,认为世界是分等级的,应该分为天上的世界和地上的世界。天体是永恒地做圆周运动的物质所在的领域,这些物质是不灭的、单纯的、神圣的。而在地上,即在月亮所在的天层以内,除了构成动物灵魂的物质以外,任何事物都是由与天体中的物质不同的元素构成的。这些元素在地上做直线运动,因此是有限的、可灭的,倾向于和其他事物相混合并与其他元素相互转化。对于地上世界的第一实体,亚里士多德用四因说,即质料因、动力因、目的因和形式因来说明其运动变化的原因。他认为,宇宙万物的生灭过程就是由质料向形式不断生成、转化的过程。"高级的形式作为潜能蕴含在低级的质料当中,并且规定着低级的质料的发展,而当它由潜能发展成为现实之后,它自身便又成为质料,向着作为潜能蕴含在它自己内部的更高级的形式发展。这样,高级的形式是更高级的形式的质料,而后者又是更为高级的形式的质料,一环套一环,最终在更高级的形式中,整个宇宙实现了它发展的最终目的"①。关于这个最终目的,亚里士多德把它称为"纯形式""善本身"或"神"。这就是亚里士多德的内在目的论:这个世界不是一个机会和巧合的世界,而是一个有序的、有组织的世界,一个有目的的世界,事物在其中向着由它们的本性决定了的目标发展,正是事物的本性使得事物依其自身的权利拥有生长、组织和运动的本原,宇宙间所有变化和运动都可以追溯到事物的本性。"所有的自然物都有某种本性,那就是它们的形式,形式使它们趋向于发展。

① 韩东晖:《智慧的探险——西方哲学史话》,北京:中国人民大学出版社 2003 年版,第68 页。

这种自然发展就是目的。”[①]“不同的自然物体有不同的形式和目的,但从神圣的天体到卑微的石子,所有种类的自然物体都在寻找并向往着适合于它的形式和目的。”[②]一句话,事物的内在本性是其运动朝向自然位置的根本原因。如此,自然总体上来说不是杂乱无章的,而是具有秩序和规则的。

科林伍德认为,“亚里士多德和爱奥尼亚学派以及柏拉图一样,把自然界看作一个自我运动着的事物的世界。它是一个活的世界,一个不是像十七世纪的物质世界那样由惯性而是由本能运动为其特性的世界。自然本身是过程、成长和变化,这个过程是一种发展”[③]。亚里士多德认为,“展现在自然中的变化和结构的种类形成了一个永恒的仓库,仓库中的东西按逻辑关系而不是按时间顺序相互联系。他相信变化的最后结局是循环,圆周运动在亚里士多德看来是完美的有机物的特征,而不像我们认为的那样,是无机物的特征”[④]。亚里士多德的自然学最值得注意的是其目的论,这是亚氏保存希腊思想中的世界作为活的有机体观念的主要手段。在《物理学》中,亚里士多德指出,对于自然物而言,形式因、动力因和目的因可以合二为一,因为形式既是目的,同时也是动力,因为奔向目的以实现自身,这本身就构成了一种动力。归根结底,对自然物而言,运动和生长的原因只有两种,一种是质

---

① 〔美〕加勒特·汤姆森、马歇尔·米斯纳:《亚里士多德》,张晓林译,北京:中华书局2002年版,第35页。

② 〔英〕G. E. R. 劳埃德:《早期希腊科学:从泰勒斯到亚里士多德》,孙小淳译,上海:上海科技教育出版社2004年版,第117页。

③ 〔英〕罗宾·科林伍德:《自然的观念》,吴国盛、柯映红译,北京:华夏出版社1999年版,第89页。

④ 同上书,第88页。

料因,一种是目的因。但是,“虽然质料和目的这两个原因自然哲学家都必须加以论述,但比较主要的是论述目的因,因为目的是质料的原因,并非质料是目的的原因”[①]。由于质料因总是潜在地起作用,也可以说目的因就是自然。“自然是一种原因,并且就是目的因。”[②]

考察古希腊自然哲学思想可以发现,米利都学派持有生成论宇宙观,把宇宙理解为一种不断生成变化的生命体,并以此说明宇宙的生成演化,而且更重要的是,他们用自然的因素来解释自然。总的来讲,希腊自然哲学具有以下特点:

第一,认为世界是一个自我生长着的活的有机体,并且这个有机体是有灵魂的。无论是泰勒斯、柏拉图,还是亚里士多德,他们所研究的“灵魂”都首先是自然的灵魂,而人的灵魂只是它的一种具体形式。正如人的灵魂对身体的操纵一样,自然这个生命机体以它的灵魂操纵着它的身体,从而保证了自然事物的存在、运动和秩序,保证了自然界的整体性和统一性。尽管这里仍然残留着原始“物活论”的思维方式,但它的内容则建立在希腊人对自然的科学研究之上,是理性化的。

第二,在希腊人看来,自然不只有变化的特征,还具有努力或奋争或趋向,即一种以某种确定方式变化的趋向。尽管有石块压顶,种子依然要努力破土而出;幼小的动物努力使自己的形体达到成年动物的形体标准。当它的目标达到了,它的努力也就停止了。整个过程包含着潜能与现实之间的区别,潜能是奋争的基石,凭借着奋争,潜能朝着现实的方向进发。这个“奋争”的概念,

① 〔古希腊〕亚里士多德:《物理学》,张竹明译,北京:商务印书馆1982年版,第67页。

② 同上书,第65页。

作为一个贯穿整个自然界的因素,具有把自然过程导向终极的目的论意蕴。[①]

第三,世界显现着理智的秩序,从而是可理解的。从后者发展出的著名的形式理论中,以柏拉图的理念论为最。在柏拉图《蒂迈欧篇》中,他所编造的创世故事很清楚地说明:生长的动力来自造物主。生长的动力是内在的还是超越的?这一点具有重要意义。生命的原则之一是自律性,生长的动力来自其自身的生命力。动力超越的观点是对世界机体生命性的背离,而亚里士多德的目的论正是对生命原则的守护。[②] 亚里士多德的自然学集前苏格拉底自然哲学之大成,也是对某种本原的把守,从中我们尚能找到原始的生命之流。

希腊时代是自然哲学的第一次兴盛时期,若没有从泰勒斯到亚里士多德这些希腊哲学家对自然的探究,就不会有文艺复兴时期以后的机械论哲学,也就不会有近代科学的诞生。希腊思想与近代思想的根本区别在于:希腊人并没有像近代人那样把人设想成超越自然事物的存在。在希腊人看来,人始终是自然界的一部分,人的最高目的和理想不是行动,不是去控制自然,而是静观,即作为自然的一员,深入自然,领悟自然的奥秘和创造生机。这种有机论的自然观贯穿希腊哲学发展的全过程,并通过柏拉图和亚里士多德的著作,深刻地影响了中世纪和文艺复兴时期的西方自然哲学。

---

① 〔英〕罗宾·科林伍德:《自然的观念》,吴国盛、柯映红译,北京:华夏出版社 1999 年版,第 89 页。

② 何怀宏:《生态伦理——精神资源与哲学基础》,保定:河北大学出版社 2002 年版,第 268 页。

第三节　近代机械论自然观

要想全面了解近代以来自然科学的兴起和发展,应从中世纪的思想中追溯自然哲学生成的精神足迹。中世纪基督教世界的自然哲学家一方面坚守《圣经》赋予的世界观,另一方面继承和发展了古希腊的自然哲学思想。《圣经》中对劳动和技艺的肯定态度,使中世纪的自然哲学与古希腊物活论自然观相比,更接近机械论的自然观倾向。近代文化观念的核心是机械的、严格决定论的世界观和单纯的因果论及还原论的思维方式。

一、中世纪自然观向近代机械论自然观的转化

近代是紧随中世纪而来的,我们应从中世纪的思想中追溯自然哲学生成的精神足迹。影响中世纪自然哲学的思想源流主要是希腊思想和基督教《圣经》。从文化渊源上看,基督教无疑具有“两希”传统,即希伯来文化传统和希腊文化传统。当基督教最初脱离犹太教母体传播到古希腊罗马世界时,从希腊的哲学中吸取了丰富的精神养料,逐渐生长成为一种具有希腊、罗马文化特色的新宗教。

柏拉图哲学是古希腊形而上学思想发展中的重要里程碑,而且构成了早期基督教神学理论的主要来源。柏拉图在他的一系列对话录中,借苏格拉底之口表达了一套关于理念世界与感觉世界相对立的哲学理论,并且把这种对立归结为灵魂与肉体的对立。柏拉图认为,作为感官对象的现象世界是虚幻的世界,它们是唯一真实的理念世界的摹本或影子。按照这种理论,在任何感

性的具体存在物后面，都有一种更真实、更原始的一般存在，前者只是由于模仿和分有了后者才得以存在。后来在基督教神学中，这种理念本体论就演化为众信徒由于对基督的信仰和分享圣灵而获救的救赎理论，也成为中世纪经院哲学实在论的理论来源。柏拉图对基督教的最重要影响在于，他提出了一种系统化的理念世界与感觉世界、灵魂与肉体相对立的二元论，这种二元论后来成为基督教神学最基本的内容。柏拉图哲学无论是在理论上还是在实践上，都对基督教产生了极其深刻的影响。

至于古希腊哲学的集大成者亚里士多德，其哲学思想对于早期基督教的影响甚微，这是由于与柏拉图哲学相比，亚里士多德哲学带有太多的理性成分。当基督教刚刚开始在希腊罗马文化环境中生长时，作为一种受压制的弱势人群的宗教信仰，基督教更多地侧重狂热的信仰而不是审慎的理性。只有在基督教已经成为欧洲主流乃至独断的宗教信仰之后，已经高枕无忧的基督教神学才开始从神秘的柏拉图主义转向审慎的亚里士多德主义，并借用亚里士多德的形式逻辑和形而上学来对基督教神学进行精雕细琢的体系建构。这种转向最终产生了博大精深且烦琐晦涩的经院哲学。[①] 似乎可以说，古希腊之后的西方哲学分别沿着柏拉图的理念论和亚里士多德的自然哲学两条线索发展。一个发展出了上帝创世的基督教哲学，一个发展出了近代自然科学。

基督教对于哲学在中世纪的存在与发展具有根本性意义。在当时的条件下，哲学正是在与基督教的结合中获得了存在的契机和发展的动力：基督教以其宗教功利主义为哲学规定了任务，

---

① 赵林：《希腊形而上学对基督教神学的初期影响》，《圣经文学研究》2015 年第 1 期，第 137—153 页。

确证了上帝、基督教教义和信仰，指明宗教实践的基本方向是通过理性论辩或自然认识上帝。中世纪的整个宗教活动都是为此而展开的。起初，基督教神学家将哲学混同于神学，力图以哲学确证基督教教义和信仰，并由此提出了一系列根本性的哲学问题。事实上，在西欧中世纪的思想中，基督教信仰始终占支配、主导地位，哲学因被用作确证基督教教义和信仰的工具，经历了一个被混同于基督教神学，随后又与之逐步分离的发展过程。在此过程中，理性逐步从宗教信仰转向自然、转向经验现实中的感性存在物，当初被基督教融入神学的哲学获得了新的内容和方法，形成了自然哲学，为近代科学的产生提供了直接的思想母体。①

中世纪基督教世界的自然哲学家一方面要坚守基督徒的圣经世界观信念，另一方面明显地继承和发展了古希腊的哲学思想。尽管此时的自然哲学由于与希腊哲学有着不同的目标、界限和环境，其呈现的关于“自然”和事物本性的观念极大地不同于古希腊传统，但是古希腊哲学家关于自然世界态度的一些重要的基本特征被保留了下来。这种耦合的根本原因在于古希腊哲学实质上的“宗教”源泉和本质及其对基督徒自然哲学家的感召力。因此，此时的自然哲学精神在宗教理性与自然理性上的混合是明显的。首先，这种理性对于事物本性的基本态度是目的论，这与事物本性的目标指向性有关，与一种更加抽象或者更加共有的“逻格斯”的目标指向性有关，后者的目标指向性在于寻找灵魂和智慧的显现。这两种意义的“本性”中的一切都是为了善，并且有它追求的善的目标。其次是一种对灵魂的完全的着迷。有些哲

① 李聪明、谢鸿昆：《论近代自然哲学的生成》，《中州大学学报》2006 年第 4 期，第 81—89 页。

学家相信天体和动物之所以运动是因为有灵魂。再次是希冀发现自然世界的永恒规律。最后,多数希腊哲学家习惯地认为,宇宙之所以值得被探讨是因为,无论是作为善、美、神性的一个方面,还是作为一种神圣灵魂的证据,它都是美的。这些正是吸引中世纪基督徒最为基本的东西。①

在16世纪的亚里士多德主义者、柏拉图主义者和帕拉塞尔苏斯主义者看来,世界是活的——在所有的层次上都是如此。"空气里存在一种对所有生灵来说是必不可少的生命之精。"②常常可以读到用精气种子来说明土壤的生殖力以及由此造成的金属在矿脉中生成的理论解释。许多人认为这个过程可与人类胎儿的成长相类比。在帕拉塞尔苏斯派学者看来,真正的医生可以在两部神圣的书中寻求真理:一部是神启示的书——《圣经》;另一部则是神创世的书——自然。因此,帕拉塞尔苏斯派学者一方面致力于对《圣经》做诠释,另一方面又提倡一种基于新的观察和实验的全新的自然哲学。他们继续保持着在一个生成变化的世界中研究自然的传统。在西方哲学史上,"帕拉塞尔苏斯"这个名字也许不像其他著名的哲学家那样耳熟能详,但以他的名字为代表的帕拉塞尔苏斯学派在哲学史上所占据的位置是不可替代的,这个所谓的"化学论哲学流派"在中世纪与文艺复兴之间承上启下,对近代哲学的形成起到了一种举足轻重的作用。

中世纪的哲学思想虽然深受古希腊思想传统的影响,但二者

---

① R. French, and A. Cunningham, *Before Science: The Invention of the Friars' Natural Philosophy*, Hants: Social Press, 1996.转引自韩彩英:《论近代科学的中世纪理性主义基础》,《科学技术哲学研究》2015年第6期,第37—41页。

② 〔美〕埃伦·G.杜布斯:《文艺复兴时期的人与自然》,陆建华、刘源译,杭州:浙江人民出版社1988年版,第47页。

在自然观上有很大差异。对古希腊人而言,宗教神学与关于宇宙起源的学说等自然学说是一体的。大致说来,古希腊的自然观可以粗略地归纳如下:(1)自然具有神性。柏拉图在《蒂迈欧篇》中所描述的神,是在一种原始的质料上打上理念的印记,把理性带到没有理性的物质之中。但由于物质对其的抵制,其无法完美地模仿理念。但神不能凭空创造,也要受必然性的限制。亚里士多德认为,越接近最高形式的东西就越具有神性。诸多的天体都是永恒的神。(2)自然是本质和形式,物质所显现出来的多样性只不过是表面现象。在亚里士多德看来,第一推动者即神,是最高的形式。自然即形式,是永恒的、不变的,也是合乎理性的。一个自然物质的本质或形式是该自然事物个体发展的目的,即它的本性。(3)自然是可以理解的,理念世界(形式)和现实世界是重合的。正如英国历史学家基托所说:"这里我们遇到希腊思想的一个永恒的特点:万有,不管是物质的还是道德的万有,必定不仅是合理的,因而也是可知的,而且也是单一的……"①

同样,我们把基督教《圣经》中的自然观做如下归纳:(1)除了上帝之外,绝对不存在任何其他事物可以声称拥有神性。上帝是唯一不变的永恒的神。上帝用话语从虚无中创造了天地万物,不受任何永恒形式的局限,也不用考虑质料的抵抗。(2)上帝耶和华并不像一位自然神论的至高神那样,将一切都交给固有的规律去支配。所有被创造的一切都还要受上帝的左右。基督"常用其权能的命令托住万有"②。(3)一切"受造之物"的产生完全仰仗上帝的意志,自然界作为上帝的造物应当得到珍惜,它们正是上

① 〔英〕基托:《希腊人》,徐卫翔、黄韬译,上海:上海人民出版社1998年版,第232页。

② 《新约·希伯来书》第1章。

帝全能的体现。但是自然物不能被崇拜。(4)人类分享着上帝对受造之物的统治,“管理海里的鱼、空中的鸟,和地上各样行动的活物”①。从以上自然观的对比中,我们可以清楚地看到两者的差异。

《圣经》虽然认为上帝创造了世间万物,但是不认为自然物具有任何神性。自然不是令人畏惧的永恒的形式,相反它们不过是上帝的造物,而且要受到人类的管辖,人类和上帝一起面对自然。基督教对自然的非神化对自然科学的产生,尤其是对经验自然科学的产生无疑是有利的,这促使近代以来自然科学研究的对象成为客观事物,各种高高在上的天体均在此列。一切的对象都是均等的,不存在贵贱等级的差别。

中世纪虽然没有产生重大的、跨时代的技术,但《圣经》中对劳动和技艺的态度与古希腊的思想相比,更接近一种机械论自然观的倾向。《圣经》有言:“若有人不肯作工,就不可吃饭。”②基督教教导人们:“劳动是一项使上帝高兴的事情。第一个劳动者就是上帝本人,他是人类的创造者,是世界的创造者……”③《圣经》中的人类能够支配自然物的思想隐含着一种对技艺的承认,正如培根所认为的,《圣经》从来就没有禁止人们探求自然,相反还给予鼓励,上帝把对自然的支配权留给了人类。劳动和技艺的观念对科学的影响可以表现在以下两个方面:首先,《圣经》认为,在人类堕落之后,上帝对人类的惩罚是劳动的疲乏,而不是劳动本身,因此对这种劳动的痛苦的减轻是提高技艺水平的根据之一。其

---

① 《旧约·创世纪》第1章。

② 《新约·帖撒罗尼迦后书》第3章。

③ 〔苏〕古列维奇:《中世纪文化范畴》,庞玉洁、李学智译,杭州:浙江人民出版社1992年版,第305页。

次，认可对自然物的支配有助于实验科学的发展，这使得《圣经》对近代以来的科学技术的发展起了一定的推动作用，中世纪哲学经过基督教的重铸后成为近代自然哲学。

当代著名德国哲学家海德格尔也认为："现代思想并不是一蹴而就的。它的开端萌发于十五世纪的后期经院哲学之中。十六世纪既有痉挛似的冲激也有同样急烈的倒退。唯在十七世纪，才实现了决定性的澄清和奠基。"[①]可见，近代欧洲的发展，包括近代科学技术的发展的发端处同样是在被认为黑暗的中世纪。事实上，要想全面了解近代以来自然科学的兴起和发展，古代和中世纪应该是不能被忽略也无法被忽略的。古希腊和中世纪代表两个完全不同的方向，但正是它们共同作用下的中世纪孕育出了后来科学发展的种子。

二、机械论自然观的确立

在哲学领域，中世纪神学向近代哲学的转变是从文艺复兴开始的。在15世纪发端于意大利的文艺复兴中，其一大主题就是自然的发现。自然的发现主要是通过自然哲学的思辨、奇异科学的实践以及柏拉图主义的复兴这三个途径发展起来的。除了人文主义者，自然哲学家从古希腊哲学尤其是柏拉图主义的复兴中吸取了物活论、生机论和泛神论的因素，把自然看作与神联系在一起的生机勃勃的运动实体，认为研究自然与研究上帝属于同样的工作。这一转变是从中世纪神学到近代自然科学过渡的一个重要环节。自然哲学家反对经院哲学把抽象的理性模式强加在自然之上，要按照可以感觉到的自然本身的原则解释自然。虽然这

---

① 孙周兴选编：《海德格尔选集》，上海：上海三联书店1996年版，第857页。

一时期的自然科学还常常与占星术、巫术、魔术、炼金术、通灵术这些“奇异科学”掺和在一起，但两者具有一个共同点——以实用为目的，要求有可感的经验证据和在原则上符合经验科学的一般检验标准。

科林伍德认为，自然理论在16世纪和17世纪经过了两个主要阶段。两个阶段的区别在于对身心关系的看法不同。15世纪、16世纪的自然主义哲学赋予自然以理性和感性、爱和恨、欢乐和痛苦，并在这些能力和激情中找到了自然过程的原因。自然界仍然被看作活的机体，它内在的能量和力量中有生命和精神的特征。从这个意义上讲，它们与柏拉图和亚里士多德的宇宙论相似，且更类似于前苏格拉底宇宙论。这种泛灵论和物活论在早期的文艺复兴宇宙论中还是潜在的因素，然而在古希腊思想中早已占支配地位了。随着时间的推进，机体论的自然观就被机械论的自然观所取代。由早期的机体论向晚期的机械论的转化主要是哥白尼的工作。[1] 1543年，哥白尼论述太阳系的著作《天体运行论》终于（在他死后）出版了，这本书所阐述的新天文学理论否定了地心说，并用日心说假设解释行星的运动。哥白尼天文学发现的真正意义不仅限于让太阳取代地球的世界中心地位，更重要的是，其中暗含着对世界有一个中心的否定。其实，物质世界没有中心才是哥白尼真正的观点。人们恰当地将哥白尼理论当成关于宇宙论的一场革命，因为它打破了整个自然界有机论。哥白尼的主要论点还暗含如下内容：地球与其他天体的构成物质是相同的，且由共同的规律支配运动。这些观点很快受到一

---

① 〔英〕罗宾·科林伍德：《自然的观念》，吴国盛、柯映红译，北京：华夏出版社1999年版，第106页。

批新的思想者的欢迎，其中乔尔丹诺·布鲁诺是最重要的代表人物。

布鲁诺生于1548年，他对自然理论的重大贡献在于对哥白尼学说的哲学解释。在布鲁诺看来，任何特定事物以及任何特定运动都有一个本质或自身内的源泉，都有一个原因或自身外的源泉。上帝既是本原又是原因：是本原，因为它内在于自然的每一个别部分；是原因，因为它超越所有这些部分。布鲁诺的本原和原因这两个观念的综合性是显而易见的，但他的本原是指内在的原因；原因则是指外在的原因，如A是B的原因。[①] 布鲁诺没有克服二元论。在内在原因和外在原因（导致自身运动和被他物导致运动）之间保持着一种二元论，这也就是为什么在17世纪会出现二元论大泛滥：一是形而上学中有身与心，二是宗教论中有自然与上帝，三是认识论中有理性主义与经验主义等二元对立。这些二元论都来自笛卡儿。

大约在16世纪到17世纪，一种与希腊自然观相对立的新的自然观开始兴起，并迅速取代前者占据主导地位。正像希腊自然观借助"生命机体"的隐喻，新的自然观也建立于一个奇特的隐喻——"机器"的隐喻之上：首先，自然不再是个有机体，而是一部机器，一部由各种零部件组装而成按照一定的规则、朝着一定的方向运转的机器。也就是说，自然的变化及其过程不是由终极因而只是由动力因造成并引导的。自然仅仅是在运动——由已经存在的物体的作用引起的运动，不论这种作用是冲击性的，还是

---

① 〔英〕罗宾·科林伍德：《自然的观念》，吴国盛、柯映红译，北京：华夏出版社1999年版，第110—111页。

吸引性的抑或排斥性的。[1]

人们通常认为，笛卡儿是机械论世界观的创立者，而在科学上实现、完成这次革命的则是牛顿。在这个时代，科学尚处于对无机界的简单的研究阶段，机械力学是它的主要科学基础，它所描绘的是一幅无机的世界图景。“笛卡尔第一次系统表述了机械自然观的基本思想：第一，自然与人是完全不同的两类东西，人是自然界的旁观者；第二，自然界中只有物质和运动，一切感性事物均由物质的运动造成；第三，所有的运动本质上都是机械位移运动；第四，宏观的感性事物由微观的物质微粒构成；第五，自然界一切物体包括人体都是某种机械；第六，自然这部大机器是上帝制造的，而且一旦造好并给予第一推动就不再干预。”[2]

简言之，近代文化观念的核心是机械的、严格决定论的世界观，单纯的因果解释框架和还原论的思维方式。这种世界观具有如下特征：

第一，它是“原子论”的，而非“整体论”的。它把组成物质的最终实体作为考察对象，把客体的全部属性归结为要素的不同组合，世界被看成一个松散的“物质堆”。

第二，这种世界观是还原论的，所坚持的是一种严格的因果决定论。客体运动的每一个环节都被归结为上一个环节（原因）的输出，并引起对下一个环节的输出；一切个别对象的变化都被看成完全确定的、必然的，完全否定偶然性存在的客观实在性。由于它把对象看作一种无组织的现象，因此无法揭示对象的内部

---

① 〔英〕罗宾·科林伍德：《自然的观念》，吴国盛、柯映红译，北京：华夏出版社1999年版，第114页。

② 吴国盛：《科学的历程》，长沙：湖南科学技术出版社1997年版，第405页。

联系。在那里,事物都被还原为无组织、无结构的质点,它所注重的,正是这些质点之间的外部的因果联系。对象被看成"死"的,它的运动只能由外力推动。应当说,还原思维是哲学、科学乃至人类思维的一种重要形式,是从结果追溯原因,从现在追溯过去,是一种"后溯思维",它在人类解释世界时是不可少的。但是,如果把它绝对化,把因果联系看成世界的唯一联系,把因果规律看成唯一的规律形式,就会导致"还原论"。机械论就是只知因果联系、因果规律,否定其他联系、其他规律形式的还原论。

第三,机械论把一切联系皆归于因果联系,只能说明无机界的运动、变化,不能说明有机体的进化与发展,因此是一种"运动论""变化论",而非"进化论""发展论"。这是因为,如果现象的一切变化标准皆取自过去,完全由过去所决定,就会形成一种无超越的循环:在原因中所没有的,在结果中也不会有,因而一切都是过去的变种,天底下没有新东西。

第四,主客体的二元对立也是机械论思维方式的基本特征,即把世界作为一个与主体及其活动无关的纯粹自在的东西进行研究。主体性与客观性被放在相互分离的两极:要承认主体性,就必须排除客观性;而要承认客观性,就必须排除主体性。[①]

总而言之,机械自然观把大自然比作机器,不再认为自然是个有机体,自然不再具有生命和活力,也不具有理智和理性,不能自主地运动和变化,而是像钟表和水车一样的机器。只不过钟表和水车是由人创造的,而自然这个大机器是由上帝创造的。上帝设计出一套原理,把它放进自然界并操纵自然界运动,而自然界

---

① 刘福森:《从机械论到有机论:文化观念变革与唯物史观研究中的问题》,《人文杂志》1994 年第 3 期,第 1—6 页。

本身完全是被动的、受控的，仅仅是一架“机器”。这样，在犹太—基督教传统中有其根源、在文艺复兴晚期开始浮现的“控制自然”的观念，通过机械论和理性主义的奇妙结合，终于获得了完整的哲学形式。

在西方近代哲学中，笛卡儿突出强调人的理性力量和地位，认为一切在过去被确立了的“权威”与“信仰”之类神圣不可侵犯的东西，都要经受理性的“普遍怀疑”的检查。只有人的“理性”是真实的、万能的。因此，在谈到物理学问题时，笛卡儿说出了“给我物质和运动，我将为你们构造出世界来”[①]这句名言。这一思想直接导致18世纪法国启蒙学者及唯物主义者建立起了审判一切的“理性法庭”。

培根从与神学唯心主义相对立的唯物主义路线出发，论证人的认识能力能够通过经验归纳方法把握自然界的规律，由此人可以利用自然和征服自然。他指出：“人类要对万物建立自己的帝国，那就全靠方术（技术）和科学了。因为我们若不服从自然，我们就不能支配自然。”[②]他还告诫说，要按世界的本来面目，而不是按我们理智的意愿，在人类认识中建立起一个真正的世界模型。培根的著名口号“知识就是力量”就由此而来，也有上述含义。培根指明的方向促进了经验自然科学的迅速发展，这种推崇自然探索又偏重实用功利性的观点，在那个时期起了推动生产力发展的进步作用。

康德哲学有着浓郁的人文主义色彩，康德提出了“人是目的，

---

①　冒从虎、王勤田、张庆荣编著：《欧洲哲学通史》上，天津：南开大学出版社1985年版，第405页。

②　〔英〕培根：《新工具》，许宝骙译，北京：商务印书馆1984年版，第104页。

而不仅仅是手段”①,人是“绝对价值”和“客观目的”等著名论点,并把这看作最高的道德律。但是,康德哲学的特点不是一般地表明对人的关怀和强调,而是突出地提出了人的主观能动性、人是自然的主人这一思想,即“人是自然的立法者”思想,用康德的原话来说就是:“自然界的最高立法必须是在我们的心中,即在我们的理智中。”“理智的(先天)法则不是理智从自然界得来的,而是理智给自然界规定的。”②

黑格尔不但把绝对理性视为全部自然界的主人,甚至把自然界看成“精神”的“外化”“异化”,等等。这样,“理性”或“精神”就成了自然界的“创世主”。这实质上是把人的理性提到了至高无上、支配一切的地位。如此一来,“控制自然”的观念与新兴的以追求财富为目的的资本主义精神一起构成了工业文明时代的意识形态。正是在这种弘扬理性、倡导实验科学的文化主流影响下,欧洲工业文明迅猛发展。由于生产力的发展,人类控制了许多自然力,取得了许多征服自然的成果,而“人统治自然”“人是自然界的主宰者”这种观念也走向了极端。

也正是由于工业革命以来“控制自然”的观念和信念导致了许多负效应,特别是过分强调人对自然的征服和统治导致了环境污染和生态平衡被破坏,因此自20世纪上半叶开始,思想家开始反思这种古老的观念和信念。与此同时,“控制自然”的机械论世界观也开始走向解体,被现代有机论自然观所取代。

---

① 北京大学哲学系外国哲学教研室编译:《西方哲学原著选读》下卷,北京:商务印书馆1982年版,第317页。

② 同上书,第286页、第287页。

第四节　现代有机论自然观

近代自然科学的最重大成果是牛顿提出的经典机械力学体系,这一理论用机械规律基于自然本身解释自然,成为机械论世界观的基础。当18世纪的机械力学理论难以解释生命有机体和自然的统一性问题时,康德的自然目的论思想埋下了机械论自然观解体的种子。黑格尔延续了康德对于有机生命的见解,把自然从最低级阶段到最高级阶段的发展看作一个必然过程,为进化理论提供了哲学基础。20世纪中期,现代自然科学兴起,为人们提供了一幅世界自组织演化的自然图景,从而把关于世界演化发展的认识推向了现代有机论自然观新阶段。

一、自然目的论思想埋下了机械论自然观解体的种子

目的论是西方哲学中的一个核心问题,是关于"目的"和"合目的性"的说明、疏通和批判。也就是说,目的论是这样一种观念,它在世界万物的背后都设定了一个目标,这一目标是事物之趋向者,也是事物之所以产生、发展、变化的引导者或推动者。目的论从前苏格拉底时代发端,在15世纪到18世纪之间受到巨大冲击,却并没有因此绝迹,它一直潜伏在笛卡儿等人的哲学中,其后通过康德哲学重见天日。目的论从古希腊到康德时代大致经历过三种形态转变:古希腊的自然目的论、中世纪的神学目的论和康德哲学中的目的论。

在古希腊,目的论观念的提出者可以追溯到阿那克萨戈拉,当他主张心灵是事物的动因时,目的论的因子就已经包含在其中

了。当然,阿那克萨戈拉的目的论还停留在自然哲学的话语框架内,是苏格拉底将目的论的目光从宇宙论的解说转向了对人世的关注。在苏格拉底的目的论当中,德行或善是最高的知识或理念。这种目的论传统被柏拉图很好地继承下来。柏拉图哲学的核心就是理念论,理念论体系内部是呈等级、梯度结构的,有从低级理念到高级理念的层次之分,低级理念分有或模仿高级理念并从属于高级理念,处于理念论最顶端的则是善的理念,所有其他的理念都是善的理念的摹本。这样的理念论表明其自身是一个目的论系统,这一目的论系统呈金字塔形结构,其中善的理念是绝对目的或最高目的。如果说目的论在柏拉图那里还只是一种假设的话,那么到了亚里士多德那里,目的论就被概念化为一个重要的观念。亚里士多德在《形而上学》中指出,哲学是追求事物的原因和原理的知识,我们只有在认识一事物的基本原因之后才能说知道了这一事物,事物的原因有四项,即质料因、形式因、动力因和目的因——通常所谓的"四因"。亚里士多德认为,他之前的所有哲学在追问事物之所以然的问题上都没有穷尽原因,它们几乎在只涉及质料因和动力因时就停滞不前了。柏拉图的理念论中虽然有形式因的暗示,但柏拉图并不以形式和理念作为变化的源泉,反而认为形式是静止持存的源泉,因此他对形式因没有做过清楚的说明。至于目的因,任何思想家都不曾明确把它当作事物的一个原因。正是因为认为前人在追问原因的问题上存在缺失,亚里士多德才提出了他的"四因说"。在这四种原因当中,目的因、形式因和动力因三者是重合的,形式在作为目的而引起别的事物运动的同时,由于自身内包着动力因而就会有实现自身目的的内在力量,因此自己能推动自己。由此,柏拉图和亚里士多德的目的论在两点上可以区别开来:其一,柏拉图的目的论是静态目的论,而亚里士多德的目的论是动态目的论;其二,柏拉图的目的论整个是外在目的论,而在亚里士多德那里,目的论是内在目的论而非外在目的论。

虽然前苏格拉底哲学和后苏格拉底哲学在目的论上有所区别,但本质上来说,二者在内在气质上是一致的,它们都是以"自然"为最高的理念和本体,都崇奉宇宙的"逻格斯",都认为人永远摆脱不了"天命"的支配。古希腊的目的论最后都是以"至善"为最高目的,这一最高目的最后都追溯到了自然,因为只有自然而然的东西才是神圣和正义的,才是最高的"形式"或"理念"。即使从苏格拉底开始,哲学的中心开始转向城邦事务,但此后的哲学仍然是按照宇宙和自然的秩序来看待人世和城邦的秩序。

古希腊的目的论主要是一种自然目的论,以理念为万物的最高指向,但是除了这种目的论之外,与之相关的还有一种后来的中世纪意义上的神学目的论。其实,整个古希腊的目的论最后都转向了有神目的论,这在晚期希腊哲学中表现得尤其明显,中世纪的目的论从中吸收了很大一部分资源。中世纪的神学目的论是对古希腊有神目的论不断深化的产物。范明生先生在《晚期希腊哲学和基督教神学》的绪论中讲到希腊哲学对基督教教义的影响时,也特意提到了目的论论证,认为柏拉图率先论证了神学目的论,之后的亚里士多德、斯多亚学派、斐洛、普罗提诺进一步完善了柏拉图的神学目的论,而中世纪的神学目的论则显然是柏拉图和亚里士多德的神学目的论的系统化。

柏拉图和亚里士多德所主张的"至善"目的论思想及其达致"至善"的途径被中世纪神学家所接受,无不隐现在中世纪两个最杰出的神学家即奥古斯丁和阿奎纳的思想中。当中世纪经院哲学将柏拉图的“理念”和亚里士多德的“形式”用一个人格的“上帝”来取代,并用一神论的上帝来作为事物的终极因时,其中的目的论因素一望即知。中世纪的目的论思想体现在两个世界的划分上:上帝是“大全”和“一”,即上帝是唯一和最高的终极原因等。但这些东西都只不过是古希腊思想的神学化。中世纪目的论真正有特色的地方在于,它用古希腊的目的论思想来论证上帝的存在,这就是所谓的目的论论证。这样一来,目的论围绕的中心就发生了一个重大转移,在古希腊是以自然为中心,现在转变成以上帝为中心,所有的论证都是为了证明上帝的存在。如果古希腊的目的论认为自然就是目的,因而可以被称作自然目的论的话,那么基督教的目的论姑且可以被称作神学目的论,因为它是以上帝为最高的本源和目的。①

自哥白尼以来近代自然科学发展的一个最重大成果是,牛顿提出了以力学三定律为基础的经典机械力学体系。这一理论用机械的规律基于自然本身解释自然,其意义远不仅限于自然科学领域,它用机械原因代替传统的神学目的,用实证经验代替宗教幻想。机械力学在反对神学目的论的过程中获得了无可置疑的成功,但在当时,作为一种基础的并且是率先发展起来的理论,其中也就潜伏着被绝对化为机械论的可能性。笛卡儿的“动物是机器”、拉·美特利的“人是自动的机器”、霍布斯的“社会状态的元素决定论”,均是机械论的典型代表。虽然笛卡儿是机械论世界观的创立者和代表人物,率先提出了机械论以反对亚里士多德主

① 王平:《目的论的谱系及其历史意义:从古希腊到康德》,《兰州学刊》2011年第12期,第15—19页。

义经院哲学的目的论，但他坚持精神和物质的双实体理论。笛卡儿认为，自然中同时存在两个实体：心灵和物质。他给实体下的定义是："所谓实体，我们只能看作是能自己存在而其存在并不需要别的事物的一种事物。"[①]在笛卡儿看来，心灵和物质作为平行的实体互不依赖，互不决定，互不派生。物质的属性是广延，心灵的属性是思维。这里的物质不是指具体的物体，尽管它可以涵盖具体的物体；这里的心灵也不是指人的心灵，尽管它可以涵盖人的心灵。物质和心灵是自然中的两个实体，是自然存在的区分，是自然的最高抽象。在这一点上，笛卡儿的二元论依然承袭着希腊自然哲学的知识范式，但两者的实质内容有着根本的差别。在希腊，心与物、形式与质料在自然这个生命机体的统摄之下是直接同一的，因而希腊哲学的主流始终是一元论的。但是笛卡儿认为，由于实体意味着独立存在或凭借自身而存在，因此严格来说只有一个实体，那就是上帝，物质和心灵都依赖上帝。笛卡儿称上帝为"绝对的实体"，称物质和心灵为"相对的实体"。这样，借助"上帝"，笛卡儿就从形式上保全了他的哲学的完整性。

笛卡儿的本体论绝非纯粹的机械论，其著名的机械论论断是：动物是机器，没有心灵参与的人的身体也仅仅是机器。然而，"在没有心灵参与的情况下"这一限定语所暗示的是，笛卡儿的机械论本体论被限制在由纯粹的物体所构成的世界之中。严格来说，这样的机械论主张称不上是机械论的本体论。另外，笛卡儿也从来没有明确地反对过目的论的本体论。他在不少地方运用了目的论的语言来解释现象。在笛卡儿看来，人类不是不可以去猜测目的，只是这种猜测仅仅适用于诸如伦理学这类无须严谨论

① 〔法〕笛卡尔：《哲学原理》，关文运译，北京：商务印书馆 1958 年版，第 20 页。

证的科学，这种猜测在诸如物理学、自然哲学这类由严谨的论证所构成的学科中是完全无用的。笛卡儿只是在这个意义上反对引入目的因。笛卡儿所主张的是，把“目的因”从可研究的或者说可知的领域剔除出去，从而把“目的因”划归神秘的不可知的领域。用他的话来说就是：“我们不当考察万物的目的，只当考察它们的动因。”[1]在这个意义上，笛卡儿提出，在物理学以及哲学中，目的论的解释“显然是绝对可笑的和不适当的”[2]，但是他仍旧退一步承认，在伦理学中，这种解释方式，即“上帝是为了人类而创造万物”这种说法，还是具有某种意义的，那就是，这种说法能够使我们对上帝更加感激并且燃起对上帝的爱。由此，笛卡儿走向了知识论上的二元论。他区分了两个领域：一个领域是知识的领域，或者说是理性的领域，物理学、哲学就属于这个领域，在这个领域，我们应该并且也只能够运用机械论的解释方式；另一个领域则是不可知的领域，或者说是信仰的领域，伦理学、神学属于这个领域，在这个领域，我们可以运用目的论的解释方式。笛卡儿只是在解释方法的意义上而非在本体论的意义上主张机械论并且反对目的论。[3] 笛卡儿在设想宇宙科学的计划时，显而易见地是要在它之外为历史、诗歌和神学留出三个广大的领域，这些领域的思维方式中包括目的论的解释方式。康德继承了笛卡儿这一观点，其与笛卡儿观点的不同之处在于：笛卡儿把形而上学放

---

① 〔法〕笛卡尔：《哲学原理》，关文运译，北京：商务印书馆1958年版，第11页。

② 同上书，第47—48页。

③ 施璇：《笛卡尔的机械论解释与目的论解释》，《世界哲学》2014年第6期，第77—86页。

在科学方法范围内的一个恰当位置,康德则把它放在其外。[1] 康德的主张是这样的:科学知识的固有对象不是上帝、精神或自在之物,而是自然;科学知识的固有方法是感性和知性的结合。并且,由于我们是通过这种方法认识自然的,因此自然仅仅是现象,一个像自然本身呈现给我们那样的事物的世界。它在科学上是可知的,因为它们呈现的方式是完全规则和可预测的。

当18世纪的自然科学理论对生命的自律和自然的统一性的难题无能为力时,康德提出了自然目的论。为了弥补机械因果作用解释方式的不足,康德在解释生命有机体的和谐统一的自然系统时,引进了与神学目的和机械原因不同的"自然目的"概念,但其自然目的论不是独立的自然哲学。在其学术活动的早期,康德将注意力主要放在理论自然科学领域。1755年匿名出版的《宇宙发展史概论》一书的全名是《宇宙发展史概论,或根据牛顿定理试论整个宇宙的结构及其力学起源》。这时,康德虽然完全接受了机械力学理论,但也意识到了某些非力学原因引起的现象。

康德的思路是:其一,一物的状况和变化固然是他物对它发生机械作用的必然结果,但他物为什么恰巧对它发生这样的作用?无数个体又为什么能形成令人惊叹的和谐、完美的整体?如果说这纯属偶然,那么理性是难以满足于这种答案的,它总会追问:什么是把这种偶然性统一起来的必然性?机械论不能提供关于自然系统的必然性,神学目的论提供的必然性又是超自然的,

① 〔英〕罗宾·科林伍德:《自然的观念》,吴国盛、柯映红译,北京:华夏出版社1999年版,第131页。

所以其逻辑结论是:引入“自然目的”概念。[1] 康德指出:“那些受最普遍规律支配的物质,通过它的自然活动,或者说——如果人们愿意这样说的话——通过盲目的力学运动,产生合理的结果,但这些结果看来却是一种最高智慧的设计。”[2]

其二,机械论无法解释生命有机体,鸟儿的翅膀便于飞行,尾部便于转向,气囊通过充放气体便于调节飞行高度,流线的形体便于减少空气的阻力,鸟骨的中空可减轻体重……“何以它们身体上有如此这般的部分,何以各部分有如此这般的位置以及彼此的联系,何以其内部形式恰恰就是这个样子?”[3]康德深感自然的盲目的机械作用再也解释不了生命现象的复杂多样性,不无困惑地问:“难道人们能够说,给我物质,我将向你们指出,幼虫是怎样产生的吗？难道人们在这里不是由于不知道对象的真正内在性质,并由于对象的复杂多样性,所以一开始就碰了壁吗?”[4]《宇宙发展史概论》中遇到的有机体和自然的统一性的难题促使康德后来提出了自然目的论原理。

贺麟先生在《论自然的目的论》一文中论述了康德对于自然的目的论问题的基本看法。康德认为:“自然是有目的的观念,是一先验的原则,且需要一先验的推演。”[5]他完全承认存在自然目

---

① 申建林:《康德提出自然目的论的思路》,《湖北大学学报(哲学社会科学版)》1997年第5期,第31—34页。

② 〔德〕康德:《宇宙发展史概论》,上海外国自然科学哲学著作编译组译,上海:上海人民出版社1972年版,第9页。

③ 〔德〕康德:《判断力批判》下册,韦卓民译,北京:商务印书馆1964年版,第25—26页。

④ 〔德〕康德:《宇宙发展史概论》,上海外国自然科学哲学著作编译组译,上海:上海人民出版社1972年版,第17页。

⑤ 贺麟:《论自然的目的论》,《中国社会科学院研究生院学报》1986年第2期,第1—6页。

的感性意识和逻辑观念，但认为在此情况下，目的是相对的，就是说这种目的仅取决于它与意识到它的主体的关系。基于这种先验的原则，康德告诉我们，有机的存在物可以被认作具有“内在目的”，这种“内在目的”与经验判断的相对目的或外在目的不同。一个自然的产物可以被认为内在地具有目的或一个自然的目的，因为它不同于纯粹的机器或人造的仪器，是一个“有机的存在物，而且是有自身组织的存在”[①]。有机的存在物的特点在于，“其中每个部分不只是依靠其他部分而存在，而且也被认作是为了其他的部分和整体而存在”，或者说，“一个有机的自然产物，在它之内的各个部分都是互为目的和互为手段的”。[②] 自然对象的高贵与可赞美的性质，就在于它的内在目的本身。康德说：“我们对自然极为赞美的根据，就在于自然的目的是有必然性的，其构成似乎是有意要为我们所用，但同时又似乎本属于与我们之所用毫无关系的存在。”[③]“但康德立即告诫我们，自然的目的论判断只是一种先验的反思判断，是一种规范原则，而与因果关系的原则是并不抵触的。很明显，这不是一种确定的原则，而是一种反思的判断。它是有规范的，但不是组成的。它给我们以指导思想，这一指导思想决定了要以一种新的规律和次序来思考自然对象，使我们的有关自然对象的知识得以扩展。我们必须依靠目的论的原则，但这种原则与已经适用于它们的机械的因果关系并不妨害，它也没给予我们把无论什么东西都看作自然目的的权利。”[④]这就是康德

① 贺麟：《论自然的目的论》，《中国社会科学院研究生院学报》1986 年第 2 期，第 1—6 页。

② 同上。

③ 同上。

④ 同上。

在目的论判断的分析部分中所表达的基本观点。在康德看来,自然目的论并不是什么科学学说,而属于一种特殊的认识能力(判断力)的批判,康德正是通过自然目的论弥补了对知性和决定的判断力的不足。

二、黑格尔自然观发生的变化

黑格尔将康德对外在目的性与内在合目的性的区分看作康德在哲学史上的伟大功绩之一。在黑格尔看来:"康德提出了内在的目的性之说,他曾经唤醒了人们对于一般的理念,特别是生命的理念的新认识。亚里士多德对于生命的界说也已包含有内在目的的观念,他因此远远超出了近代人所持的只是有限的外在的目的性那种的目的论了。"[①]黑格尔延续了康德对于有机生命的见解。"生命"与"目的性"这两个概念在黑格尔那里有着相辅相成的关系。一方面,"生命"作为一种最常见的对立于机械性的经验事实是可以用来帮助理解"目的性"这个抽象概念的;另一方面,在逻辑学的概念进程中,"生命"概念在"目的性"概念之后,是从"目的性"发展出来的,依靠目的性来解释。在逻辑学末尾处绝对理念外化为自然后,自然由于其目的性又发展出了精神。在精神中,我们到达绝对精神顶点——哲学的过程即绝对自身合目的的过程。显然,黑格尔把自然从最低级的阶段到最高级的阶段的发展看作一个必然的过程。而黑格尔把这种必然性理解为绝对的目的性。

黑格尔的自然哲学是他对 19 世纪初整个自然科学达到的成就所做的概述。他经过长期的酝酿过程,才把思辨哲学与自然科

① 〔德〕黑格尔:《小逻辑》,贺麟译,北京:商务印书馆 1980 年版,第 388—389 页。

学结合起来,建立起了他的包罗宏富的自然哲学。黑格尔在他的《自然哲学》“导论”里探讨了三个问题,即如何看待自然、如何考察自然和如何划分自然,对这三个问题的回答构成了他的整个自然观的纲要。

作为一个客观唯心主义者,黑格尔认为:“自然自在地就是理性,但是只有通过精神,理性才会作为理性,经过自然而达到实存。”[①]“自然界是自我异化的精神”[②],他把丰富多彩、千变万化的自然现象理解为精神的外壳,说精神总是包含于自然之中,各种自然形态仅仅是概念的形态。黑格尔给他的自然哲学提出的根本课题就是“扬弃自然和精神的分离,使精神能认识自己在自然内的本质”[③]。尽管这种主张精神产生自然又从自然外壳中解脱的自然观是唯心主义自然观,但是,作为一个唯心辩证法者,黑格尔同时也认为自然界处于辩证发展的过程中。他说:“自然必须看作是一种由各个阶段组成的体系,其中一个阶段是从另一阶段必然产生的。”[④]前一个阶段的产物总是后一个阶段的产物的基础。每一个阶段的产物除了具有自身特有的属性以外,还具有低级阶段的产物的一切属性。绝对精神内部的矛盾过程导致自然界从一个阶段到另一个阶段的转化。“引导各个阶段向前发展的辩证概念,是各个阶段内在的东西。”[⑤]他既批评了那种认为自然事物通过量变从不完善达到完善的进化说,也批评了那种认为自然事物从完善逐渐退化为不完善的退化说。他认为,这两种学说

---

① 〔德〕黑格尔:《自然哲学》,梁志学等译,北京:商务印书馆 1980 年版,第 19 页。

② 同上书,第 21 页。

③ 同上书,第 20 页。

④ 同上书,第 28 页。

⑤ 同上书,第 29 页。

都是片面的、表面的；实际上，进化过程与退化过程并存，两个方向完全贯穿在一起。他特别批评了那种庸俗进化说，指出："概念是按照质的规定性分化的，而在这种情况下就一定造成飞跃。自然界里无飞跃这个先前的说法或所谓的规律，完全和概念的分裂过程不相容。"[①]恩格斯在《反杜林论》中对黑格尔的辩证法思想给予了高度评价，写道："黑格尔第一次——这是他的伟大功绩——把整个自然的、历史的和精神的世界描写为一个过程，即把它描写为处在不断的运动、变化、转变和发展中，并企图揭示这种运动和发展的内在联系。"[②]

黑格尔把自然界划分为力学、物理学与有机学这三个领域。这种划分的目的就是，要表明概念在自然界里自己规定自己，达到具体的普遍性或总体的过程，要表明自然对象在精神的支配下提高自己的组织程度，达到独立的有机生命的过程。黑格尔认为，在力学领域里物质系统的各个规定或环节彼此处于外在状态，它们所包含的概念还没有把它们组织为有机整体，它们都是在自身之外寻求各自的中心；在过渡到物理学领域以后，内在的概念就把各个物理物体或元素组织到一起，使它们彼此具有一种反映的关系，但这种物理形态或系统在外部偶然性面前还不能保持自己，而总是趋于瓦解；只有发展到有机学领域后才出现了具体总体，出现了能够自我保持、自我组织和自我繁殖的有机生命。

黑格尔在"有机学"里考察的是生命，具体地说，是地质有机体、植物有机体和动物有机体。他把生命视为辩证法在自然界里的充分体现，认为生命是整个对立面的结合。它把外在的东西变

---

① 〔德〕黑格尔：《自然哲学》，梁志学等译，北京：商务印书馆 1980 年版，第 32 页。

② 《马克思恩格斯选集》第 3 卷，北京：人民出版社 1995 年版，第 362 页。

为内在的东西,把内在东西变为外在东西;它以自身为自己的目的,又以自身为自己的手段;它既使自身成为主体,又使自身成为自己的客体,并从这种客体回归自身;因此,在生命这种圆满的总体里,作为结果的东西也是作为原因的东西。生命把这些对立面都统一到了自身,“可以提出这样一个命题:自然界里的一切都有生命;这是崇高的,也应当说是思辨的”[①]。按照自然界发展的逻辑顺序,黑格尔把地质有机体看作生命过程的基地,它是绝对普遍的化学过程,会孕育出生命来。他认为,极不完善的生命力是自然发生的,完善的生命力则是物种产生的。黑格尔的这个观点,在解决自然发生说与物种起源说的对立问题上也有其正确的地方。[②]

在黑格尔看来,植物有机体是正在开始的、比较真纯的生命力。植物作为主体已经使自己成为自己的他物,在与他物的相互关系中保持自己;植物作为主体已经展现出自己的各个部分,使它们形成一个整体。但是,植物常常被牵引到自身之外,竭力追求阳光,还不能完全返回自身,真正自己保持自己,它的各个部分同样是一些个体,往往可以单独生殖,还没有形成真正的有机系统。因此,黑格尔说,植物的纯洁无邪就是使自身同无机东西相关的这种无能状态,在这里它的各个部分同时都成了其他个体。他特别考察了植物的新陈代谢,指出植物涉及的外在东西是光、气和水。植物与光相互作用,变得有色有香;植物与气相互作用,进入化学过程,吸入二氧化碳,吐出氧气;植物与水相互作用,水构成了植物的真正营养。这就是说,植物的新陈代谢是自养型

① 〔德〕黑格尔:《自然哲学》,梁志学等译,北京:商务印书馆1980年版,第421页。

② 梁志学:《黑格尔的自然哲学》,《哲学研究》1979年第10期,第46—52页。

的。反之,动物的新陈代谢则是异养型的,因为“植物是一种从属性的有机体,这种有机体的使命是把自己呈献给更高级的有机体,以便让更高级的有机体加以享用”[①]。

在黑格尔看来,动物有机体是自为存在的臻于完善的生命力。动物作为主体,在“他在”中维持自己,把自己的各部分组成一种真正的有机系统。他说:“动物的各个有机部分纯粹是一种形式的各个环节,它们时刻都在否定自己的独立性,最后又回到统一中去。”[②]他批判了机械论的生命观念,强调动物这种有机整体是不能机械地加以分解的,“砍掉一个手指,它就不再是手指,而会在化学过程中逐渐瓦解”[③]。黑格尔在考察动物有机体时,根据德国自然哲学的传统,发挥出了一种思辨的生物进化论思想。他认为,一切动物都以一种作为普遍原型的绝对精神为其共同来源,动物发展的阶梯是这种普遍原型自我运动的外化表现,而人是这一发展过程的最高阶段,因此这种最高级的有机体就是普遍原型的最完善的表现。在这个发展过程中,高级动物不仅具有其本身的属性,而且还具有低级动物的属性。高级动物在它们的个体发育过程中仿佛重复着低级动物所经历的过程。

黑格尔还用他的发展观进一步考察了动物的生存和死亡的关系问题。他并不把动物看作一种绝对稳定的有机系统,而认为它本身就包含疾病与死亡的内在可能性。他揭示了生存与死亡的辩证关系,指出“生命的活动就在于加速生命的死亡”[④]。黑格尔基于分析动物有机体的内部矛盾论证了这种有机系统的相对

---

① 〔德〕黑格尔:《自然哲学》,梁志学等译,北京:商务印书馆1980年版,第491页。

② 同上书,第493页。

③ 同上。

④ 同上书,第375页。

稳定性,他的合理思想是十分明显的。

在黑格尔看来,生命应该被视为自我维系的,而这种自我维系本质上是(内在)目的性的。因为不同于机械关系和化学反应,生命系统能够维持它的进程,每一器官都是这个自我维系、自我分化的整体的一部分;生命唯一的必然性是来自内部的、源于自身的,生命的目的性彰显了自由。生命既是手段又是目的,生命具有内在于质料的目的。[①] 但是,个体生命对机械性的超越是有限度的,个体生命无法达到无限目的,只有逻辑意义上的生命即生命的理念才是真正的内在目的性。正是日常生活中的平凡人的有限目的,才促成了人类无限目的的实现。

三、现代有机论自然哲学观的形成

从黑格尔时代起,"进化"的概念经历了两个主要阶段:一个是生物学阶段,再就是宇宙论阶段。尤其是,生物学的发展打破了笛卡儿的物质心灵二元论,引出了介于"物质"与"心灵"两者之间的一个概念,那就是"生命"。19 世纪的科学工作主要是建立生物学科的自主性,以形成一个独立体系——既独立于物理学,又独立于精神科学。

20 世纪是科学观念发生急剧变革的时代。这表现在,垄断科学界三百多年的牛顿力学在相对论和量子力学的视野中变成了一个"特例"。20 世纪中期,在现代自然科学的一系列新成果的基础上形成了以三门横向跨界新型学科——信息论、控制论、系统论为主导的系统科学运动,20 世纪 60—70 年代,诞生了一系列自

---

① 陈炜:《黑格尔目的论思想述评》,《上饶师范学院学报》2013 年第 2 期,第 28—32 页。

组织理论或者说复杂性科学(如耗散结构理论、协同学、突变论、超循环论、混沌学、分形学等),它们在坚持自然观和历史观相统一的基础上,为人们提供了一幅世界自组织演化的自然图景。这些学说的兴起使得"进化"的含义远远超出了生物物种的起源和生物多样化的范畴,即它不仅是指生物物种的进化,而且是指在我们认识到的宇宙范围内出现、存在、变化或消失了的所有事物的进化。[①] 与此同时,进化问题开始得到更多哲学家的关注,各式各样的关于进化的形而上学出现了,如柏格森的创造进化论、怀特海的过程哲学等。这些关于系统演化的自然科学的新表述,从观测宇宙整体及其各个层次上,为世人提供了一幅世界自组织演化的自然图景,从而把我们关于世界演化发展的认识推向了一个新的阶段。

作为哲学家、心理学家、生物学家的柏格森(1859—1941年)的关于生命的理论,一开始便紧紧抓住了生命与物质的差别。在他看来,生命是冲动或过程,它创造了人类的精神以及别的东西。物质被排除出了柏格森的宇宙论,我们面临的世界就只简单地、唯一地包含生命的过程及其产物。柏格森认为,生命过程是一个创造性的进化过程,生命自己产生运动,并服从于自身固有的生命力。世界的过程是个宏大的即兴创作。生命冲动没有针对性,没有目的,没有外在的指示灯,也没有内在的指导原则。它是纯粹的力,它的唯一固有性质是流动,它无限地冲向一切方向。物质的东西不是这种宇宙运动的载体或先决条件,而是它的产物。自然律不是指导它的进程的定律,而仅仅是它暂时采用的外形。

---

① 彭新武:《现代西方自然观的"有机论转向"》,《学术月刊》2008年第7期,第53—59页。

在柏格森看来，自然界的和谐并不像达尔文主义者所认为的那样，是靠相互适应而产生的；相反，生命对环境的适应是进化的必要条件，但不是进化的充分原因，并不决定进化的一般方向，更不代表进化本身。生命进步的真正原因在于生命的原始冲动，这种“原初推动力”是生物和非生物的共同根基，是世界起始阶段就业已存在的一种“力”、一种生成之流。正是这种生命冲动及其创造活动，造成了有机界的和谐与整个进化过程，使进化成为一种不可分割的历史。[①] 柏格森自然理论的价值在于他对“生命”概念的极大关注，他试图把“生命”的概念与“自然”的概念等同起来，把“自然”中的一切归为“生命”。柏格森把生物学作为自己的出发点，最终把整个自然界还原成了生命。“生命”的概念是世界一般特性的一条最重要的线索，但不是对世界整体的充分定义。物理学的无生命世界在柏格森的生命过程中无法消化。[②]

阿弗烈·诺夫·怀特海（1861—1947年）是“过程哲学”的创始人，是一位有着深厚科学基础的哲学家。他从批评牛顿物理学开始，试图把哲学建筑在现代自然科学的成果上，他的体系融汇了爱因斯坦的相对论，吸收补充了达尔文的进化论，建立了一种有机体的世界观，指出了一条科学的哲学道路。怀特海认为，自然和生命、心和物，都是真正真实的事物的主要成分，关于物理的自然的看法必须加入生命观念去补足；关于“生命”的概念也必须包含物理的“自然”。他又说，这里有两个事物：一个是我的身体；一个是身体四周的环境，那伸展出去的自然。这二者的界限我是

① 〔英〕罗宾·科林伍德：《自然的观念》，吴国盛、柯映红译，北京：华夏出版社1999年版，第154—157页。

② 贺麟：《现代西方哲学讲演集》，上海：上海人民出版社1984年版，第113页。

不知道的。身体和外在世界里的分子永远在不停地交换。因此，身体和环境是有统一性的。至于身体和灵魂心智更是打成一片，不可分割的了，那些纯界限完全是抽象的方便的说法。怀特海不承认人与自然、事物与事物之间的关系是外在关系，他认为一切整一，·切有机。他的基本论点是："我们要求用自然界和生命的融合来弥补我们关于物质自然界的概念的缺陷。另一方面，我们还要求生命概念包含自然界概念。"①

怀特海宇宙论的基本原则是，自然不仅是有机体而且还是过程。他认为："这个有机体的活动不是外在的偶然事件，它们结成单一的复合活动，这就是有机自身。实体和活动不是两个而是一个东西。""自然的过程不仅仅是一个循环的或有节奏的变化，它是一个创造性的推进，有机体在经历或寻求一个进化的过程，在这个过程中它的每一部分不断获得并产生新形式。"②怀特海哲学所强调的生命的"关联性"，是由许多进化层次的自组织动力学所揭示出来的，即在每个层次上，如果适当的条件建立起来，那么自组织过程就会取代随机发展，并使得复杂性秩序的出现成为可能。一方面，生命为自己的进一步进化创造着条件；另一方面，生物圈也创造着自己的微观生命。这种共同进化意味着，有机体的进化既不是由于外界环境的单独作用，如自然选择、灾变，也不是单独取决于有机体自身，如有机体自身那种神秘的目的，当然更不是取决于上帝，而是取决于有机体与环境相互作用的复杂情

① 〔美〕怀特海：《思维方式》，刘放桐译，北京：商务印书馆2004年版，第132页。

② 〔英〕罗宾·科林伍德：《自然的观念》，吴国盛、柯映红译，北京：华夏出版社1999年版，第184—185页。

形。[①] 的确,每一种生物在一定意义上都和其他生物相互联系、相互依存。生态系统是由更大的有机体网络和各种无生命成分一起构成的,这些无生命成分通过一个以不断循环的方式进行物质和能量交换的复杂关系网与动物、植物以及微生物发生关联。由于生态系统中各种相互联系的非线性性质,任何一种严重干扰都不会只产生一种效果,而很可能波及整个系统,甚至被内部的反馈机制加以放大。对生命世界研究得越多,就越能认识到这种联系、建立联系和相互共生的趋势,并认识到合作是生命有机体的主要特征。

美籍奥地利理论生物学家贝塔朗菲(1901—1972年)是一般系统论的创始人,他把物理学、生物学与心理学结合起来探讨同型性的系统论原理,他是系统生物学的奠基者,引导了系统生态学、系统生理学的学科体系发展。在贝塔朗菲看来,机械论方式试图用物理—化学定律解释生命现象,实际上并没有真正探讨生命的基本问题,诸如有序、组织、整体性和自我调整。于是贝塔朗菲独辟蹊径,把生命看作一个有机的整体,并通过"开放系统"来定义和描述生命体。开放系统通过持续地与环境交换物质和能量从而维持其动态存在。这种动态过程以一种稳态的形式出现。正是这种自我调节的稳态构成了生命系统的基本特征,而所有其他的特征,如代谢、生长、发育、繁殖、自主性活动等都是这个事实的最终结果。

贝塔朗菲进而形成了自己关于系统的一些基本观点:一切有机体都是一个整体系统。生物界的基本特征在于,它是巨大的等

---

① 彭新武:《现代西方自然观的"有机论转向"》,《学术月刊》2008年第7期,第53—59页。

级体系:有机化合物分子经过自我增殖的生物单位,延伸到细胞和多细胞有机体,然后到生物群落。与认为有机体原本是反应的系统的观点相对立,贝塔朗菲认为,有机体原本是主动的系统,一切生命现象本身都处于积极的活动状态。这与通常的看法相反,即并不是外界刺激,而是内在状态的需要,才决定了有机体的反应,有机体在本质上是能自主活动的系统。为此,贝塔朗菲主张用"有机论"来代替"活力论"和"机械论",并力图使一般系统论成为思维的客观工具、成为一种世界观,以替代机械论世界观。

现代科学的兴起及其发展冲击了机械论世界观的基础,从而形成了一种新的科学世界观和解释框架。同近代科学的机械论世界观相比较,我们在一定意义上可以把这种新的世界观叫作"有机论"的世界观。美国物理学家卡普拉认为,同机械论的笛卡儿世界观相比较,现代物理学所展现的世界观的特色可以说是有机的、整体的、生态的。把现代科学所形成的世界观叫作"有机论"的世界观,我们便能够更鲜明地把现代世界观同近代机械论的世界观区别开来,更好地识别出现代科学的基本态度和总体特征。现代有机论世界观既不像古希腊的有机论那样,仅仅是一种直观的猜测和哲学的思辨,也不像19世纪的有机论那样,仅仅是某一哲学派别的特征。现代有机论是建立在现代物理学、生物学以及系统论、控制论、信息论等科学基础之上的世界观,是现代科学世界观的总体性特征,而非某一派别的特征。

同机械论的世界观相比较,现代科学的有机论的世界观具有如下特征:

第一,现代有机论的世界观是"整体论"的,而非"原子论"的。

在经典力学中,部分的性质与行为决定整体的性质与行为,而在量子力学中,情形倒了过来,即整体决定部分。量子力学的规律是整体的规律性,而非个别原子事件的规律性。在量子力学中,每一个别事件不总是具有确定的原因,它的规律是统计规律,而统计规律是整体的规律。这说明,个别部分的行为是由整体的联系决定的,原子事件的或然性是由整个系统的动态本性决定的。当代系统科学为理解世界的整体性提供了一个基本的科学框架。贝塔朗菲认为,系统是关于整体的一般科学,整体论是系统论的核心。

第二,现代有机论的世界观科学地揭示了有机联系的本质特征。无机联系是一种无组织、无秩序的联系,有机联系则首先是整体的联系。但是,承认了整体联系并不等于就承认了有机联系。有机联系是一种有组织性的联系、有秩序的联系、合目的的联系。经典统计热力学的定律也是整体的规律,但它是无秩序的、无组织的规律,是无组织、无秩序的统计事件的产物,因而是一种无机联系。合目的性也是有机联系的一个本质特征。现代有机论的世界观突破了机械论的观念,赋予了目的性以其应有的科学地位。目的性是系统或有机体在给定的条件下走向稳定结构的自组织现象。所谓有序,是在确定方向上的有序,而自组织也是在一定方向上的自组织。目的性就是系统要达到的那种终极状态的方向性。

第三,现代科学的有机论的世界观是进化论、发展论的世界观。从总体上说,近代科学的世界观至多只能是一种"运动论""变化论"的世界观,还没有达到进化论与发展论。"物质本性不变"是经典力学的一个基本假定。它认为,物质是一种"死"的、惰性的东西,它自身缺少运动机制。宇宙中的一切运动和变化都是由因果规律支配、由外在动力引起的。现代科学从各个方面冲击了机械论的根本观念,揭示了物质世界自身的能动性、主动性,揭示了进化、发展的机制,从而形成了进化论、发展论的世界观。单纯的因果规定则不是有机的规定,不是进化与发展的规定,而只是无机的规定性,只是运动、变化的规定性。目的性的引入对于机械论的世界观来说,是一个根本观念的变革。

第四,当代科学突破了机械论的严格决定论的世界观,建立起了一个或然决定论的世界观,为科学地理解生命与社会有机体的进化与发展提供了一个科学框架。近代经典物理学确立的是一种严格意义上的决定论。它认为,世界是完全按照因果必然性运动的,事物的现状完全由它们过去的状态所决定。这种机械的因果决定论的解释框架成为统治一个时代的思维方式的根本特征。

什么是现代科学的世界观?对这个问题有不同的说法。较多人认为,现代科学的世界观是系统论的世界观。也有人(如美国物理学家卡普拉)认为,现代科学的世界观是"生态世界观"。还有人把它叫作有机论世界观。实际上,有机论、系统论、生态论并不是对立的,其精神实质是一样的,只不过看问题的视角不同而已。有机论,是就它同机械论对立的视角而言的。在同机械论的对立中,"有机论"比较合适。有机论,不是就科学的对象而言的。近代经典科学也研究生命有机体,但它的方法和结论都是机械论的,而不是有机论的。在机械论看来,生命有机体只不过是"机器"而已。当代科学面对的主要的、基本的问题是"有机体的一般理论”(贝塔朗菲语),它看世界的方式是有机论的,它所阐明的规律是有机性的,把它概括为有机论对于我们清除机械论观念、认识当代科学文化的基本态度和精神实质、实现文化观念的变革具有重要的理论意义。[①]

20世纪70年代至80年代,随着工业化达到最高成就及其带来的问题日益严重,工业社会面临历史性变革。西方社会学家、未来学家预感到了传统工业时代的结束,广泛使用“后”一词作为一种综合形式来说明西方社会正在进入的时代,如“后资本主义社会”“后文明时代”“后工业社会”“后现代”等。其中,建设性后现代主义致力于倡导、推进后现代的生态意识,其支持者以大卫·格里芬、小约翰·柯布等人为代表。大卫·格里芬认为,“后现代思想是彻底的生态学的”,因为“它为生态运动所倡导的持久的见解提供了哲学和意识形态方面的根据”。[②] 建设性后现代主义者在批判人类中心主义的过程中,提出了人与自然是一个有机整体的生态观,把世界看作一个有机体和无机体密切相互作用的、永无止境的复杂网络,并致力于倡导、推进这种后现代的生态意识,实际上提出了试图超越现代文明的后现代生态文明世界观。

通过梳理人类文明史所经历的自然观演进过程,我们看到,生态文明的提出,表面上是针对工业化以来由人类活动对自然的大规模改造所带来的生态破坏和环境污染威胁到了人类的可持

---

① 刘福森:《从机械论到有机论:文化观念变革与唯物史观研究中的问题》,《人文杂志》1994年第3期,第1—6页。

② 〔美〕大卫·雷·格里芬编:《后现代精神》,王成兵译,北京:中央编译出版社1998年版,第157页。

续生存和发展而提出的解决方案,实际上其中蕴含了深刻的哲学基础。它是基于现代科学对自然全面、系统的认识促使哲学自然观发生改变,从而超越近代机械论自然观转向现代有机论自然观所做出的一个重要理论表达,标示着由哲学自然观的深刻改变所推动的人类文明的转型发展。也可以说,我们通过梳理自然观演进,寻找到了从工业文明向生态文明转型的哲学根据。

第二章

唯物史观视域下的发展观反思

人不仅生活在自然界,也生活在自己创造的文明之中。人类文明是在生物圈的基础上产生形成的,人类所创造的文明是其所处生态系统的重要组成部分。自然地理环境不仅影响着文明的形成,而且对人类早期文明的特征起着决定性作用。人类几千年文明史是在不断处理人与自然的关系中演进的,人与自然的矛盾是贯穿人类社会各个发展阶段的普遍矛盾,也是永恒的矛盾,只是在不同时期、不同地区,矛盾的表现方式和尖锐程度不同而已。工业文明推动了人类社会的高速发展,但也深刻暴露出以工业为主体的社会发展模式与人类的环境要求之间的内在矛盾。本章从历史观角度反思人与自然的关系,从唯物史观的视角反思人类为谋求生存与发展、通过实践建立起与自然的改造和被改造关系,及人类发展模式,探索能够维持人与自然和谐的生态文明以及维持人类自身可持续发展的道路。

第一节 自然环境对文化特质和历史发展的影响

文明的产生是自然环境与社会环境互相选择的结果。自有人类以来,人类史和自然史就是不能彼此分割的,它们在劳动、生产、实践的基础上统一起来,并在复杂的相互作用中形成整个世界辩证发展的历史过程。在近代哲学家中,法国启蒙思想家孟德斯鸠和德国古典哲学集大成者黑格尔对自然条件、地理环境对人类社会发展的影响和制约作用都有过论述。马克思所创立的唯物史观更是明确强调,只要有人存在,自然史和人类史就彼此相互制约。马克思之后的俄国哲学家普列汉诺夫接受并发展了黑格尔、马克思和恩格斯的理论成果,全面系统地分析了自然条件对人类社会的影响。

一、孟德斯鸠:气候和土壤影响民族性格及法律和政治制度

根据文献记载,古希腊时期就有学者明确提出并论述地理环境对人类社会的影响作用。从古希腊到中世纪,学者们基于亲自考察、所见所闻及各种游记资料,对地理环境的作用进行了最早的探讨。公元前5世纪,古希腊医学家、地理学家希波克拉底已经认识到或猜测到了地理环境(气候等)对人类生理特征的直接影响,认为"人的身体和性格大部分都随自然环境的不同而有所不同"[①],"居住在雨量丰富、气候多变的高山地区的民族,身材高大、

① 〔英〕阿诺德·汤因比:《历史研究》上册,曹未风译,上海:上海人民出版社1966年版,第69页。

勤劳勇敢、粗鲁剽悍。居住在气闷的低平原的民族,爱饮热水、身体肥胖多肉,头发和皮肤都是棕色的,缺乏耐力和勇敢精神"[1]。他认为,地理环境与民族性格状况之间存在因果关系。这表明,希波克拉底在一定程度上意识到了地理环境对社会现象的作用和影响,但是他没有说明为什么这样的环境条件会产生这种性格特征。

古希腊著名的哲学家柏拉图、经济学家色诺芬等对地理环境作用的研究较希波克拉底又前进了一步。他们认为,经济活动受自然条件的制约,地理环境条件的优劣直接影响生产活动的易难和产品的优劣。德谟克利特认为,人的产生与其他自然物如豸、虫的产生一样,是自然界发生的结果。在他们看来,人的生存离不开自然环境,人的活动要按自然行事,听自然的话。[2] 从人类生存依赖自然界的观点出发,他们探讨了地理环境对人类活动的影响。总之,早期的地理环境学说对地理环境作用的探讨是直观的、猜测性的、片断的,没有形成系统的理论体系。

生活在16世纪的法国著名政治理论家和历史学家让·波丹(Jean Bodin, 1520—1596年)力图从人们的生活环境中探寻人类历史发展变化的原因。波丹认为,由于人们所居住的自然环境不同,因此其性格和心态也产生很大差异。住在山上的城市居民比住在平原的城市居民更容易发动革命和暴乱。他甚至把古代雅典国家的三个不同政治派别与其所处的三个不同地理区域相联系,认为这是因为,不同的地理环境使其居民形成了不同的性格。

---

① 〔法〕保罗·佩迪什:《古代希腊人的地理学——古希腊地理学史》,蔡宗夏译,北京:商务印书馆1983年版,第54页。

② 张秀清:《论孟德斯鸠的地理环境学说》,《前沿》2004年第10期,第185—187页。

波丹把赤道与北极之间的土地划分为三个区域，认为：北方的居民精力充沛，体魄强壮；南方的居民体力不佳，但机智精明；而居住在南北区域之间的民族则既有北方民族的体魄，又具有南方民族的才智，因而创建了伟大而卓有成就的帝国。波丹还认为："山区贫瘠的土地迫使人们辛勤劳动，变得稳健而又机智。而生活在富裕峡谷的人'由于土壤肥沃而变得又软弱又懒散'。"[①]波丹在阐述这些理论的时候，虽列举了一些事例，但他所观察到的往往仅是历史的一些表面现象。应该看到，生活在 16 世纪的波丹力图从人们的生活环境中探寻人类历史发展变化的原因，而不再将人类社会的生活现象及历史发展的缘由归结到上帝那里，他已经摒弃了中世纪教会神学的说教，这在当时的法国是需要一些勇气的。[②]

18 世纪法国启蒙运动中涌现出了一大批启蒙思想家，探讨地理环境对社会发展的作用是启蒙运动时期的一个重要课题。地理环境学说在这一时期形成了系统的理论，成为启蒙思想家反对封建专制的有力武器。对这一理论做出突出贡献的就是孟德斯鸠。他第一次明确提出并且论述了地理环境（气候、土壤等）对法律和社会政治制度的决定性作用，这在他生活的时代是史无前例的，因此孟德斯鸠成为地理学派的创始人。孟德斯鸠最为看重的是气候对于人类社会生活的影响，在《论法的精神》中，他用四章篇幅分别论述了法律、民事奴隶制的法律、家庭奴隶制的法律、政治奴役的法律和气候的关系，用另外一章论述了法律和土壤性质的关系，特别强调了地理条件、生态环境对民族、政治、宗教、制度

---

① 〔法〕波丹：《论共和国》，转引自〔英〕亚·沃尔夫：《十六、十七世纪科学、技术和哲学史》下，周昌忠、苗以顺等译，北京：商务印书馆 1984 年版，第 656 页。

② 李学智：《地理环境与人类社会——孟德斯鸠、黑格尔"地理环境决定论"史观比较》，《东方论坛》2009 年第 4 期，第 92—96 页。

等方面的作用。孟德斯鸠认为，世界各地气候的不同造成了各民族性格和心态的不同，由此又造成了政治法律制度的不同。

孟德斯鸠的气候理论主要认为，不同的气候造成了人们不同的精神气质和内心感情。在他看来，居住在寒带地区的北方人体格健壮，但不大活泼，比较迟笨，对快乐的感受度很低；居住在热带地区的南方人体格纤细，但对快乐的感受比较敏感。北方人精力充沛、自信心强，像青年人一样勇敢、吃苦耐劳、热爱自由、直爽，较少猜疑、玩策略和诡计；南方人则心神萎靡、缺乏自信心，像老年人一样懦弱、懒惰，身体完全丧失力量，丝毫没有进取心，可以忍受奴役，认为懒惰就是幸福。他还讲了这样的话："不同气候下的不同需求，促成了不同的生活方式，不同的生活方式导致不同的法律。"[①]在论及"法律与各民族的谋生方式有着极为密切的关系"[②]时，他认为，就法典的内容广泛程度而言，从事商贸和航海的民族比一个只满足于耕种土地的民族所需要的法典的范围要广得多。从事农业的民族比那些以畜牧为生的民族所需要的法典的内容要多得多。从事畜牧的民族比以狩猎为生的民族所需要的法典的内容，更是多得多。他说，"交往频繁的民族需要某些法律，互不往来的民族则需要另一种法律"[③]。这表明，各民族的生产生活方式是影响政治、法律制度的关键因素。尽管孟德斯鸠未能对他所谓的"生活方式"的内涵给予明确的说明，但他的地理环境思想还是向着正确的方向迈进了一大步。

孟德斯鸠认为，土壤的肥沃或贫瘠会影响民族性格及法律和

---

① 〔法〕孟德斯鸠：《论法的精神》上卷，许明龙译，北京：商务印书馆 2016 年版，第 279 页。

② 同上书，第 332 页。

③ 同上书，第 279 页。

政治制度。他说:“土地贫瘠使人勤劳、俭朴、吃苦、勇敢和能打仗,他们必须设法获得土地无法给予的东西。土地肥沃使人因不愁温饱而柔弱怯懦,贪生怕死。”[①]又说:“一个国家的土质(包括土壤品质和地形)如果优良,人就会自然而然地产生依赖性。作为人民中的主要部分,村民们自己的事太多太忙,无暇羡慕自由。殷实的乡村害怕抢劫,害怕军队。……其实,他们只要能太太平平,任何政体对他们来说都一样。所以,土地肥沃的国家通常是一人执政,土地贫瘠的国家通常是多人执政,以此作为补救。”[②]

各民族居住的地域的大小也影响着各自的政治制度。孟德斯鸠认为,小国宜共和政体,中等国家适合由君主治理,而大国多实行专制制度。亚洲因其平原的广阔而建立了专制国家,如果在亚洲不实行专制制度的话,那就会迅速形成割据的局面,国家会陷于一盘散沙,而这种割据局面是与其地理性质不相容的。相反,欧洲的领土却被天然地划分为一些不大不小的国家,这种自然地理条件成为欧洲国家实行法治、欧洲人民爱好自由并保持独立的前提。

总的来看,孟德斯鸠的“地理环境决定论”的要旨在于,地理环境决定人们的性格和心态,人们的性格和心态进而决定社会政治、法律制度。孟德斯鸠观察到了自然地理环境对人类社会生活的影响,虽然把地理环境因素对人类的影响完全看成一种直接的影响,但是影响的因素是比较单一的。如气候的冷或热对人们的气质性格产生直接的影响,气候酷热的国家适合奴隶制度,因为

---

① 〔法〕孟德斯鸠:《论法的精神》上卷,许明龙译,北京:商务印书馆 2016 年版,第 330—331 页。

② 同上书,第 328 页。

对于把懒惰当作幸福的人,只有惩罚的恐怖才能够强迫他们履行艰苦的义务。在气候寒冷的国家里,勇敢的人应该享有更多的自由,适合民主制。孟德斯鸠基于经验观察解释的,只是人类社会历史的一些表面现象。他似乎认为某种物质环境可以直接决定人们的某种生理、心理和精神方式,从而间接地对社会历史过程发挥作用,还认识不到人类的物质生产活动对社会历史发展(包括民族性格的形成)所产生的决定性影响。应该看到,孟德斯鸠强调气候、土壤和地域等地理环境对社会历史发展起决定作用,在当时的历史条件下是具有进步作用的历史观点。因为它是人类在探索社会历史发展问题方面摆脱占统治地位的宗教神学束缚、向科学历史观迈进的重要一步。在神学把法律和政治制度当作上帝的恩赐的时代,孟德斯鸠企图从客观的自然因素中去寻求各国人民性格和政治制度之差异的原因,这是对神学迷信的有力抗议和思想启蒙。

我们也应承认,地理环境毕竟是人类社会生存和发展的一个必要的外部条件,没有这样一个条件,人类就无法从事物质生产,因为生产力表示的就是人在生产过程中与自然界的关系。地理环境是人类历史活动的前提,它的作用本身也具有历史性。一般来说,自然因素在社会发展的早期起了极大的甚至是主导性的作用,但是随着历史的发展,道德风尚、法律规则和风俗习惯等社会因素就越来越居于首要的地位。因为民族精神不仅取决于地理环境和自然因素,一旦一个民族确立了社会准则和法律体系,它们就会反过来成为影响民族精神的力量。[①] 由此看来,孟德斯鸠的社会历史学说也曾为马克思历史唯物主义的产生铺了路,提供

---

① 韩震:《论孟德斯鸠的历史哲学》,《青海社会科学》1991年第4期,第45—51页。

了理论资源。历史唯物主义不是马克思、恩格斯凭空创造出来的,而是以往科学、哲学和先进的历史理论发展的合乎规律的产物。

二、黑格尔:地理条件是形成民族精神的自然基础

黑格尔关于地理环境问题的学说无疑受到了孟德斯鸠的影响,他在《哲学史讲演录》中就曾赞扬,孟德斯鸠的《论法的精神》是一部美妙的著作。但黑格尔关于这个问题的理论无疑超过了他的前辈,较孟德斯鸠的学说更具有合理性,更符合人类历史发展的实际。

黑格尔把地理条件看成人类历史的自然基础,认为地理环境对世界历史的发展具有很大影响。在《历史哲学》中,黑格尔写道:"民族精神的形成也需要有自然基础,这就是形成各个民族的地理条件和地理基础。这种地理基础看起来似乎是一种外在的、偶然的东西,和道德'全体'的普遍性以及在这种普遍性条件下所表现出来的个人的个体行动没什么必然联系。但是,这些自然条件和地理基础却是一种必要的基础,因为毕竟它们是'精神'能够展现出来的场所。在实际历史中,精神并不是以一种普遍的抽象展现出来的,恰恰相反,它将自身外化出来,具有外在的现实性和具体性。这具体表现在它具有一系列外在的表现形态,就是民族。各个民族具有自己的实际生存状态。这些生存状态不仅体现在'时间'之中,具有时间性,同样也表现在'空间'中,从而区别出地域上的差别。每一个世界历史民族自身内部所具有的原则——精神的原则——也就体现在这种具体的自然地理条件中,因为'精神'就体现在相应的自然地理条件之中。这些自然地理

条件的范围也就是容许精神实现出来的界限，在这种界限中，生长出了民族精神。”[①]黑格尔强调：“我们所注重的，并不是要把各民族所占据的土地当做是一种外界的土地，而是要知道，这地方的自然类型和生长在这土地上的人民的类型和性格有着密切的联系。这个性格正就是各个民族在世界历史上出现和发生的方式和形式以及采取的地位。我们不应该把自然界估量得太高或者太低。”[②]在这里，黑格尔提出了“自然类型”和“人民的类型和性格”的概念，并说明二者之间存在“密切的联系”。这表明，他认为“自然类型”——地理环境的状况对于人类社会生活及民族性格的形成有重要影响，而且民族性格是从属于“人民的类型”的。

黑格尔从总体性、综合性角度出发，把整个世界的地理环境划分为三种类型：“干燥的高地，同广阔的草原和平原”，“平原流域，——是巨川、大江所流过的地方”，“和海相连的海岸区域”。[③]黑格尔认为，这三种地理环境对文明的形成和历史的发展产生了巨大的影响。在第一种地区里盛行着畜牧业，这里的居民过着游牧生活，从严格意义上说，这里尚无历史。在第二种地区里盛行着农业，这里有巨川、大河流过，气候相宜，适于进行四季有序的农业，世界文明史从这里发端。在第三种地区里盛行着商业和航海业，世界历史的发展在这里达到了高峰。高原地区属于不变的区域，这种环境闭关自守，不易到达；平原地区是古代文明的中心，但却没有发展出独立性，精神和意识尚没有得到开发；而沿海地区则与广阔的世界联系在一起。

---

① 〔德〕黑格尔：《黑格尔历史哲学》，潘高峰译，北京：九州出版社 2011 年版，第 196 页。

② 〔德〕黑格尔：《历史哲学》，王造时译，北京：商务印书馆 2007 年版，第 49 页。

③ 同上书，第 54 页。

黑格尔强调“人民的类型和性格”与其所处的地理环境因素密切相关,那么各种不同的地理环境如何造成了居于其中的民族的不同社会生活和性格呢?他对各类地理环境中各民族不同的社会生活及民族性格做了如下描述。生活在“干燥的高地,同广阔的草原和平原”的民族过着游牧生活。游牧民族逐水草而居,这些“居民的特色,是家长制的生活”;“没有法律关系的存在,因此,在他们当中就显示出了好客和劫掠的两个极端……他们时常集合为大群人马,在任何一种冲动之下,便激发为对外活动”,如洪水泛滥一般,造成一场结果为遍地瓦砾和满目疮痍的大乱;“他们毁灭了当前的一切,又像一道暴发的山洪那样猛退得无影无踪,——绝对没有什么固有的生存原则”。[1] 生活在“平原流域”的民族,由于大河灌溉而土地肥沃,又有四季有序之助,所从事的是农业;“土地所有权和各种法律关系便跟着发生了——换句话说,国家的根据和基础,从这些法律关系开始有了成立的可能”,“在这些区域里发生了伟大的王国”;但是缺少精神独立性,“平凡的土地、平凡的平原流域把人类束缚在土壤上,把他卷入无穷的依赖性里边”。[2] 对于生活在“海岸区域”的民族,大海给他们以“茫茫无定、浩浩无际和渺渺无际的观念;人类在大海的无限里感到他自己底无限的时候,他们就被激起了勇气,要去超越那有限的一切。大海邀请人类从事征服,从事掠夺,但是同时也鼓励人类追求利润,从事商业”,“从事贸易必须要有勇气,智慧必须和勇敢结合在一起。因为勇敢的人们到了海上,就不得不应付那奸诈

---

① 〔德〕黑格尔:《历史哲学》,王造时译,北京:商务印书馆 2007 年版,第 54—55 页。

② 同上书,第 55 页。

的、最不可靠的、最诡谲的元素，所以他们同时必须具有权谋——机警”。[1] 黑格尔在这里，虽然没有明确地把地理环境对各民族的生活方式、生产方式、社会生活的影响提到生产力的高度，然而却暗示着，生产力的发展在很大程度上取决于地理环境的特点。可以看出，黑格尔在说明地理环境与人们的社会生活及民族性格的密切联系时，注重的是地理环境对人们的实际生活的影响，尤其是注意到了地理环境对人们所从事的物质生产活动的影响，这是黑格尔地理环境思想中最具有价值、最值得被肯定的东西。

黑格尔的地理环境的三分法及其对世界历史发展的影响所表达出的思想是：首先，不同的地理环境为人类提供了不同的活动场所和活动内容。如果没有自然界提供的这些生存条件，任何的劳动（如耕作）、开发都是不可能的。其次，地理环境为人类和社会提供了自然资源。丰富的自然资源可以加快物质生产的步伐，加速文明发展的进程。自然资源贫乏将会影响物质生产和社会发展的进程，同时影响思想发展、文明发展的进程。最后，地理环境为人类提供了各种生活条件，例如交通运输、灌溉等。黑格尔强调地理环境对人类社会发展的极大影响，从本质上说，在人类社会发展的最初阶段，这种情况显得尤为突出，但不应当对它进行任意的延伸。[2] 受“绝对精神”宇宙观的限制，黑格尔的社会历史观在总体上是唯心主义的，但这并不能排除在他的社会历史观具体问题中有唯物史观的因素。其中，承认历史的自然前提，认为地理环境是进行物质生产的必要条件、自然条件的差异性带

---

① 〔德〕黑格尔：《历史哲学》，王造时译，北京：商务印书馆 2007 年版，第 55 页。

② 滕裕生：《黑格尔〈历史哲学〉中唯物史观因素的探讨》，《内蒙古师大学报（哲学社会科学版）》1985 年第 4 期，第 22—29 页。

来了文明的多样性这一观点，为丰富马克思唯物史观提供了有意义的启示。1859年，恩格斯在他的《卡尔·马克思〈政治经济学批判。第一分册〉》一文中写道："黑格尔的思维方式不同于所有其他哲学家的地方，就是他的思维方式有巨大的历史感作基础。形式尽管是那么抽象和唯心，他的思想发展却总是与世界历史的发展平行着"①，黑格尔"是第一个想证明历史中有一种发展、有一种内在联系的人"②，之后恩格斯又接着说：黑格尔的"这个划时代的历史观是新的唯物主义观点的直接的理论前提"。③ 可见，马克思和恩格斯本人都承认，自己对黑格尔思想有直接的继承，当然更有超越。

三、马克思：历史本身是自然史的现实部分

马克思唯物史观最重要的一个贡献就是，把历史和自然统一起来认识人类历史。在马克思那里，没有脱离人类历史的"自然史"过程，也没有脱离自然史的人类"历史"，而只有"自然历史过程"，这是自然史和人类历史的统一。

在《1844年经济学哲学手稿》中，马克思通过人是自然存在物这一概念把人引进了自然界，或者更确切地说，使我们能从本体性的角度去认识人。他说，"人直接地是自然存在物。人作为自然存在物，而且作为有生命的自然存在物，一方面具有自然力、生命力，是能动的自然存在物；这些力量作为天赋和才能、作为欲望存在于人身上；另一方面，人作为自然的、肉体的、感性的、对象性

---

① 《马克思恩格斯选集》第2卷，北京：人民出版社1995年版，第42页。

② 同上。

③ 《马克思恩格斯全集》第13卷，北京：人民出版社1962年版，第531页。

的存在物，同动植物一样，是受动的、受制约的和受限制的存在物”[①]。自然界作为发生学的前提导致了人类的产生，人和动物一样，具有自然属性，依赖、从属于自然，是自然界的一部分。但人又是一种不同于一般动物的特殊自然存在物。哲学人类学研究表明：动物具有特定性、专门化的本能，人的器官及其功能却是非专门化、非特定性的。为了满足生存需要，人必须成为能动的存在物。在创造性实践活动中，人选择对象，并把它们加工改造成符合自己需要的创造物，如此才能满足人的生存需要。一切能满足人的需要的东西，都需要在人之外、在自然界找到，因此自然界是人的无机身体。

马克思为了把人与自然界区分开，把人与其他自然存在物区分开，又把人看作是一种类存在物。他说，“通过实践创造对象世界，改造无机界，人证明自己是有意识的类存在物”[②]。人是类存在物，主要是基于人与动物有着重要区别的两个方面：其一，人把自己从自然中分离出来，不仅把外部世界当作自己认识和活动的对象，而且把自身及其同类也当作认识的对象，这一点是人所独有、动物尚不具有的类特征。其二，更重要的是：“人把自身当做现有的、有生命的类来对待，……当做普遍的因而也是自由的存在物来对待。”[③]所谓人的普遍性表现在，人虽然也依赖自然界才能生活，但是可以更广泛地利用自然，能动地把自然界作为自己的生活食粮、精神食粮和无机的身体，不像动物那样被动依附自然界。因此，人在自然界面前为自己争得了自由。

---

① 〔德〕马克思：《1844 年经济学哲学手稿》，北京：人民出版社 2014 年版，第 103 页。

② 同上书，第 53 页。

③ 同上书，第 51 页。

人的生命活动首先是劳动,人的生活首先是生产生活。从人的生命生产看,人是在自然和社会中展开自己生命活动的,人的生命生产以自然界为基石,没有自然界,没有感性的外部世界,人就什么也不能创造,人的劳动以自然界为"第一资源"。人与自然的关系主要体现在对象化活动中,正是在对象化活动中,人的生命与本质力量在自然界的各种事物身上打上了人的印记,转化为对象性存在。对此,马克思明确指出:"科学只有从自然界出发,才是现实的科学。可见,全部历史是为了使'人'成为感性意识的对象和使'人作为人'的需要成为需要而作准备的历史(发展的历史)。历史本身是自然史的一个现实部分,即自然界生成为人这一过程的一个现实部分。"[①]他还强调指出,"整个所谓世界历史不外是人通过人的劳动而诞生的过程,是自然界对人来说的生成过程"[②]。"历史是人的真正的自然史。"[③]这就是说,历史是人自己创造自己的历史,但是它的主体(人)、它的对象(自然对象),以及人的实践活动本身,都是从自然来的,并且永远也脱离不了自然这个基础。因此,必须把人类发展史始终当作一种自然历史的过程去加以研究。这是马克思的唯物史观至关重要的根本观点。这一看法一直贯穿马克思后来所写的全部哲学的、历史的、经济学的著作。比起孟德斯鸠和黑格尔,马克思既看到自然是人的生存和生产的外部条件,又看到人类历史是嵌入在改造自然的历史中的,是自然史的一个现实部分。这是人和自然在历史发展过程中内在统一的思想,是对孟德斯鸠和黑格尔的明显超越。

---

① 〔德〕马克思:《1844年经济学哲学手稿》,北京:人民出版社2014年版,第86—87页。

② 同上书,第89页。

③ 同上书,第105页。

在《德意志意识形态》中，马克思进一步发展了在《1844年经济学哲学手稿》中提出的“历史本身是自然史的一个现实部分”的思想，再次强调了自然和历史的统一。他具体指出：“全部人类历史的第一个前提无疑是有生命的个人的存在。因此，第一个需要确认的事实就是这些个人的肉体组织以及由此产生的个人对其他自然的关系。当然，我们在这里既不能深入研究人们自身的生理特性，也不能深入研究人们所处的各种自然条件——地质条件、山岳水文地理条件、气候条件以及其他条件。任何历史记载都应当从这些自然基础以及它们在历史进程中由于人们的活动而发生的变更出发。”[①]这就是说，所有人类活动都是以自然为基础展开的，人类历史就是自然界进入人的实践活动并不断生成变化的过程史，人类以自然界为基础进行实践活动的连续不断过程，就构成了人类社会演化发展的历史，这是对“历史本身就是自然史的一个现实部分”的原则性说明。

马克思和恩格斯在《德意志意识形态》中还说：“我们仅仅知道一门唯一的科学，即历史科学。历史可以从两方面来考察，可以把它划分为自然史和人类史。但这两方面是不可分割的；只要有人存在，自然史和人类史就彼此相互制约。自然史，即所谓自然科学，我们在这里不谈；我们需要深入研究的是人类史……”[②]他们把制约着人类历史的自然与社会的关系概括为，通过劳动实现自己生活的生产和通过生育实现的他人生命的生产，这两种生产各自都表现为双重关系，即自然关系和社会关系。“生命的生产，无论是通过劳动而达到的自己生命的生产，或是通过生育而

① 《马克思恩格斯选集》第1卷，北京：人民出版社1995年版，第67页。

② 同上书，第66页。

达到的他人生命的生产，就立即表现为双重关系：一方面是自然关系，另一方面是社会关系"[①]，这是人类自身生存和繁衍所必然交织着的自然关系和社会关系，它在历史中延续和流动，表现为生存论意义上的自然史和人类史彼此相互制约。

马克思和恩格斯还说，人类的"第一个历史活动就是生产满足这些需要的资料，即生产物质生活本身"[②]。物质生产是"一切历史的基本条件"，也是人区别于动物的标志，"一当人们自己开始生产他们所必需的生活资料的时候（这一步是由他们的肉体组织所决定的），他们就开始把自己和动物区别开来"[③]。随着人类历史进程的发展和人类物质生产的不断深入，自然越来越渗入人的因素，被打上人的烙印，成为与人相关的自然，即"人化自然"。"历史不外是各个世代的依次交替。每一代都利用以前各代遗留下来的材料、资金和生产力；由于这个缘故，每一代一方面在完全改变了的环境下继续从事所继承的活动，另一方面又通过完全改变了的活动来变更旧的环境。"[④]人类通过劳动改造自然，维系自己的生活，一方面依靠的是以前各代遗留下的自然环境资源所提供的生产资料和生活资料，另一方面依靠的是以前各代通过有组织的社会协作进行物质生产活动积累下的资金和生产能力，这两类资源一部分是自然资源，一部分是社会资源，这是人类在生存中寻求发展所必然展开的自然史和人类史彼此的相互制约。在《德意志意识形态》中，马克思和恩格斯更加关注的是自在自然在人类认识和实践基础上向人化自然的现实转化，即自然界受人类

---

① 《马克思恩格斯选集》第1卷，北京：人民出版社1995年版，第80页。

② 同上书，第79页。

③ 《马克思恩格斯全集》第3卷，北京：人民出版社1960年版，第24页。

④ 《马克思恩格斯选集》第1卷，北京：人民出版社1995年版，第88页。

实践活动的影响和制约日益变成人化自然,人化自然历史地成为人类认识和实践活动的基础。他们突出强调了物质生产活动的重要性以及人化自然对人类的实践意义。

因此,马克思和恩格斯视域下的"环境"就不同于孟德斯鸠笔下的自然气候和土壤,也不同于黑格尔历史哲学所描述的干燥的高地、巨川流经的平原以及海岸区域这些原生态环境。尽管不同的原生态环境对各民族的政治法律制度、文明特质、民族精神有不同影响,但是马克思和恩格斯不是线性的地理环境决定论者。在他们看来,自然环境在人类改造自然的活动中是不断被改变的,每一代人继承的都是被上一代改变了的环境,并且本代人通过物质生产活动继续改变其所继承下来的环境,由此推动人类历史的发展。环境的改变是人类社会所为,体现的依然是自然史和人类史彼此相互制约。马克思和恩格斯把物质生产活动中人与自然的关系和人与人的社会关系看作自我生成的同一过程,并且这种联系不断采取新的形式,因而就呈现出了历史。他们从社会和自然相互作用的角度,去揭示更加广阔复杂的人类历史总体进程的规律;以实践为基础,阐释了自然与历史在相互制约中统一的问题,也在实践的基础上通达了自然、社会和历史。

在《资本论》中,马克思把地理环境视为人类社会发展中不可缺少的内部因素,认为人与自然界的关系是历史本身的重要内容。他特别强调,物质生产活动是人类社会最基本的实践活动,而物质生产活动"首先是人和自然之间的过程,是人以自身的活动来中介、调整和控制人和自然之间的物质变换的过程"[①]。正是在物质生产活动中,在与自然界进行物质交换的过程中,人类社

---

① 《马克思恩格斯全集》第44卷,北京:人民出版社2001年版,第207—208页。

会与地理环境发生了最直接、最主要的联系。马克思进一步指明，劳动过程具有三个要素，即“有目的的活动或劳动本身，劳动对象和劳动资料”[①]。这里所说的“劳动对象”和“劳动资料”，指的就是地理环境中的土地、森林、矿藏、河流等因素。在马克思看来，地理环境是作为生产力要素之一的劳动资料和劳动对象而进入人类社会的物质生产活动的。作为生产力的要素之一，地理环境首先对人类社会的物质生产活动产生了直接的影响，并进而通过物质生产活动间接地影响人类社会生活的其他方面。正因为如此，马克思和恩格斯强调，“任何历史记载都应当从这些自然基础以及它们在历史进程中由于人们的活动而发生的变更出发”[②]。

在《资本论》及其手稿中，马克思对自然史和人类史彼此相互制约的问题有了进一步的具体研究。在《1857—1858年经济学手稿》中，马克思指出：“在土地所有制处于支配地位的一切社会形式中，自然联系还占优势。在资本处于支配地位的社会形式中，社会、历史所创造的因素占优势。”[③]自然因素与社会历史创造的因素哪一种占主导地位，对不同民族的历史发展有着系统结构与系统功能上的重大差异之影响。马克思详细地考察了亚细亚的、古代的、日耳曼的所有制形式的特征，阐明了这些主要以自然联系为基础的较原始的生产方式及社会系统，怎样随着再生产过程中社会历史因素的扩大（社会劳动分工的发展、财富和劳动的积累、科学技术的进步和自然力在工业中的利用等）而被资本主义的生产方式和社会关系所替代的历史过程。在《资本论》中，马克

① 《马克思恩格斯全集》第44卷，北京：人民出版社2001年版，第208页。

② 《马克思恩格斯选集》第1卷，北京：人民出版社1995年版，第67页。

③ 《马克思恩格斯全集》第30卷，北京：人民出版社1995年版，第49页。

思已经提到了原始公社中文化与自然的关系，指出在文化初期，“不同的共同体在各自的自然环境中，找到不同的生产资料和不同的生活资料。因此，它们的生产方式、生活方式和产品，也就各不相同”[①]。人类从事物质生产活动以求得生存和发展，但人们并不是随心所欲地去从事某种物质生产活动的。特别是在人类文明初期，人们只能利用其所生存的某种特定的地理环境所提供的具体条件，形成自己的生产类型和内容。如生活于大河流域的民族只能因其地理环境主要从事农耕生活，成为农业民族；生活于草原或高原地带的人则往往因其自然条件主要从事畜牧业，成为游牧民族；生活于地中海沿岸的古希腊和腓尼基的一些城邦的人则因其自然条件——粮食生产往往不足人口之需，从海外进口粮食的需要——有力地推动了其手工业、商业及航海业的发展。由于这些不同地区的人所从事的物质生产活动内容不同，因此他们的社会生活、政治生活和精神生活诸方面也呈现出许多差异——因为“物质生活的生产方式制约着整个社会生活、政治生活和精神生活的过程”[②]。

马克思在《资本论》中进一步指出：“撇开社会生产的形态的发展程度不说，劳动生产率是同自然条件相联系的。这些自然条件都可以归结为人本身的自然（如人种等等）和人的周围的自然。外界自然条件在经济上可以分为两大类：生活资料的自然富源，例如土壤的肥力，鱼产丰富的水域等等；劳动资料的自然富源，如奔腾的瀑布、可以航行的河流、森林、金属、煤炭等等。在文化初期，第一类自然富源具有决定性的意义；在较高的发展阶段，第二

---

① 《马克思恩格斯全集》第44卷，北京：人民出版社2001年版，第407页。

② 《马克思恩格斯选集》第2卷，北京：人民出版社1995年版，第32页。

类自然富源具有决定性的意义。"[①]土壤、水域等地理环境因素是作为生产过程要素之一的劳动对象,在人类文明初期,对人们的物质生产活动产生着决定性的影响,并进而影响人类社会生活的其他方面及整个社会的历史发展进程。显然,马克思在分析决定劳动生产率的诸种因素时,赋予了土壤、水域、河流、森林等物理性质的这些地理环境因素十分重要的地位。他在解释资本主义生产方式之所以能够产生时强调了气候因素带来的自然产品多样性为形成社会分工提供了自然基础。

对于这一点,马克思和恩格斯还有一些更为具体的明确论述。马克思在《资本论》第一版序言中说:"我的观点是把经济的社会形态的发展理解为一种自然史的过程。不管个人在主观上怎样超脱各种关系,他在社会意义上总是这些关系的产物。"[②]恩格斯在 1894 年致瓦·博尔吉乌斯的信中进一步指出:"我们视之为社会历史的决定性基础的经济关系,是指一定社会的人们生产生活资料和彼此交换产品(在有分工的条件下)的方式。……包括在经济关系中的还有这些关系赖以发展的地理基础……"[③]恩格斯的阐述是明确的,即经济关系是"社会历史的决定基础",而地理环境是被包括在这个经济关系之中的,是经济关系赖以发展的基础。按照马克思和恩格斯的思想,地理环境不仅影响着文明的形成,而且由于人类社会发展的延续性和继承性,具有某种特征的文明在形成之后,会在其内部特定的社会矛盾的作用下,循着自己独特的道路发展,从而经历着不同的历史进程。

---

① 《马克思恩格斯全集》第 44 卷,北京:人民出版社 2001 年版,第 586 页。

② 同上书,第 10 页。

③ 《马克思恩格斯选集》第 4 卷,北京:人民出版社 1995 年版,第 731 页。

对孟德斯鸠、黑格尔的"地理环境决定论"与马克思和恩格斯的地理环境学说进行比较分析,可以看出三者的区别与联系。他们都强调地理环境对人类社会发展具有重要影响,但认为其影响程度不同。孟德斯鸠认为,气候、土壤等地理环境因素决定人们的性格和心态,人们的性格和心态进而决定人类社会的政治、法律制度,说明地理环境对不同国家、民族的发展具有决定性影响。孟德斯鸠的"地理环境决定论"虽然看到了地理环境这个物质世界对于人类社会发展所具有的重大影响作用,但只是肤浅地认为,地理环境因素主要作用于人们的心理状态与气质性格,人们不同的心理与气质造成了不同的社会生活,因此它不能科学地说明地理环境对人类社会所产生的影响,也无法认识到人类的物质生产活动是人类社会与地理环境发生联系的最主要、最直接的方式。

在地理环境究竟对社会发展起多大作用的问题上,黑格尔比孟德斯鸠可以更具体、历史地看待地理环境的作用。他认为,自然差别、地理基础只是为民族精神的产生提供了特殊可能性,"我们所注重的,并不是要把各民族所占据的土地当做是一种外界的土地,而是要知道,这地方的自然类型和生长在这土地上的人民的类型和性格有着密切的联系"[①]。黑格尔进一步说明:"我们不应该把自然界估量得太高或者太低:爱奥尼亚的明媚的天空固然大大地有助于荷马诗的优美,但是这个明媚的天空决不能单独产生荷马。而且事实上,它也并没有继续产生其他的荷马。在土耳其统治下,就没有出过诗人了。""'自然',恰好和'精神'相反,是一个量的东西,这个量的东西的权力决不能太大,以致它的单独

① 〔德〕黑格尔:《历史哲学》,王造时译,北京:商务印书馆2007年版,第49页。

的力量可以成为万能。"[①]黑格尔思想的杰出之处在于，他第一次提出了地理环境通过物质生产影响社会生活的深刻见解。他认为，地理环境对社会发展的作用不是直接而是间接的，其中介不是孟德斯鸠所说的人们的生理心理特性，而是人们的物质生产活动。自然条件的差异首先影响居民的不同生产方式和生活方式，然后才造成了居民性格和社会制度的不同。高地居民的性格是好客和掠夺，平原居民的特性是因循守旧和孤立封闭，海岸居民的品质是勇敢沉着和机智。因此"第一种的社会状态严格地是家长制的独立；第二种是所有权和地主农奴间的关系；第三种就是公民的自由"[②]。黑格尔的这一观点在马克思那里得到了继承和发展。马克思说，社会劳动的分工最初是由人们的生理差别而自然产生的，后来是土地肥力、水域陆地、山区平原、气候矿藏等自然条件的不同和劳动工具的天然差别造成了不同部落之间的职业划分。"不同的共同体在各自的自然环境中，找到不同的生产资料和不同的生活资料。因此，它们的生产方式、生活方式和产品，也就各不相同。"[③]

黑格尔认为："历史的真正舞台所以便是温带，当然是北温带，因为地球在那儿形成了一个大陆，正如希腊人所说，有着一个广阔的胸膛。在南半球上就不同了，地球分散、割裂成为许多地点。在自然的产物方面，也显出同样的特色。北温带有许多种动物和植物，都具有共同的属性。"[④]这一思想也被马克思直接吸收

① 〔德〕黑格尔：《历史哲学》，王造时译，北京：商务印书馆 2007 年版，第 49 页。
② 同上书，第 62 页。
③ 《马克思恩格斯全集》第 44 卷，北京：人民出版社 2001 年版，第 407 页。
④ 〔德〕黑格尔：《历史哲学》，王造时译，北京：商务印书馆 2007 年版，第 50 页。

和发展在《资本论》中,马克思说:“资本的祖国不是草木繁茂的热带,而是温带。不是土壤的绝对肥力,而是它的差异性和它的自然产品的多样性,形成社会分工的自然基础,并且通过人所处的自然环境的变化,促使他们自己的需要、能力、劳动资料和劳动方式趋于多样化。”[①]这是对黑格尔思想的进一步深化和超越。应该承认,黑格尔这一思想在去掉其唯心主义外观后,同唯物史观具有一致性,启迪了马克思唯物史观的产生和形成。马克思确实科学地总结了人类社会历史发展的客观规律,把自然和历史统一起来,强调“在人类历史中即在人类社会的形成过程中生成的自然界,是人的现实的自然界”[②],自然界是在人类历史活动中不断被加工改造的,并不是原初的自然,而是人化自然。但是,马克思和恩格斯合著的《德意志意识形态》直接批评,唯心史观“把人对自然界的关系从历史中排除出去了,因而造成了自然界和历史之间的对立”[③],这一结论是过于独断的。事实上,孟德斯鸠和黑格尔在地理环境对居民性格、社会政治、法律制度有影响的认识上并没有把自然界和历史直接对立起来,而是看到了自然与社会的相互作用。马克思恰恰是继承和发展了他们的这一主张,并深入论述了这一唯物史观重要思想:历史和自然是交织在一起的,只要有人存在,自然史和人类史就会彼此相互制约。正是借助自然和历史的内在统一,马克思完成了建立自己的历史观中最核心的步骤。

---

① 《马克思恩格斯全集》第44卷,北京:人民出版社2001年版,第587页。

② 〔德〕马克思:《1844年经济学哲学手稿》,北京:人民出版社2014年版,第86页。

③ 《马克思恩格斯选集》第1卷,北京:人民出版社1995年版,第93页。

四、普列汉诺夫：自然环境是人类历史运动中的一个重要因素

俄国哲学家普列汉诺夫接受了黑格尔、马克思和恩格斯的理论成果，运用唯物史观和辩证法得出了更具体的结论："社会人和地理环境之间的相互关系，是出乎寻常地变化多端的。人的生产力在它的发展中每进一步，这个关系就变化一次。因此，地理环境对社会人的影响在不同的生产力发展阶段中产生着不同的结果。但是人与人的居所之间的关系的变化并不是偶然的。这些关系在它们所产生的后果中构成一个有规律性的过程。要辨明这个过程，必须首先考虑到，自然环境之成为人类历史运动中一个重要的因子，并不是由于它对人性的影响，而是由于它对生产力发展的影响。"①这就是说，自然地理环境是在人类征服自然的历史过程中对社会产生作用的。这种作用的性质、方向、范围、速度、复杂程度等都是由生产力的性质和水平决定的。换句话说："地理环境对社会人的影响是变化无常的量。受地理环境属性制约的生产力的发展，增加人控制自然界的力量，从而使人同他周围的地理环境发生新的关系。"②简言之，地理环境的这种作用是生产力的"函数"。普列汉诺夫对历史唯物主义的最大贡献就在于，他首次明确地提出了这条基本原理。

普列汉诺夫的另一个理论功绩是，他不满足于仅仅表述这个基本原理，而力求从社会人和地理环境之间相互关系的异乎寻常

---

① 《普列汉诺夫哲学著作选集》第2卷，北京：生活·读书·新知三联书店1961年版，第170页。

② 王荫庭编：《普列汉诺夫读本》，北京：中央编译出版社2008年版，第196页。

的多端变化中,尽可能地探索种种并非偶然的规律性。生产力是自然和社会相互作用中具有决定意义的基础,正是生产力制约着地理环境对社会发展的影响的性质和形式。普列汉诺夫指出,提供生活资料和生产资料(包括用来加工生产工具的劳动对象)实现了地理环境对生产力本身的影响。他写道:"无论是用来满足人的需要的自然物品的性质,或者是人们自己为着同样的目的而生产的物品的性质,都是受着地理环境的特性来决定的。"①"人是从周围的自然环境中取得材料,来制造用来与自然斗争的人工器官。周围自然环境的性质,决定着人的生产活动、生产资料的性质。"②此外,地理环境还通过影响人们的相互交往来影响生产力的发展。他说:"人类的部落在最低的发展阶段上就相互间发生关系,彼此交换他们一部分生产品。这就打破了影响每一个部落生产力发展的地理环境的界限,而加速了这种发展的行程。不过,很明显的,这种关系的产生和保持的难易也是依地理环境的特性为转移的。"所以,"地理环境的特性愈是复杂,则它对于生产力的发展愈是有利"。③

普列汉诺夫在分析地理环境和生产方式的相互作用时,提出了"人为环境"或叫"社会环境"的概念。所谓"人为环境",不仅包括历史社会结构(国家和民族)、语言、生产技术、生产工具、生活资料,还包括自然环境中受到人类活动改造的那一部分。最

---

① 《普列汉诺夫哲学著作选集》第3卷,北京:生活·读书·新知三联书店1962年版,第164页。

② 《普列汉诺夫哲学著作选集》第2卷,北京:生活·读书·新知三联书店1961年版,第168页。

③ 《普列汉诺夫哲学著作选集》第3卷,北京:生活·读书·新知三联书店1962年版,第165页。

初，人为环境是十分简陋的。随着人类对自然力的征服，这个人为环境也就越来越丰富、发展。地理环境对人类社会影响之日益缩小，是以人为环境作用之不断增大为前提的。而且人为环境还非常有力地改变着自然对社会人的影响，越来越使这种影响从直接变为间接的。人为环境是人类进一步发展的一个必要条件。它的发展水平是衡量人类文明程度的标尺。[①] 但是，地理环境对社会发展的影响日益缩小，只是一个方面，只有相对的意义，即相对于人为环境作用的不断增大而言。从另一角度看，随着历史的前进，自然和人类的关系越来越复杂，因此地理环境对社会发展的影响并不会消失。普列汉诺夫著作中相当多的篇幅试图具体地探讨地理环境对不同历史时期人类社会的这种日益变大的作用，不过这个作用并没有增大到成为历史发展的主要决定因素的程度。

普列汉诺夫指出了不同的地理环境对原始社会发展的重大意义。“原始社会的智慧发展，在原始社会之间的互相接触愈大的地方，就愈迅速，而这些接触，当然，在他们所居住的地方的地理条件愈多差异（即因此，在一个地方的生产品较之另一地方所生产的生产品愈少相似），则愈频繁。”[②]在由原始社会向奴隶制度社会过渡时，地理环境的作用不会更小。“在中国和阿提喀，在北美洲平原和尼罗河沿岸，发展初期的社会关系形式是完全一样的，可以说是相同的。研究原始制度的科学到处都发现譬如说氏族生活方式。显然，人类有着同一个出发点。但是，由于生存斗

① 《普列汉诺夫哲学著作选集》第2卷，北京：生活·读书·新知三联书店1961年版，第269—274页。

② 《普列汉诺夫哲学著作选集》第1卷，北京：生活·读书·新知三联书店1959年版，第680页。

争的自然条件不同,因此人类共同生活的形式也渐渐地具有不同的性质。到处相同的氏族生活方式让位给各种不同的社会关系。雅典社会的制度不同于中国的制度;西方的经济发展进程根本不同于东方的经济发展进程。当然,这里有许多东西也依赖于该社会的历史环境的影响,但人类发展的'地理背景'毕竟无疑地表现出强烈的影响。"[①]

在《俄国社会思想史》中,普列汉诺夫着重分析了俄国特殊的地理环境对俄国封建社会发展进程的影响。他说:"俄国历史过程的相对特殊性的确可以用俄国人民必须在其中生活和活动的那个地理环境的相对特殊性来说明。这种地理环境的影响是非常之大的。但是其所以非常大,唯一是因为自然条件的相对特殊性决定了俄国经济发展的相对特殊的进程,而这一进程的结果就出现了莫斯科国家同样特殊的社会政治制度。"[②]最后,普列汉诺夫还谈到了地理环境在资本主义产生过程中的作用。他认为,私有制必然要变为资本主义私有制。"这种现象是私有财产演进的内在规律的一个结果。自然环境在这种情形之下所能为力的事,只是由助成生产力的发展来促进这个运动。"[③]他指出:"地理环境的贫乏或丰富,曾经给予工业的发展以无可争辩的影响。"[④]他还引证马克思的话说,资本的祖国不在严酷的热带或寒带,而在气候适中的温带。

---

① 《普列汉诺夫哲学著作选集》第4卷,北京:生活·读书·新知三联书店1962年版,第44页。

② 《普列汉诺夫全集》第20卷(俄文版),第99页,转引自王荫庭:《普列汉诺夫对马克思主义地理环境学说的重大贡献》,《哲学研究》1980年第10期,第63页。

③ 《普列汉诺夫哲学著作选集》第2卷,第169、168页。

④ 同上。

在探讨自然对不同历史阶段社会发展作用的同时，普列汉诺夫也注意到了地理环境中不同因素（土壤、气候、动植物区系、地表特性、河流系统、海岸线等）对人类发展的具体影响。为了对这个问题有一个粗略的概念，我们引证几段普列汉诺夫的有关论述。

关于气候和土壤，他说：

> 热带大陆虽有自然财富，而温带大陆则最适合于人类发展。①
>
> 马克思说："并不是土地的绝对丰饶，而是土地的差异、土地的自然产物的繁多构成社会分工的自然基础。"②
>
> 在亚洲，和在埃及一样，"文明在容易耕种的冲积平原上发展着……并且都同样紧靠着大的河流"。③
>
> 气候和土地对人的影响不是直接的，而是间接的。④

关于动植物区系，他说：

> 人为了能够驯服在人的生产力发展中起了很大作用的马、牛、羊等，就必须居住在它们野生时生活的地方，亦即它们的祖先生活的地方。⑤
>
> 原始的渔猎部落要转变到畜牧业和农业，就必须要有相当的地理环境的特性，换句话说，在上面这个场合下，就须要有相当的动物区系和植物区系。摩尔根说，

---

① 《普列汉诺夫哲学著作选集》第2卷，北京：生活·读书·新知三联书店1961年版，第168页，第一个脚注。

② 同上书，第168页。

③ 同上书，第169页，第一个脚注。

④ 同上书，第168页，第171页。

⑤ 同上书，第168页。

西半球缺乏适于畜养的动物和东西两半球植物区系的特殊差异,使两个半球居民的社会发展行程也有了很大的区别。怀茨关于北美红种人说道:“他们完全没有家畜,这是很重要的,因为这个情况是使他们不得不留在低级发展阶段上的主要原因。”[①]

关于地表特性,普列汉诺夫说:

黑格尔说过:海洋和河流使人们接近,反之,山岳使人们分离。[②]

行船的技术确乎不是在草原上发生的。[③]

关于矿藏,他说:

没有金属的地方,土著部落就不能用他们自己所有的力量越过我们称做石器时代的那个界限。[④]

富饶的铁矿区的居民(……)“自然就以采铁为业了”[⑤]。

普列汉诺夫在考察地理环境中不同因素对社会的作用时,并没有忘记这种作用在不同历史时期由于生产力发展水平的高低不同而互有差别。例如:“海洋使人们接近只有在生产力发展到较高的阶段上;而在生产力较低的阶段上……海洋却大大地阻碍

① 《普列汉诺夫哲学著作选集》第3卷,北京:生活·读书·新知三联书店1962年版,第164页。

② 同上书,第165页。

③ 《普列汉诺夫哲学著作选集》第2卷,北京:生活·读书·新知三联书店1961年版,第168页。

④ 《普列汉诺夫哲学著作选集》第3卷,北京:生活·读书·新知三联书店1962年版,第164页。

⑤ 同上书,第165页。

了被它所隔离开来的各个部落间的关系。”[①]他肯定了河流和海洋在社会历史中的意义，指出人类文明的中心由河流转向内海，又由内海转向大洋，这并非偶然，而是一个合乎规律的过程。在这个过程中，地理环境只是一个起作用的因素，虽然起着很重要的作用，但“地理环境的影响不能说明历史的全部过程”。弄清这个过程的关键在于，探讨伟大历史河流和“地中海沿岸那些社会内部的经济史”[②]。总之，普列汉诺夫根据马克思唯物史观的基本原理，全面系统地分析了自然条件对人类社会的影响。他力求揭示地理环境中不同因素对不断发展变化的社会及其各个方面所起的作用，这是对唯物主义历史观的重大贡献。

迄今为止的人类历史和人类创造的全部文化都是在地理环境所提供的条件下产生的，都离不开地理环境的影响。任何国家、任何地区生产的发展总是以本国、本地区的自然地理环境所具有的劳动对象为基础的。在人类的早期，人对自然的影响毕竟是极其有限的，亦即在人类基本上还只能被动地适应现成的地理环境的时候，我们还是可以把地理环境主要当作自然环境。它几乎对人类各方面的活动都起着决定性的作用，决定着文明的自然属性或模式，即决定是农业文明、牧业文明或商业文明，是大河文明、草原文明或海洋文明。到了近代，随着人类生产力的发展，经济环境和社会文化环境逐渐形成，并且越来越重要，地理环境、经济环境和社会文化环境这三者就更难以被明确区分开来了。可

① 《普列汉诺夫哲学著作选集》第3卷，北京：生活·读书·新知三联书店1962年版，第165页。

② 《普列汉诺夫全集》第7卷（俄文版），第26—27页。转引自王荫庭：《普列汉诺夫对马克思主义地理环境学说的重大贡献》，《哲学研究》1980年第10期，第64页。

以明确的是,生产力越发达,人类对地理环境的利用能力和改造程度就越强,但这一切都是以地理环境所提供的条件为前提的,并且是以不违背它的内在规律为限度的。即使到人类的生产力高度发达的未来,地理环境的影响依然是人类不能摆脱的,人类在进行物质生产和精神生产时仍必须充分考虑它们的作用,才能确定最有效的利用方式。

第二节 工业文明时代人与自然关系的异化

近代以来,随着工业化的狂飙突进,人类大举改造自然以获取资源。在人与自然的关系上,人类既对自然进行大规模改造,又对自然生态系统平衡造成了破坏。因此,生态破坏力成为人类因改造自然不适当而酿成的自然反馈能力,它与人类生产力构成了相互作用的一对矛盾。工业文明推动了人类社会的高速发展,但其产生的负面效应也是巨大的:人类社会发展面临人口爆炸、资源短缺、粮食不足、能源紧张、环境污染等困境,这是人与自然矛盾尖锐化的集中表现。过度的工业化不仅严重破坏了人类赖以生存的自然环境,也使人类自身的社会环境受到了损害和冲击。这种异化现象的产生,深刻暴露出了以工业为主体的社会发展模式与人类的环境要求之间的内在矛盾。

一、工业经济系统与自然生态系统反馈机制的内在矛盾

在人与自然的关系史中,在人类初始的漫长世纪即前文明时代,人类完全依靠从生态系统中取得的天然生活资料维持生存,如采集野果和昆虫、用简单的工具猎杀野兽等,这是人类历史上

的采集、狩猎阶段。这时,人只不过是自然生态系统中的一个成员,是处于食物链营养级顶端的消费者。大自然有足够多的生活资料来满足人类十分有限的原始需求,而人类活动在很大程度上也表现为被动地生存适应。这种活动对大自然的影响,与其强大的自然资源相比,则是微不足道的。虽然原始人与生态系统中的其他生物及其环境也存在矛盾,但这种矛盾从根本上说,属于生态系统内部的矛盾,表现为一种自然生态过程,尚未形成真正意义上的以人为中心的生态经济系统,人仅仅是自然生态系统中的一个普通成员,是食物链中的一个普通环节。

在几十万年的漫长发展过程中,随着人口的增长,人类的消费规模逐渐扩大,需要从生态系统中获取更多的天然生活资料。而生产力的发展,尤其是火的发明和生产工具的改进,大大加强了人类进行采集、狩猎等活动的能力和影响,这就有可能导致某些动植物资源由于被过度消耗而损伤其再生能力,甚至造成食物链环的缺损,进而影响整个生态系统的稳定。生态系统的这一变化又反过来影响人类的采集、狩猎活动,使人类从生态系统中获取天然生活资料变得更为困难。这可以说是人类社会发展史中最早出现的人与自然的矛盾。

农业的产生是缓解人与自然矛盾的最直接原因,这是人类经济活动干预和改造自然生态系统的过程中最成功的例子。农业通过种植植物和驯养、繁殖动物,把自然生态系统中难以被人类直接利用的无机物变为有机物,把太阳能转化为化学储藏能,从而大大提高了人与自然的物质变换能力。人们不用再花费巨大代价去获取野生动植物以谋生,而只需耕种少量土地就能满足需要。农业经济再生产与自然再生产相互交织,有机地组成了一个生态经济系统,该系统内部的物质能量循环转化,多次利用,不仅使系统的产出增加,同时也有利于维持生态的新的平衡稳定。

农业的产生虽然缓和了在原始采集业后期所出现的人与自然的矛盾,但并不意味着这一矛盾从此就消失了。在一些年代、一些地区,干预生态系统的经济活动与生态系统的稳定机制之间仍存在激烈的对抗。很多科研提供的资料表明,如中美洲的玛雅文明在繁荣了十多个世纪之后突然的消失、非洲撒哈拉沙漠的形成和蔓延、中国黄土高原的退化等中都有人与自然矛盾激化的因素。这说明,在农业社会同样存在人与自然的矛盾。就总体而言,在农业社会时期,由于人口和经济的增长比较缓慢,人类对生态系统需求的压力相对较小,同时在低下的生产力水平制约下,人类经济活动干预和影响生态系统的能力也很有限,因此人与自然的矛盾在更多的情况下表现为,人类对生态系统资源的开发利用不足,与此同时,农业社会的经济发展也十分缓慢。

到 18 世纪中叶,发端于英国的产业革命带来了社会生产力的巨大进步。到 19 世纪 40 年代,世界上主要的发达工业国家都先后完成了工业化进程,它创造的生产力比过去一切世代创造的全部生产力还要多,还要大。现代生产力突飞猛进的发展不仅促进了社会生产方式和经济结构的深刻变革,而且对人与自然关系的变化也产生了重大影响。时至今日,人的实践活动的双重效应充分暴露了出来:一方面,人类认识自然、改造自然,从而建设了高度发达的物质文明和精神文明;另一方面,由于认识或利益的局限,人类不能合理开发自然资源和维护生态环境,因而人类社会发展面临人口爆炸、资源短缺、粮食不足、能源紧张、环境污染的困境,这是人与自然矛盾在今天尖锐化的集中表现。从理论上看，工业生产的结构性特点不可避免地将与环境产生尖锐矛盾。

（一）自然资源供给有限与生产耗费无限的矛盾

生产力系统的运行与发展过程就是人类在生物圈内所从事的物质资料生产过程，是生产主体即劳动者运用生产工具作用于自然环境提供的劳动对象，使之成为适合人们需要的产品的过程。这一过程可以抽象地概括为人与自然环境之间进行物质、能量、信息的交流与转换，并保持相互间动态平衡的过程。它的变换、交流与转化有两个方面：一方面是，人们从自然环境中向生产力系统输入能源和资源；另一方面是，生产力系统向自然环境排放生产和生活的排泄物，反作用于自然环境系统。在两者的“输入”和“输出”之间的能量流动、物质循环和生态平衡中，都有一个对方能否承受，保持协调效应，从而保持资源、物种和生态系统的永续利用的问题。如果生产力系统对自然界的索取和排泄控制在动态平衡所能负荷的压力范围之内，那么自然环境系统将是良好的，系统中的动物、植物、微生物、非生物就会永续不竭，从而生产力也将获得一个良性的运行条件。反之，如果生产力系统对自然环境中的生物体等资源肆意索取和野蛮开发，生态环境系统就会失去自我平衡，资源趋于枯竭，生物体、非生物体亦趋于灭绝。这种环境系统的恶化也势必导致生产力系统的退化和不良运行。

工业社会生产的主要特性是集中生产，这是由工业技术结构和市场经济制度决定的。化石能源和矿产资源在相当大的程度上替代了农业资源，成为工业社会的主导性资源和物质基础，也是工业技术结构生长、扩张的物质基础。然而，它们的根本属性是“不可更新”或“不可再生”，即相对于人类的生命周期来说，它们的再生周期“无限长”，因而化石能源和矿产资源是有限的。所以,生产力发展过程中遇到的第一个矛盾就是自然资源供给有限与生产消耗无限的矛盾。工业技术结构中的能源结构和资源结构就决定了工业社会是不可持久生存和持续发展的。

生产力越发达,产品以及相应的废弃物也就越多。废弃物主要是工业垃圾和生产者及其家庭排出的生活垃圾。工业技术结构中的废物结构使得自然系统的生物地球化学循环在某些环节和回路中成为死循环,而且工业的集中性也造成了废物的集中性,使局部地区的生物地球化学循环在某些环节出现"堵塞",造成了对大气、水体和土壤的严重污染。

目前,生产力系统对大自然的最大反馈莫过于向自然界输出排泄物,而这在很多方面已经大大超出了自然界的承受能力,从而造成了自然界吸收能力有限与生产和生活排泄物增长无限的矛盾。垃圾引发的最大问题就是环境污染,危害着人体健康。垃圾中充斥着各种有机物、氯化物和有毒物质,容易滋发病菌。此外,工业和城市排出的污水对环境的污染更甚于垃圾。

(二)自然生态系统与社会经济系统的矛盾

历史唯物论认为,社会生产力是一个从低级到高级的不断发展、前进的动态过程。由于生产力的不断变革和进步推动着经济的发展,因此人类社会才能由一种形态过渡到另一种形态。然而,社会生产所需要的物质和能量,无一不是直接或间接地来源于生态系统。人类通过自己的劳动,把生态系统的物质、能量"输入"经济系统,把自然之物变换为经济之物。离开了生态系统,就不可能有经济的发展。自然生态系统大致包括:生命系统和环境系统两大部分;生产者(绿色植物)、消费者(草食动物和肉食动物)、分解者(微生物)和环境因子四个基本成分。在结构形态上,生态系统的生物种类和种群数量依据种的空间配置和种的时间变化，表现为相对稳定的状态。生态系统各组成成分之间根据食物链的关系又形成层次性营养级。社会经济系统通常是指社会再生产过程中由生产、交换、分配、消费四个环节所构成的相互制约的统一体。经济系统，完整地说，实际上是指生态经济系统。其中，生态系统是基础结构，经济系统是主体结构，技术系统是联结二者的中介环节。

经济系统和生态系统联系紧密，但它们却有着各不相同的反馈机制。经济系统的反馈机制是增长型，它要求不断地加大系统的投入和产出，实现经济的发展与增长，因而对生态系统的需求是无限的；生态系统的反馈机制则是稳定型，它要求系统在发展动态中维持平衡，逐步趋向最大化的稳定状态。稳定的生态系统不一定是符合生产力迅速发展的需要的。生态系统资源更新的能力是有限的，不断增长的经济系统对自然资源需求的无限性与稳定的生态系统资源供给的有限性之间的矛盾，就是生态经济系统的基本矛盾，这是工业社会中人与自然矛盾尖锐化的根本原因。矛盾的一方是发展和增长，这是生产力的本质要求；矛盾的另一方是生态系统的平衡稳定，这是生态系统发展演替的客观趋势。在不同的社会经济条件下，矛盾具有不同的表现形式：一种是，人类经济活动对生态系统和自然资源的开发、利用程度较低，对自然生态系统触动不大，生态系统在自我稳定机制的作用下基本上保持平衡状态，但提供给经济发展的物质能量也有限，因而社会经济发展缓慢。前工业文明时期的社会经济发展状况大体如此。另一种是，人类经济活动对生态系统和自然资源的开发、利用程度较高，人类可以通过技术手段改变生态系统的结构，强化其循环转化功能,扩大物质输出规模,提高效率,以满足经济发展的需要。工业文明社会基本上就是按这种方式发展。这种对自然生态的人为干预又可能导致两种不同的结果:一种是,干预过度,超过了生态系统平衡稳定机制所允许的限度,破坏了生态系统的稳定,导致系统的生产力下降,物质输出减少,阻碍经济的增长;另一种是,干预适当,既能使自然资源得到比较充分的开发利用,又保持了生态系统的稳定,物质输出增加,促进经济的增长和发展。工业化以来所采用的高生产、高消费、高浪费的经济发展模式过度干预并损害了自然生态系统,导致生态系统本身的自然生产力下降,这必将反馈为阻碍人类社会经济系统的正常运行和发展。

(三)生态效益与经济效益的矛盾

在工业化社会经济生活中,同时产生的经济效益和生态效益经常会人为地呈现出矛盾对立的关系。这主要是因为人们在社会生产过程中,只注重直接的经济效益,而忽视了生态效益。

第一,生态效益与经济效益具有不同的特点,人们对生态效益的感受往往滞后于对经济效益的感受,因而两者间产生了矛盾。在社会生产和再生产过程中,投入和耗费一定的劳动,同时会产出一定的经济效益和生态效益,但人们感觉到这两种效益的时间在先后次序上的差别很大。一般来说,投入一定量劳动的经济效益(特别是微观经济效益)的获得是具体可见的,如渔民耗费一定的劳动能得到或多或少的渔获量,渔民对这一定量劳动带来的经济效益的大小的感觉是具体的。然而,对投入一定量的劳动同时带来的生态效益的好坏,却不容易立即感觉到。特别是劳动过程对生态系统的影响,在没有根本改变生态平衡状态时,生态系统各因素间还具有通过自我调节恢复原来的平衡状态的能力，其生态效益的好坏及大小就不容易被人们感觉到。只有当产生相同性质的生态效益的劳动反复进行、这种生态效益累计超过某个数量界限时，生态系统各因素之间具有的自我调节能力才会发生突变，使生态系统原有的平衡状态发生根本性改变。这时，人们才能具体地感觉到过去劳动带来的生态效益的好坏和大小。如在某湖区或海域，人们不顾及鱼类自然再生产的能力，一再投入过量的船只进行酷渔滥捕，使该湖区或海域无鱼可捕，此时滥捕活动所带来的生态效益的好坏才能被渔民感觉到。由于劳动的生态效益只有累积到一定程度才表现出来，而在不同的生态系统，这种累计的时间有长有短，如对于有的经济活动，甚至几代人之后才能感觉到其生态效益的好坏，因此就形成了过去人们只看到劳动的经济效益，而看不到同时产生的生态效益的好坏的状况。

第二，两种效益与劳动者自身的经济利益的关系不同。投入一定量的劳动虽然同时会产生一定的经济效益和生态效益，但这种经济效益（特别是微观经济效益）和生态效益对劳动者或劳动企业来说，往往意味着不同的经济利益关系。一般来说，经济效益，特别是微观经济效益同劳动者或劳动企业的眼前、局部的经济利益有直接关系；而生态效益的好坏却关系到全社会或全局的长远的甚至是子孙后代的利害。经济效益和生态效益与劳动者或劳动企业的不同关系的特点容易使一些人只基于个人、单个企业的眼前利益看问题，而不顾整体的长远利益；只注意投入劳动带来的经济效益，而不顾其生态效益。

工业社会的生产行为更多考虑短期的、眼前的利益，而忽视了长远的、未来的利益，为了前者，有时甚至以牺牲后者为代价。

更多考虑当代人的利益而忽视后代人的利益,抱着对子孙后代极不负责的态度,无论是否必要都不惜以牺牲后代人的利益来换取当代人的利益等,充分反映了现代工业文明社会中人的自私化。在利益追求最大化的市场经济体制下,生态效益与经济效益的矛盾也是工业社会中人与自然矛盾尖锐化、表面化的重要原因。资本的逻辑是,为了获得更多的利润,可以把满足人的需求的生活资料作为商品来生产。对资本的逻辑来说,无偿接受来自环境的大气、水等环境资源进行生产,如果没有法律规定,那么在生产过程中再把污染了的大气、水等排放到环境中,这是理所当然的事,其结果是环境被破坏。资本的逻辑导致环境被破坏,从中却很难产生积极保护环境的逻辑。

二、发展观的误区及反自然性

自 18 世纪英国率先进行工业革命,并成功地实现工业化,走上了富裕的发展道路后,“工业化”就成了一个令人着魔的字眼,世界各国无不将它视为努力奋斗的目标。工业化发达国家走过的发展道路就是常说的“高生产、高消耗、高污染”的传统发展模式,其主要特征是以实现工业化、谋取国民生产总值的迅速增长为目标,经济增长就等同于经济发展、社会发展。工业社会的发展模式基本上是一种“工业化实现模式”,它以工业增长作为衡量发展的唯一标志,把一个国家的工业化和由此产生的工业文明当作实现现代化的标志。在现实生活中,这一发展模式表现为对 GDP、经济高速增长的狂热追求,认为 GDP 高的国家就是经济强国、人均 GDP 高的国家就是经济成功或繁荣的国家,因此追求 GDP 的增长就成了国家经济发展的目标和动力。但是,这种单纯片面追求 GDP 增长的发展模式带来了严重后果:环境急剧恶化,资源日趋短缺,人民的实际福利水平下降。问题的症结在于,这种经济增长并非建立在环境的可承载能力基础之上,没有确保那些支持经济长期增长的资源和环境基础受到保护和发展,相反,有的甚至以牺牲环境为代价谋求发展,导致生态系统失衡乃至崩溃,使得经济发展因失去健全的生态基础而难以持续。现行的 GDP 指标既没有反映自然资源消耗和环境质量的指标,也没有揭示一个国家为经济发展所付出的资源和环境代价。相反,有些地区的环境越污染,资源消耗越快,GDP 增长就越迅速。例如,污染引发的疾病增加了人们医疗方面的开支,污染引起的腐蚀加快了耐用品的更新,治理污染又要花费大量的资金,这些都累计在 GDP 之内,“促进”了 GDP 的“增长”。

对国内生产总值的迷信和崇拜,在一些国家和地区达到登峰造极的程度,这种经济指标被看成万能的:既可以反映国家的发展水平,又可以显示国家的发展速度;既可以代表国家的富裕程度,又可以体现国家的奋斗目标;不但可以用来比较不同国家的发展水平,甚至可以用来作为衡量一切事物是否正确的标准。生产越多越有利是“国内生产总值拜物教”的教义,这实际上是一种只求越多越好、片面追求数量增长的拜物教。其缺陷在于,无法统计某些经济活动之外的知识、信息、精神活动等方面的价值,把一切都物化、商品化了,人只是追求物质财富的机器。这种被扭曲的发展观的原因可以从以下几方面分析。

(一) 人类中心主义作祟

人类中心主义很早就在历史长河中显现出它的身影。中国自古就有“人定胜天”的观念。人类中心主义作为西方传统价值观也有着悠久的历史演进过程,在不同的历史时期表现形态不一样,所起到的历史作用也是不同的。在古代,“人是万物的尺度”这一观念主要是人们看待世界的价值标准,它对人与自然的关系产生的影响还不大。中世纪以后,基督教在此基础上从宗教的角度对此予以强化,进入了神学目的论阶段,认为人是所有创造物中唯一按照上帝自身的形象创造的,只有人才具有灵魂,人是唯一有希望获得上帝拯救的存在物。到了近代,以笛卡儿为代表的灵魂与肉体二元论主张,人是比动植物更加高级的存在物,因为人具有动植物所不具备的灵魂。在这种灵魂与肉体二元化的理论基础上进一步发展出了理性优越论,这一理论认为,人的理性使人高于其他存在物,只有具备理性才有资格获得道德关怀。

人类中心主义的内涵十分丰富,目前学界主要区分了三种不同意义上的人类中心主义:首先是生物学意义上的人类中心主义。人作为生物,必然需要遵守自然的生物逻辑,维护自己的生存与发展,在生物逻辑的制约下,人是以自身生存发展为要务的,这种意义上的人类中心主义是不可避免的。其次是认识论意义上的人类中心主义。不管人类提出何种环境道德作为准则,都是基于自身的思考而提出的,这种环境道德从一开始就带有属人的特征,我们也无法反对这种意义上的人类中心主义,不然就会陷入自相矛盾的逻辑怪圈,因为所谓的反人类中心主义同样也是人类思考的产物。最后就是价值论意义上的人类中心主义。其核心观念是:人是唯一有理性的存在物,处于自然界进化的最高阶段,是特殊的最高级的存在,因此人是超越自然的,人自在地就是一种目的,而其他一切缺乏理性的存在物只具有工具价值,人的理性给予了人一种超越性的特权。在价值论意义上的人类中心主义语境中,道德和伦理原则只适用于人类,人类对非人类存在物的关心只应限于对人类有用的自然物,对这些自然物的义务不过是一种对人的间接的义务。

近代以来,随着科技理性主义的兴起,在做自然主人的信念鼓励下,人类发动了工业革命、科技革命和改造社会的各种实践活动。在这些活动中,人类的智慧和力量得以充分体现,改造和征服自然的夙愿终于变成了现实,人类真的成了自然的主人。这种对理性主义的弘扬、对主体的赞美,使得人类只承认一个物种——人的价值,而否认或轻视人以外的任何存在物的价值。如果说自然有价值,也仅仅是作为工具的价值。人类只关心自身的利益,仅把自然作为满足人类生存需求及欲望的占有物。在整个自然空间,人类无所不在,成了唯一的主宰。这种价值观的形成,将人与自然的关系推向了对立的两极,形成了以人类为中心处理人与自然关系的模式,它包括三层含义:

(1) 人类利益超自然化。人是大自然的杰作,处于自然界进化的最高阶段,是一种特殊的最高级的存在,是宇宙之精华、万物之灵长。因此,人类是超越自然的。

(2) 人类价值唯一化。人是所有价值的源泉,如果没有人的在场,大自然就只是一片"价值空场",自然资源只有对人类有益才有价值,离开了人类的需要,自然环境、物种、生物就无所谓权利与价值。人成为衡量万物是否有价值的唯一尺度。非人类存在物的价值是人的内在情感的主观投射。

(3) 自然存在对象化。人既然已经成为唯一的价值主体,那么与之相应,自然界的万物都是因为人而存在的对象,它们都只是一种资源,没有其独立的内在价值,只是满足人类利益的物质性存在,是人根据自己的需要而单向作用的对象,也就是说,自然物的存在是为了人的目的。

当代英国著名历史学家汤因比认为,自我中心是生物生命存在的必要条件,“但是这种必要条件也是一桩罪恶。自我中心是一种理智的错误,因为没有一种生物真正是宇宙的中心;自我中心又是一种道德的错误,因为没有一种生物有权利以宇宙的中心自居。它没有权利把他的同胞、宇宙、上帝和实在视为仅仅是为了满足一种自我中心的生物需求才存在。坚持这样一种错误的信仰并照此行事是一种狂妄自大的罪恶”[①]。人类中心主义的确存在很多问题,我们需要承认人类中心主义的不足,但是也要认识到,人类中心主义是不可能完全规避的。目前很多对人类中心主义的批评中其实都存在一定的误解,很多批评都在某种程度上混淆了人类中心主义和物种歧视主义及人类沙文主义。物种歧视主义和人类沙文主义是需要被克服与摒弃的,但是人类中心主义不等于物种歧视主义和人类沙文主义,人类中心主义有其存在的合理性。在某种意义上,我们所宣扬的生态主义和可持续发展其实也包含人类中心主义的因素。人类中心主义并不是洪水猛兽,如果加以适当利用,将有助于我们实现保护环境的目标,有助于我们在实践中推进环境保护的工作,虽然这种观点尚且处于实用主义的层面,但是面对当前严峻恶劣的环境问题和破坏严重的生态现状,我们不得不尽快采取有效的措施,即便这种措施的理论依据尚且处于较低的伦理层面。

---

① 〔英〕汤因比:《一个历史学家的宗教观》,晏可佳、张龙华译,成都:四川人民出版社1990年版,第13页。

（二）利己主义导致公地悲剧

古希腊哲学家亚里士多德（又译亚里斯多德）曾说过，凡是属于最多数人的公共事物，常常是最少受人照顾的事物。1968年，美国学者加勒特·哈丁在《科学》杂志上发表了一篇题为《公地悲剧》的文章，首先使用了"公地悲剧"这一概念。[①] 哈丁在《公地悲剧》中的论述也许能为我们提供一点启示。哈丁论述道：英国曾经有这样一种土地制度——封建主在自己的领地中划出一片尚未耕种的土地作为牧场（称为"公地"），无偿向牧民开放。这本来是一件造福于民的事，但由于无偿放牧，每个牧民都会养尽可能多的牛羊。随着牛羊数量无节制地增加，公地牧场最终因"超载"而成为不毛之地，牧民的牛羊最终全部饿死。在文中，哈丁设置了这样一个场景：一群牧民一同在一块公共草场放牧。每个牧民都希望获得更大的收益，当他问自己"我多养一只羊会有什么结果"时，他的理性分析是：一方面，他可以从卖掉这只羊中获得利益；另一方面，他增加牲畜，会导致牧场因过度放牧而受损。由于过度放牧的后果是由所有牧民承担，而卖掉牲畜的利益由他一人获得，因此他会选择增加放牧牲畜的数量。如果所有人都像这样追求更大的利益，最终的结果是牧场因过度放牧而被破坏，所有人都无法从牧场获益。

事实上，这里的"牧场"情况和任何一种公共资源都是类似的，每一个人生产量的增加都加重了牧场的负担，从而给其他的生产者带来了负外部性，但制造负担的个体却不需要为此承担责任。哈丁在"公地悲剧"中早就认识到了，公地悲剧适用于分析污

---

① Garrett Hardin, "The Tragedy of the Commons," *Science*, Vol. 162, 1968, pp. 1243-1248.

染:这里的问题不是从公地拿走什么东西,而是放入什么东西——生活污水或化学的、放射性和高温的废水被排入水体;有毒有害和危险的烟气被排入空气……理性的个人发现,直接排入公共环境所需分担的成本比废弃物被排放前的净化成本少。既然这对于每一个人都是确定的,我们就将被锁入一个"污染我们自己家园"的怪圈。在这个循环中,每个人都希望他人做出保护环境的事情,从而自己可以成为一名"搭便车者",享受保护环境带给自己的正外部性。

印度学者萨拉·萨卡是20世纪90年代中期以来最具代表性的生态社会主义者之一,他在《生态社会主义还是生态资本主义》一书中对苏联模式社会主义失败原因的分析认为,苏联的社会主义公有制因管理不善带来了"公地的破坏",当生态恶化遭遇增长的极限不可避免地导致了失败。在萨拉·萨卡看来,哈丁抽象地谈论的牧场与牧羊人和苏联的具体资源与实际的经济参与者之间,存在实质性的相似。这就是,布尔什维克把老俄罗斯转变成一块巨大的公用地,以便创建一个社会主义社会。所有的资源都属于国家,并免费为经济参与者所使用。不仅自然资源,而且拥有资金、设备和人力的国家,拥有机器和原料的企业以及所有的基础设施和公用事业,都被看成"公用地",被不可持续地、不合理地掠夺和滥用。在萨拉·萨卡看来,苏联在两种意义上成为一块公用地:一种是原材料、土地和水资源;另一种是成为所有污染物的接收器。人民——每一个企业、每一个政府机关或部门、每个人对待国家的资源,就像抽象的牧羊人对待他们的抽象的牧场一样。在公有化的牧场,每一个理性的牧羊人都寻求使其个人收益最大化,他所寻求的唯一明智道路就是在自己的畜群中再增加一只羊，再增加一只……在一个有限的世界中，每一个人都陷入一个迫使其无限扩大畜群的系统。在一个坚信公地自由的社会里，所有人都抢先行动，追求自己的最大利润，毁灭便是最终目标。与牧羊人相似，苏联的高层政治经济领导人试图尽可能多地生产，而全体人民则希望尽可能多地消费。[①] 关于牧羊人行为的最终结果，哈丁写道："如此的抉择可能在几个世纪里都会合理而令人满意地运作……然而，最后清算的一天终会到来，即当长期渴求的社会稳定的目标变成现实的时候，此时公地的内在逻辑无情地演变成悲剧。"[②]公地的自由将给所有人带来毁灭。悲剧不是由个人罪恶（贪婪）所引致的，而是制度本身；或者是由于依附一个一旦达到承载能力就会失效的系统。[③]

萨拉·萨卡认为，可以把"苏联社会主义的失败"概念转化成"公地的破坏"。无论是在资本主义国家还是在社会主义国家，掠夺公地现在都是（过去也是）司空见惯的做法，但在苏联，掠夺的程度更高。中国的社会主义建设曾经在相当长时期效仿苏联，与苏联有很多类似情况，足以为戒。中国曾经对增长极限的追求所带来的生态极限远比苏联严峻。萨拉·萨卡和哈丁对公有制因管理不善导致"公地的破坏"和"公地悲剧"的讨论给我们以警示，促使我们思考，中国的发展方式应该吸取苏联的教训。"公地悲剧"展现的是一幅私人利用公共产品的狼狈景象——无休止地掠

---

① 〔印度〕萨拉·萨卡：《生态社会主义还是生态资本主义》，张淑兰译，济南：山东大学出版社 2008 年版，第 106 页。

② Garrett Hardin, "The Tragedy of the Commons," *Science*, Vol. 162, 1968, pp. 1243-1248.

③ 〔美〕加勒特·哈丁：《生活在极限之内：生态学、经济学和人口禁忌》，戴星翼、张真译，上海：上海译文出版社 2001 年版，第 342—343 页。

夺。哈丁认为,在没有制度约束的情况下,对公共资源的自由利用会给所有人带来毁灭。有限的公共资源与无限的个人欲望之间的矛盾必然导致资源被滥用、破坏甚至枯竭。这适用于我们生存的现状。牧民是人类全体,而公地正是我们共同的生存家园——地球。人生而具有不断发展、向上的无限需求,这使得人们不断扩展对地球资源的利用。当今环境问题的根源在于,人类无限的需求试图超越自然资源本身的有限性而引发了矛盾,这一矛盾由于人们利用资源追求自身利益而非社会共同利益的最大化而被激化,最终导致了人类的生存危机。

(三)唯发展主义至上

工业文明的发展过程,从物质意义上说,也是无限制追求物欲、把物质富裕置于至高无上的地位的过程,物质占有量成为衡量社会进步的唯一标准。由于工业生产不是在自然经济占统治地位的农业社会的那种简单再生产,而是扩大再生产,因此生产和消费自然都会累进地增长。资本家为了推销产品,也极力鼓吹享乐主义,刺激消费,这就使高消费成为社会时尚。物欲横流,是人们希望大量消费物质产品、更多地消耗资源和能源的生动写照。与无限制地追求经济高速增长、无限制地追求物欲密不可分的是商品拜物教盛行。

从18世纪亚当·斯密的《国富论》和马尔萨斯的《人口论》开始,经济学家对于经济增长就已经有了截然对立的看法。马尔萨斯提出了著名的“马尔萨斯陷阱”问题。正常情况下,生存资料如粮食产量只能以算数级数增加,而在缺乏生育节制的情况下,人口将以几何级数增长。由于它们各自增长的数学性质,人口数量增速很快会超过粮食产量增速,从而造成灾难性的后果。马尔萨斯并未预料到，工业革命开始后，技术的飞速进步使得土地的(粮食)产量增加的速度事实上并非如他所预见的那样缓慢，但他确实第一个意识到了，我们所处的地球以及建立在此基础上的经济增长，可能是存在限度的。“马尔萨斯陷阱”的威胁至今仍在相当多发展中国家的头顶徘徊。大卫·李嘉图在这方面的看法则更为成熟，他提出了经济增长和停滞模型来向我们解释：由于自然资源的有限性(并因此而稀缺)和边际效益递减的趋势，经济发展的动力最终必将耗尽，经济的车轮将会停转。

在新古典主义经济学成为经济学的主流之后，真正的变革出现了。凯恩斯深信，人类所有的经济问题都可以被技术进步、新市场的开发和大量新增资本解决，这种乐观态度传染给了之后的宏观经济学家，“增长”被提前设定为一个永久的不可逆转的趋势。这种“增长狂热”被大批经济学的观点和著作所继承，但冷静思考就会知道，且不论人类的创造能力是否无限(相当多的人试图论证这一点)，单论如果“资本”本身就受到人类能力以外的资源总量的束缚，那么即使人类的创造力的确是无限的，又能改变多少呢？事实上，我们当前对资源的开发和消费已经超过了地球资源可持续更新的能力，这也就是说，我们事实上只不过是在为了越来越低的边际收益而快速增加投入，并把这种消耗称为“收入”而已。如何将整个经济控制在一个与生态系统可承受力兼容的范围之内？这一问题长久以来似乎被忽视了。

早在 1925 年，利奥波德就批判了经济第一、物质至上的发展观。他把这种发展形象地比作在有限的空地上拼命盖房子：“盖一幢，两幢，三幢，四幢…… 直至所能占用土地的最后一幢，然而我们却忘记了盖房子是为了什么。……这不仅算不上发展，而且堪称短视的愚蠢。这样的'发展'之结局,必将像莎士比亚所说的那样:'死于过度。'"[①]生态作家和思想家艾比在 20 世纪 50 年代就使用"唯发展主义"来称呼发展至上论。他指出,唯发展主义将推动现代文明从糟糕走向更糟,导致"过度发展的危机",并最终使人类成为过度发展的牺牲品。[②]

20 世纪 70 年代末,面对瞬息万变、竞争激烈的世界,中国强烈地感受到迅速发展的压力,这种压力迫使中国不遗余力地以经济建设为中心,追求经济的高速发展。中国的经济发展构想曾经是,想用几十年的时间走完老牌工业国家两三百年的工业化历程,有一个思想上的误区,认为单纯的经济增长就等于发展,只要经济发展了,就有足够的物质手段来解决现在与未来的各种政治、社会和环境问题。很多人认为,中国可以模仿发达国家走"先发展,后治理"的老路,只要发展上去了,有了钱,回头再治理污染也不迟,因此选择了以牺牲生态环境为代价去发展经济。但实际情况是,中国生态环境先天脆弱,很多地区自我调节的能力差,极易造成生态失衡。我国虽然资源品种丰富,在总量规模上有一定优势,但主要资源的人均占有量都远低于世界平均水平。中国的人口资源环境结构比发达国家紧张得多,发达国家可以在人均 8000—10000 美元的时候改善环境,而我们则很可能出现在人均 3000 美元时生态危机就会提前到来的问题。强烈的现代化需求、密集的开发活动、大规模的基础设施建设和高物耗、高污染型的产业发展给生态系统造成了强烈的生态胁迫效应。资源的过量

① 转引自王诺:《生态危机的思想文化根源——当代西方生态思潮的核心问题》,《南京大学学报(哲学·人文科学·社会科学版)》2006 年第 4 期,第 37—46 页。

② 同上。

开采、有限的环境承载力、短缺的资金、落后的技术都是压缩型工业社会进一步发展经济将面临的棘手问题。

事实上，社会心理中也长期存在重发展、轻环保的倾向。就大众心态而言，绝大部分人都希望国家经济快速发展以满足个人的多种消费需求。当环境污染和生态破坏问题还没有直接触及个人的自身利益时，大部分人首先考虑的往往是抓住眼前利益、多赚钱，往往会急功近利，甚至竭泽而渔，对环境的破坏和资源的浪费不加重视。就中国而言，由于受到西方“消费示范效应”的影响，大众心理趋向追求高消费，享乐主义消费观在社会中占有相当比例。工业化和高消费的生活方式紧密相连，如果没有大量消耗资源和能源的工业化，就不可能有丰富的物质产品和商品生产来为高消费的生活打下物质基础。而在富裕人群中滋长、泛滥的“消费越多越体面”的原则，则不但鼓励人们以贪得无厌的态度去消费资源、能源和商品，而且刺激人们尽可能多地把它们消耗和浪费掉。现代工业文明缔造的一代消费者和浪费者，不但追求更多、更高档、更新奇的物质产品消费，而且追求光怪陆离的服务性消费，追求人造环境的舒适与便利；不但习惯于不必要的、闲置式的、装门面的浪费，而且习惯于一用即弃的、迎合时尚的、满足推销需要的、对物品毫不爱惜的浪费。

从领导干部的心理来看，由于多年来干部考核、晋级提拔的依据主要是经济指标的完成情况，因此许多领导干部对环境保护并不真正重视，对污染严重的企业不愿停产治理，怕耽误企业生产，怕伤企业元气，对一些应淘汰的落后工艺和一些能耗高、污染严重的企业大开绿灯、开脱责任。不少地方领导从地方保护主义出发，只重视经济效益，而对环境保护则说起来重要、做起来不重要,对本地区污染严重又不积极治理的企业采取姑息迁就的态度,睁一只眼、闭一只眼。特别是在一些贫困地区,由于当地工业不发达,经济发展水平低,因此对环境问题不敏感。有些领导环境意识淡薄,存在重经济、轻环保的思想,还有的发展经济、摆脱贫困心切,因此在一些扶贫项目的开发规划和布局中,较少考虑环境保护的因素,较多把项目的环境影响评价当作“走过场”,把环保设施必须与工程主体项目同时设计、同时施工、同时投产的“三同时”制度当成“摆套式”。在市场经济体制下,一些扶贫企业的新建项目和扩建项目大多具有“短、平、快”的特点,而政府各职能部门协作不好、布局不合理问题也十分突出,因而环境污染的转移、转嫁现象频频发生,资源破坏和浪费现象也较为严重,这更增加了环境保护的难度。

诚然,与任何一种生物都有生存与进化的权利一样,人类作为这个星球中的一个物种,自然也拥有生存与发展的权利。但是,唯发展主义将人类对解放人性、完善人格、安全和诗意地生存、和自然休戚与共、与他人和谐相处以及适度改善物质生活等多层面、全方位的进步和完善之需求,缩减成了物质需要的满足和物质生产的发展,严重忽视了人类精神和文化的发展。莫兰剖析道:“‘发展’的概念总是含有经济技术的成分,它可以用增长指数或收入指数加以衡量。它暗含着这样一种假设,即经济技术的发展自然是带动‘人类发展’的火车头。”“‘发展’的概念一经提出,就忽略了那些不能被计算、量度的存在,例如生命、痛苦、欢乐或爱情。它唯一的满足尺度是增长(产品的增长、劳动生产力的增长、货币收入的增长)。由于仅仅以数量界定,它忽视质量,如存在的质量,协助的质量,社会环境的质量以及生命的质量。"①

从根本上说,经济发展是为人服务的,而人不只是为经济发展服务。经济发展本身不是目的,而只是过程或手段。其目的是,人更安全、更健康、更诗意地生存,更自由、更解放,精神更为充实、人格更加完善。"发展"的目的化,即为发展而发展,必将导致发展的异化。20世纪后半叶以来的生态危机告诉我们,人对物质的无限需求与生态系统的有限承载力之间产生了不可调和的矛盾,人类如果再不限制发展,结果只能是加速奔向灭亡。人类不可能脱离生态系统而存活,至少从目前来看,人类开发替代资源的速度远远赶不上不可再生资源迅速枯竭的速度,人类加剧环境污染的速度远远快于治理污染的速度,而且科技的发展也还达不到在地球生态系统崩溃之前建造出人造的生态系统或将人类迁移到另一个星球的水平。那么,人类目前就只有一个选择:以生态系统的承载力来限制物质需求和经济发展。当然,生态的制约可以是动态的、相对的,即随着人类在开发替代资源、治理污染、重建生态平衡等方面的不断进展,生态对发展的制约可能不断减少,但制约却是必需的、绝对的。没有刹车只有油门的发展无异于直奔死亡。生态系统的平衡稳定就是发展的制动器。

三、对传统工业化模式的反思与调整

工业革命以来,人们认为"发展"就是"增长","增长"就是"发展"。在这种认识的引导下,人们把全部的热情和注意力都倾注于产量的增长、产值的增长和利润的增长。这样做的结果一方

---

① 转引自王诺:《生态危机的思想文化根源——当代西方生态思潮的核心问题》,《南京大学学报(哲学·人文科学·社会科学版)》2006年第4期,第37—46页。

面给人类带来了巨大的物质财富,推动了科学技术的迅猛发展,但另一方面,随之而来的却是自然资源的衰竭和生态环境的恶化。从世界发展观的演变来看,第二次世界大战结束到21世纪初,当代发展观的形成和演变大致经历了四个阶段。

第一阶段,从20世纪40年代中期至60年代中期,是传统发展观阶段。第二次世界大战后,经济发展成为当时人类社会面临的最紧迫的问题,最大限度地谋求经济增长成为发展的首要目标。由于经济问题是战后资本主义世界面临的头等问题,因此这一阶段的发展侧重解决经济问题。当时西方学者还未能科学地区分“发展”与“增长”这两个概念,而认为:“发展=经济增长”。这一公式反映了战后头二十年里人们对“发展”的理解,也表明了在当时的发展观中,传统工业化模式仍占主导地位。于是,“经济增长=经济发展=社会繁荣”这个三等式就指导着战后世界各国的发展。在这种片面的发展模式指导下,发达国家进一步掀起了工业现代化、科学技术革命的浪潮,其突出结果是,战后几近赤贫的国家在经济增长上取得了显著进步,日本、联邦德国就是在这一时期迅速崛起的“经济巨人”。与此同时,发展中国家也急于摆脱贫穷落后的局面,积极推行了经济的“大推进”战略。

这一阶段的发展观强调,发达国家的经济增长模式具有普遍性,所谓发展就是发展中国家通过经济增长追赶发达国家的过程,GDP的增长具有至高无上的地位。这种片面的发展观存在两大致命缺陷。其一,它以单纯的经济增长为导向,将注意力集中在可以度量的经济指标上,如GDP、人均收入、富裕程度等,增长和效率成为发展的唯一尺度。这就直接导致了人们尤其是政府行为的短期化,如掠夺性地开采自然资源、破坏生态环境。其二,它忽略了文化差异。对经济效率的狂热追求使人异化为物,伦理道德与市场竞争的关系紊乱致使整个社会的精神文明衰颓没落。一些发展中国家的教训就足以证明:单纯的经济增长并不等于发展,经济的增长并不必然带来人们普遍的福祉,反而可能引发分配不公、两极分化、政治腐败和社会动荡。

第二阶段,从20世纪60年代后期到70年代末,是修正传统发展观阶段。单纯追求经济增长的发展战略在许多发展中国家,特别是拉美国家遭遇了挫折——表现为单一经济的畸形发展和整个社会系统的功能失调,造成了"有增长而无发展"的局面,由此引发了相当严重的社会问题。在经济增长过程中形成的粗放模式——片面追求数量增长和规模扩大而忽视质的优化,致使这些国家原有社会问题未能缓解、新的严重问题又层出不穷,如环境恶化、生态危机、贫富两极分化、传统文化价值崩溃、战乱频仍等,以至于危及整个国家的生存与发展,它们与西方发达国家的差距反而日益拉大。这种危机使发展中国家的有识之士开始对以西方中心论为特征的发展观进行反思和批判,并立足于本国的特殊地位考察发展问题。

20世纪60年代末以来,以"罗马俱乐部"的一系列报告为标志,人们开始从传统工业化模式和经济增长的陶醉中惊醒,认识到传统的发展战略在带来巨大物质财富的同时,也正在使人类处于一系列严重的全球性问题或"人类困境"之中,于是对传统发展观进行否定和批判的思潮出现了。这种思潮虽然深刻地揭示了传统发展模式的种种负面效应,指出如果继续按传统发展道路走下去,人类的经济和生态环境将有崩溃的危险,但却由此对世界的未来做出了种种悲观的预测,提出了比较消极的"零增长"的主张。20世纪60年代末到70年代初,由于西方工业国经济衰退、越南战争、民权运动兴起等一系列发达国家内外矛盾的激化,经典发展观和现代化学说受到了来自发达国家内部的批判。同时,部分西方学者开始对传统工业化造成的弊病进行反思,认为衡量一个国家的发展标准,除了经济尺度外,还应包括各项社会指标,应追求社会的全面进步与发展,因此工业化不是最理想的发展模式,而是一个必定会被超越的过渡阶段。于是"发展"的内涵突破了早期阶段的狭义性,逐步涉及经济、政治、社会各层面,发展的概念被修订为"发展=经济增长+社会变革",但这一发展理念并未得到贯彻实行。

第三阶段,20世纪80年代,是发展观的转型阶段。这一阶段,以人—自然—社会协调发展为中心的增长观念开始形成。法国学者弗朗索瓦·佩鲁较早地提出了这种新发展观,对经典发展观与工业化观点提出了强烈批判,认为在增长、发展、进步三者中,文化价值起决定作用,决定了加速或减缓增长的必要性,并可以检验增长目标的合理性,没有发展的经济增长是危险的。他提出以人为中心确立研究视野,从人的活动及其发展的角度考察发展的动力和规律。他指出,经济并不是一种单纯局限于自身的孤立现象,相反,"经济现象和经济制度的存在依赖于文化价值;并且企图把共同的经济目标同他们的文化环境分开,最终会以失败告终,尽管有最为机灵巧妙的智力技艺"[①]。罗马俱乐部主席奥尔利欧·佩奇在80年代初也明确指出:"现代社会不愿懂得,任何

---

① 〔法〕弗朗索瓦·佩鲁:《新发展观》,张宁、丰子义译,北京:华夏出版社1987年版,第165页。

进步,首先是道德、社会、政治、风俗和品行的进步”[①],“精神、伦理、思想、社会、政治和文化的道德和价值,都是建设新社会的基础”,“价值不是由成本费所决定的,而是与产品的使用和效能相联系,并应注重于其耐用性。一面创造财富而一面又大肆破坏自然财产的事业,只能创造出消极的价值或‘被破坏’的价值。如果没有事先或同时发生的人的发展,就没有任何经济的发展。”[②]这种新发展观把人的发展作为核心引入了价值参照系,凸显了原来隐藏在物质文明背后的精神文化价值在发展中的重要性。这是西方学者对工业文明所造成的人与自然的异化、人类生存环境被破坏进行批判性反思的结果。

第四阶段,20 世纪 90 年代以来,是可持续发展观流行的阶段。可持续发展观是在人类社会面临全球性问题和发展困境的现实条件下,人们全面反省传统发展观、寻找人类社会发展的新出路、谋求新的发展战略、选择新的发展模式的产物。1980 年的《世界自然保护大纲》和 1981 年美国世界观察研究所所长莱斯特·R. 布朗所著的《建设一个持续发展的社会》一书明确使用了“可持续发展”的概念。1987 年,联合国世界环境与发展委员会的报告《我们共同的未来》对“可持续发展”提出了明确的界定。所谓可持续发展,就是在不损害后代人满足他们自己需要的能力的条件下,满足当代人需要的发展。1992 年,在联合国环境与发展大会上,可持续发展思想得到各国首脑的一致认同。从此,可持续发展逐步成为全球共识。

---

① 〔意〕奥尔利欧·佩奇:《世界的未来——关于未来问题一百页 罗马俱乐部主席的见解》,北京:中国对外翻译出版公司 1985 年版,第 65 页。

② 同上书,第 71 页。

以上发展观的转变已经表明:发展不应只等于经济增长,还要追求社会整体进步;发展应是以人为中心的、全面的、可持续的发展;发展应考虑不同的文化背景和社会的实际需要;发展不应以破坏环境为代价,不能忽视后代人满足其需要的条件与能力;发展是开放社会中的发展,而不是某个国家的孤立实践。当代西方发展理论主要是以第二次世界大战后第三世界(发展中)国家的发展为对象,探讨这些国家如何通过有计划的经济技术发展和社会改造来加速现代化进程,因而它直接担负着为这些国家的现代化发展制定理论模式、选择发展战略乃至确定具体发展道路的职责。然而,这些发展理论只能作为参考,并不能成为解决发展中国家发展问题的良方,因为每一个国家的情况都是特殊的,不可能有一种抽象的理论"普适"于各个国家。

第三节 可持续发展道路的哲学探索

通过对近代以来工业化生产方式存在的反自然性及发展观上的误区进行分析,可以看到,为发展而发展必然导致发展的异化。生态环境危机告诉我们,人类如果再不限制盲目发展,结果只能加速人类自身的物种消亡,因此需要坚持唯物史观,客观、理性地探索既符合人的本性、满足人的多方面发展需要,又能够同大自然保持和谐的可持续发展道路。

一、唯物史观视域下的可持续发展

在唯物史观视域下,发展包含两种不同层面的含义:世界观意义上的发展,是一个由内在必然性决定的前进的普遍过程;社会历史领域的发展即社会发展,则是实践基础上的人类不断趋向自由而全面发展的过程。这两种含义之间存在共性,也存在差异。在唯物史观看来,社会发展是世界普遍发展的一个特定部分,社会发展不同于宇宙和自然界发展的根本特征在于:社会发展归根结底是人类物质生活生产和再生产的过程,具体表现为生产力和生产关系、经济基础和上层建筑这两对社会基本矛盾之间的矛盾运动,以及一个从低级阶段向高级阶段不断前进的过程。人类社会历史是实践基础上的主体和客体、必然性和偶然性以及规律性和目的性辩证统一的运动过程。

“可持续发展”最初是在20世纪80年代从环境与自然资源角度提出的关于人类长期发展的战略,它所强调的是环境与自然资源的长期承载力对经济和社会发展的重要性。从历史的角度看,可持续发展是一种具有极限意识的有限发展观,认为增长并非没有限度。在传统发展观看来,经济的增长和人对自然界的改造是没有限度的。近现代工业文明及其现代化发展的核心观念本质上是一种无限发展观,即认为世界是一个由低级到高级、由简单到复杂的无限进化的系统;自然界是人类取之不尽、用之不竭的发展源泉;人类凭借科学技术这一有效的手段可以实现人类及人类社会的无限发展。从某种意义上说,工业文明及其现代化发展所取得的成就是这种无限发展观的胜利,而这种胜利又不断地证实和完备了这种无限发展观,正是这种“增长无限度”的信念,支配着人类成功地进行了物质革命,取得了辉煌的成就。反过来,这些成就的取得也更加坚定了人们的这一信念。但是,人类没有想到对自然界的征讨和统治会遇到自然界的抵抗,更没有想到人类自己会因此陷入种种困境和危机。经济增长必然要受一些内在和外在的条件的限制,这些限制构成了增长的限度。如果我们不把这些条件作为发展的内在参数来确立我们的发展目标的话,那么我们的发展就是不可持续的。

第一,经济的增长必然要受外在的自然界整体的动态结构的极限(自然生态阈限)的限制。自然生态整体结构的动态平衡是整个地球生命的支持系统,也是人类生存的支持系统。因此,它构成了经济增长的绝对限度。我们的经济增长应当是在自然生态系统保护其自我调节和自我修复能力,以维持整体平衡和稳定的限度内的增长。为此,我们必须节约利用地球上的非再生资源,以尽量少的资源消费换取最大的经济效益。我们对地球上的可再生资源(如天然的动植物资源)的开发利用,也应当以其自我生长和繁殖的"速率"为限度,把我们对它们的开发速度保持在它们的自然生长速率的限度以内。如此,我们的发展才是可持续的。

第二,人类的内在能力也是有一定限度的。如果只从可能性上说,人类能力的发展具有无限性。然而在现实中,在一定的具体历史条件下,人类的实际能力总是有限的。因此"人类没有解决不了的问题"只不过是一种可能性的假设,靠这种假设是不能解决现实中的一切问题的。与那种仅仅在可能性上寄希望于人类技术的无限增长来解决一切问题的观点相比,立足于人类能力在现实性上的有限性,走可持续发展道路还是更可靠一些。

第三,人类的生命对于由自己亲手造成的环境和生活方式的巨大变化的承受能力也不是没有限度的。生物进化论为我们揭示了这样一个原理:当一个物种的生命功能结构不适应外部环境的巨大变化,又来不及做出基因调整时,这一物种就可能灭亡。

人类也是生命体,人类生命的功能结构是在采集和狩猎的生活方式中最终形成的。从那时起到现在,人类的生命功能结构基本上没有变化(变化不超过两万分之一),但是人类生存于其中的(人造)环境却发生了天翻地覆的变化。我们不禁要问:人类的生命机体能够承受这样巨大的环境变化吗?人类在生物学上所能承受的巨大环境变化有一个限度吗?其实,我们现在早已在承受环境变化的恶果了。癌症、心脏病和其他种种“文明病”并不完全是新陈代谢出差错造成的,而是现代人生活的环境不同于当初人类进化所要适应的环境造成的。

人是一种二重性的存在:一方面,人是主体,必须能动地改造自然才能生存;另一方面,他又是自然界整体的一员,因而必然受自然界整体动态结构的限制,必须依靠自然界整体动态结构的稳定和平衡才能生存。也就是说,人不改造自然就不能生存,而无限度地改造自然(破坏了人类生存于其中的自然支持系统)也不能生存。这正是当今人类面对的两难选择,它迫使我们不得不理智地限制自己的行为,采取有节制的、可持续的发展道路。[①]

“可持续发展”就是相对于旧的“不可持续发展”提出来的。正因为旧的发展道路是一条不可持续的发展道路,它已经给人类造成了各种困境和危机,我们才提出了可持续发展战略。作为一种新的社会发展观,它试图克服工业化以来的单纯以经济增长作为衡量社会发展的唯一指标的旧模式,转向以人的发展为中心,以社会的全面发展为宗旨,追求社会的可持续发展的模式。实施可持续发展战略需要有与之相适应的制度安排,并通过制度创新、技术创新和生态创新,推动社会总资本存量增值,确保经济及

① 刘福森:《可持续发展观的哲学前提》,《人文杂志》1998年第6期,第1—7页。

整个社会可持续发展。

可持续发展既包含对传统发展方式的反思和批判,又涉及对新的发展模式的理性设计。根据《我们共同的未来》所强调的原则,可持续发展就是在不损害后代人满足他们自己需要的能力的条件下,满足当代人需要的发展。可以从以下几个角度来理解可持续发展的要义和最终目标。

一是"发展"维度。经济发展是整个社会制度向上的运动,它不仅包含经济增长,也包括收入分配、社会公平、法规沿革、制度变迁、结构调整、福利增加、价值观念转变乃至文化习俗革命等内容。发展是硬道理,发展必须满足人们的物质、能量、信息、政治、文化等各方面的基本需要。一个没有发展或者说没有相对全面发展的社会,必定是一个没有生机活力的畸形社会,但发展是有限度的。

二是"持续"维度。人类社会发展要具有一种长久维持的过程和状态,不能超越资源和环境的承载能力,重点应在于把发展限制在生态系统可以承受的限度之内,其思想基础是生态整体主义。"可持续"首先必须是生态可持续,因为唯有生态系统持续稳定地存在,才可能有人类的持续生存和发展。

三是"公平"维度。可持续发展必须体现国家与国家之间、人与人之间、代际在分配资源和占有财富上的"时空公平"要求。在国家与国家之间,要给世界以公平的分配权和发展权,逐步弥合发达国家与发展中国家之间的鸿沟;在国家内部,当代人之间的不公平也日趋严重,其差距亟待缩小;代际公平容易被当代人忽视,并对后代人的生存和发展构成威胁。在处理自身资源消耗与后代资源消耗之间的矛盾上,下一代人不可能派代表来与这一代人谈判，因为他们还没有出生。换句话说，我们不可能将不同代的人们放在同一个市场上，也很难在经济规划中去考虑尚不存在的人们的权利。那么，从经济学的角度来说，“对下一代人负责”就成了一句空话，所谓的“代际公平”也就不可能存在。但从伦理学的角度来说，未来人们的生存环境确确实实地依赖我们当今的环境基础，损害下一代人的生存权利被广泛认为是糟糕的选择。这种观点是基于环境伦理学，而不是经济学。这个道德原则是基于我们长久以来的公平理念，即“己所不欲，勿施于人”。当每个人都担心“如果没有这条规则，更早的一代人就已经破坏了地球”时，“代际公平”的概念也就成功地找到了道德支点。

四是“协同”维度。自然—社会—经济本是“三位一体”，不可偏废。可持续发展是这三大系统协同演进和嬗变的整合，我们只有不断地调整优化该系统的组织结构和运行机制，才能为人类“创造”一种更严格、更有序、更健康、更心旷神怡的生存环境。

五是“共通”维度。世界各国千差万别，但地球只有一个。地球整体资源的有限性及其相互依存性，决定了可持续发展只能是跨国的联合行动，绝非一国之力所能企及。其间，发挥“政治毅力”的作用是关键因素，这也许是人类共通性和地球整体观的一个重要表征。

六是“战略”维度。我们必须从战略的高度来认识可持续发展问题，重新考虑和变革人类的资源观、价值观、科学观和道德观，摒弃“先发展后治理”的传统增长模式和发展思维。

可持续发展观的基本思想是：既要满足当代人的需求，又不危及子孙后代的发展能力；既要保证适度的经济增长与结构优化，又要保持资源的永续利用和环境良好，从而做到环境与经济社会相协调，实现持续共进、有序发展。用文字公式表示就是：

有控制的经济增长+保持生态稳定+促进社会平等进步=可持续发展。

可以看出，与可持续发展相关的三项因子是"经济增长""生态稳定""社会进步"。"可持续发展"是一个涉及经济、社会、文化、技术及自然环境的综合概念。一般意义上，可持续发展主要包括自然资源与生态环境的可持续发展、经济的可持续发展和社会的可持续发展这三个方面：一是以自然资源的可持续利用和良好的生态环境为基础，二是以经济可持续发展为前提，三是以谋求社会的全面进步为目标。只要社会在每一个时间段内都能保持资源、经济、社会同环境的协调，那么这个社会的发展就符合可持续发展的要求。可持续发展不只是经济问题，也不只是单纯的社会问题或生态问题，而是三者互相影响的综合体。它不仅继承、吸收了传统发展观中致力于经济发展的合理因素，而且克服了其缺陷，把经济与人口、环境、资源和社会作为参照系，旨在实现它们之间的相互协调和持续发展。这一发展观既肯定发展的合理性，又强调发展的未来可持续性，把发展理解为人的生存质量、自然生态和人的环境的全面优化。它在时间维度上，体现着现在和未来的统一；在空间维度上，体现着局部与整体的统一；在文化维度上，体现着理性与价值的统一。它是人类社会在面临全球性问题和发展困境的现实条件下，选择新的发展模式的产物，无论是发达国家还是发展中国家，也不管是什么经济体制的国家，经济和社会发展的目标必须根据本国的可持续性来确定。

可持续发展观作为人类社会现代发展的指导原则，是人类面向 21 世纪必然做出的战略选择。它的形成和发展是反思人类文明的发展历程,特别是反思工业文明以来的文明发展道路的理论成就。从实质上看,可持续发展思想是一种社会发展观。作为一种社会发展观,它虽然产生于20世纪80年代的西方社会,但是它并非与哲学层次的社会发展理论——历史唯物主义相背离,且有着深厚的哲学基础。

严格地说,马克思在对社会历史的研究中并没有使用过"可持续发展"这一概念,但是可持续发展却是唯物史观的题中应有之义。唯物史观把人类社会历史的发展建立在社会物质生活的实践活动不断发展进步的基础之上,认为人们的实践活动通过社会的生产力与生产关系、经济基础与上层建筑之间的矛盾运动,推动着人类社会的不断进步。人类的实践能力和实践活动处在无限的发展之中,因而人类社会的历史也是一个不断进步、可持续发展的过程。

唯物史观认为,人与自然之间是既对立又统一的辩证关系。这表现在,人类本身就是自然界长期发展的产物,是自然界的一部分,自然界作为人的无机身体,是人类生存和发展的基本物质前提。因此,在本原的意义上,自然界具有优先的地位,人类对自然界的地位和作用应保持清醒的认识。但是唯物史观同时也认为,人与自然的统一不是像动物简单地适应自然那样,直接生存在自然界,而是人通过认识世界、改造世界的社会实践活动,实现"自然界的人化",并在这个过程中实现人与自然的和解,实现人与自然现实的、具体的、历史的统一。

自然界首先具有客观实在性。自然界早在人类产生以前就已存在,人是自然界长期发展的产物。人类产生以后,自然界仍然在人的身上延续自己的存在,即自然界存在于人之中,这体现出自然对人的优先地位。人和自然的关系中既有外在关系也有内在关系。马克思认为,“人作为自然存在物,而且作为有生命的自然存在物,一方面具有自然力、生命力,是能动的自然存在物;这些力量作为天赋和才能、作为欲望存在于人身上;另一方面,人作为自然的、肉体的、感性的、对象性的存在物,同动植物一样,是受动的、受制约的和受限制的存在物,就是说,他的欲望的对象是作为不依赖于他的对象而存在于他之外的”[①]。人作为自然存在物,无法摆脱自己的血肉之躯,无法摆脱对自然的内外依存关系,人和自然是紧密相连的有机整体。自然界是人的无机的身体。人靠自然生活,人要生存就必须和自然不断互动,人的肉体生活和精神生活都和自然界紧密相连。

人是自然界的一部分。人类社会要真正做到可持续发展,人就应该把自然视为自己的机体,像爱护自身一样爱护自然,而不是巧取豪夺,危害自然,危害自然也就危害了人类自己。全球发展陷入不可持续状态根源于一种哲学错误:“这种哲学认定,我们的生命与自然界没有什么真正的关系,我们的精神是与我们的肉体分开的,作为脱离肉体的纯理智,我们可以用我们选择的任何方式来操纵这个世界。正是因为我们觉得与物质世界没有什么联系,我们才轻视我们的行动所造成的后果。而且,由于这种联系似乎是抽象的,我们才总不肯明白对于我们的生存极关紧要的环境遭到摧毁意味着什么。”[②]

马克思主义认为,人类要生存,首先要进行物质生产。以物

---

① 〔德〕马克思:《1844年经济学哲学手稿》,北京:人民出版社2014年版,第103页。

② 〔美〕阿尔·戈尔:《濒临失衡的地球——生态与人类精神》,陈嘉映等译,北京:中央编译出版社1997年版,第119页。

质生产为基本形式的社会实践是联系人和自然的最基本纽带。因此，人和自然的关系首先是实践的关系。人是实践的主体，自然是人类实践的前提和条件。自然界不仅是人的实践活动的对象，而且制约实践的结果。马克思说："没有自然界，没有感性的外部世界，工人什么也不能创造。自然界是工人的劳动得以实现、工人的劳动在其中活动、工人的劳动从中生产出和借以生产出自己的产品的材料。"①可持续发展实质上就是保护人类的生存条件。我们现在所处的人化自然，既是前人和我们自己实践的结果，又是我们的后人实践的前提。我们的后人的生存发展条件取决于当代人实践的结果。如果我们只图眼前利益，对自然盲目索取，那必然会破坏生态平衡，影响后代人的发展；如果我们滥用自然资源，后代人必然会面临资源的匮乏。人类要实施可持续发展，离不开人与自然的辩证统一关系，离不开自然界客观规律的制约，离不开物质性社会实践活动这一根本基础。可持续发展实质上就是保护人类的生存条件。在这个意义上，唯物史观为可持续发展理论提供了哲学本体论基础。

唯物史观还提示了人与自然关系的具体历史性，认为人的依赖性社会、物的依赖性社会、个人全面发展的社会是历史上三种依次更替出现的社会形态。这三种社会形态是伴随着历史上人与自然关系的三种发展状况而产生的。同时，这三种社会形态反过来又使人与自然关系的三种发展状况具有不同的社会形式。②

在人的依赖性社会即前工业文明社会里，无论是原始社会、

---

① 〔德〕马克思：《1844年经济学哲学手稿》，北京：人民出版社2014年版，第48页。

② 赵家祥等主编：《历史唯物主义原理（新编本）》，北京：北京大学出版社1992年版，第97页。

奴隶社会,还是封建社会,人与自然的关系只是在狭小的范围内和孤立的地点上发展着,这种关系的共同特征是:自然经济占优势,社会支柱产业是农业,人对自然界普遍存在依赖关系,表现为人与自然的直接同一和人对自然的盲从与崇拜,人几乎还是自然界的奴隶。在这样的社会形态下,人与自然的关系不具有普遍意义的尖锐对抗。与此相对应,人与人的社会关系是以血缘关系为基础,尚未完全斩断血缘亲族关系的自然脐带。

在物的依赖性社会即工业文明社会中,由于生产力水平提高,科技进步,商品经济充分发展,因而人与自然的关系发生了质的飞跃,即由前工业文明社会形态下人对自然的盲目性依赖,转化为人对自然的普遍征服和占有,人与自然之间形成了普遍的社会物质交换。资本主义生产一方面使人与自然相互作用的范围和形式不断深化;另一方面也造成了人的本质的异化、人与自然关系的异化。人类实践活动导致的自然的人化必然伴随着自然的异化。而且,人的本质力量越强大,对物的崇拜、"商品拜物教"越严重,自然的异化也越严重。人类在工业化阶段所面临的环境危机、生态危机,实质上就是由人的异化引发的自然的异化。

在个人全面发展的社会即共产主义社会中,生产力水平极大地提高,全面消除了各种异化关系,消除了人和自然的尖锐对立,从而真正实现了自然和人的同时解放。因为自然的异化归根结底来源于人在社会中的异化、物化,所以要克服自然的异化,就必须克服使人异化的社会。而只有"共产主义,作为完成了的自然主义,等于人道主义,而作为完成了的人道主义,等于自然主义,它是人和自然界之间、人和人之间的矛盾的真正解决"①。可持续

---

① 〔德〕马克思:《1844年经济学哲学手稿》,北京:人民出版社2014年版,第78页。

发展所要解决的不仅是人与自然关系的矛盾,更重要的是人与人关系的矛盾。可持续发展应该是人和自然齐头并进、协调发展。忽视自然的社会发展和没有人的自在自然的发展都不是可持续发展的应有含义。可持续发展既是人的发展,又是自然的发展,是人在自然之中和自然在人之中的发展。

可持续发展不仅意味着发展在一个长期的过程中具有动态性,而且意味着发展在一个长期的过程中具有大体的平衡性;不仅意味着发展是某个国家的发展,而且意味着发展是全球的共同发展。可持续发展的中心问题就是:如何使我们这个星球上的每个人、每个国家及其后人都能公平地分享社会进步的成果。可持续发展的目的就在于,既要保护自然生态环境,也要优化社会生态环境,只有同时实现这两个方面的平衡,人类才能真正创造出一个可持续发展的社会。对可持续发展规律的探索表明,社会发展具有连续性,即社会发展是一个不断从昨天走向今天,又从今天走向明天的动态过程。忽视了明天、冷漠了未来的社会发展,是很不完整的,将会造成严重的盲动性、自发性和短期性等现象和问题,可持续发展要求我们从更广阔的时空维度透视社会发展。从实质上看,可持续发展是一种社会历史发展观。

二、人类自身的可持续发展成为重心

不论从什么角度、什么层面来探讨可持续发展,都是对人的生存问题的关注,是对人类生存的终极关怀,进一步说是对人类自身可持续发展的关注。1987 年联合国世界环境与发展委员会的报告《我们共同的未来》对“可持续发展”的界定要求:既满足当代人的需求,又不损害后代人满足其自身需求的能力。这里提出了代际生存和发展的关系问题。满足当代人和后代人都能生存发展的基本需求主要指的是:当代人享有正当环境权利,如享有在发展中合理利用资源和拥有清洁、安全、舒适的环境的权利,后代人也同样享有这些权利;当代人不能一味片面地追求自身的发展与消费,而剥夺了后代人理应享有的发展与消费的机会。一代人要把环境权利和环境义务有机地统一起来,在维护自身环境权利的同时,也维护后代人生存与发展的权利。这是人类自身的可持续发展问题,是一切发展的真正意义所在。

可持续发展要解决的深层次问题是人的问题,人既是发展的第一主角,又是发展的终极目标。强调人的可持续发展显示出可持续发展观的本质特征,它是在对以往社会,特别是工业文明以来人的生存与发展模式进行不断反思而产生的一种战略抉择,是人们实践能力提高和观念变革的必然产物。所谓人类自身的可持续发展就是既能满足人们当时的需要,又能保证其和谐、均衡、持久的发展力不受损害的发展。人类自身的可持续发展不仅包括人的类的发展,也包括每个人的个体发展。从类的角度来理解,它一方面是指人类整体的持续进步与发展,另一方面是指人类世代的延续与发展。在共时性上,人类是由不同国家、地区和社会群体组成的;在历时性上,人类是由世代延续的代际人群有机组成的。人的可持续发展要求,处于不同发展空间的每一个国家、每一个地区、每一个民族、每一个群体、每一个个体和处于不同发展时间的每一代、一代中的每一阶段的人们的发展权都不能被剥夺,当代一部分人的发展不能以损害另一部分人的发展为代价,当代人的发展不能以损害后代人的发展为代价,任一个体和群体均有相应的生存权、发展权和享受权。从个体角度来理解,人的可持续发展主要是指人自身的体力、智力、才能、创造力，以及各种潜能的最大限度的发挥，是指人的内在素质的全面发展。

人的发展包括个体的发展和类的发展，二者是个别和一般的关系。抽象地说，人一开始是自然个体，经过一段社会生活后才会成为个人。人的个体生命存在一般只有几十年到一百多年，是一个从胚胎、诞生、成长、衰老到死亡的发展过程。如果只把人看作单纯的生物学个体，那意味着把人同他形成时的具体历史条件和社会条件分割开，把个人排除于社会环境之外。事实上，只有在社会关系中考察个体的发展，才能揭示人的个性，才能真正把握个人及其自我发展。人的个体发展过程主要包括身体的发展过程、实践活动的发展过程和人的精神活动的发展过程。

人除了以个体方式存在之外，也以类的方式存在。人的起源和产生，也就是人作为类的起源和产生。作为类的人是在自然进化中发展的。作为类的人的发展，不同于人类的发展。人类的发展是人类社会的发展，作为类的人的发展是体现在每个人身上的发展。作为类的人经历着从简单到复杂、从低级到高级的发展，这种发展既有自然进化中的发展，也有社会实践中的发展。

人的类存在以人的个体存在为基础、以群体存在为中介与桥梁，离开了个体与群体的存在，人的类存在不过是一种空洞的抽象。然而，人的类存在作为一个物种的存在，又不是个体存在与群体存在的简单相加。正如若干个人的活动所形成的合力总和不等于个人的力量的简单相加，而可以产生远远超出单个人力量相加的种属能力，这种种属能力属于另一种性质的力一样：人的类存在也具有区别于人的个体存在与群体存在的某些规定。

人是真正的类存在物。人的类存在是人的另一种基本存在，其本质是自由自觉的生产劳动。人类作为以实践活动满足自己需要的存在物,其本质主要是在人类与动物相区别的自然差异中经过劳动而形成的。历史唯物主义从现实的人出发,在人与自然、人与人、人与自我的辩证关系中阐释人的类特性,赋予人的类特性以丰富的社会历史的内容。

人的类特性根源于并首先凸现为人的实践活动,它是在人的活动中由人自己创生的,表现的是人对于自然限制和自然规定的超越和突破。就人与自然的关系来看,人对自然限制和自然规定的超越和突破表现在,人能够把整个自然界变成人的无机的身体。自然的潜在能量通过人的生命活动变成了现实的力量,人通过自己的活动赋予了自然存在以生命意义,这就是人的类本质所在。类的完整状态的实现就是人与自然之间、人与人之间、人与自我之间达到高度自为的一体化关系状态。可见,类特性反映的是人的本性在社会历史演进中的自我改造和自我完善,它以人的现实存在为基础,又不断超越和突破人的现实存在。

在人类发展史的长河中,个体与类的关系一直处于既对立又统一的矛盾状态中。从同一性来看,个体和类是统一的。因为个体是构成类的基本单位,是类的组成部分。类由个人组成,离开了个人,类就无法支撑起来。就现实性而言,个体与类的统一性是在人与自然、人与人、人与社会的交往中不断生成的,这种生成既有其内在的自然结构基础,更与其所处的具体环境密切相关。但是个体与类之间又具有某种对立性,它们总是按照各自的内在要求呈现自身。个体虽受类制约,但仍主要按照个人的愿望而显现自身,它必然对类有所冲撞;类虽需个体的具体支持,但同样主要按照类的理想而保有着自己的崇高和纯洁。个体与类的既对立又统一是人所固有的，其间的矛盾运动构成了人及其属性不断衍化的历史。作为具有独立人格和自主意识的个体，人有其自身的特殊境遇、特殊需要、特殊利益和个体的目的动机，而这种特殊需要、利益、目的、动机，可能与作为类的整体利益、长远利益、整体目的和需要不一致甚至冲突。

到了近现代工业社会，个体的发展水平加速提升，“群体本位”便让位于“个体本位”。近代哲学所弘扬的实际上是个体本位原则。它让个人从上帝的奴仆变成自己的主人并从等级束缚中解脱出来，成为具有“自我意识”“自由意志”的真正主体，使人的个性得以张扬、个人能力得以充分发挥。这种个体主体性的发挥造就了近现代科学技术的发展、物质财富的剧增、政治生活的民主，造就了高度发达的工业文明，造就了资本主义的现代化。但是，这种个体主体由于缺乏约束机制而发展成为“放任”的主体、盲目的主体、自发的主体。这种主体用“以自我为中心”的利己主义态度对待自然、社会。在人与自然的关系上，孤立的个体主体只关心“自我”的利益，不关心“我”之外的他人的利益、整体的利益、长远的利益。在人与人的关系上，孤立的个体主体缺乏与其他主体的交往和社会约束，必然造成个人行为的自觉性与整个社会发展的无政府状态的矛盾。一方面，人与自然的张力失度，各种全球性的危机接踵而至；另一方面，人与他人的张力失度，在新的技术专制制度下，“人同人相异化”，人与人的疏离性、敌对性充斥于世。个人主义已经成为现代社会中各种问题的根源。“个体主体”的过分张扬、“类主体”的缺位，正是造成当今人与自然之间、个体与类之间深刻矛盾和对抗的根源。人追求“独立”的“单向度”发展，造成了人与自然之间、人与他人之间的极端对立，从而人深陷于自身发展状态不完善导致的种种生存危机的困境，前者使人类反省人对自然价值认识的缺失，后者使人类反省人对人自身价值认识的缺失。

在当今世界，人类面临的危机已经具有全人类的性质，所有国家、民族和地区都共同面临着人口、资源、环境危机。全球性危机的频频出现使人类认识到，个体本位生存方式存在缺失与弊端，要使人类摆脱困境、使发展得以持续，必须从“类本位”的高度、从全球利益和整个人类的高度来规范人类行为。人们已经意识到：对自然生态系统的任何局部破坏，都会对整个自然生态系统产生决定性的影响，因而都威胁着人类的生存；任何个人的生存都必然依赖“类”的生存，如果失去了人类的生存条件，任何个人都不可能生存下去；解决目前困境的出路也只能是全人类的统一行动，任何局部的个人、民族和国家都不可能单独解决这一全局性的问题。因此，我们的价值观和伦理观需要实现从个人本位向类本位的转变，也就是说人类必须确立起“类”观念，走向以类为本位的生存方式。

强调从个人本位向类本位的转变不是淡化主体性，更不是否定主体性，而是要处理好多极主体之间的关系，增加发展的“类主体”维度。环境问题实际上是人与人之间、部分与整体之间、族与类之间、前人与后人之间、现实人与未来人之间的关系问题，说到底是个体与类之间的关系问题。对自然的保护并不是为了自然的什么价值或主体地位，而是为了作为多极主体的人类自身的生存和发展，这是人与自然关系的本质。作为多极主体的人有自己生存发展的权利，而地球只有一个。作为一极主体的个体或群体不能危及环境中的“他者”（其他主体）的生存和发展权利，不仅不能危害同一时期的其他主体的生存和发展，而且不能危害仍然需靠延续的环境生存和发展的未来主体的利益。这就需要：在人与自然关系方面，坚持人类价值的本位性，强调人类在自然生态系统中的优先地位和目的地位；在人与人的关系方面，坚持多元主体的主体性，强调整体和长远的人类利益高于局部和暂时的利益。只有把人类的生存作为评价人类行为的终极尺度，人类才能走向逐渐消除类与个体对抗的“类本位”时代。

在全球化时代，人的个体存在对人的“类存在”的依赖性，首先表现为人的类存在（人的物种的存在）是人的个体存在的持续性的根据；一代一代的个体持续存在是通过类的存在或物种的存在而成为现实的；人类和人的物种的消亡就是人的个体持续性的结束。人的个体对类的依赖性其次还表现为个体生存对类的生存条件的依赖性。人类的生存条件一旦丧失，任何人类个体都不可能继续生存。[①] 当然，任何历史的第一个前提无疑是有生命的个人的存在。社会历史中客观存在的是具有不同利益、需要，处于不同发展阶段、环节，具有不同发展要求的个体，离开个体，“类”就只是一个空洞的抽象。因此，维护个体的独立性、维护每一个体主体的生存发展权利的发展战略才是具有内在动力和切实可行的。

西方工业化开始以来，由于生产的发展，全球各地经济上的联系日益密切，并逐渐出现了全球经济一体化的趋势，加之交通的发达和国际交往的频繁，全人类的共同利益日益成为实际的存在。特别是，现在人类面临的地球温室效应、臭氧层破坏、大气污

---

① 刘福森：《论“发展伦理学”的人学基础》，《自然辩证法研究》2005 年第 3 期，第 1—5 页。

染、海洋污染、人口爆炸、资源枯竭、森林面积日益缩小、沙漠面积日益扩大等,都不是一个国家或一个地区的问题,而是全球问题,都不是一个国家或一个地区能够解决的,而必须依靠全球、全人类的共同努力来解决。从这种情况出发来考虑,很自然地会得出结论:全人类的利益高于一切,即高于各国、各地区的特殊利益,各国、各地区都应把全人类的利益摆在各国、各地区的利益之上。但实际情况却是,世界不是一个统一的世界,不存在一个按民主原则产生的合法的世界政府,而是分化为许多的主权国家。这些主权国家区分为发达国家(地区)和发展中国家(地区)。发达国家(地区)利用自己在经济、政治、科技、文化、军事上的优势,把大部分世界财富聚积在自己手中,维护本国的利益,把主要由发达国家造成的破坏生态平衡的恶果转嫁给发展中国家(地区),从而使世界各地的贫富两极分化愈来愈严重,利益矛盾越来越多。在这种情况下,谁来规定人类的共同利益呢?如何实现人类的共同利益呢?这是目前无法解决的问题,在实践中也难以操作。

需要指出的是,在人与自然关系对立或紧张的背后,其实隐藏着深刻的人与人关系的紧张或对立,这是因为人与自然的关系和人与人的关系是互动共生的。人与人关系的对立既包括代内之间的对立,如不同的国家之间、地区之间、个人之间的对立,也包括代际的对立,即当代人和后代人之间的对立。这些人与人关系的紧张和对立随着环境问题的加剧而日益尖锐。社会关系既横向地发生于代内人,又纵向地发生于代际人,因而无论是代内还是代际的经济社会的发展都要受社会关系的制约。

可持续发展是既满足当代人的需要,又不对后代人满足其需要的能力构成危害的发展。从这个定义中可以看出,可持续发展理论并不否定人类的中心地位,而是要防止错误地滥用这种中心地位,以致伤害人类,甚至导致人类的自我毁灭。目前,可持续经常被认为是持续目前的生活方式和消费水平,这样的可持续生活模式只是持续现在的状态。但是目前的消费方式,尤其是在消费驱动下的工业经济中的消费方式正是导致环境恶化的元凶,现在的消费情形正是需要改变的东西。我们要警惕,而不能只是简单地把“可持续发展”当作时髦词来谈论经济和消费的继续增长。生态哲学家贾丁斯说得好:“可持续的说法太普遍了”,“让我们先停下来”,先问:“可持续什么?”可持续发展观敦促人们不要把发展局限在物质生活和物质生产方面,不要只把发展生产力作为人类的奋斗目标,必须消灭“过度消费”和“异化消费”,控制科技发展速度,缩小生产规模。因为“异化消费”诱使人们把消费的多少作为衡量自己幸福的程度的标尺,从而使自己受到“商品拜物教”的支配;从而物品不是用来为人服务,相反人却成了物品的奴仆。人类应向另外两个维度扩展。其一是精神生活的充实丰富和人性人格的解放完善,以及为实现它所必需的社会变革——走向更为公正、更为民主、更加自由和更加和谐的社会。这才是人类发展的真谛。只有这样的发展才能给人带来更多、更大、更长久的幸福。其二是缓解直至消除生态危机,恢复和重建生态平衡,进而人与自然万物相互依存地和谐共处。这是人类永续发展的根本保证。[①]

首先,要实现人类自身的可持续发展就必须创建良好的生态环境,正确处理人与自然的关系是实现人的可持续发展的前提。

① 关于贾丁斯的思想转引自王诺:《生态危机的思想文化根源——当代西方生态思潮的核心问题》,《南京大学学报(哲学·人文科学·社会科学)》2006年第4期,第37—46页。

长期以来,人类对自己赖以生存的自然环境的状况以及如何正确驾驭自然力没有自觉的认识,为了满足自己不断增长的需要,从眼前的利益出发无限地向大自然索取,拼命争夺有限的自然资源和生存空间,致使大气被污染、臭氧层遭破坏、森林被砍伐、大片土地荒漠化、江河湖海被严重污染。这种人与自然关系的异化必然将导致发展条件、发展链条的中断,使人类陷于深刻的生存危机,从而既没有了自然、社会的发展,也没有了人类自身的持续发展。要实现人类自身的可持续发展就必须按照自然规律去合理地利用和开发自然,使社会发展不超过自然资源和环境的承载力,把自然对人的制约性和人对自然的能动性有机结合起来。只有把保护自然与建设自然有机结合起来,自然界才能通过再生或因新的开发而为人类的可持续发展提供源源不断的良好环境或条件。

在人与自然的关系上,可持续发展的价值取向既不是绝对人类中心主义或相对人类中心主义,也不是生态中心主义,而是在两者的整合中谋求人与自然的"和谐"。绝对人类中心主义坚持单纯以人为尺度的价值评价标准,只承认人对自然所拥有的权利;相对人类中心主义考虑到了人之外的环境资源,在承认人对自然拥有权利的同时,也强调人对自然环境的责任和义务,但其终极目标仍然是人类。生态中心主义在整体价值取向上虽然赞同人与自然的和谐统一,肯定任何生命皆有生存权利,生存的权利不独为人类所拥有,但却忽视了人类所具有的"能动者"作用,将价值目标的重心放在自然上,片面强调生态自身具有的内在价值,主张为了自然的利益,人类应当牺牲自己的利益,人类的利益应当服从于自然的利益。可持续发展所要求的就是促进人与自然双方的互利共生，协同进化。人类在与自然的交往中不应随心所欲，而必须关注生物圈整体对人类行为的选择和制约，必须尊重生态系统内各层次的协同性质。人类必须把自身置于生物圈的相互依存的关系网络中，在自身的生存发展活动中促进生物圈的生存与发展，达到人与自然的互利共生，协同进化。可以说，没有自然的生存，就没有人类的生存，没有自然的发展，便没有人类的发展。人类无权剥夺大自然的生存权和发展权，人类必须与大自然一起生存、一起发展，因此必须保持自然进化的持续性。自然进化的持续性是指维护健康的自然过程，保护自然资源和环境的生产潜力及功能，维护自然秩序。

其次，要实现人类自身的可持续发展，就必须以利他主义为价值导向来规范人与人之间的行为，在利用自然资源上使当代人之间以及当代人与后代人之间的关系能够真正协调。在可持续发展理论中，人与人之间的关系主要表现为两种：一是纵向的“代际”的关系。可持续发展意味着，当发展促使当代人的福利增加时，不应该使后代人的福利减少；或当代人不能为了自己的消费和享乐，剥夺后代人生存和发展的能力。仅以土地资源为例，根据第五次全国荒漠化和沙化监测结果，全国荒漠化土地面积261.16万平方千米，沙化土地面积为172.12万平方千米。[①] 这不仅给当代人造成了严重危害，也把后代人推向了难以安身立命的境地。这对后代人显然是不负责任和不公平的，因此必须约束当代人的行为，制止其对自然资源的滥取豪夺，减少并治理对环境的污染。二是横向的“代内”之间的关系。可持续发展必须体现平等的原则，即一部分人的发展不应以损害另一部分人的利益为

① 中华人民共和国生态环境部：《2020中国生态环境状况公报》，2021年5月。

代价。但是,当今世界不平等的经济政治关系包括国际分工、贸易的不平等,造成了南北关系的持续紧张。当发达国家关心优化环境、提高生活质量时,发展中国家还有不少人在遭受饥饿、营养不良和贫困的威胁。毋庸置疑,任何发展首先需要满足的应该是最基本的需求,真正的敌人是贫穷和社会不平等。饥饿的人们在生存都无法保障的情况下,不可能来保护自然资源和环境以及为后代创造财富。

《人类环境宣言》提出:“人类有权在一种能够过尊严和福利的生活环境中,享有自由、平等和充足的生活条件的基本权利,并且负有保护和改善这一代和将来的世世代代的环境的庄严责任。”[①]人类应享有以与自然和谐的方式过健康而富有成果的生活的权利,并公平地满足今世后代在发展和环境方面的需要。这一原则包括代内之间与代际两个层面的公平。人类自身的可持续发展不是当代人所能完成的,也不是一代人的目标,而是一个代际传承的过程。在人与人之间的关系中,当代人之间的关系是主导方面,因为当代人之间的关系影响、决定着当代人与后代人之间的关系,代内协调是我们要解决的首要问题,代内协调是代际协调的关键。代际可持续发展的目标是一代更比一代和谐。为此,当代人必须为后代人提供至少和自己从前代人那里继承的一样多甚至更多的财富,当代人对后代人的生存和发展的持续性负有不可推卸的责任。

马克思曾经讲过,人的发展要经历三个不同的历史阶段,人身的依赖关系、物的依赖关系和人的全面自由的发展。可持续发

① 《联合国人类环境会议宣言》又称《斯德哥尔摩人类环境会议宣言》,简称《人类环境宣言》,1972年6月16日联合国人类环境会议全体会议于斯德哥尔摩通过。

展观就是要实现人的发展从物的依赖关系转变到人的全面自由的发展。它既要求人的能力的不断发展,也要求人的社会关系的发展。可持续发展观要求人的发展不仅包括单个人的发展,也包括人的类发展;在现阶段,不但是指少数人或少数国家中的一部分人要发展,而且是指世界各国的人民,不论发达国家或发展中国家都应得到公平的发展,这不仅是指当代人的发展,也包括后代人的发展。以经济的发展为基础,以社会的公平发展为目标,以生态的发展为条件,三者不可偏废,同时发展的最终目标还是促使人得到全面自由的发展。三者的持续发展都是人的全面自由的发展的条件、手段和过程,都是为了满足人的各种需要,促使人的能力全面提高,以及实现人的自由,偏离了人的发展目标的任何"发展"都不能称为真正的发展。

以人的发展为根本,应是发展观的最高原则,但是要实现人的全面自由的发展,必须要从多方面来满足人的发展需要。如今,现代化的事实及其所带来的一系列前所未有的新问题,把人类推上了这样一个理论思维的新高度,即必须有意识地、自觉地将社会发展与每个人发展的协调一致作为目标,必须对社会的发展提出一套符合人类自身利益的伦理原则。这种思考的内涵包括两个方面:一方面是,人类社会的发展如何同大自然保持和谐,且不要对自然过分掠夺、宰割而自毁家园;另一方面是,社会发展如何体现为其内部机制的整体合理化趋向,使社会的经济、政治、人口、文化、生态等诸因素的演进与互动更符合人的本性,而不是带来人的异化和不自由。

三、人的发展与社会可持续发展的双向互动

可持续发展理论的诞生直接推动着世界发展战略的重大转

变,这种转变表现为:从以经济增长为核心到以社会的全面发展为宗旨;从以物的发展为中心到以人的发展为中心;从追求一时经济繁荣的发展到追求社会可持续的发展。就主体方面而言,它打破了旧发展观把人视为经济动物、把人的发展等同于生活条件改善的局限,而是从人的全面现代化角度去理解发展,即发展意味着人们的体力和智力、思维方式和价值观念以及科学文化知识和道德修养等各方面的质的提升。以人的发展为根本是可持续发展观的最高原则,而人的发展与社会可持续发展之间有着重要的相互推动作用。

从一般意义上说,可持续发展主要包括自然资源与生态环境的可持续发展、经济的可持续发展和社会的可持续发展这三个方面。可持续发展一是以自然资源的可持续利用和良好的生态环境为基础;二是以经济可持续发展为前提;三是以谋求社会的全面进步为目标。只要社会在每一个时间段内都能保持资源、经济、社会同环境的协调,那么这个社会的发展就符合可持续发展的要求。

从狭义的社会层面来界定可持续发展,应包括以下几方面内容。

第一,社会的可持续发展首先要体现出人自身的可持续性全面发展,它包括人的生存状态和人的未来的全面发展。人是社会的主体和核心,没有人无以构成社会,只有人的智力、才能、创造力以及各种潜能得到持久的充分发展,才能表明社会是在向前发展。马克思所创立的唯物史观认为,社会的发展与人的发展具有一致性,社会的发展就是人的发展和为人的发展。因为社会的发展进步实质上是人们追求幸福和全面发展的结果。马克思曾明确指出:“社会——不管其形式如何——是什么呢?是人们交互活动的产物。”[①]“人们的社会历史始终只是他们的个体发展的历史,而不管他们是否意识到这一点。”[②]马克思主义深刻揭示了社会发展与人的发展的内在联系,社会是以人的存在为前提的,而人的存在和发展又有其一定的物质和精神需要,于是人便从事劳动来满足这种需要,结果就产生了社会。人的劳动不仅创造和发展着社会,而且发展和改造着人自身。人在通过生产劳动推动社会发展进步的过程中,自身也得到了发展。由此可见,离开了人就不成其为社会,离开了人的发展,社会也就无从发展,整个社会的发展是以人的发展为目的的。人是社会赖以发展的诸因素中第一重要的、决定性的因素。

第二,社会的可持续发展应表现为社会关系的持续协调发展。经济社会的发展在决定并影响着人自身发展的同时,也创造着绵延不断的社会关系。社会关系既是横向的——发生于代内人之间,又是纵向的——发生于代际,任何时代的经济社会发展都受到社会关系的制约。就社会关系的持续发展而言,从代内讲,发展应当体现协同性原则或应体现代内关系平等,即任何地区、任何国家的发展不能以损害别的地区和国家的发展为代价,特别是应注意满足欠发达地区和国家发展的要求,通过协同发展消除不同国家和地区之间的对立和紧张关系;从代际讲,发展应当体现可持续性原则或应体现出代际关系平等,即要使当代人的发展必须惠及后代或至少不损害后代人的利益,通过可持续发展改善和优化当代人与后代人之间的关系。

---

① 《马克思恩格斯选集》第4卷,北京:人民出版社1995年版,第532页。

② 同上。

第三,社会的可持续发展应体现为社会整体的全方位发展和人类文明的持久进步,体现出对人类的普遍关怀和终极关怀。现代系统科学告诉我们,任何一个事物都存在于与之相关的系统之中,而且又包含一定的子系统;任何事物的运动都是系统整体的运动,而不是单一系统或单一因素的运动。可持续发展理论是一种发展问题上的系统论,它对发展的诠释可分为如下层次:一是既要当前发展,又要协调永续发展,即发展阶段性与连续性的统一;二是既要经济发展,又要相应的社会、科技、文化的全面发展,即各发展要素的相互联系与整体的协调;三是既要人和社会的发展,又要自然和环境的相应发展(平衡、再生也是一种发展)。也就是说,要把宇宙、地球与人类,把社会经济与科技、文化,把物质领域、精神领域与自然生态领域都置入一个动态的系统,综合地进行思考和把握,寻求达到整个系统的最佳选择和结果,从而实现社会整体的全面进步。

人的全面自由发展是可持续发展的本质,实现人的全面自由发展是可持续发展的最高目标。经济、社会、生态的可持续发展不仅要体现为一系列经济增长指数和物质财富的积累,更要体现为社会的经济、政治、文化、人口、环境等诸要素的演进和互动更符合人的本性、更有利于以人为主体的长远持续发展,其出发点和归宿点都应是人的全面自由的发展。“人的自由发展”的科学含义在于,人作为主体摆脱了不合理的束缚,真正做到发挥自己独特的创造性,展现自己的本质力量。“人的和谐发展”意味着,人与自然、人与集体、自我与他人、个人自身的各方面的发展处于协调一致、同步运行的状态之中。每个人各方面发展的和谐结合就牵涉到人的发展的全面性问题。“人的全面发展”的科学含义是,人作为主体的实践活动、社会关系、需要、能力、潜在素质全面发展。培养和造就"自由、和谐、全面发展"的新人,首先意味着要为人建立健全的生活环境,而这种环境的社会参数和自然参数能最大限度地保证人的发展的可能性,只有实现社会的全面进步和持续发展,才能为人的全面发展提供条件。

人的可持续发展与社会的可持续发展既是相互依存的,又是互为条件的。社会的可持续发展强调既要注重当代经济、政治、文化的发展,又不能破坏生态环境和资源,不能危及子孙后代的发展,而这种发展归根结底离不开人。从表面来看,可持续发展要解决的主要是经济和社会的可持续发展问题,而从更深层次来看,它本质上属于人类自身的生存和发展问题,主要解决人类自身存在的两大矛盾:一是当代人自身需要之间的矛盾,二是当代人需要和后代人需要之间的矛盾。

当代人需要与后代人需要之间的矛盾是在作为持续过程的时间序列中展开的,但矛盾的起点在当代。要满足当代人生存和发展的物质需求,实践主体必然要消耗资源和环境。然而,人与自然、主体与客体的真实关系是一种有机的、辩证的,建立在实践基础上的关系。在这种关系中,主客体双方都存在一个持续发展的问题。实际上,可持续发展必须是在主客体双方的动态关系中实现的,因而这种发展就不仅是主体(以及作为主体结合体的社会)一方的可持续发展,而且同时包含自然(资源、环境)一方的可持续发展。矛盾发展的均衡形式就是社会、政治、经济、文化、人口等与自然资源、环境协调互动。这种协调互动是解决当代人需要与后代人需要之间矛盾的合理、有效的途径。无论是在当代人需要之间的矛盾,还是在当代人需要与后代人需要之间的矛盾中,主体作为能动的存在都是矛盾的主要方面。

可持续发展的内容虽然是人—社会—自然在协调互动中的发展,但它的历史进程却表现为人的实践能力的持续性发展。在人与自然、人与社会的有机联系中,人的实践能力是能够全面地、持续地发展的,正是这种发展外化为人—社会—自然三位一体系统的持续发展,也表现出了人的可持续发展与社会的可持续发展的相互依存性。

第一,人通过实践活动逐渐认识了自然的可持续发展与自身的可持续发展的关系。人为了持续地生存和发展,需要一个持续地与之发生对象性关系的自然界,这个自然界直接地就是地球。如果由于人类的活动,这个自然界的空气、水越来越被污染,动植物物种灭绝的速度越来越快,可供人类利用的资源越来越少,那么人类自身就不能够持续地生存和发展。为了保持人与这个自然界之间的持续的对象性关系,以便保证人的可持续的生存与发展,人就必须爱护这个自然界,保护和增强它作为能够适合人类持续地生存和发展的自然界的再生能力。实际上,目前正在兴起的信息革命已经在保护和发展自然方面为我们展示了一种光明的前景。与工业革命不同,信息革命不再用以消耗自然资源为主的方式来寻求发展,而是挖掘、开发人类自身的智力资源来求得自身的发展,并通过人类自身的发展促进社会和自然界的发展。

第二,人与自然关系的和谐发展必须要有相应的社会关系作为保证。人类必须改变那种狭隘的不公正、不合理的社会关系。只有建立一种普遍的公正合理的社会关系,才能保证人作为一个类的持续发展,并逐渐实现人的自由全面发展。人在实践过程中能够借助人文主义传统,以人的全面发展为依据,不断地改善其自身的社会组织结构和方式,减少和消除无法持续的生产和消费方式,以保证和推进人、社会、自然的持续发展。人的全面发展既包括物质需求方面的发展,又包括精神需求方面的发展,而精神需求方面的要求更加多样化,既与物质需求有密切的联系,又有自己的相对独立性,它主要是通过社会交往和沟通的方式来实现的。人在实践的发展中能够不断地认识和平衡自身的物质需求和精神需求的关系,不断地创设更合理的社会组织结构和生活方式来满足自身不断全面发展的需求。同时,人的发展并不意味着人性的单向度的向外扩张,而意味着人对自身的思考能力的发展。实践中的人能不断思考自身需求的理想性、合理性与现实可能性的关系,反省和节制自身不合理的需求和欲望,自觉地减少和消除无法持续的生产和消费,从而也就促进了人、社会、自然的可持续发展。

第三,人在不断实践的历史过程中,能够充分认识和妥善处理人口、资源、环境和发展之间的相互关系,并使它们协调一致,形成互动。主体在与自然的实践关系中,不断意识到自身对自然的依赖性和自身的片面发展对自然的破坏性,从而能够自觉、能动地对自身的发展进行自我约束和控制,求得与自然的协调发展。这种自我约束和控制也表现在对人口的数量和质量的控制上。一方面,自觉地控制人口数量,以达到人口数量与环境、资源和社会发展相协调;另一方面,通过教育,促进主体个体的科学观念、文化观念和价值观念的全面发展,提高主体个体全面的实践能力。

第四,人身上的合乎人性的东西有历史形成的,也有个人形成的,但无论怎样都不能脱离同大自然的接触。随着实践能力的提高，人能够在与自然协调发展的关系中实现自身的精神价值，人可以把自然当成作品，“按照美的规律来构造”[1]。在满足自身的物质需要的同时，主体也创设各种条件来满足自身的精神、情感、欲望的需要。这种追求昭示了人类存在的意义和价值，包含人类的伦理价值、审美价值和信仰价值，这种形而上的精神追求是实践的人在与自然界的关系中形成的，也是随着人与自然关系的发展而发展的。随着人的实践能力的持续发展，人将会自觉地推动自然界持续发展，从而使自然对人而言不再只是现实家园，而是现实家园和精神家园的统一。

人的可持续发展离不开社会的可持续发展，在维持社会可持续发展中，人的可持续发展起着主导作用。人的可持续发展对社会的可持续发展具有促进作用。这首先在于，可持续发展的人能正确处理好人与人之间、人与自然之间、人与社会之间的关系，能尊重相互之间协调、平等、持续运行的规律，具有战略眼光和长远观点，以确保社会的可持续发展。其次在于，人的可持续发展使人的身心得到和谐、均衡的发展，富有个性，潜能存量丰富、精神境界高尚，这样人便能理智地持有新的发展观，注重人、社会、经济、环境等整体协调的发展。最后在于，人的可持续发展使人具备科学文化知识和某些技能，又富有人文精神，在推动经济突飞猛进的时候不至于沦为“经济动物”“科技奴隶”，并能与浪费资源、污染环境、破坏生态、空虚精神、危害社会等消极丑陋现象作斗争，从而推动物质文明与精神文明同时发展。

社会的可持续发展对人的可持续发展同样具有促进作用。第一，实施可持续发展战略会给后人留下优美的环境、丰富的资

---

① 〔德〕马克思：《1844年经济学哲学手稿》，北京：人民出版社2014年版，第53页。

源。优美的环境对人有潜移默化的作用,既陶冶情操,又净化心灵,促使人的身心得到和谐、健康的发展。丰富的资源则为人的发展尤其是子孙后代的发展奠定了必不可少的物质基础。第二,社会的可持续发展对人的素质提出了更高的要求,即要在不浪费资源、不破坏生态环境和不影响后代生存发展的前提下达到经济、社会迅速发展,同时还要提高生活质量,这就要求人必须具有与之相适应的高素质,能在发展中与自然、社会和谐相处,推动社会全面发展,相应地也就促进了人的可持续发展。第三,社会的可持续发展促使人不仅要掌握现代科学文化知识和生产技能,而且要有高尚的道德情操和人文精神,这便促进了个人价值的充分实现和人格的日臻健全与完善,也促进了人的全面发展。第四,社会的可持续发展促使人要学会负责,不仅要对他人和社会负责,也要对地球和后代负责,且首先必须学会对自己负责,即要保证个人的可持续发展。第五,社会的可持续发展是以人为本位的,不能见物不见人,让人沦为物的奴隶,这就促使人要正确地对待人,维护人的尊严,尊重人的价值,重视人的潜能,使人的发展与社会的发展和谐统一。

可持续发展要求达到社会系统的全面进步,从经济社会历史的层面上说,是生产力与生产关系之间和经济基础与上层建筑之间、意识形态之间的协调发展问题;而从社会文明的层面上说,我们有理由认为,当代尤其是未来社会的文明模式应是物质文明、精神文明和生态文明的有机统一和高度融合,这将构成一种人类的大文明或整体文明。具体狭义地说,社会“持续发展”是指,在社会事业的范围内,逐步提高全民的生活质量、生活水平,丰富生活内容,并且不断满足人们日益增长的需求,在居住空间、环境质量、休闲方式、医疗保健、教育水平、创造能力和社会保障等方面，完善和提高社会发展的优化标准。同时，所有这些举措均应建立于不对后代的生存基础和发展能力构成威胁的前提。

走可持续发展道路应以解决人与人的关系问题、治理社会生态失衡为突破，推动解决人与自然的矛盾，治理自然生态失衡，最终实现人类文明的全面进步。“可持续发展”作为跨世纪的主题，必然将在寻求自然生态和社会生态的平衡方面对人类产生极其深刻的影响，从而影响世界历史的进程。可持续发展理论的提出是人类文明观的一次飞跃，寻求发展的可持续性表现出了人类在更高层面创建文明的愿望。可以说，可持续发展理论的提出是建立新的生态文明的道路探索。

自人类出现以来，人类史和自然史就是彼此相互制约的，并通过人类劳动复杂的相互作用推动人类文明形态演进。可以说，文明的产生是自然环境与社会环境互相选择的结果，只不过随着人类主体意识的增强，人类有了更多的自觉选择性。农业文明是人类在依赖自然、利用自然，但改造自然的能力尚不足的情况下发展起来的生产和生存方式，其发展道路选择具有自然性和被动性，其文明特点为受自然制约性较强。工业文明是人类在通过科学技术控制自然的能力增强的情况下主动选择的生产和生存方式。特别是二战以后的现代社会，人类对发展道路选择的主动性和自觉性越来越强。当过度的工业化既严重破坏了人类赖以生存的自然环境，也损害了人类自身的社会环境时，人类就应主动反思其发展道路，寻找能够协调人与自然关系、更符合人类长远生存和发展目标的生产和生存方式，通过确立可持续发展道路，寻求文明转型。因此，生态文明与可持续发展是一体两面。一体在于,它们都是寻求人与自然的和谐统一;两面在于,生态文明侧重人类文明从总体上的转型,是从人与自然关系异化的工业文明走向人与自然关系协调的后工业文明,可持续发展是对文明转型过程中发展道路的选择。生态文明具有宏观性、横向性、总体性特点;可持续发展具有具体性、纵向性和可操作性特点。也可以说,生态文明是体,可持续发展是用,二者是体和用的关系。可持续发展是建设生态文明的道路和方向,是克服工业文明弊端的路径选择。生态文明和可持续发展的共同指向都是追求人类的自由全面和可持续发展。

第三章

生态文明的价值观基础

近代以来,随着工业化的不断发展,人类中心主义持续占据着西方思想的主流地位,人类被视为价值判断的唯一中心。日益先进的科学技术使自然成为间接的存在、工具和手段,对自然生态环境造成了一系列的严重破坏。这些破坏涉及自然环境从整体到局部的各个方面,从有机的生物界到无机界,几乎无孔不入,其恶果在时间的不断推移之中也逐渐令人类自身难以承受。在这样的大背景下,随着有识之士对人类中心主义的反思,西方生态伦理思潮作为对"现代性"道德的一种反思和批判应运兴起,开始追问:我们该如何理解自然和自己?我们该如何定位人与自然的关系?我们该以何种方式对待自然?开始探讨:伦理学观照的对象应该扩大到人之外的生命和自然,人际伦理应该向土地伦理转向,要求实现从对自然单一的工具价值认识转换到对自然生态系统内在价值的认识，建立起人对自然的伦理责任和道德规范。生态伦理思想在现代环保意识的觉醒之中不断发展、完善和体系化，成为生态文明的价值观基础。

第一节　中国古代朴素生态伦理的思想价值

在中国古代农学思想和哲学思想中，天人合一的自然观就包含着丰富的自然伦理观念和行为准则。农业社会自然是直接的存在，是直接的生存资源，其中比较容易建立起直观质朴的自然责任伦理。无论是儒家，还是道家的“天人合一”思想，其中都包含着人与自然相依和顺应自然的伦理观念，其目的是使农业社会的经济发展持续稳定。“天人合一”自然伦理的引申和合乎逻辑的发展结果就是我们今天所讲的环境伦理或生态伦理。产生于20世纪70年代的现代生态环境伦理学的基本理念和主要核心理论，都能在中国传统哲学中找到思想渊源。中国古代“天人合一”的自然伦理思想经过否定之否定的文化超越，与现代生态环境伦理对接，将会为建立一种健全的生态环境伦理学做出重要贡献。

一、儒家生态伦理观念

生态伦理在儒家思想中并不是一个中心问题，其行为规范的要求也非强势。因为在中国古代社会，生态问题并未构成严重而紧迫的危机。但是在儒家的宇宙哲学中，却蕴涵着一种人与天地的关系应是融洽无间，人并不能把自己看作是世界上万事万物的主宰、不能以自然为奴仆，相反应视天地为父母、视所有生命都有与自己相通的精神。儒家生态伦理自然观既不同于绝对的人类中心主义自然观,也不同于自然中心主义自然观,而是在贵人而不唯人、尽物而亦爱物的两极之间形成的,其精神可以为现代处在生态危机严重困扰中的人们提供深厚的价值支持资源。

儒家生态伦理的支持精神主要是“天人合一”与自然和谐的思想。所谓“‘支持精神’是指人们遵守一些约束和限制是出于终极信仰层面上的根本精神和信念,它们构成人们如此行为的基本动机和内在基础。这种精神信仰很可能不仅是支持人对自然的态度和行为的,同时也是支持人们对他人及社会的态度和行为的,它可能是一种全面的伦理学、人生哲学或者宗教信仰,是有关人的整个一生和所有生命的根本意义的精神信仰,同时也包含对待自然的态度,没有精神信仰支持的生态伦理很可能是不完整的,也是没有根基的”①。

在农业文明时代的中国,古代先民伴随着土地的不可移动性,呈现出一家一户、自给自足的生活状态,这样的小农经济结构放大了自然对人生活的影响,古话“靠天吃饭”就是在说,农业的好坏与“天”有着直接的关系,所以先民们不得不关心天人关系。此外,由于对自然了解的局限性,古代先民常常把动植物甚至自然现象尊为各种自然神,并且膜拜祭祀,所以对自然的敬畏之心随着文化活动逐渐传承下来,为“天人合一”思想打下了理论基础。

儒家在对《易经》的解释中,实际上建立了一种贯通天人的宇宙观和人生哲学。“天地之大德曰生,圣人之大宝曰位。何以守位?曰仁。”(《周易·系辞·下》)“夫大人者,与天地合其德,

① 何怀宏:《儒家生态伦理思想述略》,《中国人民大学学报》2000年第2期,第32—39页。

与日月合其明，与四时合其序，与鬼神合其吉凶。先天而天弗违，后天而奉天时。天且弗违，而况于人乎？况于鬼神乎？”（《周易·乾·文言》）这是从大人、圣人，从人格的最高理想和最终境界来论述人与天地的合一，而从人性、从人生之初的善端来说，人与天地也是相通的。

孔子早在两千多年前就表达了他对大自然深深的敬意。“迅雷风烈必变”（《论语·乡党》），并非因为恐惧，而是敬重天地之故。孔子以后的儒家都有敬畏天命的思想。宋代哲学家张载将其发展为乾坤父母之说，认为人对自然界就如同对待父母那样，有一种亲近而敬畏之情，使孔子的畏天命思想更有生命情感的意味。在这样的话语下，“天人合一”的思想也就可以理解成为人与天，即与存在的生命万物的融合共存，那么最本初的天人合一背景下的“敬畏感”也就成了一种基于生活、超越社会规范的精神信仰。从自然观层面看，儒家诸派关于“天人合一”的解读要求，人与“天”的结合是一种主动性的行为，儒家将“天”放在高位，不管思想主张是落实在政治治理上，还是囿于当时的科学技术水平和认知发展，让人们仰视“天”的同时，反馈给人们的常常都是“神秘的敬畏感”。而这样的敬畏感并不会隔绝人们与“天”的联系，而是会通过儒家的具体思想转化成为规范日常行为的动力，生态伦理的意义也在此处得到了彰显。

孟子继承和发展了孔子“智者乐水，仁者乐山”的热爱大自然之情，将“天人合一”“仁民而爱物”从人类推行到自然界的动物，主张施行仁政，希望通过君主的努力，建立起人与自然和谐、人民生活富足的社会。天人合一思想正是在仁政思想中得到彰显，并进一步显现出了它的生态伦理意义。孟子在《梁惠王上》中讲道：

"不违农时,谷不可胜食也。数罟不入洿池,鱼鳖不可胜食也。斧斤以时入山林,材木不可胜用也。谷与鱼鳖不可胜食,材木不可胜用,是使民养生丧死无憾也。养生丧死无憾,王道之始也。"人类遵循农作物和动物的正常生长规律,有节制地利用自然界的资源,从而和自然界形成一种良好和谐并且可持续的关系,这就维护了良好的生态伦理关系。在孟子回答"不违农时,谷不可胜食"的时候,针对的是由粮食匮乏引起的百姓流离、国家战争。我们在借此讨论天人合一的生态伦理时体悟到,人其实只是作为一种高级动物身处于自然环境之中,在整体资源有限的情况下,维护良好的生态伦理关系,就是维护资源的可持续性,从而才能实现政通人和。

孟子还曾提道:"五亩之宅,树之以桑,五十者可以衣帛矣,鸡豚狗彘之畜,无失其时,七十者可以食肉矣。百亩之田,勿夺其时,数口之家可以无饥矣。"(《孟子·梁惠王上》)从五十者、七十者到数口之家,表明孟子所代表的中国儒家十分关注人的问题。无论是社会不同人群的不同需求,还是代际的调和与传承,都融合在以"天人合一"为基础的仁政思想中。但是这样的思想需要有物质基础,绝不是离开自然之天谈论解决人的生存问题,而是在人与自然的内在统一中解决人的问题。中国哲学也很关注自然界的问题,但它并不是将自然界与人的存在分离开来作为单纯的对象去认识,而是从人的存在出发,"反观"自然界的问题。同样,人的问题也会通过生态伦理问题被反映出来。

儒家从孟子到宋儒的"天人合一"说,以其"仁者与天地万物为一体""民胞物与""仁民爱物"的强烈伦理关怀,对于保护自然生态环境、建立现代生态伦理学有不可否认的积极意义。张载认为，人和万物都是由充塞于天地之间的气所构成的，气的流行变化的本性也就是人和万物的本性，因此可以说他们都是一家人，"乾称父，坤称母""民，吾同胞，物，吾与也"(《正蒙·乾称篇》)。他把宇宙万物都看成人类的伙伴与朋友，自然就会得出人类应善待万物、与之和谐相处的结论。朱子认为，人与动物"同生而异类"，人与动物属于不同种类，但同是自然中的生命，因此人具有对动物的自然同情。但人与人的关系却比人与动物的关系更进一步，是"同类而相亲"，因此"是以恻隐之发，则于民切而于物缓；推广仁术，则仁民易而爱物难"(朱熹《孟子集注·梁惠王章句上》)，人的道德同情用在与自己同类的人身上更为显著。作为与自身在生成本质上关联最紧密的对象，骨肉至亲又是人最应关切和爱护的生命。由此，儒家思想确立了"亲亲—仁民—爱物"的伦理差序，把对骨肉至亲的爱扩展出去，将身边与自己关联的人和动物都纳入了伦理的范围，生命意志的冲突又在这样的伦理差序中被抚平。

王阳明进一步发挥了仁者"与天地万物为一体"的泛爱万物的思想，他说："见孺子之入井，而必有怵惕恻隐之心焉，是其心之与孺子为一体也。孺子犹同类者也，见鸟兽之哀鸣觳觫，而必有不忍之心焉，是其心与鸟兽为一体也。鸟兽犹有知觉也，见草木之摧折而必有悯恤之心焉，是其心与草木为一体也。草木犹有生意也，见瓦石之毁坏而必有顾惜之心焉，是其心与瓦石为一体也。"(《大学问》)他认为，这种与孺子、鸟兽、草木、瓦石的"一体之仁"是人性的自然表露，同时也是人类最高的伦理情感，是人对天地万物的一种责任意识。由此可见，如果将儒家的"仁学"贯彻到底,就必然走向“仁民爱物”、尊重和关心所有生命的生态伦理学。[1]

儒家所主张的保护自然的“行为规范”主要是一种“时禁”和“政禁”的制度性规定,重在强调有节制地利用自然。这里所说的“行为规范”是指,人们对自然界除人以外的其他生命及万事万物能做些什么和不能做些什么,在人对待非人的生命和存在的行为上有没有以及有哪些道德约束和限制,涉及对经济与物欲的看法,即限度和节欲的观念。这些行为规范是紧密联系人事或主要考虑人的利益的,乃至具有强烈的政治劝诫的意味。据历史文献记载,我国早在尧舜时代就设有管理山林川泽、草木鸟兽的“虞”,即环境保护机构和官员。至秦代已出现了《田律》这样系统的农业生态环境保护法律。各种文献典籍记载了大量古代关于保护自然生态环境的思想、言论、典故和制度性的规定。这说明,“天人合一”在中国古代并非只是一个抽象的思想观念,而已在一定程度上转化为人们保护生态环境的意识和行动。[2]

关于“时禁”,古代儒家学说不是指普遍地禁止或绝对地非议杀生——猎兽或伐树,而认为人们有些时候可以做这些事,有些时候不可以做这些事。在此其要义不是完全的禁欲,而是节制人的欲望。把对时令的强调,以及对待动植物的惜生、不随意杀生的“时禁”与儒家主要道德理念如孝、恕、仁、天道紧密联系起来,这意味着对自然的态度与对人的态度不可分离,广泛的惜生与爱人、悯人一样同为儒家思想的题中应有之义。《礼记·祭义》记

① 方克立:《“天人合一”与中国古代的生态智慧》,《当代思潮》2003年第4期,第28—39页。

② 同上。

载:“曾子曰:‘树木以时伐焉,禽兽以时杀焉。’夫子曰:‘断一树,杀一兽,不以其时,非孝也。’”这种“时禁”所直接根据的“时”,与其说是以人为中心、按人的需求来安排的,毋宁说是按照大自然的节奏、万物生命的节律来安排,亦即按四季来安排的。

在古代,中国人对这种自然和生命的节律十分敏感并设各种禁令。《礼记·月令》是讲四季物候变化的较早历书,作为古代月令系统的集大成者,《礼记·月令》对一年四季以至于每一个月应该怎样保护生物资源都提出了非常明确、具体的要求。如孟春之月:“命祀山林川泽,牺牲毋用牝。禁止伐木。毋覆巢,毋杀孩虫、胎、夭、飞鸟、毋麛、毋卵。”春天是生育的季节,孟春正月是首春,所以规定用于祭祀山林川泽的牲畜不能是牝的,如母牛、母羊之类;禁止砍伐树木;不许猎取怀胎的母兽、幼兽,不准捕杀小鹿;不许打刚会飞的小鸟,不准掏取鸟卵。仲春二月要“安萌芽,养幼少”,“毋竭川泽,毋漉陂池,毋焚山林”。季春三月,捕杀鸟兽的各种器具和毒药一律不许携出城门,禁止任何人斫伐桑条和柘枝。孟夏四月,一切生物正在长大长高,因此不可有毁坏它们的行为,“驱兽毋害五谷,毋大田猎”;不要砍伐大树,不要起大工程;如此等等。到孟秋七月、仲秋八月,才可以伐木,“修宫室,坏墙垣”,“筑城郭,建都邑”;到仲冬十一月、季冬十二月,就允许采猎野生动植物和大量捕鱼了。《月令》对一年中每一个月“以时禁发”的规定是如此之详细、具体、严格,说明当时农业生产(包括林、牧、渔业在内的大农业)和农业技术已达到较高水平,对农业生产规律有了相当全面的认识,并且认识到保护生物资源是发展生产、保障供给的不可或缺的重要内容和前提条件之一。因此,主张有“禁”有“发”,“禁”与“发”都要有时有度,把封禁、保护与开发、利用结合起来。这种认识是十分可贵的。

《月令》中“以时禁发”的模式对后世产生了很大的影响和示范作用。如《吕氏春秋》中《上农》一文也规定了“四时之禁”，其基本内容是：在非开放的季节，不得进山砍伐未成材的小树，不得下水割草烧灰，不得携带捕捉鸟兽的器具出门，不得用渔网捕鱼，除非舟虞不得乘船下湖。因为这些违反禁令的做法都有害于农时。这些规定主要是一些禁令，是施加于人对自然的某些行为的禁令和限制，基本上是一些消极性的限制。它虽然对人的行为施加了某些限制，但限制的范围并不是很大，并不是全面禁止，而主要是时禁，即在春夏生长季节和动植物幼小时的禁令。这些禁令看来不仅是对下的，也是对上的；不仅是对民众而言的，也是对君主而言的；甚至可以说，更主要的是约束君主，例如提出了对君主的严重警告：如果他们做出了诸如坏巢破卵、大兴土木这样一些事情，那么几种假想的、代表各界的象征天下和平的吉祥动物（凤凰、蛟龙、麒麟、神龟）就不会出来，各种自然灾害将频繁发生，生态的危机也将带来政治的危机。

最后，我们还看到，这些禁令的对象或者说保护的对象不仅包括动物、植物，也包括非生命的木石、山川。当然，有生命的东西被置于无生命的东西之前，能够活动的生命又被置于不能活动的生命之前。人固然也存在于大自然之中，服从同样的生命节律，但是人毕竟又通过文明的各种创制有了一些超越自然制约的可能，人的需求与自然和其他生命的节律有了差距。

关于“政禁”的典型事例如是。管仲曾在齐国为相，他从发展经济、富国强兵的目的出发，十分注意保护山林川泽和草木鸟兽等自然资源。《管子·轻重篇》说：“山林菹泽草莱者，薪蒸之所出，牺牲之所起也。故使民求之，使民籍之，因此给之。”山林川泽是出产薪柴和水产的地方，政府应该把山林川泽管起来，让人民上山去樵柴、下水去捕鱼，然后政府按官价收购，人民也可以通过这些营生来糊口谋生。他认为，不能很好地保护山林川泽的人就不配当君主，“为人君而不能谨守其山林菹泽草莱，不可以立为天下王”。管仲提出了“以时禁发”的原则，主张用立法和严格执法的办法来保护生物资源。如：“修火宪，敬山泽林薮积草。夫财之所出，以时禁发焉。”(《管子·立政》)“山林虽近，草木虽美，宫室必有度，禁发必有时。”(《管子·八观》)就是说，要制定防火的法令，把山林草木认真地管起来，封禁与开发都要有一定的时间，建造宫室用材也要有一定的限度，反对滥伐林木或过度开发。他还提出，国家的法令就要有权威性，对犯法的人要严刑重罚：“苟山之见荣者，谨封而为禁。有动封山者，罪死而不赦。有犯令者，左足入，左足断；右足入，右足断”(《管子·地数》)。管仲的生态保护思想有一个重要特点，就是把保护生物资源与更好地开发、利用这些资源，进一步发展农业生产结合了起来。

在儒家那里行为规范的方向，除了人类之中的由父母、兄弟、夫妻、家族到朋友、邻人、乡人、国人、天下人这样一个推爱的圆圈，在人类之外，还有一个由动物、植物到自然山川这样一个由近及远的关怀的圆圈，前一个圆圈又优先于后一个圆圈。儒家的生态伦理并不完全忽视人的主体价值和主观能动性，也不鼓励人们肆意挥霍资源、改造自然。在尊重人的主体性的同时，它能够兼顾其他生命存在的价值，相对平等和节制地对之加以利用。正如《论语》中记载，孔子在得知马厩失火之后能够考虑马的安危；《孟子》中记载，人要有“以羊易牛”的恻隐之心。儒家讲的是爱有等级之分,以人为中心不断地向外拓展,人的伦理关系的圈层也随之由人与人而拓展到人与其他生命之间,不同的伦理圈层相互有所交集,彼此制约与影响,生态伦理的关系也在这一过程中逐步被确认并巩固,而人与自然的大体和谐关系得以保持。

在儒家看来,人性与天德(天理)相通,“与天地合其德”乃是圣贤人格的最高境界。因此,儒家自然伦理在行为规范方面是紧密联系人事或主要考虑人的利益的,乃至具有强烈的政治劝诫的意味。其天人合一、生生不息的思想也并不是独立的宇宙哲学,而是与人生哲学联系在一起,并且以后者为重心的。但是,儒家的宇宙哲学中却蕴涵着一种人与天地的关系应是融洽无间的,人并不能把自己看作世界上万事万物的主宰、不能以自然为仆人,相反应视天地为父母、视所有生命都有与自己相通的精神。儒家是从整个生态的角度来看问题的,其精神可以为处在生态危机严重困扰中的现代人提供深厚的价值支持资源。

儒家中一些与生态伦理有关的思想,并不因直接思考生态平衡或致力于环境保护而被提出,那时的人自身在相当程度上就处在一种与生态相对平衡的自然链条之中,古代社会也远没有今天这样严重的生态危机。这些措施看起来是比较弱势的,但客观上还是制约了对生态的破坏,或者有助于培养一种善待自然物的心态。儒家的中和的态度可以溯及很远。据说,商汤就曾“网开三面”,即便在捕猎时,也给被猎者留下更多的活路。据《礼记·王制》载,古代天子狩猎时“不合围”,诸侯狩猎时“不掩群”,即不把一群动物都杀死。总之,均有不“一网打尽”、留下一条生路之意。孔子主张中庸之道,提倡忠恕之道、挈矩之道,也都是讲要设身处地,将对象与自己置于一个平等的地位,共同和平地生存、交流与合作。而这样一种观念自然不仅影响了古代中国人对人的态度，也影响了人对其他动物、其他生命的态度。由于儒家实际上是把天、地、人视为一个有机的整体，把天道与人道紧密地联系起来思考，因而也许可以说，儒家初见雏形的生态伦理在行为规范方面主要是人类中心的，是天人有别的，而从其支持精神和宇宙哲学看，它又是整体论的、天人合一论的。儒家的生态伦理根植于中国传统农业文明并延续到今日，在处理人与自然关系问题上也将继续发挥重要的作用。

二、道家生态伦理智慧

道家生态伦理的支持精神主要是“道法自然”，它以天人合一的哲思玄想为基础提出了道法自然、无为而治的生态伦理原则，主张建立起万物平等自化的生态伦理理想世界，由此引导出了一系列节制物欲的生态伦理规范。

“道法自然”是老子的自然观和道德观根据。在哲学上，老子把“道”既看作宇宙万物的本体，又看作宇宙的最高法则。“有物混成，先天地生。……吾不知其名，字之曰道……人法地，地法天，天法道，道法自然。”（《老子·二十五章》）对于所谓“道法自然”，王弼在《道德经注》中解为“道不违自然，乃得其性”，“法自然者，在方而法方，在圆而法圆，于自然无所违也”。“道”的本性在于自然无为，它虽然生就了天地万物，但这一切都是“莫之命而常自然”的，人法道而行，对于自然界，也应是“辅万物之自然而不敢为”，辅助天地万物成就其自然本性，而不妄加人为的扰乱破坏，不图为达到某种功利目的去破坏生态平衡，毁灭人类居住地乃至宇宙。这样就达到了“无为”的境界，是人的最高德性。所以,老子说:“道生之,德蓄之,物形之,势成之。是以万物莫不尊道而贵德。道之尊,德之贵,夫莫之命而常自然。故道生之,德蓄之,长之育之,成之熟之,养之覆之。生而不有,为而不恃,长而不宰,是谓玄德。”(《老子·五十一章》)万物都尊崇“道”而贵重“德”。“道”之被尊崇和贵重,是自然而然的。“道”生长万物而不据为己有,帮助万物而不恃有功,引导万物而不宰制它们,这就是最深远和高尚的道德。因此,人要与自然和谐相处,必须效法道的境界,不应当把自己看作自然的主人而对自然妄加作为、做自然的主宰。道家的“道法自然”学说就是主张天、地、人彼此同大,相与为徒,严格遵循自然法则。

道家学说强调自然性,强调“体道而行”“体道而生”,强调万物都从“道”那里获取生命的资助,而且这种资助从不匮乏,因而“自然”与“道”具有共同价值。庄子说:“圣人者,原天地之美而达万物之理。是故至人无为,大圣不作,观于天地之谓也。”(《庄子·知北游》)这里所讲的“无为”,是依事物本性自由自在,顺其自然而不以外力强加。“无为”是要求一种顺乎自然的行为或不采取反自然的行为。由此,效法自然无为之道的人类,对于自然界的态度应是不妄加干涉,不破坏生态平衡,使之顺自然本性而运行,从而保持一种自然和谐的状态。

庄子齐万物、齐物我的思想主张和情怀已经涉及人对生物的自然伦理关系问题。所谓“齐物”乃是指,自然万物无论大小皆有平等的生命尊严,任何一物皆不可以凌驾他物而存在。庄子试图在此肯定万物均有其内在的生命意义与价值,而非人类所给予。《庄子·齐物论》中有一段著名的话:“天地与我并生,而万物与我为一。”庄子认为,万物一体,没有主次之分,人与天地万物都平等地存在着,我们应以平等的身份和心态对待他人与自然万物。平等对待一切生命的原则之所以重要,其原因一方面在于自然生命自身的价值,另一方面还在于生命之间的有机联系。庄子强调:“物无非彼,物无非是。自彼则不见,自知则知之。故曰:彼出于是,是亦因彼。”(《庄子·齐物论》)这即是说,万物的存在都是彼此相需,绝不是孤立片面的存在。就好像鱼与水的关系,完全是彼此相需的互融关系,于是“天地一指也,万物一马也”。这里的“一指”“一马”就代表着天地万物同质的概念。

既然“道”普遍存在于一切事物之中,那么依照道家的价值判断原则,每一事物的存在必有其合理性,由此带来的伦理结果必然是天地自然万物在道德面前一律平等的理念。因此,道家从“道法自然”的本体论出发,逻辑地实现了向“物无贵贱”道德论的转换,从而为道家的善恶观念提供了从自然本体论到自然道德论的一致说明。这也为道家确立整体主义生态道德提供了可能。庄子明确指出:“以道观之,物无贵贱;以物观之,自贵而相贱;以俗观之,贵贱不在己。”(《庄子·秋水》)这表明,自然万物本无贵贱区别,而区别来自观察者的价值尺度。另外,一切自然存在都是以自我为目的、为中心的,这样才会有万物从自身来看,各自为贵而又以他物为贱,而以世俗的观点来看,贵贱则不在于事物自身,而是由人而定。人类中心论者对自然的价值判断以自然对人的效用为标准,就必然会得出,自然万物只有外在的工具价值而无自身的内在价值。但若以自然存在本身而非其对人类是否有用来作为价值评价的标准,那么显然是“物无贵贱”。“物无贵贱”这一判断内在地包含这样的思想:从自然本身的层面来看事物,则物物之间并无价值贵贱、大小、高下的分别,万物都各有其独特的价值,是等价的。在庄子看来,万物不论表面如何贵贱不同,在本质上均是平等相通的。[①] 可以说,这是道家哲学的生态平等观。由此也可以看出,道家是从有机论和整体论视角来认识自然的。在道家眼中,天地万物不仅是一个开放的生命系统,同时也是一个相互联系与作用的有机系统。这样一种系统可以用"天地与我并生,而万物与我为一"进行高度概括。庄子提出的天人并生、物我为一的观念,是道家其他一切思想观念的基础和出发点。他为我们勾画了一幅人与动物、人与自然和谐相处,万物平等自化的生命图景,其中所蕴含的深刻丰富的生态智慧,具有超越性价值。这暗示着,人类同其他万物一样都是这个世界的一部分,人类不是世界的中心,也无权利凌驾于万物之上。相反,人类应该尊天道,以促进自然万物的生命潜能,使自然万物的价值、平等与和谐能够充分展现。

道家肯定了,具有多样性的万物存在统一性和互相关联性,万物的地位也是平等的。庄子认为,万物的质料都是气,"臭腐复化为神奇,神奇复化为臭腐"(《庄子·知北游》)。从根本上看,"天地与我并生,而万物与我为一"(《庄子·齐物论》)。道家还认为,事物各自存在固有价值或内在价值,绝对没有价值的自然物是不存在的,自然事物的成毁过程也存在价值。庄子关于价值的命题有"无用之用","为是不用而寓诸庸"(《庄子·齐物论》)。这个命题是捍卫自然内在价值论的经典性表达,它告诉我们,表面上对于人无用的事物对生态系统或整体环境则是有用的,因而对人类最终又是有用的。庄子的内在价值论开拓了更广阔的价

---

① 雷毅:《整合与超越:道家深层生态学的现代解读》,《思想战线》2007 年第 6 期,第 27—33 页。

值世界并揭示了价值的多样性。

道家坚持道法自然的原则，提出了一系列节制物欲的生态伦理规范和知止、知足、俭啬为用的具体要求。“知止可以不殆”（《老子·三十二章》）是老子辩证思想的体现。任何事物都有自己的限度，“知止”就是要认识这个度，该停止的时候就停止，以限制自己的行为。“知止可以不殆”就是做什么事情都不要太过，这样就不会出现危险。反省当代人类所面临的生态危机，无不是人们只顾眼前利益，过度采矿、过度开采地下水、过度自我繁殖等种种“过极失当”的人为因素造成的。按老子的话来说就是“不知止”。自然环境的承载力是有限的，任何现实的增长都要适度，不然就会带来灾难性的后果。老子说“知止可以不殆”和“圣人去甚、去奢、去泰”（《老子·二十九章》），在内在精神和价值观上是一种生态智慧，对于现代人有重要价值。

道家哲学认为，人们不仅要“知止”，即认识和把握事物的极限或限度，而且还要“知足”，即克制自己的欲望。人只有“知足”，才能“知止”。老子说：“名与身孰亲？身与货孰多？得与亡孰病？是故甚爱必大费，多藏必厚亡。知足不辱，知止不殆，可以长久。”（《老子·四十四章》）这里的“知足”不是消极保守、不思进取，而是要讲限度，不能随心所欲、为所欲为、贪得无厌。“祸莫大于不知足，咎莫大于欲得。故知足之足，常足矣。”（《老子·四十六章》）

老子说：“我有三宝，持而宝之：一曰慈，二曰俭，三曰不敢为天下先。”（《老子·六十七章》）“慈”是指人们在处理人与自然之间的关系时，对待自然应有无私的情怀。在对待物的态度上，道家不仅主张爱物，而且和儒家的“亲亲仁民爱物”思想相一致，主张“爱人利物之谓仁”（《庄子·天地篇》）。道家认为，人类的行为不仅不应当破坏他物,而且应当益于他物,这样才可谓道德。这里的“俭”,主要是要求人们约束自己的欲望,不能一味地求取。所谓“俭”,也称“啬”,意即节俭、俭约。老子讲:“治人、事天莫若啬。”(《老子·五十九章》)用老子的另一句话讲,俭、啬也即“见素抱朴,少私寡欲”(《老子·十九章》),守持自己的纯朴本性、减除私心和贪欲,才是保全性命的长生之道,才能达到人与自然的和谐共存。由此可见,“俭”是人们在处理人与自然的关系时对待自身欲望所应有的道德要求。人不能一味地索取,否则超过一定的度就会适得其反。贪欲过分,不仅会丧失自身的本性,也会危及生命。只有知足知止,才能远离危险,避免祸患,获得可持续生存。因此,老子的“不敢为天下先”即一种虚静、谦让、自守的生活态度。将之运用于人与自然的关系中,就是要知和不争,即在与自然的和谐中把握自然规律,顺应自然规律。据此,道家的生态伦理规范可以概括为:慈爱利物、俭啬有度、知足不争。

道家所提倡的“节制物欲”“知足不争”等一系列道德规范,以及“将欲取之,必固与之”的道德原则提醒人类,在开发利用自然资源时,不要只顾眼前利益、过度索取,以致破坏生态环境,危及人类自身的生存。美国学者威廉·福格特在《生存之路》一书中认为,人类若对化石燃料等不可再生资源滥采滥用,就会威胁人类文明,如若任意破坏自然环境,就会危及人类的生存。因此,他很赞赏老子的“知足”思想,指出“所谓自我克制,是知足”,认为人类只有克制自己的欲望,才能达到持续发展的目的。

道家所提倡的“自然无为”和“取之有时,用之有节”认为,自然万物的价值在于其对人的可取可用之处,所以人对自然万物既要合理利用,又要进行有效保护以及“开源节流”等,这都体现了

《中庸》中“适度”的思想和现代人所说的可持续发展的思想。道家思想在人类解决自然问题乃至自我生存问题方面是一盏古老的指明灯，其古老常新的生态智慧，对于今天确立生态伦理观念、保护环境和坚持可持续发展道路具有重要的借鉴意义。挖掘道家生态伦理思想，以道家维持事物的自然和谐状态为价值追求目标，对于人类摆脱盲目发展的误区、建立一种可持续发展的生存方式和发展模式是极富启发意义的。

第二节　对近代人类中心主义价值观的反思

人类中心主义根源于人的生物本性，它是以人作为价值标准的理论，古已有之。近代以来，在科学技术进步的推动下，人类认识自然和改造自然的能力大大加强，被改变了的自然界所发生的一系列变化，使人类日益向对自身危险的方向滑行。人类中心主义被认为是现代环境危机的文化根源，因此海德格尔等哲学家对其进行反思，试图纠正人类中心主义单向主宰自然的片面性，寻找能够整合和超越人类中心主义和非人类中心主义的价值共识。

一、人类中心主义问题的成因

人类中心主义很早就在历史长河中显现出它的身影，中国自古就有“人定胜天”的观念，古希腊哲学家普罗泰戈拉说，“人是万物的尺度”，但是人类中心主义的最终成形却是在近代西方。近代以来，随着科技理性主义的兴起，人类发动了工业革命、科技革命和改造社会的各种实践活动，改造自然的能力不断增强。在这些活动中，人类的智慧和力量得以充分体现，人类获得了对自身价值的认可,因而根源于人类本性、自古以来就存在的人类中心主义,就成为近代以来被越来越强化的观念和信念。对理性主义的弘扬、对主体的赞美,使得人类只承认一个物种——人的价值,而否认或轻视人以外的任何存在物的价值。如果说自然有价值,也仅仅是作为工具的价值。人类只关心自身的利益,仅把自然作为满足人类生存需求及欲望的占有物,在整个自然空间,人类无所不在,成了唯一的主宰。这种价值观的形成将人与自然的关系推向了对立的两极,形成了以人类为中心处理人与自然关系的模式。

从存在论(本体论)的角度看,自然界的存在先于人的存在,人类是地球生物进化的产物。地球是太阳系中的一颗行星,围绕着以太阳为中心的圆形轨道运动,太阳系是银河系的一小部分,银河系又是总星系的一小部分,因此人类根本不是,也不可能是宇宙的根本和中心。相反,人类是自然之子,是从自然界中进化而来,是自然中的一个物种,是自然世界的一部分。从生物学的角度看,一般地说,人及地球上的其他所有物种都是以自我为本体、中心的,这是物种生存和进化的重要条件,是生命体的本能。因此,我们只能说,人是人的世界的根本,人是创造人的世界的主体。

西方传统哲学以各种方式围绕"人自身"的问题展开,哲学在"认识你自己"的旗号下,只是从一种理性自识(人类理性地自己认识自己)的意义上注意到了"人自身"的问题,这使得它关于"人自身"的理解只能是一种与自然相分离的抽象,从中所形成的"人的概念"主要是指与一切自然物区分开来的主体性规定。人有了自己的意识,也就意味着人开始以主体的身份和外界进行接触,在确定了自我存在的同时也确定了非我的其他物体,于是主体和客体的二分也就显现了出来。另外,从实践的角度看,人既是直接自然存在物,同时也只有通过有意识地作用于外部世界的对象性活动,才能实现作为属人的自然存在物的属性。因此,人类中心主义是人作为类存在物对自身与他者关系的认识结果。

人们一般是在三种不同的意义上来使用"人类中心主义"一词的。第一种是生物学意义上的,人作为生物,必然需要遵守自然的生物逻辑,维护自己的生存与发展。囿于生物逻辑的限制,老鼠以老鼠为中心,狮子以狮子为中心,因此人也以人为中心,这种意义上的人类中心主义是不可避免的。第二种是认识论意义上的,即人所提出的任何一种知识判断、思想观念都是从自身的思考而得出的,这种思考和认识从一开始就带有属人的特征,而非他物的,也就是说,人是人类全部活动和思考的中心。第三种是价值观意义上的,即外在世界对于人的意义是人根据自己的需要来确定的,人的尺度(包括人的本性、需要、能力等)是人类评价判断一切好坏、善恶、美丑、利弊得失的标准的"中心"——"人是万物的尺度"。人是唯一的价值主体,是所有价值的源泉,如果没有人的在场,大自然就只是一片"价值空场"。这三方面并不是互相分离的,而是一种前后相继的关系。由于人是人的世界的中心,因此人在认识外部世界的时候,总是从自己出发去看待客观世界,因而在认识论上有一种以人为主体的倾向,从而在实践活动上总是以人为中心去考虑问题,以人的尺度去衡量事物的价值。

实际上,人类中心主义并不是在现代社会才出现的,对其三方面的刻画也经历了一个相当漫长的历史时期。古希腊时期的普罗泰戈拉提出:"人是世间万物的尺度,是一切存在的事物所以存在、一切非存在事物所以非存在的尺度。"[①]这一哲学命题是公认的人类中心主义思想的萌芽。自然目的论、神学目的论、灵魂与肉体二元论、理性优越论支撑了古代人类中心主义观念。其中,自然目的论是最古老的人类中心主义,其核心观念是:人"天生"就是其他存在物的目的。最著名的代表人物是亚里士多德。他明确指出:"植物的生长就是为了动物,其他一些动物又是为了人类而生存,驯养动物是为了使用和为了作食品,野生动物,虽非全部,但其绝大部分都是为了作食品以及为人们提供衣物以及各类器具。如若自然不造残缺不全之物,不做徒劳无益之事,那么它必然是为着人类而创造了所有动物。"[②]

到了中世纪时期,基督教兴起,在以上基础上从宗教的角度对目的论予以强化,从而进入神学目的论阶段。神学目的论的主要立场是:人是所有创造物中唯一被按照上帝自身的形象创造的,只有人才具有灵魂,人是唯一有希望获得上帝拯救的存在物。在《圣经》中,人被赋予管理、支配和利用自然的权利。这被认为是弱人类中心主义。

近代,由于文艺复兴以及启蒙运动的兴起,人的理性被推到了至高的地位,因而人类认为凭借自身的理性就能够成为万物的中心。笛卡儿是灵魂与肉体二元论的主要代表人物,他主张,人是比动植物更加高级的存在物,因为人具有动植物所不具备的灵魂。在这种灵魂与肉体二元化理论的基础上,进一步发展出了理

① 周辅成编:《西方伦理学名著选辑》上,北京:商务印书馆1964年版,第27页。

② 《政治学》1256b,参见〔古希腊〕亚里士多德:《亚里士多德选集 政治学卷》,北京:中国人民大学出版社1999年版,第18页。

性优越论,这一理论认为,人的理性使人高于其他存在物,只有具备理性才有资格获得道德关怀。笛卡儿曾经说过:“我们在认识了火,水,空气,诸星,诸天,和周围一切其他物体的力量和作用以后(正如我们所知道我们各行工匠的各种技艺一样清楚),我们就可以在同样方式下把它们应用在它们所适宜的一切用途下,因而使我们成为自然界的主人和所有者。”[①]随后,德国哲学家康德提出“人是自然界的最高立法者”,更进一步地推崇人的理性地位。到了现代,由于科学的发展和技术的革新,人类认识自然和改造自然的能力大大加强,人类中心主义已逐渐成为人类价值观的核心。人类中心主义在现代意义上有了完善的理论基础和实践意义。

人类中心主义是在讨论人和外部世界(或者说自然界)的关系中确定了人在自然界中所处的价值中心地位,是以人作为价值标准的理论,根源于人能参与甚至改变自然界。人类中心主义首先是人的理论,在人所意识的世界中人自然会以人为中心。其次,人按照是否对人有益来为其他存在物赋予价值属性,在实践的过程中将其所接触的他者工具化。总之,“人是人的世界的中心,人是人自己的中心”,这是人类特有的、不可能没有的一种“自我中心”现象,不论人们是否自觉地意识到或把握了这种现象,它在客观上都是人的存在活动所特有的、普遍的事实。这种价值观意义上的人类中心主义在西方有着悠久的历史传统,近300年来,它一直是支撑人类实践活动的理论基石。

在西方近代工业化带来环境污染和生态危机以后,人们开始对人类中心主义进行反思和批判,认为人类中心主义使人类日益

① 周辅成编:《西方伦理学名著选辑》上,北京:商务印书馆1964年版,第593页。

向一个危险的方向滑行，人类面临空前的生存危机。近代人类中心主义价值观被认为是现代环境危机的文化根源，主要表现在三个方面：其一，近代人类中心主义的核心理论是征服自然、主宰自然，直接导致人对人与自然关系在认识上的片面性及在实践上的简单处理方式。其二，近代人类中心主义由于受简单的“主—客”二分思维方式的限制而片面张扬人的主体性，客观上助长了人类对大自然不顾后果的掠夺、征服。应该说，主体性不仅包括人作为认识、实践主体对客体的主动、主导作用及其自主力的肯定，而且包括主体对这些能力的自控、自制以及对其活动结果正负效应的自省、自责和责任。不幸的是，近代人类中心主义只强调了前者，却忽视了后者，造成了人类只对改造、征服自然的成就津津乐道，引以为自豪，却逃避了对其活动后果的负效应的自责和所应承担的责任，这些失误反过来又进一步膨胀了人对征服自然的自信，也进一步加重了人对生态环境的破坏。其三，近代人类中心主义实践活动在资本驱动下只追求眼前利益的先天性缺陷，客观上导致了生态环境的恶化。近代人类中心主义实质上是以个人为中心的利己主义，“人类中心主义”价值观本质上也是自我中心价值观。当主体是民族、国家、某一阶级或群体时，便有了以集体或大多数人的名义对片面发展的追求，这种自我中心主义的价值观既导致了人与人关系的失调，也导致了人与自然关系的失调。这种只为了人类的生存和发展利益而对其他物种一概漠视的价值观，已经成为走入误区的、狭隘的人类中心主义，只能被称为“人类专制主义”或“物种歧视主义”。

正是因为针对生态环境危机的讨论触及人与自然的关系，人类中心主义才成为“问题”，而问题的实质是：在处理人与自然关系时，如何摆放人的位置？人类中心主义虽然有缺陷，但有其存在的必然性和合理性。不可否认，人类中心主义作为一种价值观指导了人类的伟大实践，使人类走入现代文明。当代人保护资源、保护环境、保护生物多样性等的目的都是人类，因此人类不可能完全地走出人类中心主义，而需要反对个人中心主义和群体中心主义，克服与摒弃物种歧视主义和人类沙文主义。

二、海德格尔对人类中心主义的批判

当代存在主义哲学家海德格尔对环境哲学的重大贡献是出乎意料的。虽然他的对环境哲学有重大启发的思想在其生前并没有得到特别关注，但是在其去世之后引起了重视：对存在和自然的重新解读，对人类中心主义遗忘存在的价值和过分拔高人的主体地位的思想所做出的批判。他关于“拯救地球”的呼声，也在当代环境哲学界乃至整个哲学界得到了日益强烈的回应。

（一）对存在与自然的重新认识

海德格尔对人类中心主义的批判是基于他对“存在”这个概念的重新认识。“存在”这个概念自被古希腊哲学家巴门尼德提出就覆盖了人类和世界两者，但人类和世界并非存在本身，而是以存在者存在。“存在者存在，它不可能不存在；不存在者不存在，它不可能存在”，海德格尔是认同对“存在”的这种认识的。海德格尔所称的“存在”，是普遍的存在，因而存在者也是普遍的。存在者因为存在而存在，世界上的任何事物都可以被称为存在者。同时，由于普遍性的存在，存在者之间并没有任何的高低之差，哪怕是我们所认知到的最大的宇宙，也只不过和最微小的微生物一样，是分有了存在的存在者。

“自然”这个概念,是与“存在”紧密联系在一起的。“存在”这个词在拉丁文里被翻译为“nature”,同时在使用中又被赋予了出生和诞生的含义。也就是说,在原始的语境中,“存在”与“自然”是等同的,这一点在海德格尔晚期的思想中也一直存在。古希腊人在使用“自然”的概念时,更多的是指自身的开展和生长,顺着自身的开展而进入现象并停留在现象的层面上。同时,这里的“自然”并非我们在当代语境中所使用的“自然界”的概念,海德格尔更多的是从“自然和大地”的角度出发。人与存在共在,同时也是存在的看护者,肩负着“让其他存在者存在”的责任,即不过多地去干扰自然界的其他存在者以及自然这个更大的存在者。人在自然中存在,也从自然中涌现和证明自己。

在海德格尔看来,自然“意味存在者之存在。存在作为原始作用力成其本质。这是一种开端性的、集万物于自身的力量,他在如此这般聚集之际使每一存在者归于本身而开放出来”[①]。同时,“这里‘自然’,也即生命,指的是存在者整体意义上的存在”[②]。显然,自然并不是一种物化意义上的存在,而是存在者的整体,甚至就是存在本身,任何“在者”的绽出都是在这一基础上实现的。如果将海德格尔对于“主体”一词的定义作为参照,就更能看到“自然”的这种基础性的意义。尽管人类是自然中最重要或者最高贵的一部分,但最终也只是一个存在者,是有限的存在,而不能成为存在者的全部,更不可能是无限的存在。因此,人类不仅不能以绝对的主体自居,而且还应认识到在自身存在之上作为存在者之基础的自然的存在,人类必须在这个基础之上来思考

① 孙周兴选编:《海德格尔选集》,上海:上海三联书店 1996 年版,第 417 页。

② 同上。

自身的地位。

海德格尔对人的存在有多种说法——“此在”“终有一死者”“守护者”，等等。然而，最能揭示其本真意义的还是其在《存在与时间》中提出的“此在”。就通常的解释来说，“此在”意味着一种“在的可能性”，人有着比其他存在者更特殊的地位，占有着相对主动的地位，具有使可能性显现为现实性的能力。正是这种能力，使得人类可以将其他自然物的存在纳入自己的可能性，使物成为“器具”。器具越是上手，就越能融入人的世界。可以说，“此在”在其存在的过程中“展开了一个世界”。换句话说，作为“此在”的人，是唯一可以在自身的意义上去规定其他自然物的存在者。[①] 海德格尔从存在的层面对自然和人的本体论定位，给予了这一问题新的分析视角。这一视角可以更深刻地理解自然作为整体的基础性地位，以及人类对自然所必须担负的责任，从而在存在的意义上开启了人与自然达到和谐的途径。

当我们将海德格尔所理解的自然引入环境哲学时，就可以看到人类对自然应承担的责任了。作为能够对存在本身进行领悟的存在者，人类如果将自然理解为存在者的整体存在的话，那么就可以为自身的行为寻找到一个更为客观，也更为基础的标准——存在。人们也就不能再将自己的行为仅仅局限于人类社会，认为人类对自然并没有直接的道义上的责任，而只有通过对人负责而对自然负责的间接的责任。这样，责任本身先在地成为人类行为的一个根据，而不仅是行为后果的一个评价。从自然发展本身来看，也可以体会到自然对人所提出的要求。自然在进化

① 薛勇民、路强：《论人对自然的责任意蕴——基于海德格尔思想的探析》，《科学技术与辩证法》2008 年第 5 期，第 80—83 页。

出每一个物种的时候，在生物体的意义上都是公平的，尽管自然对此并没有意识。也就是说，自然不会允许其中的某个物种无限地发展，以至于超越其本身的承受限度，就像有学者所说的那样，“大自然永远握有惩罚人类的权力”①。于是，自然在给予人类高贵地位的同时，也要求人类认识自身，并且在一定程度上限制自身的生物意义。这一点其实也不难理解，人类是当今唯一没有天敌的自然物，倒是充当了很多大型动物的天敌。这就表明，人类并不能无所顾忌地尽情发展自己。对于无理性的动物，自然产出的天敌构成了对其必要的限制，而作为拥有理性的人，其自身就应该意识到这一问题，进而主动地对自身有所约束。遗憾的是，近代以来的人类似乎并没有自觉而清醒地意识到这一点，以致自然对人的眷顾却成了人类自大的根据，人类手中的权力也走上了一条异化之路。

海德格尔在1928年前后所做的课程讲座《康德和形而上学问题》中，对“此在”的生存与整个宇宙世界即整体存在者之间的关系做了明确说明。他提出，人是整体存在者中的一个存在者，一个人在与整体存在者的关系中必定会发现，整体存在者承载着他，他依赖整体存在者，并且不论他有怎样的文化和技术，都不能从根本上成为整体存在者的主人。他在依赖他所不是的整体存在者的同时，也并不能够掌握自己。与此同时，海德格尔在这一讲座中进一步阐明了《存在与时间》所提出的人的生存特征的思想，认为人毕竟是一种独特的存在者，是能够进行情绪式揭示，特别是能够进行前概念领悟的存在者，“存在领悟本身就是有限性

① 卢风：《启蒙之后——近代以来西方人价值追求的得与失》，长沙：湖南大学出版社2003年版，第268页。

的最内在的本质”[1]。在海德格尔看来,人的这种领悟式的生存,是人之为人的一个根本的生存论特征,假如没有关于存在的领悟,人就永远没有能力作为他所是的存在者而存在。

海德格尔在 1946 年写的《关于人道主义的书信》中指出,人道主义在规定人的人性的时候,不仅不追问存在与人的本质的关系,甚至还阻止这种追问。“倒过来看,对存在的真理进行追问,这是在形而上学中被遗忘了而且被形而上学遗忘了的问题。”[2]他提出,存在支配着一切存在者。存在者是否显现和如何显现,绝不以人类的意志为转移,而是由存在自身所规定。“上帝与诸神、历史与自然是否进入存在的澄明中以及如何进入存在的澄明中,是否在场与不在场以及如何在场与不在场,这些都不是人决定的了。存在者的到来是基于存在的天命”,“人须作为生存着的人来按照存在的天命看护存在的真理。人是存在的看护者”。[3]

在 1957 年所做的《同一律》等讲座中,海德格尔提出,人与存在相互转让,相互归属。他说:“显然,人是某种存在者。作为存在者,他像石头、树木、雄鹰一样属于存在整体。在这里,‘属于’的意思还是:被归列入存在中。但是人的突出之处就在于,作为思维动物,他向存在敞开并被摆到存在面前,与存在相关联并因此与存在相呼应。”[4]在海德格尔看来,自然是将万物集于自身的一个基础,它可以说一无所在而又无所不在。同时,人也是一个存在者,无论自身多么的特殊,也不可能摆脱“存在”这一本源的

---

① 孙周兴选编:《海德格尔选集》,上海:上海三联书店 1996 年版,第 118 页。

② 同上书,第 366 页。

③ 同上书,第 374 页。

④ 同上书,第 652 页。

属性,而且这一属性是来自自然的。即使从进化的观点考虑也不难想象,如果不是自然的洗礼使人类成为理性的存在,那人类如今的权力又是从何而来的呢?人类不会毫无理由地产生,更不会莫名其妙地生活,尽管大地无声无息,但特殊的权力业已随着存在降临。在海德格尔整个思想的深层预设中,整体宇宙的存在是一种必然而又有目的的过程,这种必然和目的规定了人类的生存特征,规定了人类对于宇宙的揭示或敞开作用,因而也终极地规定了人类的历史。"人是存在的守护者",也是海德格尔对人的一个颇具伦理色彩的定位。

(二)从存在和自然被遗忘的角度批判人类中心主义

海德格尔认为,自柏拉图理念论开始一直到尼采,西方哲学陷入了使存在被遗忘的困境,人成为一切存在者的中心,而不是存在者中的一员。这种哲学"都是形而上学的","而形而上学固执于对存在的真理的遗忘之中"[①]。在占统治地位的柏拉图传统里,存在和存在者的区分被打破了。"理念"作为稳定不变的存在者,代替了"存在"的位置。存在者有了存在和存在者的双重身份,而存在则在历史中被忽略了。这样的划分又在笛卡儿的二元论作用下,逐渐演变为主体与客体的对立和人与世界的对立,仍然把主体和客体这两个存在者当作了存在问题的基础。

海德格尔展开了论述。首先,主体只是普遍的存在者而非存在本身,主体和客体在存在者层面上并没有更多的区别。因此,当我们以主体的角度去审视客体,或者说以人类的角度去审视外在环境时,其实是以存在者去审视存在者,但却变相拔高了我们

① 孙周兴选编:《海德格尔选集》,上海:上海三联书店1996年版,第372页。

本身作为存在者的地位，自认为是和存在等同的存在者。根据存在即自然的观点，人类作为存在者，只是分有了自然这个存在而存在，并非与自然对立。在这样的背景下，强调主客的二分也显得不合理了，因为主体的存在也并非存在本身，而是和他者一样的存在者，我们无法通过以主体作为存在而对其他存在者进行划分和定义。固然我们从人的角度会按照人的方式开展和生长，但是人类也只是自然中的个体，并不是能够脱离自然的存在者。主客的二分使得我们认为，我们可以独立存在，因而无限度地对客体进行改造和索求的结果只能是，我们能够普遍存在的根据被我们自己所毁灭。海德格尔认为，在现代技术的发展过程中，主体性、对象性的思维方式达到了登峰造极的程度。当人从中世纪的束缚中解放出来而回到自身时，特别是自笛卡儿以来，当人成为主体时，人也就成为其他一切存在者的主人，其他的存在者完全被当作客体对象对待。人只从自身的尺度出发，从为人自身谋利益的角度来认识和处理自然对象。[①] 这是海德格尔对主体性形而上学过分支配存在者的那种主体性的强烈批判。

西方哲学从柏拉图开始，就一直是以人类中心主义为背景，因此要超越人类中心主义，西方哲学才能实现转折，对人类中心论的批判和超越成为海德格尔后期思想的主要内容之一。人类中心论既然导致了人类对现实生活世界的遗忘，那么如何克服人类中心的困境呢？海德格尔认为，关键在于改变人的运思方式，即从原有的决定论的思考方式转到生存论的思考方式上来，从原有的统治者、主宰者的运思路线转到守护者、倾听者的视角上来。

---

①　宋文新：《海德格尔：环境伦理学的先驱？》，《长白学刊》2003 年第 6 期，第 31—34 页。

人不是唯一的主体，所有的存在者都是主体，人作为主体的一种特殊存在形态并不具有决定其他主体的中心地位。“人不是存在者的主人。人是存在的看护者。”[①]在海德格尔看来，人与世界之间是一种生存关系，而不是像西方传统运思方式那样，把它当作一种对象性的关系。人在自然中生存，没有自然，人类难以存活，但是没有人类，自然依然能够存在，自然的存在并不依赖人类。人在大地上居住，其本质就是存在的守护者，谦卑地接受自己在世界中的角色，完成自己的使命，这样对存在的守护就克服了对存在的遗忘，而对存在之遗忘是一种破坏性的倾向，因此从存在的遗忘转向存在之守护是一种根本性的转折，是从决定论转向了生存论，也是海德格尔超越人类中心论、超越主体困境之路。[②] 海德格尔对人类中心主义的批判并非从完全消解人类中心主义的角度出发，而是认为，他所理解的人类中心主义并没有将人的人道放到足够高的位置。人应该做的是，成为一个个开放的个体，呈现出敞开的状态，使得人的自然化以及自然的人化同时进行，这样也就不会再有存在的主体和客体的二元区分了。

海德格尔并不是像环境伦理学那样，主张把伦理的视域直接扩展到地球上存在的千百万物种身上，而是从存在论的高度，超越了人类中心论的狭隘，把人与世界的关系看作一个统一的整体，认为人是居住者，不是主宰者，要从对存在的遗忘转向对存在的妥善保护，与物保持原始的亲近关系，实现人在地球上的“诗意的栖居”，这才是人的使命。

---

① 孙周兴选编：《海德格尔选集》，上海：上海三联书店 1996 年版，第 385 页。

② 韩璞庚：《超越人类中心主义——海德格尔哲学的启示》，《江苏社会科学》1995 年第 3 期，第 71—75 页。

（三）从技术问题切入批判人类中心主义

海德格尔在《技术的追问》一文中开宗明义，首先解释了“技术是什么”，即技术的本质问题。他首先提出了关于界定技术的本质的一种传统思路：其一，“技术是一种合目的的工具”；其二，“技术是人的行为”。[①] 统合起来，“技术是人为了达成某种目的而使用的手段，这一使用技术的过程本身是人的行为”，因此技术是某种工具性的东西。海德格尔的思路是，一旦得出“技术是某种工具性的东西”这一结论，“工具性”概念就必须得到进一步刻画，否则依赖“工具性”概念的技术的本质就不能得到澄清。

在这个意义上，海德格尔认为，如果技术强调人以其作为“手段”去达成某个“目的”，那么因果关系必然呈现其中。在《技术的追问》中，海德格尔从造物的成因说起，把事物的成因分为四种，即四因说：一是质料因，比如银盘的材料为银；二是形式因，比如银盘这个事物的形式、形态，为质料所进入的概念；三是目的因，比如银盘的目的是献祭或是餐具；四是效果因，比如银匠取得的效果为完成的现实银盘。在这造物的四重因果性中，只有质料因是在人之外的，质料和人是二分的，而其他三种因素均与人相关：形式因是人构想出来的，目的因的目的是人的解释，效果因是人的活动取得的效果。在这种因素说中，人因为有改造自然、征服自然的能力而有强烈的自我优越感，人就不再是与万物平等的存在者，而成为与自然对立的主体，人在存在世界的主体地位就凸显了出来。

技术作为人的杰作，本身也具有二重性。一则是，技术使人

---

① 孙周兴选编：《海德格尔选集》，上海：上海三联书店1996年版，第925页。

可以将其他存在物改造为属人的存在物，赋予其属人的价值，同时也为人的生存提供最基础的存在。因此，技术的存在使得人们可以将生活的任一存在都当作技术的对象，结果就是人作为自然的一部分反而成为凌驾于自然的一种存在，一切的事物都仿佛是为了人而存在。人与技术的关系取代了原本的人与自然的关系，这也就意味着人被技术从这个世界中连根拔起。在高扬人的主观能动性和人类中心的同时，人们也丧失了原本在自然中的尊严和价值。二则是，技术使人的欲望无限制地扩张，这样的结果就是人和自然的主客对立，"主体"成了人的标签，那么其他非人的存在者就成了人的对象，也就是客体，客体完全只有客观的意义，破坏了原本的人与物的关系，使得原本的物的存在丧失了其本质。主客体的对立观念由此鲜明地落于人类理性框架的中心地位。这两种做法都是海德格尔所要批判的。

海德格尔认为，在自然物面前，人类无疑拥有着不可抗拒的力量，这种力量对于特定的自然物而言可以说具有无限的意义。人类理所当然地认为，这种力量本身就成为对于有限的超越，人也就不需要去对具有终极意义的存在做出什么解释了。所有的回答只需要对人当下的功利生活负责，人便只能是"极其现实的人"，自己所拥有的面向未来的超越性亦被放弃了。人的权力最终演变为人类征服自然的霸权，而整个人类作为一种"存在"的责任则丧失殆尽。海德格尔认为，人类片面地理解了人所具有的超越意味。人可以在"向死而生"的超越中具有无限的意蕴，但这并不意味着人类可以运用什么物质手段将死亡的限制消灭，更不可能使自己成为全知全能者。人虽然是唯一可以意识到死亡的存在，却要拒斥死亡的威胁，要求所有其他存在者乃至于整个自然为此付出代价，从而将自身规定为具有最高意义的主体，最终又使自己成为神，其结果是，人类反倒迷失了自己本体意义上的根据，也失去了属于自身的高贵。

海德格尔在存在的意义上给予了人类一个更为明确的责任。人之为人的根据更多的不在于能支配什么，而在于能承担什么。如果说“天赋人权”的提出，意味着人类对自身的承担，那么在存在的意义上看待人对自然的责任，将意味着人类对整个“存在的自然”的承担。尽管这种责任还需要进一步的践行，但应当相信，这将是人与自然和谐的一条“绿色通道”，将是人类价值的一次升华。

三、对人类中心主义的纠偏

从20世纪六七十年代开始，随着对环境问题的反思和觉醒，人们认识到必须重新确认自然的价值，于是产生了“非人类中心主义”在价值论意义上对人类中心主义价值观的诘难。这一时期，首先对人类中心主义发起直接批判的是美国海洋生物学家、杰出的生态思想家和生态文学家蕾切尔·卡森。1962年，卡森在她的《寂静的春天》一书中描述，人类可能将面临一个没有鸟、蜜蜂和蝴蝶的世界，直接对人类中心主义这一人类意识的绝对正确性提出了质疑，为人类环境意识的觉醒和启蒙点燃了一盏明亮的灯。她说：“‘控制自然’只是人类自以为是的写照，产生于生物学和哲学的低级阶段。那时的人类觉得自然只是为人类提供方便的。……我们应当警醒，与昆虫的斗争同时也在将地球本身毁灭，这真是我们的巨大不幸。”①

1967年，美国著名历史学家林恩·怀特（Lynn White）发表了《我们的生态危机的历史根源》一文。怀特在这篇被誉为“生态批评的里程碑”的文章里指出，“犹太—基督教的人类中心主义”是“生态危机的思想文化根源”，“构成了我们一切信念和价值观的基础”，“指导着我们的科学和技术”，鼓励着人们“以统治者的态度对待自然”。② 他认为，现代环境危机的最深刻的思想根源是基督教思想中根深蒂固的人类中心主义。一时间，对人类中心主义的反省和批判成为学术界的一个热点话题。

正是在对人类中心主义的反省和批判中产生了非人类中心主义。在非人类中心主义看来，工业文明的环境危机实质上是一种价值危机。正是由于工业文明的主流价值观——人类中心主义，把人视为自然的主人，把人的主体性片面地理解为对自然的征服和控制，把自然排斥在伦理王国之外，使自然失去了伦理的庇护，人与自然的关系才出现了整体性的空前危机。因此，要想使人类彻底摆脱目前的生态危机，就必须超越人类中心主义的局限，扩展伦理关怀的范围，确立非人类存在物的道德地位，用伦理规范来调节人与自然的关系。非人类中心主义反对把道德关怀的界限只固定在人类的范围内，认为必须突破人类中心主义对人的至上迷恋，把道德义务的范围扩展到人之外的其他存在物上。依据其所确定的道德义务的范围的宽广程度，非人类中心主义又区分为三个主要流派，即动物解放/权利论、生物中心论和生态中

① 〔美〕蕾切尔·卡森：《寂静的春天》，韩正译，北京：人民教育出版社2017年版，第211页。

② 转引自王诺：《生态危机的思想文化根源——当代西方生态思潮的核心问题》，《南京大学学报（哲学·人文科学·社会科学版）》2006年第4期，第37—46页。

心论。它们在不同的层次和境界探讨了人与自然的关系问题。

1983 年，美国北卡罗来纳大学哲学教授汤姆·雷根在其《动物权利论争》一书中，用大量充满激情的语言为动物的权利进行辩护，引起了人们对动物权利的普遍关注。动物解放/权利论把对动物的关心和爱护视为人类生活意义的一部分，使人与动物实现了伦理意义上的同等，即把动物当作道德对象来对待，用道德来约束我们对待动物的行为；以美国哲学家雷根和澳大利亚哲学家辛格为代表人物的动物权利论者主张废除“动物工厂”，反对以猎杀动物为目标的户外运动，提倡素食主义，要求释放被拘禁于实验室和城市动物园中的动物。

美国哲学家保罗·W. 泰勒是环境伦理学界生物中心论的代表人物，他在 1986 年出版的《尊重自然——一种环境伦理学理论》一书中系统地表述了自己的生物中心主义观点，认为：“人类与其他生物一样，是地球生命共同体的一个成员；人类和其他物种一起，构成了一个相互依赖的体系，每一种生物的生存和福利的损益不仅决定于其环境的物理条件，而且决定于它与其他生物的关系；所有的机体都是生命的目的中心，因此每一种生物都是以其自己的方式追寻其自身的好的惟一个体；人类并非天生就优于其他生物。”[①]泰勒通过反对人类优等论来表达其生物平等主义的态度，认为所有生物都拥有同等的固有价值，都应当受到同等的道德关怀。大自然的稳定与生机取决于生命形态的丰富性，而不取决于是否有一种或某种物种能够轻而易举地战胜和统治其他物种。

---

① 转引自何怀宏主编：《生态伦理——精神资源与哲学基础》，保定：河北大学出版社 2002 年版，第 415 页。

以挪威哲学家奈斯构建的深层生态学为代表的生态中心论者，力图站在整体主义的立场把生态系统当作一个独立的整体，而非有机个体的“堆放仓库”来理解，强调生物之间的相互联系、相互依存，以及由生物和无生物组成的生态系统的重要性。他们认为，必须从道德上关心无生命的生态系统、自然过程以及其他自然存在物，不仅要承认存在于自然客体之间的关系，而且要把物种和生态系统这类生态“整体”视为拥有直接的道德地位的道德顾客。[①] 其实，把生态整体主义称为“生态中心主义”并不准确，甚至可以说是用传统的人类中心主义的思维方式误解了生态整体论。生态整体论的基本前提就是非中心化，它的核心特征是对整体及其内部联系的强调，绝不是把整体内部的某一部分看作整体的中心。连中心都没有，何来“中心主义”？

“非人类中心主义”的这三种理论都把人的道德义务扩展到了非人类存在物身上，强调整个生态系统的完整性和人类的系统生存，试图消解人类中心主义，无疑为重建人与自然的和谐关系提供了许多有益的思索。但是在现实生活中，其可操作性并不强。其主张，人类应放弃一切干涉、破坏生态系统的技术、社会体制和价值观念，与生态系统中的其他存在物平等相待，互不干涉、和平共处，这不具有现实性。很明显，如果片面强调物种之间的平等和平权，就只会消除各物种的生存前提，因为物种之间就是一种相互利用、相互增益的关系，一个物种脱离其他物种是无法生存的，这也正是生态系统的相互依存性。自然界对物种的种类和各物种拥有的生物的数量有其精妙的调节机制，如果食肉动物

---

① 转引自何怀宏主编：《生态伦理——精神资源与哲学基础》，保定：河北大学出版社2002年版，第445—446页。

不吃肉、食草动物不吃草，这些生命靠什么生存下去呢？问题的焦点在于，大自然的法则能够调节人之外的自然生态系统，使物种维持大体平衡，却难以调节人类对生态系统的过分干预。我们今天面临的问题是，由于人类对自然的大规模干预，物种之间失去了自我调节功能，整个生态系统退化，影响了人类的生存根本，这个“本”是本体之本，存在之本，已远远超出价值之本。

由此看来，以人类为中心的环境保护事实上已经陷入困境，因为如果不能超越自身利益、以整个生态系统的利益为终极尺度，人类就不可能真正有效地保护生态并重建生态平衡，不可能恢复与自然和谐相处的美好关系。在处理人与自然的关系时，只要是以人为本、以人为目的、以人为中心，人类就必然倾向把自身利益和地方、民族、国家等局部利益置于生态整体利益之上，必然倾向为自己的物欲、私利和危害自然的行径寻找种种自我欺骗的理由和借口，生态危机也就必然随之而来，并且越来越紧迫。如果说人类中心主义在以往还有其进步的历史意义，那么毋庸置疑，时至今日，作为生态系统一部分的人类已经极其严重地恶性膨胀了，已经极其严重地破坏了生态系统的整体平衡和稳定，已经极其严重地危害到整个星球和它上面的所有生命的存在了。在这样一个生态系统危机时期，如果还要继续强调人类作为自然整体之一类的个体利益——在很大程度上是用来填充其无限欲壑的所谓利益，其有害性就非常明显了。

但是为了生存，人类又不可能不对自然界造成一定程度的损害，除了把人作为价值中心、利益中心对自然进行征服、改造外，其中还有不可忽视的认识上的原因。诸如人类对自然缺乏系统性认识，不知道作为动态整体系统的自然的各个构成要素都有自身相对独立的生态价值和意义,一旦哪一个要素遭到破坏或失调都将引起生态系统的连锁反应。同时,对人改造自然所表现出的人与人之间的关系也缺乏系统性认识。[①] 人作为主体,必须处理因改造自然客体而发生的人与人之间的利益关系,这种利益关系可能是同时代类群体的内部关系,也可能是不同时代类群体的内部关系。若只把个体的行为视作与其他人毫无关系的私事,就成了急功近利的个人主义者和极端的利己主义者,这种"以人为本"是以个体为本,而不是以人类为本,在行动上必将导致环境破坏和资源浪费。基于此,在具体处理人与自然的关系时,人们极有可能只看到眼前的物质需要、物质利益,看不到人对非人世界的高度依赖;只关注人类的生存与发展,而忽略了人类赖以生存和发展的生态环境系统的完整性、和谐性,甚至只关注当代人乃至本国、本地区、本人的利益,并声称"以人为本"从而肆无忌惮地掠夺自然,对自然生态系统造成人为的损害。

需要指出的是,人类中心主义并不等同于人本主义。人本主义价值观主张在人类社会领域以人为本,而不是单纯以神为本或以物为本。人类中心主义价值观则主张在人与自然的关系上以人为中心、为主宰。生态思想家批判的绝非人类社会里的以人为本,而是在人类与自然关系方面的以人为本。生态思想家赞成在处理社会问题时坚持人本主义原则,尊重人、维护人权、捍卫公平正义。他们所反对的只是在处理人与自然关系时人的自大狂妄,他们反对人类自诩为世界的中心、万物的灵长、自然的随意掠夺者和统治者,反对人以征服自然、蹂躏自然的方式来证明自我、实

---

① 舒年春:《走入真正的人类中心主义》,《广西大学学报(哲学社会科学版)》2002年第2期,第22—26页。

现自我、弘扬自身价值。那么,要彻底否定和完全抛弃人类中心主义吗?

从存在论的维度看,人类并不是整个宇宙世界的中心,作为一种存在,必须依赖他物,这是一种绝对的依赖,因为人脱离了其他非人的事物,注定无法存在。因此,任何事物既是作为个体的独立存在,又是世界整体的组成部分,他们都是普遍联系、相互依赖的。就人类而言,作为自然系统中的类别之一,其生存与发展绝不仅仅依赖人本身,也不仅仅依赖人与人之间的关系,而更重要的,依赖人作为基本动物所处的自然大系统。把人当作大自然的中心,其实犯了逻辑上的错误。

从价值论的维度看,人类中心主义主要强调只有人才具有内在价值,才能获得道德关怀,而自然界不具有内在价值(只有工具价值),不应该获得道德关怀。对此,人类中心主义犯了形而上学的错误:只强调人类的特质,看不到大自然的内在属性;只一味追求人的利益,而忽视了对大自然的保护。人类中心主义只强调人的内在价值,却忽视了大自然的内在价值。大自然的存在先于人类的存在,那么大自然的价值相对于人类来说也就具有原始性,人类的价值也只是由大自然赋予的,认为大自然没有内在价值就认为它不该获得道德关怀,其视野只固定在人类这一物种上,不免过于狭隘。

正是出于对环保实践和环境伦理学的实践效果的考虑,从 20 世纪 90 年代起,许多学者开始寻求人类中心主义与非人类中心主义的共识。1991 年,弱式人类中心主义的重要代表人物布莱恩·诺顿出版了《走向环境主义者的联盟》一书,首次探讨了在合理形态的人类中心主义理论与合理形态的非人类中心主义理论之间达成谅解与共识的可能性、方式及哲学基础。在诺顿看来，具有不同价值理念的环境主义者是应当，也能够在政策目标层面达成共识的。他详细阐述了环境主义者在四个政策领域（经济增长、污染控制、保护生物多样性和土地的管理与使用）已经或接近达成的共识或相同的政策取向。彼特·温泽从方法论角度提出了“环境整合主义”，也认为那些能够在目前和可预见的未来有效地保护生物多样性的政策，从长远的角度看，也能够有效地促进作为整体的人类的福利；在保护生物多样性和促进人类长远福祉方面，那些同时致力于促进人类中心主义和非人类中心主义目标的政策，比排他性地致力于单一目标的政策能更好地促进彼此的目标；同时得到人类中心主义和非人类中心主义支持的政策，能够得到最好的伦理辩护，也最具有实践效率。总的来看，人类中心主义和非人类中心主义能够加强彼此对生物多样性和人类福祉的共同关怀，能够彼此结合在一起，这为我们走出人类中心主义与非人类中心主义的二元对峙提供了重要的启示。[①]

从理论上看，人类中心主义和非人类中心主义都有自己的独特价值和理论盲点。从实践的角度看，人类中心主义的环境伦理学容易在制度层面发挥影响，而非人类中心主义的环境伦理学更受到民间环保组织的青睐，能够在信念伦理和美德伦理的层面发挥作用。因此，建立一种能够整合与超越人类中心主义和非人类中心主义的、具有合理多元主义特征的开放的环境伦理学，成为环境伦理学发展的必由之路。

---

① 杨通进：《争论中的环境伦理学：问题与焦点》，《哲学动态》2005 年第 1 期，第 11—14 页。

第三节　生态伦理价值观的兴起和发展

在西方近代工业化带来生态环境危机以后,人们开始了对人类中心主义的反思和批判。在这个批判的过程中,生态伦理学兴起,它反对人类对自然的强力主宰,主张人类要与自然界的一切生命平等相处,尊重自然的生存和发展权利。从理论上而言,生态伦理的核心任务在于确立人对自然的道德责任的伦理基础。从现实角度讲,伦理道德作为人的一种存在方式,其作用范围必然随人类活动空间的扩展而拓展。生态伦理学对伦理学的拓展不同于以往人际范围内的伦理扩展,它是要将道德关怀的对象拓展至动物、植物、物种、生态系统和自然景观,它更强调伦理的全球性和生态性,而非伦理的亲缘性和人文性。这一伦理拓展对传统伦理学的挑战在于重新界定道德责任的界限。20 世纪最具有代表性的生态伦理学家就是史怀哲、利奥波德、罗尔斯顿等人,他们从提出生命伦理拓展到提出土地伦理,以至于系统论证自然的内在价值,使伦理的范围逐步扩大,使生态伦理价值观不断体系化。

一、史怀哲:敬畏生命伦理的思想价值

阿尔贝特·史怀哲(1875—1965 年)是一位杰出的、全面发展的音乐家、哲学家、神学家和医学博士,也是一位著名学者以及人道主义者,无论在思想上还是在行动上都是 20 世纪历史中的一个重要人物。1913 年他来到非洲加蓬,建立了丛林诊所,从事医疗援助工作,直到去世。阿尔贝特·史怀哲于 1952 年获得诺贝尔和平

奖。他通过提出"敬畏生命"的思想,拓展了传统伦理学的对象范围,引领了此后生态伦理学的思潮。他所开创的敬畏生命伦理成为西方生态伦理的精神先驱和当代生态伦理学的重要思想渊源。

在史怀哲所处的时代,人类的生产力实现了跨越式增长,人对自然的改造能力空前增强,人对生命的同情和怜悯随着资本的全面介入而变得微不足道,现代社会的伦理学似乎倒退回到"丛林法则",重估以往的伦理学就显得尤为重要。1915 年,正值第一次世界大战,史怀哲开始思考为什么当代的文化如此衰颓,以至于会在世界范围内爆发如此残酷的战争?他希望探索的是能够为一个新的文化提供伦理动能的伦理学,这一伦理学必须超越以往的不够完整的、仅局限于人与人的伦理学,将伦理对象扩展为普遍的生命,即通过建立敬畏生命伦理学,重振时代精神,为伦理注入新的动能。

(一) 敬畏生命伦理学的理论内涵

史怀哲的生命伦理思想是从他在第一次世界大战期间对文化和世界观、伦理的反思中产生的。在史怀哲看来,以往的伦理学并没有摆脱自然法则的桎梏,所谓的自然法则可以被称为"盲目的利己主义"①,也即自然本身是残忍可怕的,所有的生命体都以其他生命为代价才能得以生存,自我的生存意味着他者的毁灭,只有在同一物种之中,不同的生命才会相互合作、和谐相处。所有物种,包括人类,都受到这种自然法则的支配,所有生命都陷入伤害他者、保存自我的"生命意志神秘的自我分裂"②,人类所构

---

① 〔法〕阿尔贝特·施韦泽:《敬畏生命——五十年来的基本论述》,陈泽环译,上海:上海社会科学院出版社 2003 年版,第 20 页。

② 同上。

建的伦理学亦是如此。过去的伦理学不过是尽可能地保存人类这一整体,而将其他物种当作人生存延续的手段,人类想脱离自然的残酷,又以更加残酷的方式回归自然本身,因此在自然法则的统摄下,生命之间不存在高低贵贱之分。但是人之为人总要有与动物不同之处,这种不同体现在,人可以意识到这种自然法则的存在,从无知中解脱出来,而解脱的唯一方法就是将一切生命纳入伦理学的范畴,构建一种人与其他生命和谐相处的世界观。当一群河马游过史怀哲的驳船旁时,他终于找到了能够连接世界、生命、伦理三者的概念:"敬畏生命"。

敬畏生命的理论内涵是,人作为有思想的存在者,其生命意志应该懂得其他生命意志,并与之休戚与共。其思想逻辑如下。

从世界观层面看,史怀哲认为:"世界不仅是过程,而且也是生命。对于我所接触的世界生命,我不仅应该承受它,更应该对它有所作为。"[①]在他看来,用现实的、充满生命的"世界"概念取代无生命的"世界"概念,这似乎是很简单和理所当然的事情。"敬畏生命的观念客观地回答诸如人和世界属于一个整体的客观问题。人只知道世界像他本身一样,存在的一切都是生命意志的现象。他与这个世界具有既受动又能动的双重关系。一方面,人从属于这个生命总体中的过程;另一方面,人则能对他所接触的生命施加各种影响,如阻碍或促进、毁灭或保存。"[②]这在相当程度上扬弃了人作为绝对的主体和精神实体的地位,认为人不是唯一的绝对的生命体,在人之外还有各种动物、植物,它们都是有生命

① 〔法〕阿尔贝特·史怀泽:《敬畏生命》,陈泽环译,上海:上海社会科学院出版社1992年版,第128—129页。

② 同上。

的、有灵的存在,人不是世界的主宰。史怀哲将之前作为人这一主体的背景的各种生命体拉到了镜头面前,让他们也成为世界的主角。

从生命层面看,"生命意志"是一个最基本的概念。它可以被理解为人的意识的根本状态,即我是要求生存的生命,我在要求生存的生命之中。这是一种寻求自身持存的意志,一种对自我持存的生命的自觉。史怀哲描摹了一种残酷的自然状态:一切生命等级都处在无知之中,他们只有自己的生命意志,要牺牲其他的生命来存活。全部生物都受制于生命意志的自我分裂法则,人类也处于这样的境地,为了保存自己的生命和整个人类的生命,必须以牺牲其他生命为代价。这种生命意志的自我分裂成为史怀哲的思考的起点。他说:"有思想的人体验到必须像敬畏自己的生命意志一样敬畏所有生命意志。他在自己的生命中体验到其他生命。对他来说,善是保存生命、促进生命,使可发展的生命实现其最高价值。恶则是毁灭生命,伤害生命,压制生命的发展。这是必然的、普遍的、绝对的伦理原理。"[①]他提出,只有能思想的人,可以摆脱这种残忍分裂生命的自然必然性,而从自身的生命意志扩展到一切生灵的生命意志,在自己的生命中体验到其他生命,认识到休戚与共和敬畏生命的绝对命令。他强调,人会灵性地为生命意志的普遍而又神秘的存在而感到激动,人在认识世界的过程中也在感受世界、体验世界,这实际上与人谦卑虔敬的世界观有关系。史怀哲说:对这种体验的认识使我不再固执于作为纯粹的认识主体而与世界相对立,而是迫使我与世界建立内在的

---

① 〔法〕阿尔贝特·史怀泽:《敬畏生命》,陈泽环译,上海:上海社会科学院出版社 1992 年版,第 9 页。

联系。它要求我敬畏存在于一切之中的充满神秘的生命意志。可见,通过对周围生命意志的同理的、共情的体验,人和周围的世界建立了一种内在的联系,生命和生命之间不再是对立或者孤立的,而是共通、相互联系的。史怀哲之所以把“生命”的价值绝对化,的确是因为受到了叔本华、尼采等哲学家关于生命意志学说的深刻影响。从更深层说,史怀哲本人之所以能够如此认同生命意志的学说,主要与他虔诚的基督教信仰有关。

从伦理层面看,史怀哲认为,过去的所有伦理学都是不完整的,人与动物的差别在过去的伦理学家眼里是高贵与低贱之分,无论以何种方式将人与其他生命相区别,都不可避免地突出了人在等级上的高贵。西方传统伦理学建构的是人与人之间的道德、律法和生活方式,这些理论框架中并没有其他生命的生存空间,人与人之间可以用道德或律法相互约束,但是当脱离这种关系,过渡到人与其他动物或植物时,人的价值就成了衡量其他生物的尺度,而由于人被当成一种高阶的存在,对生命的践踏毁灭就会被当成理所当然的事,于是伤害其他生命的活动也成了集体无意识。史怀哲提出:“敬畏生命的伦理是无所不包的爱的伦理,是合乎思想必然性的耶稣伦理。”[①]有人抱怨敬畏生命的伦理过分看重自然生命,对此,史怀哲认为:“不承认生命本身是伦理与之相关的充满神秘的价值,正是所有先前的伦理学的错误。一切精神生命都离不开自然生命。从而,敬畏生命不仅适用于精神的生命,而且也适用于自然的生命……人越是敬畏自然的生命,也就越敬

---

① 〔法〕阿尔贝特·史怀泽:《敬畏生命》,陈泽环译,上海:上海社会科学院出版社1992年版,第131页。

畏精神的生命。”[①]一切生命都是神圣的，从一切生命休戚与共的必然性中，产生了人对于其他生命的无限的责任。从对人的普遍的爱和奉献出发，史怀哲将敬畏生命拓展到对动物甚至一切生命的爱和敬畏，这也是“敬畏生命”这一伦理概念成为一个基本的、普遍的、完整的伦理学概念的原因。他认为，“伦理就是扩展为无限的对所有生命的责任”。将伦理的理论关切和论域从人和人的范围拓展到人和所有生命意志的境域，实际上是从有限伦理扩展到了无限伦理，从理论和实践两方面而言都对人类道德的进步具有重要意义。史怀哲说，过去的伦理学是不完整的：“因为它认为伦理只涉及人对人的行为。实际上，伦理与人对所有存在于他的范围之内的生命的行动有关。只有当人认为所有生命，包括人的生命和一切生物的生命都是神圣的时候，他才是伦理的。只有体验到对一切生命负有无限责任的伦理才有思想根据。”[②]史怀哲说：“敬畏生命的伦理否认高级和低级的、富有价值和缺少价值的生命之间的区分。”[③]当人认为其他生命都是神圣的且充分尊重其存在时，出于对其他生命意志的同情和爱的体验，人会去帮助处于危机中的生命，这是十分虔敬而又谦卑的。史怀哲将敬畏生命、生命的休戚与共视为伦理最根本的价值来源。“伦理”概念作为世界、生命、伦理的某种内在联系和共同本质，可以将对三者的肯定联系起来。在这样基本的、普遍的、完整的伦理概念中，可以生发出以往得到人们普遍认可的诸如“爱”“善良”“同情”“奉献”

---

① 〔法〕阿尔贝特·史怀泽：《敬畏生命》，陈泽环译，上海：上海社会科学院出版社1992年版，第131页。

② 同上书，第9页。

③ 同上书，第131页。

等特殊的德行和伦理道德概念。

史怀哲针对生命伦理学面对的三个挑战——自然律和道德律的矛盾冲突;敬畏生命的努力无足轻重且无济于事;同情只能带来痛苦——进行了基于自然性、基于"爱的原则"和基于神学的辩护。这三条辩护路径并不是相互隔绝的,实际上是相互联系、具有深刻内在关系的。他认为,对动物的善良行为是伦理的天然要求,那些保持着敏锐感受的人都会发现,同情所有动物的需要是自然的。这里谈到的"自然",都指向人类肯定他者、与他者共情的能力。史怀哲在追溯伦理发展的过程中提出:伦理学不满足于对德性、义务的列举,而试图追寻一种更高的共同目标。于是,由基督教传统所发掘的"爱"便成为最高的命令。爱的原则就是,要让我们走出自己,同情一切生命,从而解决生命意志的自我分裂问题。但是,我们又为什么要坚持爱的原则呢?为什么爱的原则就会成为最高律令呢?史怀泽多次提出,"爱的意志"就是上帝的意志。爱的原则,仍旧继承自基督教的内在要求。史怀哲提到,基督教的本质是:我们只有通过爱才能和上帝成为一个整体,而无限的生命意志在我们之中则显示为爱的意志。实际上,爱的原则最终根据来源于上帝,或者说来源于某种神秘的无限性。这是一种神学的辩护,史怀哲的生命伦理学具有很强的神学、宗教动机。

以上三个层面贯穿在史怀哲敬畏生命的伦理思想中。敬畏生命的伦理思想实际上在西方哲学—伦理学领域是一个突破性、创新性的进展,它扬弃了人作为绝对的主体和精神实体的地位,建立了人和周围生命及整个世界的内在联系。史怀哲实现了将有限伦理扩展为无限伦理,将以往只涉及人对人的行为的伦理学论域扩展到了人与一切生命的关系。他身体力行地实践着自己的伦理思想,因而在世界范围内对后世产生了广泛而深远的影响,在人道主义援助和志愿服务思想中都具有重要的启发意义,其“敬畏生命”的理论概念也成为当代生态伦理的重要思想渊源。

(二)“敬畏生命”的现实适用性问题

“敬畏生命”思想的最大特征就是扩展了原来仅限于人与人关系的伦理学。伦理学的研究对象本身就是人的行为的善恶,因为人与其他生物具有相互依存的关系,所以需要确立人对待其他生物的规范和法则。从这一点来看,史怀哲将传统伦理学的对象由人扩展到了一切生物,这是非常合理的。史怀哲的“敬畏生命”伦理承认了生命自身的普遍价值,并扩充了伦理的广度和深度,在工业文明语境下对抗了人的异化倾向,实现了文化价值的再发掘,具有较高的伦理价值。

在史怀哲的敬畏生命伦理观中,生命与道德融为一体,对生命的敬畏便是人的德性所在。而在史怀哲的敬畏生命原则中,伦理范围的扩大却相应地带来了无限的责任。他对人道思想的阐发更多是从人看到自己的道德责任范围扩大的角度阐发的——从自己最亲近的人开始,直至与自己有关系的所有人,最后包括自己力所能及范围内的所有生命。在这套往外扩展的模式中,史怀哲要求行动者具有相同程度的道德情感。由于一切生命都具有平等的价值,因此行动者对其的爱和敬畏不应有亲疏之别。这个模式蕴含了生命与道德同为一体的原则,但这相应地又带来了具体行动上的困难。史怀哲未能提出,这种面向其他生物的法则如何在现实当中适用。一个相当困难的问题就在于:人类进化为处于自然界食物链的顶端,不能不依赖其他生物为食,这是保存人的生命的必要选择,这时“敬畏生命”的法则如何与人生存的必要性共存?这是“敬畏生命”伦理观与自然法则之间的矛盾。物竞天择、优胜劣汰是自然本性,资源总量的制约使生命数量面临必然性的上限,生态机制与人类道德在本质上是分歧的。许多哲学家都意识到这一点并着力做出了辩护,如罗尔斯顿提出了生命本质的辩证法,认为在充满残酷性和斗争性的自然变化中:“在我们所生存的这个进化中的生态系统中,确实有着美丽、稳定与完整。这个世界有一种自然的、现实的朝向生命的趋势,尽管我们不能把这作为一条普遍规律。”[①]然而,如何从宏观上对自然法则做出解释并不是史怀哲所关心的问题,他仅仅指导了个体的人如何行动,却并未审视更大的群体层面的行为效应。

在践行敬畏生命伦理时,我们还会面对两种诱惑:其一是认为,我们的行动微不足道,无法阻止人对其他生命的伤害,无法与自然和谐相处。其二是认为,我们对一切生命的负责任是自讨苦吃,既然要充分地感受他人的痛苦,那么我们当然不会过得幸福。其实,能够敬畏生命正是人高于其他生命的本质所在,正是通过对其他生命的感受、体验,我们感受到了整个世界的存在,从而使我们的存在获得了一种比其他所有生命都更宽广的维度。正是通过对其他生命的同情和关心,人把自己与世界的自然关系提升为一种有教养的精神关系,从而赋予自己的存在以意义。敬畏生命不等于不利用其他有生命物种的生命价值,但是它把在什么情况下可以为一个生命而伤害和牺牲另一个生命的决定权和选择权,留给了个人,从而个人也获得了更大的道德自由和自主权。

---

① 〔美〕霍尔姆斯·罗尔斯顿Ⅲ:《哲学走向荒野》,刘耳、叶平译,长春:吉林人民出版社2000年版,第77页。

它可以帮助我们意识到这种选择所包含的伦理含义和道德责任，避免随意地、粗心大意地、麻木不仁地、极其功利地伤害和毁灭其他生命。敬畏生命应是我们对这个世界所采取的一种态度，这种态度确定了我们是什么样的人，而不仅仅是我们该做什么。一个有道德的人应持这样的态度。史怀哲并未把敬畏生命当作一个可应用于具体问题的伦理法则，也从未对这个观点进行学术论证。他认为，敬畏生命伦理的关键在于行动的意愿，而非行为规范。它描述的是一种品性和素质。现代人确实需要这样一种品性和素质。

“敬畏生命”的伦理学在与现代工业文明以及世俗化文化的对抗中必然会面临其与经济发展的矛盾。工业文明的本质特征决定了，它不可能以对生命的博爱为根本目标，甚至文化的自足发展也仅仅被看作经济进步的附加效益，必要时可以牺牲。在现代社会中，如何实现伦理与经济利益的平衡，值得我们进一步关注和探讨。比起其他物种，人类显然是强有力的，这意味着人既能对自然造成极大的破坏，打破生态平衡，也能在最大限度上保护自然，维护所有物种共同参与、相互影响的自然动态平衡。如果人能够承担起对其他生命的责任，与自然和谐相处的生态伦理就具有了实现的可能。因此，敬畏生命的伦理学是对生态环境和人自身的双重完善，不仅是对自然的关怀，也是对人自身的关怀。我们今天汲取史怀哲敬畏生命的伦理思想，这不同于一种宗教信仰，只是为了养成一种爱护自然、尊重生命的道德品质。

二、利奥波德：土地伦理的思想贡献

奥尔多·利奥波德（1887—1948年）生活在19世纪末到20世

纪中期,是美国著名的生态学家,同时也是美国环境保护主义先行者、环境哲学研究的先驱者。利奥波德最早阐述了人的共同体与土地共同体的生态整体主义思想,创立了土地伦理。它突破了传统的伦理界限,将人与自然看作一个整体的伦理世界,利奥波德被称为"生态伦理之父"。利奥波德的土地伦理开启了伦理学从人际关系到生态伦理转变的关键期,他首次从伦理学角度出发,直接将道德意识延展到了自然领域,要求人类培养对自然的道德责任感,为解决环境问题提供了新思路。利奥波德的土地伦理对当代环境伦理和生态哲学产生了深刻的影响,罗尔斯顿视其为开创了伦理学新纪元,并深受其影响。

(一)土地共同体与土地伦理

利奥波德早年曾为美国联邦林业局的林业官,在自身的生态学实践中提出:"土地是一个共同体的观念,是生态学的基本概念。"[①]他在《沙乡年鉴》中论述:"个人是一个由各个相互影响的部分所组成的共同体的成员。他的本能使得他为了在这个共同体内取得一席之地而去竞争,但是他的伦理观念也促使他去合作。土地伦理只是扩大了这个共同体的界限,它包括土壤、水、植物和动物,或者把它们概括起来:土地。"[②]利奥波德揭示出土地共同体的整体结构,将其理解成"生物区系金字塔",即一个由生物和无生物组成的高度组织化的结构,通过这个结构,能量得以向上流动、循环。在这个金字塔结构中,"底层是土壤,往上依次是植物、昆虫、马和啮齿动物,如此类推,通过各种不同的动物类别

① 〔美〕奥尔多·利奥波德:《沙乡年鉴》,侯文蕙译,北京:商务印书馆2016年版,第6页。

② 同上书,第231页。

而达到最高层,这个最高层由较大的食肉动物组成。每一个层次的生物都以它下面一层的生物为食,而又为比它高一层的生物提供食物或其他用途"[①]。"因为食物和其他用途所组成的相互依赖的线路,被称作食物链。"[②]这个体系的稳定性已经向世人说明,其各种不同部分的相互配合和竞争是其功能有效运行的保证。同时,利奥波德指出,土地不仅仅是土壤,它是"能量流过一个由土壤、植物,以及动物所组成的环路的源泉"[③]。食物链是一个使能量向上层运动的活的通道,在这个持续不断的环路中,有些能量会消散,有些能量则会得到增补。植物和动物共同体的复杂结构决定了能量向上流动的速度和特点。并且,当这个环路的某一部分发生变化时,其他部分会主动去适应这样的变化,保证能量的流动不受阻。"进化则是一个漫长的、系列性的自我感应变化,它的最终结果就是精心制成一个流动结构,和延长这个环路。"[④]从土地共同体的角度看,每个置身其中的成员都是能量循环之中的一环,都是必不可少的,否则能量流动的活的链条将会断裂,自然生态的运行将被迫中止。

每个土地共同体成员的进化,就像人类的分工一样,越来越专业化,从而更加适合自己的生存,人类在生态系统中扮演的角色应该是分工体系中的一员,在土地共同体中与其他生命的关系是相互依存的。人类作为"土地共同体"的一分子,应当对整个共同体和共同体中的其他成员负有生态责任,保证整个共同体的延

---

① 〔美〕奥尔多・利奥波德:《沙乡年鉴》,侯文蕙译,北京:商务印书馆 2016 年版,第 242 页。

② 同上书,第 243 页。

③ 同上。

④ 同上书,第 244 页。

续就是保证人类自身的延续。当人们从经济利益出发毁掉那些不具有商业价值的物种和生命时,恰恰就破坏了整个生态系统本身,土地共同体的完整性就不复存在。覆巢之下,焉有完卵?人类也会因为整个共同体的失衡而损害自身。因此,人类不能从资本的逻辑出发,将经济利益作为一切行动的标准,而应从维护整个生态系统的和谐稳定出发,有节制地对自然进行开发,将整个生态系统当作一个完整的生命体系。无生命的自然是不存在的。

利奥波德从整体主义出发,将生态系统看作一个独立的整体,强调生物之间的相互联系、相互依存,以及由生物和无生物组成的生态系统的重要性,提出了一条整体主义的原则。他说:"如果一件事有利于保护生命共同体的完整、稳定和美丽,它就是正当的。反之则是错误的。"[①]所谓完整,是指保护这个共同体的完整和复杂;所谓稳定,是指保持土地的完好无损,以维持生物链的复杂结构,从而使其正常发挥功能和作用;所谓美丽,则是指要站在更高的价值观上去看待资源保护,而不仅从经济意义出发。这条整体主义的原则一经提出便受到广泛讨论。正如卡里考特所说,土地伦理并非取代人类已有的伦理观念,而是将"生命共同体的完整、稳定和美丽"当作新的因素引入了伦理学。人类属于不同的共同体,对其所在的组织均负有义务。

在生态整体主义伦理学视野下,利奥波德在其代表作《沙乡年鉴》中阐述了伦理的演变次序。他说,最初的伦理观念是处理人与人之间关系的,后来所增添的内容则是处理个人和社会的关

---

① A. Leopold, *A Sand County Almanac and Sketched Here and There*, pp. 224-225,转引自卢风:《利奥波德土地伦理对生态文明建设的启示 ——纪念〈沙乡年鉴〉出版七十周年》,《阅江学刊》2020 年第 1 期,第 44—52 页。

系的。"但是,迄今还没有一种处理人与土地,以及人与在土地上生长的动物和植物之间的关系的伦理观。土地,就如同俄底修斯的女奴一样,只是一种财富。人和土地之间的关系仍然是以经济为基础的,人们只需要特权,而无须尽任何义务。"[①]利奥波德率先从伦理的角度试图重建人与自然的关系,他区分了伦理学的三个层次。在最初,伦理仅限于人与人之间。随着社会交往范围的扩大,人类逐渐从个体生存走向了共同体生存,因此个人与个人之间的伦理就推广到人与社会的伦理。随着生产力再一次的进步,人对自然的改造能力空前增强。在过去,人类共同体仅能在一定范围内活动,对自然的影响仅限于满足自身的生存需求。而随着资本出现在历史舞台,自然所发挥的作用发生了巨大的转变,尤其是土地这种在前资本主义社会难以出让的东西,在资本主义社会却成为商品,开始普遍流动,人类对土地的占有和开发达到了前所未有的强度。土地不是单纯的可以建厂或者可以作为租地农场的生产资料,土地上生长着各种各样的动物和植物,它们是一个有机的整体,但是人类为了资本的增殖,将土地这一生产资料从整个生态系统中切分了出去,这种切分就意味着对土地上原有的生物的驱逐,人与土地之间的联系成为剥离了生态关系的经济联系。人类为了资本的增殖,可以乱砍滥伐,可以肆意地捕杀动物,资本给了人类一种征服一切的幻觉,但是自然灾害的加剧和生态环境的恶化迫使人类从这种幻觉中清醒过来。利奥波德主张将伦理和道德扩展到土地上的动物、植物、水域、土壤,要承认这些自然的存在物作为一个整体的存在权利。人与这些存在

① 〔美〕奥尔多·利奥波德:《沙乡年鉴》,侯文蕙译,北京:商务印书馆2016年版,第230页。

物是平等的,人不是土地的征服者而是更大的自然共同体中的普通公民,现代的共同体不是仅由人类自身构建的,而是由人与自然共同建构的。他说:"土地伦理是要把人类在共同体中以征服者的面目出现的角色,变成这个共同体中的平等的一员和公民。它暗含着对每个成员的尊敬,也包括对这个共同体本身的尊敬。"[①]为此,利奥波德明确表达了这样几个观点。

首先,土地伦理是社会发展进化的产物。伦理的前提总是个人需要处于一个共同体中,这个共同体包含其他相互影响的部分。不管是共生、合作还是竞争关系,都需要在一个共同体中与其他共同体成员产生关系。伦理观念已经从协调人与人的关系发展到了协调人与社会的关系,证明共同体的范围随着生产工具的发展与人口密度的增长在不断扩大。如果按照人类的伦理范围不断扩大的趋势,土地伦理作为人类伦理的第三次延伸,表现出了其进化中的可能性和生态中的必要性。这种发展趋势让我们有理由相信,共同体的范围在下一阶段会从人类内部的个体与群体拓展出去,进入人与自然的领域。在原有的社会共同体基础上,新加入土壤、水、植物和动物等成员,构成了土地共同体。"在这个共同体中,每个成员都相互依赖,每个成员都有资格占据阳光下的一个位置。"[②]只要在地球上,它们是地球自然的一部分,就和人类一样都是共同体里生态地位平等的一员,而不是归人类所有的财产。共同体之内各个成员紧密联系,互为因果。这种伦理范围的扩大遵循了历史的发展规律。

---

① 〔美〕奥尔多·利奥波德:《沙乡年鉴》,侯文蕙译,北京:商务印书馆 2016 年版,第 231 页。

② 同上书,第 255 页。

其次,既然人与其他生命构成了“土地共同体”,就需要明确人与其他动物、植物相比处于什么地位。虽然人类具有理性能力,但是物种之间的依赖性让人类不能站在一己利益的基础上继续享有掠夺大地资源的特权而不尽任何义务,而应当对其他的生命负有道德责任。土壤、水、动物和植物都是生态系统不可或缺的一部分,这并不意味着人们不可以对自然进行开发。人的道德义务在于,不滥捕滥杀,不过度开发,人具有维护生态平衡的责任。目前在生物区系金字塔中,人是最为特殊的生物,因为人可以打破整个能量传递链条,深入其他的区系,人的自由活动可以促进整个区系的运转,也可以阻碍整个区系的运转。因此,人应该对其他生命负有道德责任。一切促进整个共同体运转的行为都是善的,一切损害共同体运转的行为都是恶的。利奥波德不否定人的主观能动性,认为人可以开发自然、利用自然,但必须要在维护物种多样性的前提下进行。

最后,土地伦理通过对人与自然关系的回答提出,人类改造自然要有一定的约束和限制。人类既要维护人的生存空间和发展权利,也要维护共同体中其他成员的生存权利,从而实践一种基于生态整体主义的“土地伦理”。人应该保存现有的一切物种,不能将自己的善恶尺度强加给其他生物。美国曾在20世纪初打着保护动物的旗号掀起了一场“灭狼运动”,卡伊巴布国家公园的经历堪称这方面的一个典型例证。1906年卡伊巴布国家公园有4000只鹿。为了保护鹿,公园管理处采取了猎杀其天敌的行动,主要就是消灭狼。18年后,这里的鹿的数量上升到近10万只。然而,因失去天敌而暂时过度膨胀的鹿群自身的生理状况严重退化,而且还过度啃食,严重破坏了当地的森林植被。到1939年,这里的鹿群因为饥饿而减少到只有1万只。[①] 人们认为狼损害了鹿的生存,是一种邪恶的动物,因此消灭狼就等于保护了其他的“无辜”生命,是一种善行。但是结果恰恰相反,没有了狼的威胁,鹿群泛滥成灾,成千上万的鹿将森林中一切可以啃食的东西全部吃光,将原始森林毁坏殆尽,最终由于没有足够的食物,成群的鹿因饥饿而死。但更为严重的是,被破坏的整个生态系统不知要过多少年才能恢复正常。人们出于好意将狼捕杀殆尽,但没想到的是,原本作为人们的保护对象的鹿也随之灭绝。人以自身的善恶尺度去评判动物的捕食天性是一种盲目的“善”,自然本身可以调节物种的平衡,人类要做的是保持这种生态平衡,不能以自己的意志左右其他动物的生死,要尊重一切生命存在的权利,合理地利用自然、保护自然。

(二) 土地伦理的理论意义和价值

利奥波德的土地伦理思想在美国环境保护发展史上产生了巨大的影响,它跳出了人类中心主义的藩篱,带给人们一个更加广阔的生态视域,让人们重新去思考人与自然的关系。利奥波德认为,人类应该在实践中感知自然,热爱土地,树立一种整体的生态观。在《沙乡年鉴》中,利奥波德给出了一个经典的回答:像山一样思考。显然,这个回答不只限于尊重自然、敬畏自然、热爱自然和审美自然,还包含了“向自然学习”这层含义。在他看来,自然从来都不只是人类利用、探索的对象,自然从来都不是站在人的对立面。人与自然是一个有机的整体,人自始至终都是生活在自然之中。利奥波德反思了自己一贯的想法:站在人类自以为是

---

① 〔美〕唐纳德·沃斯特:《自然的经济体系:生态思想史》,侯文蕙译,北京:商务印书馆1999年版,第318—319页。

的价值角度，只从人类的利害关系出发考虑自然界的物种生存繁衍，而没有像一座山一样想得更加全面整体。猎杀对人有害的狼，而放任对人无害的鹿肆意繁殖，看上去这有利于猎人猎杀其他动物。但是鹿失去天敌，过度繁殖，把山上的主要植被消耗殆尽，山上的草原和灌木也都被破坏。鹿失去了食物来源，也相继大量饿死，最后这座山变成了荒芜之地。这是一个典型的生物链断裂导致的生态系统被破坏的例子。利奥波德发现自然界有一种整体性的规律，这需要人用整体性的思维去思考有关自然的事情，包括自然界各种其他生物的价值、自然界的统一性等问题。

土地伦理思想是利奥波德生态保护观念的基石，他反对以往把土地单纯视作财富和资源的人类中心主义，但对人类中心主义持相对温和的立场，并不全盘否定人在自然中获取利益的行为。他承认，人与自然中的他者都具有自利性：一方面，人可以在自然自我调节的同时进行适度的资源开发以供自己发展；另一方面，人也要调整与自然的关系，维护共同体的和谐稳定。但是，我们也要看到，土地伦理的逻辑论证和思想架构是模糊的，而利奥波德对人在土地共同体中的普通成员的定位也有不现实之处，过于理想化了。人的理性和道德意识使利奥波德对人的“共同体中普通一员”的预设无法成立，即人可以是地位平等的一员，但必然不是普通的一员，人必然是其中重要的道德主体，是主要的伦理实践者。他忽视了人的理性与主动自觉的道德主体身份。这些都使他的思想比起严谨的伦理学和哲学，更类似于一份环保主义运动的方法指南。利奥波德在 20 世纪 30 年代就指出，以个人经济利益为基础的保护主义体系是片面的，它忽视了没有商业价值但又维护了共同体正常运作的成分。同时，倾向让政府实施太多过于巨大、复杂与分散的功能是不切实际的，所以个体都要负上对环境的伦理责任。他认为，空洞的环保教育和政府制定的法规、法条无法有效地推动生态学意识发展，农场主现阶段所做的不过是表面工作，虽然满足了一些“环保”的法律相关要求，但却只是为了将自己的利益最大化而做出的决策。如果继续以个人的经济利益为出发点，土地共同体绝大多数成员就都会因为没有经济价值而遭遇致命的破坏，而只靠政府有限的支持又是不够的，所以我们需要建立土地伦理观，让人们对土地产生道德责任，这样才能真正地尊重土地，且有效地保护土地共同体。

利奥波德的土地伦理建立在以同情心为基础的人类伦理的延伸基础上，将人类共同体范围直接扩展到整个生态系统，从而将人类的道德义务对象范围也扩展到整个生态系统。处于生态系统中的每个人，都应该对生态系统中其他成员抱有平等尊重的态度，负有共同体所规定的义务。但是土地伦理也遭受了诸多挑战，现实是，并非所有人都认同人应该对生态系统共同体承担相应的义务。因为人类总是以自身的生存为根本价值取向。这原本无可厚非，每个生态系统中的成员首先都要维持自身的生存。但是，土地伦理要求人们考虑生态系统整体的善，维护生态系统的完好，这就会和人们通常的道德规范产生冲突。人口大幅增加导致的结果必然是其他物种生存空间的减少以及物种的加速灭亡，但人类根据社会共同体的伦理不能为了生态系统的完善而强制减少人口——这样是有违人类伦理的。对此，利奥波德给出的解决方案是，在不取消旧规范的基础上增加新的责任，即在保留旧有的人类共同体伦理的同时，引入新的生态系统共同体伦理。对于人类来说，个人对其他人或社会的义务仍然优先于对其他物种的义务，就像同心圆一样，从自身圆心向外优先级逐渐降低。一个人对人类的义务总是要大于其对生态系统的义务。但在实际的道德实践中，道德选择不一定都是按照同心圆的优先级来取舍，我们还要根据实际情况权衡取舍，这就为伦理的实践提供了一个模糊不清的空间，价值观念的平衡就可能产生一定的张力。

利奥波德是先知型的生态思想家，作为土地伦理的创始者，为之后美国环保主义运动和法律生态化发展提供了方法论指导，为以后的环境伦理学发展指明了方向。在他之后，1962年，蕾切尔·卡森出版了《寂静的春天》一书，揭示了美国农药滥用对环境的破坏问题，以生态环境的危机为契机，引发了声势浩大的环境保护运动，让利奥波德的伦理学思想得以成为环境保护运动中重要的基本思想。利奥波德虽然没有提出"生态文明"的概念，但他在《沙乡年鉴》中的许多表述对人们反思工业文明危机和生态文明建设都有启示，仍启发着我们今天进行生态环境的保护和建设。他所预见的问题至今仍没有过时，他的土地伦理至今仍有非常重要的理论意义。人类对生态系统做出错误行为的很大一部分原因是人类对生态系统运行规律的无知。随着现代生态科学知识的不断丰富，我们对生态系统的认识将会更加深化。在认识水平提高的基础上，人类将会以更加合适的态度处理人与土地的关系，以更加平和的观念思考生态系统中其他成员的内在价值，以更加积极的情感去切实保护生态系统的整体性。

三、罗尔斯顿：自然内在价值论

霍尔姆斯·罗尔斯顿（1933年—　）曾在美国获得物理学学士和哲学博士学位，并在英国获得神学博士学位，是美国科罗拉多州立大学哲学教授。他是国际环境伦理学协会与该会会刊《环境伦理学》的创始人,美国国会和总统顾问委员会环境事务顾问。他形容自己为一个走向荒野的哲学家,这一简单的形容背后是他从物理学逐渐转向生态伦理学的思想历程。罗尔斯顿在大学最初修习的是物理学,同时也对生物学充满兴趣。在学习生物学的过程中他发现,物理学研究物质,却没有真正研究自然的本质。物理学的研究对象是无生命的东西,而自然是有生命的。在担任牧师期间,罗尔斯顿得以和自然亲近,在和自然的接触中体验自然。对自然价值产生直观体悟后,罗尔斯顿接触到了利奥波德的著作,深深被土地伦理打动,开始从哲学的角度研究生态伦理问题。他继承发展了史怀哲和利奥波德的思想,也发展了西方目的论哲学。罗尔斯顿提出,自然世界不是没有价值的,恰恰相反,正是自然世界产生了价值,人类也只是自然史的一部分。自然不仅具有工具价值,也具有内在价值,且自然的内在价值更为根本。不同于人类中心主义等自然价值观,罗尔斯顿从价值本体化思考出发论述了自然的内在价值具有客观性。其理论也为重估自然价值提供了重要的理论资源,为现代社会重新审视人与自然的关系提供了思考范式。

(一)从康德的内在目的到罗尔斯顿的内在价值

康德时代,机械主义自然观开始走向解体,人们对自然的观点逐渐向有机、联系和内在的方向发展,直到罗尔斯顿对自然内在价值的阐发,把视角推到了一个极广的层面。康德的内在目的,尤其是所有自然事物的内在目的,为罗尔斯顿的内在价值论的发展提供了一定的参考。

康德认为,在有机的自然界,所有的存在都最合适地适应其生命目的[①],不管是理性的生物也就是人类,还是非理性的生物,都有内在目的,因为他们有其自足性和完善性,生物的存在就其本身而言并不是为了他者。但是,在走向价值的时候,康德仍然只关注了拥有善良意志的人这个群体。康德绝对命令三条原则中的第二条讲,“你要如此行动,即无论是你的人格中的人性,还是其他任何一个人的人格中的人性,你在任何时候都同时当做目的,绝不仅仅当做手段来使用”[②]。因为善良意志具有内在目的和价值,善良意志不仅要实现自己的内在目的,而且要尊重和实现其他善良意志的内在目的,这是合法则性的必然要求,因为善良意志也意愿其他善良意志尊重和实现自身的内在目的,而不仅仅是被当作手段。可以看到,康德通过合法则性建立起的道德王国仅仅涉及了人与人之间的准则。道德法则的建立通过自由意志的互动实现,而其他物种没有理性和自由意志。合法则性中作为普遍准则的法则无法适用于动物,因此也不需把动物乃至自然界当作目的,它们的内在目的是低于善良意志的,无法成为人的视角中的内在价值。这样看来,康德道德法则的建立显然是以人类为中心的。

但康德的内在目的论,尤其是有机自然界适应其生命目的的思想,仍然为罗尔斯顿的内在价值论的发展提供了一定的参考。在《哲学走向荒野》中,罗尔斯顿列举了自然具有的一系列价值,包括经济价值、生命支撑价值、消遣价值、科学价值、审美价值等,然后进一步说明了价值的客观性。价值作为事物的第三性质是

---

① 转引自刘晓华:《论内在价值论在环境伦理学中的必然性——从康德到罗尔斯顿》,《哲学动态》2008 年第 9 期,第 50—55 页。

② 〔德〕康德:《道德形而上学的奠基》,载李秋零主编:《康德著作全集》第 4 卷,北京:中国人民大学出版社 2013 年版,第 437 页。

客观存在于自然中的,是本身固有的,然后被人类主观经验并利用。罗尔斯顿否定了"没有人,就没有价值",说"从生态学角度看,地球是有价值的;这句话的意思是:地球能够产生价值;而且作为一个进化的生态系统,它一直是这样做的"。[①] 当然上述这些价值主要是指基于外在目的的工具价值,自然界的事物还具有内在价值,因为不管是动物、植物,乃至非生命物,都具有本然的倾向,都具有自我保存的能力,即使没有任何被利用的工具价值,它们仍然是个"自为的存在"[②],其存在具有内在的目的,因此具有内在价值。这内在价值同样是客观的,"价值被赋予了一种非主体的生命形式,但这价值仍然是由一生物个体、一自在之物所拥有的。这些事物是有价值的,不管是否有人来衡量其价值。它们能照顾自己,能自为地进行它们的生命活动"[③]。在这里,价值的评定标准已不再是康德的善良意志,而是"自为的存在",因此能把所有自然物都包括进来。

康德的目的自身存在物具有内在价值是罗尔斯顿的自然内在价值论直接的前提,后者是前者逻辑发展的必然。虽然康德只说了具有理性的人有内在价值,且在人与物的关系中,物是纯粹的工具价值,但是内在价值的依据却是人作为目的自身的存在。这个目的是事物的目的自身,亦即内在目的。虽然从彻底的逻辑推断出发,我们可能认为一切事物都符合其内在目的,动物、植物、生物乃至无机物的分子及原子结构,都符合其内在的目的,但

① 〔美〕霍尔姆斯·罗尔斯顿Ⅲ:《环境伦理学——大自然的价值以及人对大自然的义务》,杨通进译,北京:中国社会科学出版社 2000 年版,第 6 页。

② 〔美〕霍尔姆斯·罗尔斯顿Ⅲ:《哲学走向荒野》,刘耳、叶平译,长春:吉林人民出版社 2000 年版,第 190 页。

③ 同上。

是,康德与罗尔斯顿都没有推论出把伦理地位赋予一切事物的结论,只是小心地把伦理地位赋予了各种被认为妥当的事物。康德将之赋予了人类,而罗尔斯顿则把它赋予了生物以上的有机世界,包括人、动物、植物、生物;所不同的是,罗尔斯顿接受现代系统论的观点,将物种、生态系统、地球和自然界等整体性的事物都当作有生命的个体且赋予其道德地位。

罗尔斯顿的自然观与康德有相通之处,他相信自然是服从自然法则的整体,相信自然界的其他物种同样具有自己的偏好和意愿,同样以自身为目的,作为一个个主体而活动。但是,罗尔斯顿和康德也有根本上的不同:罗尔斯顿没有康德主体视角下的二元论世界观,因而能把包含主体与客体在内的所有事物统摄到自然内。罗尔斯顿的世界观是朴素和客观的,认为最广泛的自然一定是包含一切的(除了超自然领域)。也就是说,康德认为的基于物自身的、超越自然法则的自由意志和道德法则不存在了。当然,不是说自由意志和道德法则根本不存在了,而是被纳入了最广泛的自然的范畴。现在生态学的基调是,要我们再次认识到人类与自然的关联性,"认识到我们与生物共同体的固有联系"[①]。在罗尔斯顿看来,人的自由意志也不像在康德体系中那样是超越自然法的,他说:"从最广泛的、基本的意义上讲,凡主动或被动地按照自然规律运行的事物都是遵循自然的","人类在其文化生活中并不完全受制于自然进化的规律,虽然我们似乎已经超越了自然规律,但在更基本的意义上,我们还是受到这些规律的支配。"[②]人类

① 〔美〕霍尔姆斯·罗尔斯顿Ⅲ:《哲学走向荒野》,刘耳、叶平译,长春:吉林人民出版社2000年版,第83页。

② 同上书,第42—44页。

作为能动的行为者作用于世界，靠的是"利用自然规律，而不是摆脱自然规律的制约"，"不管我们愿意还是不愿意，自然规律都在我们身心里起作用"。[1]

罗尔斯顿深受利奥波德的影响，明确指出："伦理学的传统主要是把人作为价值和权利的主体，如果涉及非人类领域，也只是把它们作为从属于人的。我们在这里提出的建议，是对价值的范围加以扩展，使自然不再仅仅被看作'财产'，而是被看作一个共和国。"[2]这里的"共和国"是指，生态系中各种物类都有一种对系统的平等参与，人类作为此"共和国"的成员之一，得对其他成员有着一种尊重，而非仅把它们作为自己的附属物。罗尔斯顿进一步指出，生态伦理学要探讨的是将伦理关注普遍化，"承认生物生态圈中的每一物类都有其内在价值"[3]。罗尔斯顿提出内在价值论，是反思20世纪生态问题恶化的必然结果。他说，"认为自然不能产生价值的教条实在是有害而无益"[4]，而"扩充价值的意义，将其定义为任何能对一个生态系有利的事物，是任何能使生态系更丰富、更美、更多样化、更和谐、更复杂的事物"[5]。这是对时代需求的适应。

在康德的伦理学理论中，人是以自身为目的的存在物，具有内在价值，同时人也是理性的存在物，因而能意识到其内在价值。康德的理性王国要求把所有作为主体的人当作目的，因为所有善

---

① 〔美〕霍尔姆斯·罗尔斯顿Ⅲ：《哲学走向荒野》，刘耳、叶平译，长春：吉林人民出版社2000年版，第43页。

② 同上书，第20页。

③ 同上书，第20—21页。

④ 同上书，第197页。

⑤ 同上书，第231页。

良意志具有内在价值,但仍然把非人的存在当作手段。在罗尔斯顿的论证中,非人类的存在不具备理性因而不能意识到自身的内在价值,但是这并不意味着非人类存在物就完全不具备内在价值,非人类存在物具有内在价值的客观基础,并且能够通过本能的活动来实现其目的。罗尔斯顿要把理性王国进一步扩大,认为所有的自为存在都具有内在价值,我们无法要求非理性生命和非生命的做法,但至少可以要求理性的人类把所有的自为存在都当作目的而非手段,尊重所有自为存在的内在价值。这样看来,从康德到罗尔斯顿,道德义务范畴的扩大过程是从人类的价值向一切自然物的价值的延伸过程。

(二) 自然内在价值论的展开

罗尔斯顿沿着史怀哲和利奥波德的思路发展了生态伦理学,企图通过证明自然的"价值"来推导出人对自然的义务,这是罗尔斯顿的自然价值理论的核心线索和主要任务。在关于价值的讨论中,西方传统价值观认为"自然"脱离了人类这一评价主体就不存在"价值"之说,而爱德华·摩尔(1873—1958年)率先分析了"内在价值"概念。摩尔认为,"善"是伦理学的原初概念,是不可分析、不可还原的概念,对"善"的认识不能通过描述和推理达到,而只能通过直觉把握,摩尔将这种具有本原性质的"善"等同于内在价值,并认为内在价值是目的善,可以独立存在。因此,一个事物的内在价值与其他事物无关,是独立存在的。这一观点启发了罗尔斯顿对自然的内在价值的论证。这也就意味着,说某类价值为"内在的",仅仅是指某一类事物是否具有这种价值和在什么程度上具有这种价值,完全依赖这一类事物的内在本性。自然的内在价值指的是,自然不需要人来决定,与人的需要无涉,具有非工具意义的内在目的性。它是对自然界自成目的性的一种表征，是一种通过直觉把握的自明的原理。

罗尔斯顿站在价值具有客观存在性的立场上提出，尽管价值评价在一定程度上依赖主体的偏好，但价值本身是客观存在的。更重要的是，自然界也存在客观的内在价值，自然界事物的价值来源不是人类，自然界事物的客观价值早在人类出现之前就已经存在，作为客观存在的自然的内在价值才是我们通常意义上所说的"主观价值"的最终来源。罗尔斯顿关于自然内在价值论的进一步阐述是，自然界事物，如植物、动物、各个物种、生态系统，以及整个自然的客观价值是不依赖人类目的的内在价值。这些自然界事物的内在价值在于：在个体层面，自然界中的动物、植物等有机体需要维护个体自身的持存，保证自我个体的成长和再生，满足物种延续的需要，因此它们需要捍卫自身以及物种的持存。这对于其自身而言是一种"善"，因此也就成为个体的行动目标，达成了个体的内在价值。在整体层面，自然界整体所具有的内在价值表现为自然界具有创造性："从长远的客观的角度看，自然系统作为一个创生万物的系统，是有内在价值的，人只是它的众多创造物之一，尽管也许是最高级的创造物。自然系统本身就是有价值的，因为它有能力展露（推动）一部完整而辉煌的自然史。"①罗尔斯顿认为，作为整体的自然就像母体一般，其价值就在于创造有机体的内在价值，包括人类的自我价值。

罗尔斯顿在自然内在价值论中强调了对三种价值的区分：工具价值、内在价值和系统价值。他指出，工具价值指的是"某些被

---

① 〔美〕霍尔姆斯·罗尔斯顿Ⅲ：《环境伦理学——大自然的价值以及人对大自然的义务》，杨通进译，北京：中国社会科学出版社 2000 年版，第 269 页。

用来当作实现某一目的的手段的事物”[1]，工具价值实际上是我们最熟悉的价值表现形式。我们常常认为工具价值是依赖人类主观性而产生的价值，但是罗尔斯顿指出，我们对“工具价值”的传统理解实际上只是真正的“工具价值”的一部分，因为早在人类存在以前，生物有机体就已经从工具利用的角度去评价并选择其他有机体和地球资源了。自然的内在价值是指“那些能在自身中发现价值而无须借助其他参照物的事物”[2]。例如，潜鸟不管有没有人在听，都应继续啼叫下去。潜鸟虽然不是人，但它自己也是自然的一个主体。这也就是个体层面的自为存在、自我保存体现出的内在价值。系统价值是指“某种充满创造性的过程，这个过程的产物就是那被编织进了工具利用关系网中的内在价值”[3]。“作为一种自然历史的成就，价值既是生物体的价值，也是进化的生态系统的性质。”[4]整体的自然系统的价值，有别于个体的内在价值，系统价值是价值的生产者。这个重要的价值，像历史一样，并没有完全浓缩在个体身上，它弥漫在整个生态系统中。

1. 从工具价值到内在价值

在传统伦理学语境下，只有人本身是有价值的。其他事物的价值都来源于人，因其对人有价值而有价值。也就是说，只有人有内在价值，其他事物最多只能有工具价值。自然本身是没有价值的，自然只是因为对人有用才有价值。罗尔斯顿建构了环境伦

---

① 〔美〕霍尔姆斯·罗尔斯顿Ⅲ：《环境伦理学——大自然的价值以及人对大自然的义务》，杨通进译，北京：中国社会科学出版社 2000 年版，第 253 页。

② 同上。

③ 同上书，第 255 页。

④ 〔美〕霍尔姆斯·罗尔斯顿Ⅲ：《哲学走向荒野》，刘耳、叶平译，长春：吉林人民出版社 2000 年版，第 231 页。

理学就是要证明,自然本身是有价值的,自然具有不依赖人类的内在价值,并以此来论证人的环境义务。我们可以从特定的价值关系中主客体的相对地位来理解内在价值和工具价值。当我们说自然具有内在价值时,是将自然作为主体,认为它本身有价值。罗尔斯顿认为,自然的内在价值是某些自然情景中所固有的价值,不需要以人类作为参照。每个生物都有一种内在的目的,每个生物就是自身的目的,因而每个生物都具有自身的善。所有生物都把"自己的种类看成是好的",这意味着一切生物都主动地捍卫它们的生命,奋力传播自己的物种。动物在受到威胁时会明显地主动逃避或战斗,尤其是有时为繁殖而争斗。植物为争夺阳光和空气悄悄地竞争,它们合成复杂的化合物以抑制相邻植物的根的侵入,或杀死、阻止来吃它们的动物,它们把相当部分能量投入花、蜜、花粉和种子。这种由于其自身的善、所有生物自身就是目的的主张,就是我们在说它们具有内在价值时所要表达的意思。而当我们说自然具有工具价值时,是将自然作为客体,认为它相对于人类这个主体来说是有价值的。

罗尔斯顿发展了康德的理论,提出不仅人是目的,自然本身也是目的。自然的目的在于自然的创生性,即不断地创造出新的生命。罗尔斯顿以论述人类的内在价值作为出发点,进一步系统论述了动物、生物、物种、生态系统、地球和自然都具有内在价值。内在价值既要有客观层面的价值基础,也要有主观层面的价值评价。客观基础是前提条件,而主观评价可以将客观的价值基础呈现出来。在某种意义上,人类并非唯一的价值评价的主体,如果我们对"评价"采取一种更加宽泛的解释的话。动物是有内在价值的,动物在自身的生存过程中为了保存自身而捕食猎物、寻找居所、交配繁衍……这些都表现出了动物对自我实体的认同,可见其生存是一个有内在目的和内在价值的过程,它们通过保持自身而对外界做出了一种价值评价,并且可以工具性地利用他物。生物也有内在价值,植物也是自身的主体,有其自身的目的和机制,并且可以利用环境获取自身的利益。基因则使生物具备一种自身内在目的的事先决定性,是生物内在目的的载体。物种也具有内在价值,虽然物种不具备和个体一样的实体性,但它是以生物个体生命过程为其环节的特殊存在形式和存在方式,物种的生存意义比个体的生存意义更为重大,生命价值的本质意义就在于物种的繁衍和保存。根据相似的逻辑,生态系统、地球和自然都具有内在价值。

罗尔斯顿关于自然的内在价值的论述逻辑可以总结为两点:第一,有内在价值的事物能工具性地利用他物并从中获得利益;人类、动物、生物与物种能利用他物并从中获得利益,所以人类、动物、生物、物种具有内在价值。第二,能产生内在价值的事物具有内在原因;基因、生态系统、地球与自然能产生有内在价值的人类、动物、生物等个体与物种,所以基因、生态系统、地球与自然具有内在价值。[①] 这一逻辑其实是对康德关于人是具有内在价值的目的存在物的逻辑的发展。

2. 内在价值和工具价值的区分与关联

"内在价值"和"工具价值"是一组相对的概念,内在价值的指向是为我的,而工具价值的指向是为他的。"工具价值"的概念既表达了作为价值客体的对象在价值关系中以其有用性满足价值

---

① 刘晓华:《论内在价值论在环境伦理学中的必然性——从康德到罗尔斯顿》,《哲学动态》2008 年第 9 期,第 50—55 页。

主体需求的特点，也表达了人们对价值客体的非道德地位的认识。如果只关注自然的工具价值，那么人们对自然的开发和改造会变本加厉、更加随心所欲。“内在价值”则表达了作为价值主体的对象在价值关系中需求被满足的特点和人们对其道德地位的确认。罗尔斯顿只是强调了自然价值的内在性，并没有否定自然价值的工具性，人和自然之间同时具有互相依存的工具价值和各自独立的内在价值。

区分内在价值和工具价值并不是要将二者完全割裂，更不是说让我们只关注自然的内在价值的维度而抛弃自然的工具价值的维度，以此来彻底摆脱在价值论上的人类中心主义偏见。在罗尔斯顿看来，片面地承认自然的工具价值的危害更大，“如果我们相信自然除了为我们所用就没有什么价值，我们就很容易将自己的意志强加于自然。没有什么能够阻挡我们征服的欲望，也没有什么能要求我们的关注超越人类利益”[①]。因此，仅仅保持一种所谓“开明自利”的态度是远远不够的，还需要有更加深层的、非自私的理由，即尊重内在于动植物区系和自然景观中的性质，以促进它们的发展。这是罗尔斯顿的目的所在，即通过证明自然的内在价值，推导出我们人类对于自然的义务，以促进人类对自然的爱护和合理发展。由此便可将伦理价值引入生态领域，“它不是要取代还在发挥正常功能的社会与人际伦理准则，而是要将一个一度被视为无内在价值、只视为对人类如何便利而加以管理的领域引入伦理思考的范围”[②]。因此，罗尔斯顿并非要用生态伦理来

---

① 〔美〕霍尔姆斯·罗尔斯顿Ⅲ:《哲学走向荒野》，刘耳、叶平译，长春：吉林人民出版社2000年版，第197页。

② 同上书，第29页。

替代以往的伦理,而只是想扩大以往伦理的范围,把伦理关注的焦点从人类社会扩展到整个生态系统,并非从人类转移到生态系统中的非人类存在物,而只是从某一物种扩展到整个生态系统。这只是扩大了人类义务对象的范围,而并不是以人对生态系统的义务来否认对自身的义务。

3. 从个体价值到系统价值

罗尔斯顿认为,自然的存在物具有内在价值,具有不必诉诸其他存在物就存在的价值,但这不意味着个体的内在价值是孤立的。相反,个体的内在价值与其他个体的价值是相互联系的。要了解个体的内在价值,就要把焦点从个体转向系统和系统中的其他存在物。他将价值区分为内在价值、工具价值和系统价值,并以系统价值为基础价值。他说:"内在价值只有植入工具价值中才能存在。没有任何生物体仅仅是一个工具,因为每一个生物体都有其完整的内在价值。但每一个生物体也都可以成为其他生物体的牺牲,这时它的内在价值崩溃,化作了外在价值,其中一部分被作为工具价值转移到了另一个生物体。从系统整体来看,这种个体之间的价值转移,是使生命之河在进化史上沿生态金字塔向上流动。生物体这样不停地将别的生物化作自己的资源,是将内在价值与工具价值统一起来了","作为一种自然历史的成就,价值既是生物体的价值,也是进化的生态系统的性质。"[①]系统价值不是生态系统内每一个体价值的简单相加,而是系统的价值创造趋势。

在生态系统层面,我们面对的不再是工具价值,尽管作为生

① 〔美〕霍尔姆斯·罗尔斯顿Ⅲ:《哲学走向荒野》,刘耳、叶平译,长春:吉林人民出版社2000年版,第231页。

命之源，生态系统具有工具价值的属性；我们面临的也不是内在价值，尽管生态系统为了它自身的缘故而护卫某些完整的生命形式。我们已接触到了某种需要用第三个术语——“系统价值”来描述的事物。系统价值决定内在价值和工具价值。因此，自然价值是内在价值、工具价值和系统价值三者的统一。没有系统的创造性，就没有内在价值，也没有外在价值。在罗尔斯顿看来，从进化的时间顺序来说，自然界中的动植物都先于人类出现。人类这种主观生命是从客观生命进化而来的，如果客观生命没有内在价值，就无法解释主观生命为何有内在价值。在大自然这一生态系统的进化过程中，人类只是一个后来的加入者，在人类出现并提出“价值”这一概念之前，价值就已经存在于自然界。罗尔斯顿将人看作自然存在物中的一种，将人的价值看作自然价值中的一种。自然价值可以通过生产、劳动等实践活动转化为人的价值。在这个过程中，价值本身并没有变多或变少，只是在不同的形式间转换。这种转化并没有什么独特的阻碍，和自然界中其他价值的互相转化相同。人高于其他存在物的地方就在于，人不仅能从自己的角度出发肯定自身的价值，也能从其他存在物的角度出发肯定其他物的价值。也正是因为这一点，人才能超越自己。

4. 自然内在价值的客观性证明

罗尔斯顿的自然内在价值论的理论基石和逻辑起点在于对价值的客观性证明。他认为，从价值存在论的角度来看，早在人类这一物种出现以前，作为物种生存所依据的自然准则就已经存在了，因此，作为客观存在的有机体、生命体并不受人类意识的影响。自然物质自身的性质、结构和功能决定了大自然系统中客观存在的自然价值。自然价值先于人类存在，人反而是自然价值的产物,而非自然价值的原因和源头。凭借他的科学知识,他区分了地球上生命体的不同的价值能力,并建立了一个以人类为制高点的内在价值的高低序列。

罗尔斯顿认为,地球上的生命的内在价值可以分为七个层次:有价值能力的人类;有价值能力的动物;有价值能力的生物;有价值能力的物种;有价值能力的生态系统;有价值能力的地球;有价值能力的自然。

(1) 人类具有内在价值。罗尔斯顿认为,人一旦对某一客体产生兴趣,就有了一种价值能力。人的确是事物的衡量者、评价者,尽管我们评价的是事物本然的属性。但人们一般倾向忽视人类对自然界的内在价值的评价这一事实。内在价值只是我们对事物的一种感觉与思考,价值是意识中的事件,价值本身是潜在的内在性。

(2) 动物具有内在价值。动物,至少是较高级的动物,在处理其生活事务的过程中,表现出了对自我实体的认同,因而其生活本身是内在目的,是一个有内在价值的过程。例如,野生动物完全自由地生活在不确定的自然环境中,却并不失去其生命自身的目的。野生动物捕猎食物、寻找穴避、追随伴侣、交配生子、照顾幼畜、饥餐渴饮、热倦凉爽、喜怒哀乐、舔伤抚痕,为其自身的存在而奋斗,证明它们是一种主体,有其自身的善,有其自身的价值,对食物、后代以及环境有一个评价,同时可以工具性地利用他物。

(3) 生物具有内在价值。植物是活生生的生命客体,是自我创造者,是自发的自我支持和维持系统。植物生命是植物学上的统一实体,是有机的分子构成体,它们能反复地自我复制,只要空间和资源足够,它们就可以不仅复制其杆、茎、根、叶,而且复制其果与籽。通过光合作用,植物把水和其他营养物质从其体外搬到体内,并且在体内的细胞之间交流;它们贮存糖分,修复损伤;它们制造毒素以抵抗被吞食,生产花蕊糖浆以诱惑花粉传授者,分泌激素以相互影响与促进;它们释放约束性物质以阻止植物入侵;它们使用刺以自卫,有的还会捕获昆虫;它们拒绝基因不和合的嫁接;等等。通过应对不利形势,植物在这个世界中展开了一条自身的并非简单机械运动轨迹的发展之路。因而,植物是其自身的主体,有其自身的目的,有其自身的机制,且利用环境以取得其自身的利益。

(4) 物种具有内在价值。罗尔斯顿认为,物种不像动物或生物个体一样具有实体性,但它是另一种水平上的由基因在时间的流逝中来不断完成的实体。物种是比个体生物更大的存在,一个种系是一个有生命活力的体系,是整体,而个体生物是这整体的组成部分。一个物种捍卫着一种特定的生命形式,具体来说,它会循一定的路径发展,会抗拒死亡(物种灭绝)。也就是说,物种会以种内个体的代代相续方式来抗拒死亡,还会靠不断更新而历时地维持规范的同一性。一些事件可能对个体是有害的,但对物种本身却是有益的。诸如狼撕食北美红鹿、生物个体自然老死等,都对物种有利。物种价值的最本质的意义在于繁殖,产生下一代,在于种的保存。

(5) 生态系统、地球和自然具有内在价值。生态系统是包容了众多生命体的群落。从空间上说,它是一个地方;从时间上说,它是一个过程,是一组生命活力的关联关系。实际上,生态系统乃是生物发展和存活的基本单位,是一个选择与适应的结构,是修复创伤、支持生命和形成新物种的结构。生态系统内含一经随机产生即稳定下来的秩序,其中包含并产生着丰富性、和谐美和各组成部分之间的动态平衡。平衡的生态系统是一种平衡的价值。平衡是其结构的内在目的表现。平衡的价值是另一种内在价值,罗尔斯顿称其为系统价值。[①] 生态系统推动了动物、植物的个体生命的产生、发展与演化,在一段长的时间里选择个性、选择多样性、选择适应性、选择生命的数量与质量,使得地球上的物种的数量从零增加到呈金字塔结构的500多万种。与生物只是在为其自身和其种而奋斗相比,生态系统是在一个更大的范围里奋斗。生物只是在追求其自身的延续,生态系统则促使新者到来;物种只是增加其种内个体的数量,生态系统则增加物种的数量。生态系统是生物个体和生物物种的最深刻的资源。罗尔斯顿指出:"具有扩张能力的生物个体虽然推动着生态系统,但生态系统却限制着生物个体的这种扩张行为;生态系统的所有成员都有着足够的但却是受到限制的生存空间。系统从更高的组织层面来限制有机体(即使每个物种的发展目标都是最大限度地占有生存空间,直到'被阻止'为止),系统的这种限制似乎比生物个体的扩张更值得称赞。系统强迫个体相互合作,并使所有的个体都密不可分地相互联系在一起。"[②]

根据同样的逻辑,地球、自然都具有内在价值。不过,地球不是一个关系结构,而是一个实体,是一个产生了地球上所有价值的实体。因而,我们需要从系统的角度来解释地球的价值,而不是仅仅评价我们所掌握的那些被产生出来的事物。认为地球进

---

① 刘晓华:《论内在价值论在环境伦理学中的必然性——从康德到罗尔斯顿》,《哲学动态》2008年第9期,第50—55页。

② 〔美〕霍尔姆斯·罗尔斯顿Ⅲ:《环境伦理学——大自然的价值以及人对大自然的义务》,杨通进译,北京:中国社会科学出版社2000年版,第221页。

化的全部价值都在于人类在其中所扮演的角色，未免太狭隘了。千百万年的自然史中都有价值在产生，这并非人类心智中的主观过程。

自然是人类、动物、植物、生物、物种、生态系统和地球的总称。既然不管是作为个体的动物、植物和生物，还是作为整体的物种、生态系统和地球都有内在价值，那么作为它们的集合的自然当然也有内在价值。在自然史中，什么地方有积极的创造，什么地方就有价值存在。[①] 自然界的创造性和其所产生出来的价值是我们存在的基础。

（三）自然内在价值论的理论和现实意义

罗尔斯顿运用一种独特的生态整体论思想对人类中心主义思想进行解构，最终完成了他的价值论伦理学的理论建构。罗尔斯顿在《环境伦理学》中指出：对我们最有帮助且具有导向作用的基本词汇是价值，我们正是从价值中推导出义务来。罗尔斯顿的自然主义、非人类中心主义环境伦理学正是从自然内在价值论出发，并以其为理论基石的。他关于自然整体的内在价值的描述展现出了整体主义的观点。在罗尔斯顿看来，自然是一个进化的生态系统，在总体趋于平衡的前提下，在平衡态中进化与演变，促进各个生命体之间以及生命体与非生命体之间的相互作用。因此，自然整体的内在价值就在于创造本身。同时，在这样的整体主义观点下，个体的内在价值是自然界整体内在价值的一部分，这使得个体的价值依赖自然系统整体的价值，因此它破除了人类中心主义的局部的、片面的观点。罗尔斯顿并不强调任何一个物种、

① 刘晓华：《论内在价值论在环境伦理学中的必然性——从康德到罗尔斯顿》，《哲学动态》2008年第9期，第50—55页。

小生境乃至子系统的重要性,而是以系统和谐与整体利益为出发点来考察包括人在内的自然万物的生存发展。他坚持的是系统的思维、联系的思维和整体的思维,而不是要在自然界另立一个新的中心来取代原来被误认的中心。罗尔斯顿之所以坚持这种整体主义自然观的立场,是为了使人们不再局限于满足自己的利益而机械地操纵和利用世界,而是发自内心地去爱和关怀人类以外的自然存在物以及整个自然生态系统和地球这一生命共同体。

在西方传统哲学和伦理学中,价值是以人的主体性为尺度的一种关系,任何价值都必须以某种主体的存在为前提,即评价活动总是由一个有意识的评价者进行,而只有人类能作为评价活动的主体。在20世纪初,威廉·詹姆斯曾把自然界描绘成一个本身完全没有价值的世界,只因有了人才变得有了价值。价值关系的主体永远是人,而且只能是人,所有的价值都是对于人的价值,没有了人,客观对象的属性依然存在,但其本身无所谓价值的问题。这种思想成了长期居主导地位的范式。依照这种观念看来,自然本身无所谓价值,必须是有人感觉到价值,价值才会存在,没被感知的价值是无意义的。自然作为人类生存的环境和资源的提供者,对人而言只是具有满足人的某种需要的属性,只有工具价值的一面。自然环境的各要素之间也没有内在的相互要求,只有一种本能的适应和被适应,这是一种被动的相互作用关系。动物也有需求,客观对象也能满足其需求,但是动物与对象之间并不构成价值关系,动物的需要只是一种本能,对象对其需要的满足并不以其对对象的认识为前提,二者的关系主要体现在动物对外部环境和对象的适应以及环境和对象对动物的选择。因此,动物不能成为价值关系的主体。“价值”是属人的,即只有人才有价值

（内在价值），自然界的事物只有在与人的主观目的相关时才有意义，只有具备了满足人类需要的用途和功能才有价值（工具价值）。基于这种传统价值观，人们看到的只是自然界的工具价值和短期的效用价值，因而造成了无限制地征服自然的恶果。

罗尔斯顿继承了康德的哲学传统，认为对自然的内在价值的探寻不仅是一个理论构想，而且是一种现实的需要。他并不是一开始就从哲学的角度看环境问题，而是从对现实环境问题的关切出发，从各个角度思考这个问题，最终选择了通过哲学的方式来回应这个问题。这种思考路径的展开也决定了他的自然价值论具有强烈的现实关切。他强调，人类不应该以经济理性和科学理性来“算计”自然的价值。人与自然的价值关系绝不是一个纯粹的主观性问题，而且作为主体的人更不能将自己的尺度发挥到任意、任性的地步。自然价值的产生并不是其纯粹服从人的意图的结果，如果人以自己的需要压制和消灭自然的属性，自然就必然死去。自然之死将产生剧烈的反弹，结果是人类也将死去。

罗尔斯顿提出的自然内在价值论是西方伦理学中革命性的理论，他关于价值的讨论，超越了以往传统价值观的“主体”和“对象”的二元论立场。他将人类这一所谓“主体”放置到整个自然系统中来讨论，从生物进化的科学事实出发，提出了价值的“非人类主体性”，肯定了价值的客观性，进一步提出了自然的内在价值理论。他阐发自然的内在价值是为了明确这样两个问题：第一，自然的内在价值是指生态系统自身的内在目的性，它对于维护整个生态系统的稳定、完整、有序具有价值和意义，至少可分为三个层次。其一是，生态系统中各种存在物，包括人在内都要遵循生态系统的整体尺度；其二是，生态系统内部不同物种间形成价值关系,它们互为主客体,互为目的和手段,互相满足,也互相牵制;其三是,同一物种内部形成价值关系,如人与人之间的价值关系,某一自然物种间的价值关系,等等。第二,作为主体的人与作为客体的自然物所形成的价值关系只是价值关系中的一种形式,不是唯一的价值关系,更不是整个生态系统中最主要的价值形式。人类不是价值关系中的唯一主体,人的尺度也不是价值评价的最终根据,相反,在某种意义上人要服从于自然的尺度。

在生态伦理中,人对自然的道德责任的确立所需要的价值观转向并不意味着对人的主体地位的取消。事实上,人在认识论和实践论意义上的主体地位构成了人认识自然和改造自然的前提。理性地思考一下,人类对于自然的工具价值的把握应当在人和自然所形成的主客体关系中来进行,人与自然所形成的主客体关系是通过人的认识和实践活动而现实地生成的,而在人的认识和实践过程中,从来不只是一种尺度在起作用,而总是两种尺度在起作用,即人的尺度和自然物的尺度,只有共同遵循这两种尺度的要求,主客体关系才会产生,价值也才会生成。

罗尔斯顿试图建立起人对自然的伦理责任和道德规范,但自然内在价值的本体论立场会带来认识论上的问题:如果自然的内在价值是客观的,是不依赖人的意志存在或者改变的,那么人类作为价值判断者如何判断自然的内在价值呢?对此,罗尔斯顿回答:从价值认识论的角度看,在客观上,人的认识指导并推动了自然界价值的发掘,人类的主体性与自然的工具价值相互渗透。但罗尔斯顿强调,人类对自然内在价值的主观认识本质上还是客观的,因其反映了自然作为自在之物的内在价值。同时,罗尔斯顿援引了摩尔的理论资源提出,人类认识自然的内在价值是通过感知的方法实现的，而人感知自然价值的基本方式就是评价和体验。“只有过滤掉科学的实用价值，人们才会发现大自然的纯科学的价值。”①同时，罗尔斯顿认为，科学是人对自然界的评价和体验，科学是纯客观的，与人的主观因素无关，因此他强调用纯科学去认识自然的内在价值。但是其内在价值的理论建构却面临主体缺位的根本性问题，并潜在地隐含着在实践层面的无力感。

生态伦理的价值观转向应该是在保持人的主体地位的大前提下，赋予人对自然的道德责任，从而建构人与自然的和谐关系。要从理论上论证自然的内在价值，还有很多问题需要澄清，但是在实践上如果不能证明和确认自然具有内在价值，就难以获得有效的自然伦理，难以确立人对自然、对其他生命物种的责任和义务，就不能把生态环境保护建立在珍视人类以外的所有生命的基础上。确认自然具有内在价值的伦理意义，有助于限定被夸大了的人的主体性，有助于人类养成敬畏生命、尊重自然的伦理品质，避免随意地、粗心大意地、麻木不仁地、极其功利地伤害和毁灭其他生命。我们需要建立保护环境的伦理基础，从而确定保护环境、保护生态系统的完整性具有终极价值，并在此基础上制定一些具有可操作性的原则。这个伦理基础首先应建立在经验事实和科学依据，而不是纯粹的哲学演绎之上。罗尔斯顿对自然具有内在价值的证明，要求人类承担对自然的义务，也就为环境保护运动提供了理论依据。

本章从价值观角度梳理了人类对自然的价值评价所发生的历史变化，把生态文明价值观的确立放在了学术传承和应对现代

---

① 〔美〕霍尔姆斯·罗尔斯顿 Ⅲ：《环境伦理学——大自然的价值以及人对大自然的义务》，杨通进译，北京：中国社会科学出版社 2000 年版，第 12 页。

生态环境危机挑战的双重背景下。在对自然价值的认识上，人类经历了从农业文明时期因靠天吃饭而产生的敬畏自然、顺应自然的价值观念，到工业文明时期因人定胜天而对自然产生的工具性价值认识，再到生态文明时代因受到自然惩罚而认识到自然具有内在价值，又回归到现代有机论自然观基础上的生态整体论。生态文明价值观的核心是尊重自然、顺应自然，承认自然生态系统具有内在价值，确立人对自然的伦理责任和道德规范。它是对东西方传统自然价值观的批判、继承和创新，有深厚的历史文化基础，其中有对中国古代"天人合一"自然伦理思想的吸收，有对西方近代人类中心主义价值观的反思和批判，更有建立在现代有机论自然观基础上的重新建构。从康德到史怀哲、利奥波德，再到罗尔斯顿，从"人是目的"到生命价值，再到自然的内在价值，价值体系在不断扩大，从人际伦理到自然伦理，道德义务范畴也在不断延伸。生态伦理学家把伦理关注的焦点从人类社会扩展到整个生态系统，这表明了人类对自然价值认识的升华，也为现代社会重新审视人与自然的关系提供了价值参照。

第四章

对资本逻辑生态负效应的社会批判

工业革命以来,特别是在当代全球化背景下,资本裹挟自然资源超越地域性的限制在全世界进行疯狂的生态掠夺,直接威胁着整个人类社会的生存与发展。因此,环境学、生态学以及政治理论等各种理论研究纷纷展开了对生态环境问题的系统和全面的反思,哲学领域中的生态批判理论也应运而生,形成了独具特色的生态学马克思主义。生态学马克思主义的生态批判理论发端于西方社会批判理论,20世纪70年代以来的早期生态批判理论的著名代表人物是赫伯特·马尔库塞、威廉·莱斯、本·阿格尔。20世纪90年代末,资本成为一个独特的研究视角,生态学马克思主义者展开了对生态危机的资本批判,其中福斯特的资本反生态四法则、奥康纳的资本主义双重矛盾理论,以及克沃尔的“资本是自然的敌人”等研究尤为瞩目,他们对资本逻辑产生的生态负效应的批判与马克思所开启的对资本的社会批判有着千丝万缕的联系，为科学、理性地驾驭资本，建设可持续发展的生态文明社会提供了理论基础。

第一节 资本的双重逻辑及其生态影响

资本是一个经济、哲学范畴，也是一个历史范畴；资本体现着人与人之间的社会关系，也体现着人与自然之间物质变换的生态关系。资本具有无限增殖与创造文明的双重逻辑，资本的双重逻辑又产生了双重的生态效应。在人与自然之间的关系上，一方面，资本利用自然中天然存在的物质基质创造出丰富的物质财富，追逐剩余价值，占有自然又破坏自然，具有反生态特性，在自然生态领域表现为对自然资源的严重掠夺和破坏，带来了深刻的生态环境危机。另一方面，资本又具有创造文明的逻辑，以一定的资金形式为生态保护与生态治理创造着物质前提和基础，科学地理性利用资本可以使资本发挥积极的生态效应。要全面看待资本对生态环境的作用，既要看到资本增殖所产生的消极的生态后果，又要注重资本在生态建设中不容忽视的积极作用。

一、资本的双重逻辑：无限增殖与创造文明

资本最为根本的逻辑是追求价值增殖。马克思对资本的价值增殖做过深刻的分析，指出资本的本性就是实现价值增殖。他说，“资本只有一种生活本能，这就是增殖自身，创造剩余价值”[①]，

---

① 《马克思恩格斯全集》第44卷，北京：人民出版社2001年版，第269页。

“资本本身总是表现为这种会直接自行增殖的价值”[①]。在《资本论》中，马克思区分了作为货币的货币和作为资本的货币二者具有的不同流通形式，揭示了资本追求增殖的无限性。

作为货币的货币的流通形式为：商品转化为货币，货币再转化为商品，为买而卖。这主要体现为前资本主义社会中自给自足的自然经济的运行过程。在自给自足的经济形式下，生产的“最终目的是消费，是满足需要，总之，是使用价值”[②]。起初，生产者生产的产品只是为满足自己的基本生活需要。在这一过程中，生产者通过劳动把自然界提供的物质要素转化为产品，进行着人与自然之间的物质变换。随着人类改造自然能力的提高，其所生产的产品有了剩余，剩余产品为商品交换提供了可能性条件。随着社会分工扩大以及商品经济的发展，人们的生活需要也在不断增加。生产者为满足自己的生活需要把剩余产品用来同他人所生产的产品进行交换。最初的交换是物与物的交换。之后，货币作为一般的价值形式，成为交换的媒介。

作为资本的货币的流通形式为：货币转化为商品，商品再转化为更多数量的货币，为卖而买。在资本主义条件下，一切经济活动都以交换为目的，资本的“动机和决定目的是交换价值本身”[③]，交换价值体现为人与人的经济关系，也反映了人和自然之间的生态关系。因为一切作为商品的使用价值都是以人的劳动为中介变化了的物质形态，都来自自然界，是自然界的物质要素通过人的劳动而产生的，因此使用价值从根本上反映了人与自然

---

① 《马克思恩格斯全集》第46卷，北京：人民出版社2003年版，第440—441页。

② 《马克思恩格斯全集》第44卷，北京：人民出版社2001年版，第175页。

③ 《马克思恩格斯全集》第44卷，北京：人民出版社2009年版，第175页。

之间的关系。作为剩余产品的使用价值是剩余价值的载体和具体形式,资本正是通过孜孜不倦地生产剩余产品永无止境地增殖自身。资本的直接目的不是使用价值,而只是交换价值。“他要满足的需要是发财致富本身的需要。但是,不言而喻,他不断地扩大着对现实财富,对使用价值世界的统治。”[①]

资本之所以具有实现自身增殖的能力,关键在于它占有剩余劳动的生产力。生产力是人类社会发展的物质基础,在资本主义条件下生产力表现为资本生产力,并且资本生产力表现为市场组织各种生产要素的能力。在资本主义条件下,资本现实地组织着生产过程,劳动被吸收到资本中参与生产过程,劳动所发挥的生产力成为资本的生产力。资本以雇佣劳动为基础,以更有利于生产的方式支配剩余劳动,将自然与社会中各种生产要素组织起来成为真正社会化的生产。资本把以使用价值为目的的生产转换为追求剩余价值的生产,为了增殖自身,资本不断突破自然限制,永无止境地进行扩大再生产。

资本除了实现价值增殖,还有创造文明的逻辑。资本创造文明的一面首先体现在,资本能够创造丰富的物质财富,为未来社会发展提供物质前提。资本通过组织劳动,把个别劳动转化为社会劳动,形成机器化大生产,促进和发展生产力。资本不仅积极增加产品的数量,也尽力发展科学技术,用以开发新产品和旧物体的新属性。资本还寻找并创造新的需要,满足新的需要客观上也促进和推动了生产力发展。在此意义上,马克思指出:“资产阶级在它的不到一百年的阶级统治中所创造的生产力,比过去一切

① 《马克思恩格斯全集》第32卷,北京:人民出版社1998年版,第21页。

世代创造的全部生产力还要多,还要大。自然力的征服,机器的采用,化学在工业和农业中的应用,轮船的行驶,铁路的通行,电报的使用,整个整个大陆的开垦,河川的通航,仿佛用法术从地下呼唤出来的大量人口,——过去哪一个世纪料想到在社会劳动里蕴藏有这样的生产力呢?”[①]马克思在《共产党宣言》中,肯定了资本带来的巨大而丰富的物质财富,并且认为这些财富为社会发展和人类解放提供了物质基础。

资本创造文明还体现在能够创造普遍的社会交往体系。资本为了进一步追求剩余价值,不断扩大范围,把由资本推动的生产推行到全世界,这样的资本流通促成了人们的普遍交往。资本开拓世界市场,使一切国家的生产和消费都成为世界性的。资本消灭了各国的闭关自守状态,使每个国家都依赖整个世界,为资本增殖服务。马克思在《1857—1858 年经济学手稿》中指出:“如果说以资本为基础的生产,一方面创造出普遍的产业劳动,即剩余劳动,创造价值的劳动,那么,另一方面也创造出一个普遍利用自然属性和人的属性的体系,创造出一个普遍有用性的体系,甚至科学也同一切物质的和精神的属性一样,表现为这个普遍有用性体系的体现者,而在这个社会生产和交换的范围之外,再也没有什么东西表现为自在的更高的东西,表现为自为的合理的东西。因此,只有资本才创造出资产阶级社会,并创造出社会成员对自然界和社会联系本身的普遍占有。由此产生了资本的伟大的文明作用;它创造了这样一个社会阶段,与这个社会阶段相比,一切以前的社会阶段都只表现为人类的地方性发展和对自然的崇拜。只有在资本主义制度下自然界才真正是人的对象,真正是

① 《马克思恩格斯选集》第 1 卷,北京:人民出版社 1995 年版,第 277 页。

有用物;它不再被认为是自为的力量;而对自然界的独立规律的理论认识本身不过表现为狡猾,其目的是使自然界(不管是作为消费品,还是作为生产资料)服从于人的需要。资本按照自己的这种趋势,既要克服把自然神化的现象,克服流传下来的、在一定界限内闭关自守地满足于现有需要和重复旧生活方式的状况,又要克服民族界限和民族偏见。"[①]从这段论述可以看出,马克思深刻揭示了资本创造普遍的交往体系的文明面。资本"榨取这种剩余劳动的方式和条件,同以前的奴隶制、农奴制等形式相比,都更有利于生产力的发展,有利于社会关系的发展,有利于更高级的新形态的各种要素的创造"[②]。

二、资本无限增殖具有反生态特性

人类所感受到的生态危机并不是从来就有的,而是人类实践能力和社会生产力发展到一定水平才产生的。在原始社会,劳动生产力水平相对较低,人对自然的支配能力非常有限,尽管存在人与自然之间的矛盾,但不存在严格意义上的生态危机问题。进入农业文明时代后,自然开始成为人类实践活动的真正对象,人对自然资源的过度开发引发了局部性的生态危机,但并未波及全球。只有到了资本主义社会,生态环境危机才开始普遍化,并在全球蔓延。因为,自然资源是资本实现自身增殖不可缺少的手段,资本一旦确立起来就开始大肆占有并利用自然资源,生态环境危机就成为资本运行与增殖的伴生物。在人类历史发展的现实情境中,生态环境危机与资本的运作和发展有着深刻的

① 《马克思恩格斯全集》第30卷,北京:人民出版社1995年版,第389—390页。

② 《马克思恩格斯全集》第46卷,北京:人民出版社2003年版,第927—928页。

内在关联。

在马克思的分析中，资本是能够带来剩余价值的价值，它不仅是一种无止境的和无限制的欲望，同时也已成为似乎独立的主体。资本之所以能不断通过扩张增殖自身，是因为资本本身具有主体性。资本的主体性主要是指在资本原则的支配下，资本对社会的各个方面存在如同主体性的统治关系，“资本从作为能动的主体，作为过程的主体的自身出发”[①]，成为推动自身无限增殖的力量。马克思说：“资本先是把作为新生产出来的价值的利润同作为预先存在的、自行增殖的价值的自身区别开来，并把利润当作它增殖的尺度，随后它又扬弃这种划分，使利润同作为资本的它自身成为同一的东西，而这个增大出利润的资本，现在又以增大的规模重新开始同一过程。资本划了一个圆圈，作为圆圈的主体而扩大了，它就是这样划着不断扩大的圆圈，形成螺旋形。”[②]因为资本孜孜不倦地追求自身增殖，资本对生态的利用和破坏也永无止境地在世界范围内日益扩大。在《共产党宣言》中马克思指出：“在资产阶级社会里，资本具有独立性和个性，而活动着的个人却没有独立性和个性。”[③]在《1857—1858年经济学手稿》中，马克思明确提出了“资本作为主体”的观点。他说：“资本作为主体，作为凌驾于这一运动各个阶段之上的、在运动中自行保存和自行倍增的那种价值，作为在循环中（在螺旋形式中即不断扩大的圆圈中）发生的这些转化的主体，它是流动资本。”[④]“在商品中，特别是在作为资本产品的商品中，已经包含着作为整个资本主义生

① 《马克思恩格斯全集》第31卷，北京：人民出版社1998年版，第145页。
② 同上书，第146页。
③ 《马克思恩格斯选集》第1卷，北京：人民出版社1995年版，第287页。
④ 《马克思恩格斯全集》第31卷，北京：人民出版社1998年版，第7页。

产方式的特征的社会生产规定的物化和生产的物质基础的主体化。”①

资本主义历经自由竞争资本主义、垄断资本主义和晚期资本主义的不同阶段,资本对自然的利用和破坏在不同阶段也呈现出不同的特点。在自由竞争资本主义时代,资本为了无休止地追求剩余价值,克服地域性的限制展开生态扩张,生态扩张从一国范围发展到全球范围,也将资本增殖逻辑与生态之间的对立关系扩张到整个世界。资本扩张到哪个角落,资本逻辑破坏生态的趋势也就扩张到哪个角落。正如马克思所说:“正像它使农村从属于城市一样,它使未开化和半开化的国家从属于文明的国家,使农民的民族从属于资产阶级的民族,使东方从属于西方。”②与此相对应,环境污染和生态破坏也从城市向农村蔓延,从工业化国家向开始工业化的国家扩展。

资本主义从自由竞争时代转向了垄断资本主义时代,“资本积累是在牺牲非资本主义阶层和国家的利益的情况下进行和扩大的,它以越来越快的速度把它们挤掉。这个进程的总趋势和最后结果,是资本主义生产的世界性的绝对统治”③。并且,资本在全球范围内呈现出不平衡的态势。资本利用自然发展自身,以非资本主义世界的存在为前提。资本“一开始就必须发展资本主义生产和那些非资本主义环境之间的交换关系,在那些非资本主义环境里,资本不仅找到实现硬货币剩余价值,进行进一步资本化

① 《马克思恩格斯全集》第46卷,北京:人民出版社2003年版,第996—997页。

② 《马克思恩格斯选集》第1卷,北京:人民出版社1995年版,第277页。

③ 〔德〕卢森堡、布哈林:《帝国主义与资本积累》,柴金如等译,哈尔滨:黑龙江人民出版社1982年版,第159页。

的可能性，而且获得各种各样商品来扩大生产”[①]。这样，在 20 世纪 70 年代，福特制的组织化生产所带来的生产力增长引起了世界范围内的生态危机与资源枯竭。

在晚期资本主义阶段，以组织化生产为特征的福特制被灵活弹性生产的后福特制所代替。由此，资本在全球范围内的空间布局与利用自然的规划也发生了相应的改变。现代科学技术所带来的时空压缩为资本冲破地域限制、消解空间障碍、加快流通速度创造了契机，资本不断克服在利用自然资源过程中的空间障碍，以更加灵活、更加轻盈、更加有活力的方式利用自然资源。“时间—空间扩张导致社会关系跨越时间和空间而延展，使得这些关系可以在更长时间里（包括进入更遥远的未来）、更遥远的距离、更大的领域或行为的更多尺度上得到控制或协调。”[②]这样，资本“藉着进入新地盘的地理扩张和一组全新的空间关系的建构，来吸收资本（有时是劳动力）的剩余，已经不是少见的事”[③]。空间关系和全球空间经济的建构与再建构，乃是使资本主义能够存活的主要手段。

资本主义的迅猛发展与生态环境危机之间具有千丝万缕的联系，其根源在于资本逻辑本身具有生态负效应。作为社会关系，资本以剩余价值作为其生产的直接目的和根本动力。资本把

① 〔德〕卢森堡、布哈林：《帝国主义与资本积累》，柴金如等译，哈尔滨：黑龙江人民出版社 1982 年版，第 67 页。

② 〔英〕杰索普：《紧随福特主义的是什么？关于资本主义的分期与管制》，载〔加拿大〕罗伯特·阿尔布里坦等主编：《资本主义的发展阶段：繁荣、危机和全球化》，张余文等译，北京：经济科学出版社 2003 年版，第 343—344 页。

③ 〔美〕哈维：《时空之间》，载包亚明主编：《现代性与空间的生产》，上海：上海教育出版社 2003 年版，第 388—389 页。

自然当作生产要素，在有用的意义上对待自然，使自然沦为工具。马克思指出，“只有资本才创造出资产阶级社会，并创造出社会成员对自然界和社会联系本身的普遍占有。……只有在资本主义制度下自然界才真正是人的对象，真正是有用物”[①]。“劳动首先是人和自然之间的过程，是人以自身的活动来中介、调整和控制人和自然之间的物质变换的过程。”[②]也就是说，劳动就是人在自然界面前，以人的活动实现自然界的物质变化的过程。马克思将劳动过程归结成三个要素：有目的的活动或劳动本身、劳动对象和劳动资料。从资本逻辑的角度来看，劳动过程就是有目的的劳动本身借助劳动资料，使得劳动对象发生预定的变化，成为具有使用价值的产品。这一劳动产品在流通中即成为商品，这是在资本增殖过程中必不可少的一个环节。自然主要是作为“劳动对象”这一要素参与到劳动过程中。在劳动过程中，劳动与劳动对象结合在一起，劳动物化了，劳动对象被加工成适合人的需要、具有商品属性的自然物质。由此可以看到，在资本逻辑中，自然资源通过其所供给的原料承担着“劳动对象”的角色，通过劳动成为商品，实现资本增殖的目的。也就是说，自然生态是参与资本增殖过程中必不可少的一个环节。因此，资本自我增殖的需要，本质上就要求人对作为劳动对象的生态环境无限度地改造，要求最大限度地利用一切可以被利用的自然资源。这表现在人与自然生态环境的关系上就是人对自然资源的无限索取与利用，以及对生态环境的随意破坏。资本使社会的一切要素从属于自己，使其都变为可以增殖的领域，将自然资源、土地、矿藏、人等都纳入资

---

① 《马克思恩格斯全集》第30卷，北京：人民出版社1995年版，第390页。

② 《马克思恩格斯全集》第44卷，北京：人民出版社2001年版，第207—208页。

本增殖的系统，使之服从于资本增殖。森林、沼泽、土地、河流湖泊等都以木材、建筑用地、水源等形式为人所认知，其唯一的价值就是作为可被利用的资源，实现资本增殖。当人们对自然资源的索取、施加的改造借助工业技术达到了前所未有的巨大规模，超出了生态环境自我更新与消化的限度时，生态环境问题就不可避免地出现了。资本逻辑本身具有反生态特性，这一点，恰恰就是200年来生态环境问题的最重要原因。

资本的反生态特性首先体现在资本的逐利性上。资本在实现自身增殖的洪流中，利用自然生产使用价值，但使用价值并不是资本的目的，资本的直接目的是交换价值。马克思指出："决不能把使用价值看作资本家的直接目的。他的目的也不是取得一次利润，而只是谋取利润的无休止的运动。"[①]"资本的趋势是(1)不断扩大流通范围；(2)在一切地点把生产变成由资本推动的生产。"[②]这使得资本生产的无限性必然与自然资源的有限性和自然环境承载能力的有限性冲突。资本不断扩大流通范围，在保存自身价值的同时创造新的剩余价值。因此，资本增殖的内在属性要求资本对自然界的利用和改造是无限的。马克思指出，资本是资产阶级社会的支配一切的经济权力，"摧毁一切阻碍发展生产力、扩大需要、使生产多样化、利用和交换自然力量和精神力量的限制"[③]。"资本家拥有这种权力并不是由于他的个人的特性或人的特性，而只是由于他是资本的所有者。他的权力就是他的资本

---

① 《马克思恩格斯全集》第44卷，北京：人民出版社2001年版，第178—179页。

② 《马克思恩格斯文集》第8卷，北京：人民出版社2009年版，第89页，"《政治经济学批判(1857—1858年手稿)》摘选"中文章《资本主义生产的作用及其界限》。

③ 《马克思恩格斯全集》第30卷，北京：人民出版社1995年版，第390页。

的那种不可抗拒的购买的权力。”[1]在资本执行这种权力的同时，必须同时调配使用自然力的三个方面——劳动力、自然资源、协作与分工。马克思历史性地判断：“在资本主义制度下自然界才真正是人的对象，真正是有用物；它不再被认为是自为的力量；而对自然界的独立规律的理论认识本身不过表现为狡猾，其目的是使自然界（不管是作为消费品，还是作为生产资料）服从于人的需要。”[2]简而言之，自然这种新的“有用物”并没有被加以珍惜地使用，反而遭遇了残酷的剥削。遵循自然界发展规律的生态原则不会按照资本家的需求把利润置于首位，这难免会与资本的利润逻辑相冲突，最终必然会被资本逻辑所碾压。

当代资本主义对资本积累的无限追逐，既体现在对自然资源的掠夺中，也体现在对劳动者身体自然的剥削上，表现为对人和对自然的双重剥削。资本积累的方式是不断扩大生产，与资本增殖相伴随的是生产力的空前发展，而自然资源作为生产的物质要素则是有限的。二者之间的矛盾已经以部分自然资源趋近枯竭的形式呈现在人类面前了。水资源枯竭导致的沙漠化、珍稀动植物物种的濒临灭绝以及土地资源的枯竭，无一不是因为人类对自然无节制的开垦和利用。人口的增长对于资本增殖而言是有利的，因为人口多意味着劳动力增加，甚至意味着更为廉价的劳动力增加，但是人口的迅猛增长同时也意味着其对自然资源的消耗增大。当今社会的环境问题一方面具有普遍性，即无论一个人的社会地位如何、金钱积累多寡，都会受到环境污染对其身心的损害和对其生命健康的威胁。另一方面，值得我们注意的是，在经

① 〔德〕马克思：《1844年经济学哲学手稿》，北京：人民出版社2014年版，第19页。

② 《马克思恩格斯全集》第30卷，北京：人民出版社1995年版，第390页。

济地位上处于底层的人往往承受着环境问题带来的更为直接和严重的伤害。例如，进行工业生产的车间中往往含有大量粉尘，在生产过程中往往会产生对人体有害的物质；建筑工人即使是在雾霾天气下也需要露天工作，工人的居住地往往是对人体健康不利的潮湿地下室。面对空气污染和水污染，有钱人或许还能购买空气净化器和矿泉水进行暂时的逃避，而工人却逃无可逃，遑论生活品质和精神需求的满足。当社会以经济发展为唯一导向、以资本增长速度为衡量社会历史的发展尺度，而将人本身作为工具时，随着机器的轰鸣，被压迫的正是人本身。

资本的反生态特性其次还体现在资本的扩张性上。资本支配的生产不仅仅是简单再生产，还是扩大再生产。资本的扩张性要求进一步克服束缚其扩大再生产的障碍，最大限度地利用自然。资本的这种扩张性在经济全球化的背景下加速推进，打破了地域性限制，克服了以往一切自然资源、空间对于人类活动的限制；冲破了狭隘的民族性，消除了地区壁垒，使一切国家的生产和消费都成为世界性的；开拓了世界市场，消灭了各国以往自然形成的闭关自守状态，使每个国家都依赖整个世界，为资本增殖服务。在资本主义生产过程中，为了不断扩大生产规模、提升生产力水平，技术被广泛运用于工业活动中。这一运用不仅突破了自然界的自我修复和更新规律，也向自然界排放了大量的废弃物和污染物，导致了生态环境的破坏。资本再生产同时也是资本对自然的破坏的再生产。资本裹挟自然资源超越地域边界在全球蔓延，创造了更符合人们多样需求的商品，实现着自身的扩张。特别是，发达国家在世界范围内重新配置资源，把高消耗、高污染的工业由发达国家转移至不发达国家，将环境污染和不合理的自然资源使用方式扩散至全世界,为减缓本国的生态环境破坏,使更多的不发达国家承担起了发达国家工业发展带来的生态后果。

资本的扩张性由此带来生态危机的全球化。资本流动是不平衡的,实际上会不断集中于发达的大城市,构建起少数经济中心和金融重镇,而后发经济体只能通过自然资源的丰裕或人力资源的密集换取资本的关注和青睐——这种不平衡的扩张为发达国家向发展中国家转移高污染产业留下了天然借口,也在第二次世界大战之后,将传统工业的高污染迅速随全球化浪潮向发展中国家转移。发达国家或地区主要是把资源消耗型、低端要素消耗型、标准化或非核心技术的低端传统产业,如丝纺服装、农副产品加工、造纸、矿产品加工等劳动、资源型产业转移到发展中国家或欠发达地区。中国多地在改革开放之后接受经济转移造成的环境恶化就是典型事例。承接低端产业转移不仅没有推动承接地产业结构的优化升级,而且造成了对资源的疯狂掠夺和对环境的严重破坏。据调查,"四川省曾承接了大量的重化工项目,导致二氧化硫、硫化氢、氮氧化物烟尘及铅(Pb)、镉(Cd)和汞(Hg)等重金属元素污染较为严重;成都土壤污染区的蔬菜和人发中 Hg 含量明显高于土壤安全区,彭州有 44.4%的样点处于中度污染状态"[①]。可见,资本对自然的态度使自然沦为被奴役的对象,资本无限增殖的逻辑给生态环境带来了极大的破坏,不论是作为生产资料的自然界,还是作为生活资料的消费品,均服从于资本增殖。

资本的"效用逻辑"使一切事物都产品化、工业化,而资本的

---

① 李富华:《成都平原农用土壤重金属污染现状及防治对策》,《四川环境》2009 年第 4 期,第 60—64 页。

“增殖逻辑”则试图使一切事物都商品化、货币化、资本化。这双重逻辑结合的结果是人类欲望的无限放大，对人的剩余价值的剥夺必然转化为对自然的剥夺、破坏和污染。换言之，资本对人本身的自然力和对自然界的自然力的吮吸造成了资源环境的“贫困化”，而资本逻辑的强制性时空布局则破坏了自然的自循环。正是资本逻辑，将近代以来的工具理性发挥到了极致，导致了人与自然的对立；正是资本逻辑，使“获取—生产—消费—排放”形成了超越生态环境承载能力的无限循环的恶系统。可见，资本逻辑正是导致生态危机的本质性因素。在资本逻辑下，人与自然之间的统一性和历史性平衡完全被资本的权力结构打破，经济增长突破了自然的承受极限和生物圈自我恢复的能力。

资本的使命和逻辑就是无限制地进行增殖，而保持良好的生态环境根本不在资本主义生产目的的视域内。生产技术的革新与进步确实在一定程度上提高了能源和资源的使用效率，降低了能源的损耗。但是技术仅仅是资本获取更多利润和进行自身积累的手段，技术的经济功能决定了技术的革新和进步可能造成更大范围和程度上的生态破坏，这使科学技术成为一把双刃剑。例如，转基因技术是近十几年来人类技术史的一大突破性成果，现在许多国家都在加紧研究转基因农作物，美国孟山都公司是这个领域的“佼佼者”。他们研究出了具有抗虫害、抗杂草等特性的玉米、大豆。从资本家极为短视的眼光看，这些成果确实提高了农作物产量，可以赚取更多的利润。但由于这些作物具有抗杂草性，因而一块农田只能种植该作物，该作物中的特定基因污染了土壤，如果再种植其他农作物，它就会被当作杂草给消灭了。我们知道，如果连续在同一块土地上种植同一种作物，必定会造成土壤的生产率和肥力的下降，而被特定基因污染过的土地又不能种植其他作物，这样下去，一块良田用不了几年就变成了寸草不生的不毛之地。这对我们一直提倡的保持生态系统的生物多样性来说无疑是毁灭性的打击，这是资本家为了赚取利润而利用高科技破坏生态环境的短视行为。

说发达工业社会是合理性的，主要是因为它利用高度发展的技术提高了生产率，极大地满足了人们的各种物质欲求；说它是不合理性的，主要是指为了能持续不断地满足人们的物欲，必须加大对自然的盘剥力度，从而对生态环境造成极大的浪费和破坏，拥有越来越多的商品成了人们生活的唯一目标，人们再一次于内心深处跪拜在了自己和同类创造的死物面前。对技术的膜拜、对物欲的追求，使人们丧失了对生活意义进行追问的能力，更不用说觉察出自身的异化境况，其结果就是“异化了的主体被其异化了的存在所吞没”[①]。

从历史发展来看，对自然的过度攫取、过度生产、过度消费、过度排放这种系统性的生态破坏是人类发展到资本主义社会才出现的特有现象。然而，这并不是说社会主义制度就能从生态危机中获得豁免，我国社会主义市场经济阶段中显然也潜伏着生态危机，这是资本逻辑使然。总之，资本的逐利性所展开的双重剥削，不仅造成了资本家与劳动者、劳动者与劳动者之间关系的紧张，更进一步导致了资本家与自然、劳动者与自然资源的对立，从而使得人类整体与自然的关系都异常紧张。

---

① 〔美〕马尔库塞：《单向度的人——发达工业社会意识形态研究》，刘继译，上海：上海译文出版社 2008 年版，第 10 页。

第二节 马克思和恩格斯对资本主义破坏自然的批判

自近代工业化起步以来,工业发展导致的环境污染就一直存在,而且不断加剧。工业发展与生态环境的破坏就像是一枚硬币的两面,如影随形。马克思和恩格斯思考研究的重要对象是资本主义私有制的起源和本质,他们虽然没有对资本主义社会产生的生态环境问题做系统性论述,但是对于工业发展致使生态环境被破坏和污染的问题早有警觉。马克思和恩格斯在早期著作中关于资本主义对空气、水源等自然环境的污染问题已经做了一些揭露。在《资本论》中,马克思对资本主义摧残人的身体自然和外部自然环境进行了双重批判。从某种意义上说,他直接开启了对资本统治和资本逻辑生态批判的理论视域。马克思提出的物质变换理论在今天看来仍是其最重要的具有生态哲学意蕴的思想。

一、资本主义对人的身体自然的破坏

资本主义经济发展所需要的资源、能源等都来自自然,因此自在自然是资本外在的自然前提。劳动力是资本价值增殖最为关键的要素,劳动力首先并且总是现实地体现为工人的身体能力,工人的身体是资本内在的自然前提。而这种身体能力是有着自然规定的,它依赖自然生态所提供的特定自然物质才能生存。资本的剥削直接损害了工人身体,资本导致的生态后果间接损害了工人身体,这是对工人身体的双重伤害。

马克思在《资本论》中,对资本主义生产条件下工人的劳动和生活境遇造成的工人身体健康遭受损害和精神遭受摧残做了大量揭露，指出“机器劳动极度地损害了神经系统，同时它又压抑肌肉的多方面运动，夺去身体上和精神上的一切自由活动”[①]。马克思详细描述了工人劳动条件的恶劣状况：“在这里我们只提一下进行工厂劳动的物质条件。人为的高温，充满原料碎屑的空气，震耳欲聋的喧嚣等等，都同样地损害人的一切感官，更不用说在密集的机器中间所冒的生命危险了。这些机器像四季更迭那样规则地发布自己的工业伤亡公报。社会生产资料的节约只是在工厂制度的温和适宜的气候下才成熟起来的，这种节约在资本手中却同时变成了对工人在劳动时的生活条件系统的掠夺，也就是对空间、空气、阳光以及对保护工人在生产过程中人身安全和健康的设备系统的掠夺，至于工人的福利设施就根本谈不上了。傅里叶称工厂为‘温和的监狱’难道不对吗？”[②]马克思揭示了工人处在如此恶劣的工作环境之中的深层原因：“工人的结合和协作，使机器的大规模使用、生产资料的集中、生产资料使用上的节约成为可能，而大量的共同劳动在室内进行，并且在那种不是为工人健康着想，而是为便利产品生产着想的环境下进行，也就是说，大量的工人在同一个工场里集中，一方面是资本家利润增长的源泉，另一方面，如果没有劳动时间的缩短和特别的预防措施作为补偿，也是造成生命和健康浪费的原因。”[③]就是说，资本家为了追求利润，无视一切劳动保护福利措施，不顾工人的死活，只顾节省劳动的物质条件，以致加重、加快了对劳动者身体健康的损害。

马克思指出了工人生活环境的糟糕，他转引西蒙医生的卫生

---

① 《马克思恩格斯全集》第 44 卷，北京：人民出版社 2001 年版，第 486—487 页。

② 同上书，第 490—492 页。

③ 《马克思恩格斯全集》第 46 卷，北京：人民出版社 2003 年版，第 106 页。

报告说，工人"'住的地方是在房屋最便宜的地区；是在卫生警察的工作收效最少，排水沟最坏，交通最差，环境最脏，水的供给最不充分最不清洁的地区，如果是在城市的话，阳光和空气也最缺乏'"[①]。马克思还引用恩布尔顿医生的话说："'毫无疑问，伤寒病持续和蔓延的原因，是人们住得过于拥挤和住房肮脏不堪。工人常住的房子都在偏街陋巷和大院里。从光线、空气、空间、清洁各方面来说，是不完善和不卫生的真正典型，是任何一个文明国家的耻辱。男人、妇女、儿童夜晚挤在一起。男人们上日班和上夜班的你来我往，川流不息，以致床铺难得有变冷的时候。这些住房供水不良，厕所更坏，肮脏，不通风，成了传染病的发源地。'"[②]马克思引用的这些描述使我们了解到，在 19 世纪资本主义早期发展阶段，工人的生活环境如此糟糕，他们过着动物般的生活，身心遭受了极大损害。

马克思根据当时的各种调查数据指出了工人饮食的匮乏状况。工人的基本食物是很缺乏的，工人的身体缺乏各种必需的营养成分，随之而来的就是由缺乏营养而引起的疾病。即使工人能得到面包之类的食物，这些食物也是极不卫生的。马克思写道："熟读圣经的英国人虽然清楚地知道，一个人除非由于上帝的恩赐而成为资本家、大地主或领干薪者，否则必须汗流满面来换取面包，但是他不知道，他每天吃的面包中含有一定量的人汗，并且混杂着脓血、蜘蛛网、死蟑螂和发霉的德国酵母，更不用提明矾、砂粒以及其他可口的矿物质了。"[③]工人一方面在恶劣的工厂中从

① 《马克思恩格斯全集》第 44 卷，北京：人民出版社 2001 年版，第 757 页。

② 同上书，第 762 页。

③ 同上书，第 289 页。

事着最繁重的体力劳动，一方面连最基本的安全卫生的食物都得不到，这样一来，工人及其家人饿死的情况就常有发生，未老先衰和过早死亡更是成了早期资本主义社会中最为平常的事情。恩格斯在《英国工人阶级状况》中描述道："如果社会把成百的无产者置于这样一种境地，即注定他们不可避免地遭到过早的非自然的死亡……如果社会剥夺了成千人的必需的生活条件，把他们置于不能生存的境地，如果社会利用法律的铁腕强制他们处在这种条件之下，直到不可避免的结局——死亡来临为止，如果社会知道，而且知道得很清楚，这成千的人一定会成为这些条件的牺牲品，而它仍然不消除这些条件，那末，这也是一种谋杀……只不过是一种隐蔽的阴险的谋杀，没有人能够防御它……"[①]英国社会把工人置于恶劣的生存环境之中："他们既不能保持健康，也不能活得长久；它就这样不停地一点一点地毁坏着工人的身体，过早地把他们送进坟墓。……社会知道这种状况对工人的健康和生命是怎样有害，可是一点也不设法来改善。"[②]马克思在《资本论》中，把资产阶级一味追求剩余价值，而对其他人的生存和自然环境不管不问的面目刻画得入木三分。他揭露道："在每次证券投机中，每个人都知道暴风雨总有一天会到来，但是每个人都希望暴风雨在自己发了大财并把钱藏好以后，落到邻人的头上。我死后哪怕洪水滔天！这就是每个资本家和每个资本家国家的口号。因此，资本是根本不关心工人的健康和寿命的，除非社会迫使它去关心。人们为体力和智力的衰退、夭折、过度劳动的折磨而愤愤不平，资本却回答说：既然这种痛苦会增加我们的快乐（利润），我们

---

① 《马克思恩格斯全集》第2卷，北京：人民出版社1957年版，第379—380页。

② 同上书，第380页。

又何必为此苦恼呢?”[1]

从马克思对资本主义生产条件下工人身体健康遭受损害和精神遭受摧残所做的大量揭露中可以看到,资本对外在自然的改造和占有,正是通过把工人归结为纯粹的价值增殖工具、异化为一种作为生命机能的特殊的物质劳动力来实现的。资本对外在自然的无限占有和利用,也同时意味着对工人的自然生命的无限占有和消耗。

二、资本主义社会中人与自然物质代谢出现裂缝

资本主义的早期发展一方面摧残着人的身心健康,另一方面破坏着自然环境,这样人与自然之间的物质代谢就不可避免地会产生裂缝。马克思不仅向我们展示了资本主义社会中人与自然物质代谢裂缝的图景,而且分析了资本主义社会中人与自然物质代谢裂缝的原因。

人与自然的物质代谢关系在很大程度上体现在人与土地的物质代谢上。土地在生产生活中起着不可替代的作用,马克思把土地称为人的原始的食物仓和劳动资料库。受到李比希对资本主义生产方式下土地肥力研究的影响,马克思对资本主义生产方式下土地遭到破坏的问题十分关注。他写道:“资本主义生产使它汇集在各大中心的城市人口越来越占优势,这样一来,它一方面聚集着社会的历史动力,另一方面又破坏着人和土地之间的物质变换,也就是使人以衣食形式消费掉的土地的组成部分不能回归土地,从而破坏土地持久肥力的永恒的自然条件。……此外,

---

① 《马克思恩格斯全集》第44卷,北京:人民出版社2001年版,第311—312页。

资本主义农业的任何进步,都不仅是掠夺劳动者的技巧的进步,而且是掠夺土地的技巧的进步,在一定时期内提高土地肥力的任何进步,同时也是破坏土地肥力持久源泉的进步。一个国家,例如北美合众国,越是以大工业作为自己发展的基础,这个破坏过程就越迅速。因此,资本主义生产发展了社会生产过程的技术和结合,只是由于它同时破坏了一切财富的源泉——土地和工人。"①

在《资本论》第3卷中,马克思在谈到资本主义土地私有制对农业和土地的影响时分析道:"小土地所有制的前提是:人口的最大多数生活在农村,占统治地位的,不是社会劳动,而是孤立劳动;在这种情况下,财富和再生产的发展,无论是再生产的物质条件还是精神条件的发展,都是不可能的,因而,也不可能具有合理耕作的条件。在另一个方面,大土地所有制使农业人口减少到一个不断下降的最低限量,而同他们相对立,又造成一个不断增长的拥挤在大城市中的工业人口。由此产生了各种条件,这些条件在社会的以及由生活的自然规律所决定的物质变换的联系中造成一个无法弥补的裂缝,于是就造成了地力的浪费,并且这种浪费通过商业而远及国外(李比希)。"②马克思还指出,大工业和按工业方式经营的大农业共同发生作用,一起破坏了农业生产,"如果说它们原来的区别在于,前者更多地滥用和破坏劳动力,即人类的自然力,而后者更直接地滥用和破坏土地的自然力,那么,在以后的发展进程中,二者会携手并进,因为产业制度在农村也使

---

① 《马克思恩格斯全集》第44卷,北京:人民出版社2001年版,第579—580页。

② 《马克思恩格斯全集》第46卷,北京:人民出版社2003年版,第918—919页。

劳动者精力衰竭,而工业和商业则为农业提供使土地贫瘠的各种手段”①。资本家追逐利润的本性,使得他们必然要千方百计地对土地进行疯狂的掠夺,土地肥力的不断下降和日益贫瘠便成为不可避免的生态后果。恩格斯在《自然辩证法》中提道,“西班牙的种植场主曾在古巴焚烧山坡上的森林,以为木灰作为肥料足够最能盈利的咖啡树施用一个世代之久,至于后来热带的倾盆大雨竟冲毁毫无掩护的沃土而只留下赤裸裸的岩石,这同他们又有什么相干呢?在今天的生产方式中,面对自然界以及社会,人们注意的主要只是最初的最明显的成果,可是后来人们又感到惊讶的是:人们为取得上述成果而作出的行为所产生的较远的影响,竟完全是另外一回事,在大多数情况下甚至是完全相反的”②。从马克思和恩格斯的上述论述中,我们可以知道马克思和恩格斯通过对资本主义生产方式的思考和批判,看清了资本主义社会这个“历史规定形式”所造成的巨大生产力,也看到了资产阶级利用这些生产力史无前例地开发自然,又不能合理地利用自然,总是以利润为中心盲目地、反自然性地破坏人与自然之间的物质代谢。

人与自然之间物质代谢出现裂缝的直接原因是由资本主义生产引发的城市与乡村的分离。资本主义雇佣劳动的前提就是采取种种手段,切断绝大部分劳动者与生产资料尤其是土地的直接的联系,使他们沦为除了拥有自己的劳动力之外一无所有的劳动者,大量涌入城市,工业和人口越来越集中在城市。正如马克思所说:“大土地所有制使农业人口减少到一个不断下降的最低限量,而同他们相对立,又造成一个不断增长的拥挤在大城市中

① 《马克思恩格斯全集》第46卷,北京:人民出版社2003年版,第919页。

② 《马克思恩格斯选集》第4卷,北京:人民出版社1995年版,第386页。

的工业人口。”[1]人口越来越集中于城市，而城市系统中人口和动物的排泄物、消费后的废物，以及不合理的污水系统都会导致土壤中营养成分的流失。城乡对立扰乱了人与自然的正常的物质和能量循环，各种排泄物不能及时转化和消解，从而对外界环境造成严重破坏。

伴随着城乡对立而产生的是远距离的运输和贸易，日益增多的城市人口依赖乡村为他们提供大量的原料和产品。随着资本主义的扩张，这种远距离贸易遍及全球，马克思和恩格斯在《共产党宣言》中就指出过这一点。他们说：“这些工业所加工的，已经不是本地的原料，而是来自极其遥远的地区的原料；它们的产品不仅供本国消费，而且同时供世界各地消费。旧的、靠本国产品来满足的需要，被新的、要靠极其遥远的国家和地带的产品来满足的需要所代替了。”[2]这些远距离的生产原料和产品之间的运输和贸易，会使土壤的营养成分构成发生极大的变化，使得一些营养成分再也回不到“出生地”，最终扰乱了人与自然之间正常的物质代谢。

马克思认为，资本主义生产不是永恒的生产方式，而只是一种历史的、和物质生产条件的某个有限的发展时期相适应的生产方式。劳动生产力的发展在不同的产业部门极不相等，不仅程度上不相等，而且方向也往往相反。在分析由于利润趋向下降的规律的作用，资本主义生产方式内部矛盾加剧时，马克思又指出：“劳动生产率也是和自然条件联系在一起的，这些自然条件的丰饶度往往随着社会条件所决定的生产率的提高而相应地减低。

---

① 《马克思恩格斯全集》46卷，北京：人民出版社2003年版，第918页。

② 《马克思恩格斯选集》第1卷，北京：人民出版社1995年版，第276页。

因此,在这些不同的部门中就发生了相反的运动,有的进步了,有的倒退了。例如,我们只要想一想决定大部分原料产量的季节的影响,森林、煤矿、铁矿的枯竭等等,就明白了。"[①]除了对土地的关注,马克思同样注意到了森林所遭受的损害。在《资本论》第2卷里,马克思这样叙述:"文明和产业的整个发展,对森林的破坏从来就起很大的作用,对比之下,它所起的相反的作用,即对森林的护养和生产所起的作用则微乎其微。"[②]"漫长的生产时间(只包含比较短的劳动时间),从而其漫长的周转期间,使造林不适合私人经营,因而也不适合资本主义经营。"[③]

马克思和恩格斯从19世纪资本主义社会的现实出发,对西方几个主要资本主义国家发生的生态破坏和环境污染情况及其产生的原因都有具体的调查和分析,为我们深入系统地分析和认识资本主义生产方式不可避免地带来的人与自然的异化指明了视角和思路。

三、弥合人与自然物质代谢裂缝的途径

马克思一生从不满足于认识世界,在他看来,关键在于改造世界,他对于如何弥合资本主义社会中人与自然之间物质代谢的裂缝提出了自己的看法。

早在《1844年经济学哲学手稿》中,马克思就认为,人与自然的和谐离不开人与人的关系的合理解决,只有通过共产主义消灭异化劳动,才能克服人与自然之间的剧烈冲突和尖锐对立,"作为

---

① 《马克思恩格斯全集》第46卷,北京:人民出版社2003年版,第289页。

② 《马克思恩格斯全集》第45卷,北京:人民出版社2003年版,第272页。

③ 同上。

完成了的自然主义,等于人道主义,而作为完成了的人道主义,等于自然主义"[①],由此才能实现人与自然界之间矛盾的真正解决。

恩格斯在《反杜林论》中指出:"大工业在很大程度上使工业生产摆脱了地方的局限性。水力是受地方局限的,蒸汽力却是自由的。如果说水力必然存在于乡村,那么蒸汽力却决不是必然存在于城市。只有它的资本主义的应用才使它主要地集中于城市,并把工厂乡村转变为工厂城市。但是,这样一来它就同时破坏了它自己运行的条件。蒸汽机的第一需要和大工业中差不多一切生产部门的主要需要,就是比较纯洁的水。但是工业城市把一切水都变成臭气冲天的污水。因此,虽然向城市集中是资本主义生产的基本条件,但是每个工业资本家又总是力图离开资本主义生产所必然造成的大城市,而迁移到农村地区去经营。"[②]"要消灭这种新的恶性循环,要消灭这个不断重新产生的现代工业的矛盾,就只有消灭现代工业的资本主义性质才有可能。只有按照一个统一的大的计划协调地配置自己的生产力的社会,才能使工业在全国分布得最适合于它自身的发展和其他生产要素的保持或发展。因此,城市和乡村的对立的消灭不仅是可能的,它已经成为工业生产本身的直接必需,同样它也已经成为农业生产和公共卫生事业的必需。只有通过城市和乡村的融合,现在的空气、水和土地的污染才能消除,只有通过这种融合,才能使目前城市中病弱的大众把粪便用于促进植物的生长,而不是任其引起疾病。"[③]从恩格斯的论述看,消除城市和乡村的分离,推动城市与乡村的

① 〔德〕马克思:《1844年经济学哲学手稿》,北京:人民出版社2014年版,第78页。

② 《马克思恩格斯选集》第3卷,北京:人民出版社1995年版,第646页。

③ 同上书,第646—647页。

融合，恢复人与自然之间正常的物质代谢，并不是什么空想，而是生产方式发生改变的结果。

恩格斯在初版于1880年的《社会主义从空想到科学的发展》一文中指出，解决人与自然的关系问题，只有认识还不够，还需要对当时现存的资本主义生产方式以及同这种生产方式连在一起的整个社会制度实行完全的变革。恩格斯设想，在未来的社会里，“人们第一次成为自然界的自觉的和真正的主人”，“人们自己的社会行动的规律，这些一直作为异己的、支配着人们的自然规律而同人们相对立的规律，那时就将被人们熟练地运用，因而将听从人们的支配。人们自身的社会结合一直是作为自然界和历史强加于他们的东西而同他们相对立的，现在则变成他们自己的自由行动了。至今一直统治着历史的客观的异己的力量，现在处于人们自己的控制之下了。只是从这时起，人们才完全自觉地自己创造自己的历史；只是从这时起，由人们使之起作用的社会原因才大部分并且越来越多地达到他们所预期的结果。这是人类从必然王国进入自由王国的飞跃”。[①]

在《资本论》第3卷中，马克思也设想了在未来的共产主义社会里，人与自然之间的物质代谢将会出现与以往社会不同的崭新面貌：“社会化的人，联合起来的生产者，将合理地调节他们和自然之间的物质变换，把它置于他们的共同控制之下，而不让它作为一种盲目的力量来统治自己；靠消耗最小的力量，在最无愧于和最适合于他们的人类本性的条件下来进行这种物质变换。”[②]这段话十分重要，可以说集中反映了马克思对于未来共产主义社

---

① 《马克思恩格斯选集》第3卷，北京：人民出版社1995年版，第758页。

② 《马克思恩格斯全集》第46卷，北京：人民出版社2003年版，第928—929页。

会里，人与自然该怎样相处、人与自然之间的物质代谢怎样才能更加符合生态环境要求这一问题的总的看法。虽然它只有短短几句，但包含的内容十分丰富，可以从以下几个方面来理解这段话。

首先，劳动者的联合是合理调节人与自然之间物质代谢的前提。合理调节人与自然之间的关系不是一句空话，而它需要一定的社会前提才有可能。只有在人与自然之间的物质代谢作为自由结合的人的产物，处于人的有意识的、合乎自然规律的控制之下的时候，才能够实现人与自然之间正常的物质代谢关系。在马克思所设想的由社会化的人、联合起来的生产者组成的共产主义社会里，人们第一次成为自然界的自觉的和真正的主人，全体社会成员的根本利益是一致的，不存在根本性的冲突。在这样的情形下，广大的生产者才能联合起来合理地开发、利用自然，在根本上实现人与自然的高度统一。

其次，高度发达的生产力是合理调节人与自然之间物质代谢的物质基础。合理调节人与自然的关系，需要一定的社会物质基础或者一系列物质生存条件。在马克思看来，自然领域“始终是一个必然王国。在这个必然王国的彼岸，作为目的本身的人类能力的发挥，真正的自由王国，就开始了。但是，这个自由王国只有建立在必然王国的基础上，才能繁荣起来”[①]。就是说，只有社会生产力发展了，人与自然的斗争才能从“自然必然性王国”迈向“自由王国”，人与自然的协调统一才有可能。

最后，合理调节人与自然之间物质代谢的两条基本原则是：消耗最小的力量和以最适合人类本性的方式。所谓消耗最小的

---

① 《马克思恩格斯全集》第46卷，北京：人民出版社2003年版，第929页。

力量,意味着人在与自然进行物质代谢的过程中,以最小的力量从自然界中获得最多的物质、能量、信息,得到最佳效益。今天也可以扩展理解为,人们合理利用自然、改造自然,将自然界资源的消耗降到最低。其中最无愧于和最适合于人类本性的原则是更为核心的原则,意味着一方面,要充分认识到人是自然的一部分,人的自然属性、生理机能从属于自然大系统,自然是人的无机身体,人与自然之间进行物质代谢要遵守自然界的规律,破坏了自然就是伤害人自身;另一方面,人是社会存在物,具有主观能动性,能够通过劳动利用自然、改造自然,使自然变成"为我之物",否则人类社会难以生存和发展。因此,最无愧于和最适合于人类本性又意味着,人应努力实现在不破坏人与自然正常的物质代谢的前提下,在自然界可承受能力的范围内,最大限度地使自然满足人类的需要。这两条原则是合理利用自然、保护资源环境与满足人类需要、促进社会发展的统一。

总之,马克思所论述的在未来共产主义社会中的人与自然之间的全新的物质代谢,寄希望于:在科学技术方面,克服人和自然之间的对抗;在物质生活和精神文化方面,克服城乡之间的对立;在社会关系方面,促进个人自由而全面的发展和全人类的解放。马克思虽然对资本主义做了种种批判,也对未来共产主义做了种种设想,但他更多的是在社会历史领域展开的。由于时代条件和早期资本主义发展尚未全面系统地暴露出人与自然的深刻矛盾,因此马克思确实未将资本主义与生态破坏之间的关系问题作为研究和论述的重点,但是马克思所开启的资本批判被他的后继者发展成为对资本的生态批判。

第三节 西方马克思主义学者的生态批判

西方社会对生态环境问题的系统批判开始于20世纪六七十年代。西方生态学马克思主义思想家立足生态哲学的基本理论立场,从马克思主义的视角出发反思现代生态问题的根源,指向对资本主义生产方式的批判,认为正是资本主义不合理的生产关系造成了人与自然关系的紧张。他们把全球性生态危机的根源直接指向了资本主义生产方式以及它的运行所必需的资本主义制度,把生态问题的根本解决寄希望于对资本主义经济与政治制度的超越。马尔库塞、福斯特、奥康纳、科威尔等著名学者秉持"资本与生态对立"的基本立场,探讨了作为现代性后果的生态问题,并由此展开了对资本主义社会的生态批判、消费主义批判和技术理性批判。

一、马尔库塞:早期生态马克思主义者的批判理论

生态马克思主义者最早可以追溯到赫伯特·马尔库塞、威廉·莱斯以及本·阿格尔。赫伯特·马尔库塞在其晚年著作《论解放》(1969)和《反革命和造反》(1972)中,依据马克思的《1844年经济学哲学手稿》,对困扰欧美社会的生态危机做出了一种马克思主义的回应,阐释了自然危机与自然解放等理论。承继马尔库塞的生态批判旨趣,威廉·莱斯在《自然的控制》(1972)和《满足的极限》(1976)两部著作中,提出了生态危机的根源在于控制自然的观念。1979年,加拿大学者本·阿格尔在其著作《西方马克思主义概论》中最早提出"生态马克思主义"概念,这标志着生

态马克思主义正式出现了。本·阿格尔的研究重心从对马克思主义历史唯物主义的批判转移到对历史唯物主义生态重构的阶段,其批判重点从对资本主义生产领域的批判转移到对消费领域的批判。与马克思的经典批判不同,这些学者从生态角度展开了对资本主义的批判。可以说,生态马克思主义提出了对当代资本主义最严厉的生态批判。

马尔库塞最先注意到了生态危机与资本之间的关联,非常关注现代社会中人类所面临的生态问题,不仅论述了人类所面临的生态困境,而且论述了生态危机是资本主义制度下社会运行的结果和产物。他指出:“在现存社会中,越来越有效地被控制的自然已经成了扩大对人的控制的一个因素:成了社会及其政权的一个伸长了的胳臂。”①“现存制度还只能靠对资源,对大自然,对人的生命的全面毁灭而维持下去。”②“我们社会的突出之处是,在压倒一切的效率和日益提高的生活水准这双重的基础上,利用技术而不是恐怖去压服那些离心的社会力量。”③由此可见,马尔库塞强调了资本主义条件下生态环境问题的内在必然性,尤其是由科学技术的工具理性和政治依附性所导致的生态破坏。

(一) 技术理性支配下的自然界

技术理性的出现也是历史发展到某一阶段的特定产物。马尔库塞在提出“技术理性”概念之前,对技术理性之前的理性观念的演变发展过程做了分析,考察了技术理性产生的哲学根源。他

---

① 〔美〕马尔库塞等:《工业社会和新左派》,任立编译,北京:商务印书馆1982年版,第128页。

② 同上书,第85页。

③ 〔美〕马尔库塞:《单向度的人——发达工业社会意识形态研究》,刘继译,上海:上海译文出版社2008年版,第2页。

把亚里士多德的形式逻辑盛行的阶段称为前技术理性阶段，之后的理性阶段称为技术理性阶段。他认为，前技术理性阶段的统治主要基于人身依附关系，而技术理性阶段的统治转换为对“事物客观秩序（如经济规律、市场等）”的依赖，其统治的基础是“谋划并着手对自然进行技术改造”[①]。马尔库塞深刻地指认出：“在社会现实中，不管发生什么变化，人对人的统治都是联结前技术理性和技术理性的历史连续性。”[②]前技术理性阶段向技术理性阶段的转化是近代自然科学方法广泛运用的结果，而近代自然科学方法具有工具主义的内在特征。他指出：“现代科学原则是以下述方式先验地建构的，即它们可以充当自我推进、有效控制的领域的概念工具；于是理论上的操作主义与实践上的操作主义渐趋一致。由此导致对自然进行愈加有效统治的科学方法，通过对自然的统治而逐步为愈加有效的人对人的统治提供纯概念和工具。”[③]显然，马尔库塞洞察出，理论上的操作主义的科学与实践中的操作主义的技术已经趋于一致，互相推进。

马尔库塞还认为，自然科学研究总是以一种技术先验论为前提，也就是说，在进行自然科学研究之前，自然总是被设想为可供人类控制和组织的工具和材料。他说：“自然科学是在把自然设想为控制和组织的潜在工具和材料的技术先验论条件下得到发展的。”[④]在资本介入科学研究之后更是这样，科学研究的目的主要是为资本家控制自然提供更为先进的工具，探索更多可被用来

---

① 〔美〕马尔库塞：《单向度的人——发达工业社会意识形态研究》，刘继译，上海：上海译文出版社 2008 年版，第 115 页。

② 同上。

③ 同上书，第 126 页。

④ 同上书，第 122 页。

赚取利润的材料。既然科学是一种纯概念和工具，那么我们应该怎样对待这种工具呢？马尔库塞指出："对待工具的'正确'态度是技术态度，正确的逻各斯是技术学，它是对技术现实的谋划和反应。"[①]由此，前技术理性在与作为纯概念和工具特性的科学方法的结合下，形成了现代社会控制自然、控制人类的技术理性。在发达工业资本主义社会，科学技术满足了人类控制自然的野心，同时与资本逻辑联合，迎合并符合了资本的逐利本性，成为资本扩张、资本积累最为锐利的武器。

在马尔库塞看来，在技术理性蔓延的发达工业社会，自然界被笼罩在灾难之中。他所说的"自然界"不是仅指外部自然界，而是包括人在内的整个自然界。他指出，在现代技术理性的支配下，自然界成了提供能源和工业材料的纯粹的质料，人也成了可以按照现代性的模式加以塑造的人，无论是自然界还是人，在技术理性的控制下都只是工具而已。在技术理性还未取得支配地位的时代，人们对自然界充满了敬意，正是自然界养育了我们人类，自然界不仅是我们的衣食父母，同时也是艺术家、文学家的灵感的源泉。而在技术理性支配的世界中，由于技术理性迎合了资本逐利的本性，在资本逻辑统摄下，自然界除了是塑造交换价值的材料之外，自然本身是毫无使用价值可言的，自然界只是外在于人的客体。"自然是资本主义用于加工制造的原料，是物质，是加强对人和物的剥削性管理的原料。"[②]在技术理性支配的世界中，所有的一切都只是从商业角度被考察，自然界没有了任何神

---

① 〔美〕马尔库塞：《单向度的人——发达工业社会意识形态研究》，刘继译，上海：上海译文出版社2008年版，第125页。

② 〔美〕马尔库塞等：《工业社会和新左派》，任立编译，北京：商务印书馆1982年版，第129页。

秘性和美学上的意义,自然中的一切东西都成了毫无生命意义而可被人任意宰割、任意捏造之物,人类可以凭借自以为高度发达的科学技术向自然界提出各种蛮横要求,要求自然界提供其本身能够被开发和贮藏的能量,并采用烧、煮、煎和加速、降温、电解等方式强迫自然界倾吐自身的秘密,然后将这些秘密转化成商品拿到市场去销售。马尔库塞认为,在技术理性支配下,“自然界阻挠了人从环境中得到爱欲的宣泄(以及变革他的环境),剥夺了人与自然的合一,使他感到他在自然界之外或成为自然界的异化体”[①]。在这种思维的控制下,人已经忘了“人直接地是自然存在物”,人类完全被从自然界中剥离出来,成为傲视一切、不可一世的霸主,人类以绝对独裁者的身份和形象出现在自然万物面前。因此,被技术理性武装起来的现代人类,对自然生态环境来说就像一种不断蔓延、毒性日益深化的巨型病毒,吞噬一切,摧毁一切。

马尔库塞极度反对人们在技术理性支配下对自然界的疯狂掠夺,深刻揭示出了这个极端商品化时代人类的境遇:“商业化的、受污染的、军事化的自然不仅从生态的意义上,而且也从生存的意义上缩小了人的生活世界。它妨碍着人对他的环境世界的爱欲式的占有(和改变):它使人不可能在自然中重新发现自己。”[②]“大气污染和水污染,噪声,工业和商业强占了迄今公众还能涉足的自然区,这一切较之奴役和监禁好不了多少。”[③]资本逐

---

① 〔美〕马尔库塞:《审美之维》,李小兵译,桂林:广西师范大学出版社 2001 年版,第 121 页。

② 〔美〕马尔库塞等:《工业社会和新左派》,任立编译,北京:商务印书馆 1982 年版,第 128 页。

③ 同上书,第 129 页。

利的本性要求把一切都当作其增殖的原料，而技术理性的控制原则、操作原则使得人类能够创造出各种技术满足资本的要求。由此，资本可以无孔不入，只要在有利可图的领域，自然物都成为或将成为资本的俘获物。针对生态显现出来的危机，马尔库塞疾呼："今天我们必须反对制度造成的自然污染，如同我们反对精神贫困化一样。我们必须发展资本主义世界的环境保护，使它不再受到阻遏，为此我们必须首先在资本主义世界内部推进这项工作。"[①]在此，马尔库塞是站在人的解放与自然的解放紧密结合的角度来揭示这一切的，是以一个环保主义者的身份来呼吁保护环境的，其生态危机意识显而易见。

马尔库塞结合发达工业社会，对身处这个社会中的人们的生活境遇做出了深刻揭露，对统治者利用技术进行隐蔽统治的现状做了鞭辟入里的分析，揭示出了发达工业社会中人和自然所处的奴役状况。马尔库塞认为，在技术现实中，客观世界（包括主体）被经验为工具世界。因此，无论是客观的自然物，还是能动的人类主体，在工具理性和科学技术的作用下，都是完全被操纵、可控制的工具而已。也许马尔库塞的学生威廉·莱斯的一句话能揭示出马尔库塞这方面思想的真谛："'征服'自然的观念培养起来的虚妄的希望中隐藏着现时代最致命的历史动力之一：控制自然和控制人之间的不可分割的联系。"[②]在马尔库塞看来，发达工业社会已经不需要再从神话、宗教中寻求统治合法性的根据了，这是一个把统治合法性完全建立在发展技术，以无止境地盘剥自然

---

① 〔美〕马尔库塞等：《工业社会和新左派》，任立编译，北京：商务印书馆1982年版，第129页。

② 〔加拿大〕威廉·莱斯：《自然的控制》，岳长龄、李建华译，重庆：重庆出版社1993年版，第6页。

生态环境、无止境地制造虚假需求基础上的社会。只要科学技术在发展,只要能创造出各式各样的物质财富,那么社会就会稳定,被统治者就不会想到通过极端的方式来推翻统治者,这样统治的合法性就不会受到丝毫的质疑。人们心甘情愿被统治着、被压抑着。对物质享受的追逐,对奢华生活的向往,是每个现代人的特征,而这些又通过对大自然的无限掠夺来保持。技术在这个过程中起了无可估量的作用,由此统治者迎合大众的这种心理,疯狂地强调技术的作用,以此来加强自身的统治地位,从而证明自身统治的合法性。马尔库塞认识到,资本主义社会通过技术对自然无休止地索取和盘剥只是手段,其目的在于对人的控制。在自然资源有限的前提下,在资本无限扩张的本性中,生态系统必定无力支撑人们无限的物质欲望,最终必然造成生态危机。而生态危机本质上是人类生存环境的危机,是人类持续发展的危机。

(二)技术理性与生态危机的内在关联性

为何在技术理性肆虐后,自然生态环境加速恶化,人类被推上了随时可能遭受毁灭的边缘?技术理性与自然环境的破坏有何内在联系?如果说技术理性的批判关注的核心问题是理性观的批判,那么生态危机的批判焦点就是自然观的批判。马尔库塞虽然没有对自然观的变化做出历史性的考察,但他的弟子威廉·莱斯深受其技术批判理论影响,填补了这一空白。通过分析自然观的演变,我们能更清楚地看出理性观与自然观是如何互相印证的。威廉·莱斯在《自然的控制》一书中对人与自然关系的演变,特别是技术理性产生的过程给出了令人信服的研究。莱斯在此书中谈到,在古代文化中,由于人类力量较为弱小,科学技术处于萌芽状态,因此人对自然充满了畏惧和敬意,“统治古代世界宗教的一个共同特征就是相信所有自然的对象和场所都是具有'精神'的。为了确保人们自己不受伤害,必须尊敬这些对象,而在侵占这些自然对象为人所用之前,要求人们通过礼品和礼仪来安慰精神"[①]。此时,人与自然和平共处,相安无事。但是,基督教出现之后,这种状况就改变了。莱斯指出,基督教在圣经《创世纪》中的关于上帝创世的故事,就宣布了上帝对宇宙的统治权,而由于人类是上帝根据自己的形象创造的,受到他特别的"眷顾",成为地球上唯一具有精神属性的存在物,因而人类具有了对地球万物的派生统治权。基督教这一观念的传扬,导致"人立于自然之外并且公平地行使一种对自然界统治权的思想就成了统治西方文明伦理意识的学说的一个突出特征。对于控制自然的思想来说,没有比这更为重要的根源了"[②]。因此,莱斯认为,基督教关于人是地球主人的说教成了控制自然观念的重要思想来源。

如果说,基督教确立了人类在思想中、观念上成为自然界主人的地位,那么在文艺复兴运动之后,随着科学技术的日益发达,人类在实践中、现实中实实在在地确立了自己的主人地位。文艺复兴时期的各路思想家高扬人的理性力量,用人的力量取代神的力量,由此出现了"一种不断增长的对自然'奥秘'和'效用'的迷恋和一种要识破它们以获得力量和财富的渴望。这种情形日渐增强以致在17世纪有些作家已经描绘出了按他们的看法所形成的一种拜物教式的追求"[③]。文艺复兴的这一思想被启蒙思想家弗兰西斯·培根接受和发展,莱斯认为,培根"比以往任何人都清

---

① 〔加拿大〕威廉·莱斯:《自然的控制》,岳长龄、李建华译,重庆:重庆出版社1993年版,第26页。

② 同上书,第28页。

③ 同上书,第36页。

楚地阐述了人类控制自然的观念,并且在人们的心目中确立了它的突出地位"①。在培根看来,宗教和科学进行着一种共同的努力,即补偿人类被逐出伊甸园所受到的伤害,人类由于堕落而同时失去了其清白和对创造物的统治,宗教补偿了人的清白,而科学则恢复了人对创造物的统治。而且培根认为,"最清白和最有价值的征服"就是"征服自然的工作"。② 正是在这样的思想语境下,培根提出了"知识就是力量"的"至理名言"。至此,培根理论的盛行消除了人们关于科学研究会动摇宗教信仰的恐惧,把控制自然的观念彻底世俗化了,进而把科学知识和技术看作人们用来迫使自然屈从于人类需求的工具。这种观念导致的结果是:"科学和技术的合理性是一种向社会进步输出合理性的完整的、独立的力量,换句话说,通过科学和技术进步来控制自然被理解为一种社会进步的方法。"③科学技术在支配自然方面的成就已成为社会进步的根本性的标志。就这样,一种新的自然观完全得以确定,控制自然、支配自然与社会进步紧密相连甚至完全等同。由此可以看出,理性的技术化与自然的祛魅化是同一过程的两个方面。正是科学技术助长了人类控制自然、统治万物的狂野之心。经过启蒙运动的洗礼后,科学技术得以迅猛发展,人类对自然的控制不仅表现在人类中心主义的观念上,而且表现在通过技术将自然随意拿捏和改造的实践之中。

在马尔库塞看来,在技术理性支配下的自然界就是统治阶级维持统治的工具和材料。由于资本主义社会对自然观念的这种

---

① 〔加拿大〕威廉·莱斯:《自然的控制》,岳长龄、李建华译,重庆:重庆出版社 1993 年版,第44 页。

② 同上书,第 45 页。

③ 同上书,第 49 页。

转变,自然界就成了人类控制和征服的对象,而科学技术是控制自然的锐利武器,控制和征服自然的目的在于满足人的物质需要。

统治阶级又是如何将对自然界的过度开发转移到政治上的统治的呢?马尔库塞认为,资本主义生产方式确立后,在资本逻辑的作用下,追求无限增长成为人们的目的,而技术又为达成这种目的创造了条件,这一目的的实现又是以资产阶级许诺技术进步必然带来物质财富的增长和社会的进步、最终实现人的自由和幸福为前提的。正是在这种状况下,资本主义社会必须要创造出无限商品并保持经济总量的增长的假象才能维持自己的统治。在此,马尔库塞提出了"虚假需要"这一概念,来分析自然界是如何被统治阶级作为统治材料的。他说:"我们可以把真实的需要与虚假的需要加以区分。为了特定的社会利益而从外部强加到个人身上的那些需要,是艰辛、侵略、痛苦和非正义永恒化的需要,是'虚假的'需要。"①"虚假需要"在马尔库塞的视域中,就是指满足了基本物质生活后而追逐的奢侈的、非必要的需要。这里,"为了特定的社会利益"就是资本主义社会统治阶级的利益,就是统治阶级维护、巩固其统治地位的利益。统治阶级正是通过技术的力量,疯狂掠夺自然资源,制造出各种商品,操纵人的需要,从而达到统治的目的。"技术的合理性展示出它的政治特性,因为它变成更有效统治的得力工具,并创造出一个真正的极权主义领域,在这个领域中,社会和自然、精神和肉体为保卫这一领域

---

① 〔美〕马尔库塞:《单向度的人——发达工业社会意识形态研究》,刘继译,上海:上海译文出版社2008年版,第6页。

而保持着持久动员的状态。"[①]"持久的动员状态"就是在技术理性的支配下,利用现代技术扩大盘剥自然的范围、加深盘剥自然的力度,提供更多的满足虚假需求所需要的商品。而这种对自然要求的无限扩大与自然的有限资源之间形成了巨大的矛盾,必然导致生态危机。

在技术理性横行的时代,资本"绑架"了技术,使技术为其无限扩张的本性服务。技术仅仅是资本获取利润和进行资本积累的手段。而我们知道,在一定的时期内,自然界可供盘剥的资源总是有限的,如是,资本家为了统治就必须不断制造虚假需要,就必须不断更新技术,这也是近代社会的技术迅猛发展的内在动因。而技术进步和技术革新又反过来加速了对自然资源的剥削和资本的积累过程,如此循环反复,其结果必然导致对有限自然资源的开发、浪费、污染,必然导致对资本主义生产条件的破坏和生态危机的产生。在技术理性观及资本主义价值观的双重扫荡下,自然界屡遭破坏,自然生态告急就成了不可逆转的趋势,人类陷入了"追求财富—发展技术—榨取自然界—人对自然界的奴役日益加深"的恶性循环的怪圈。正因为如此,马尔库塞提出了一个强烈警告:我们必须提防一切技术拜物教,要破除技术万能论的想法。

发达工业社会之所以会造成生态环境在广度、深度上的急剧恶化,在全球范围内出现生态危机,根本上是因为人类在技术理性支配下对生态环境的过度开发,对技术的滥用。因此对技术理性的批判在深层次意义上也是对生态环境的保护,其理论旨趣强

---

① 〔美〕马尔库塞:《单向度的人——发达工业社会意识形态研究》,刘继译,上海:上海译文出版社 2008 年版,第 16 页。

调,人类应在合理的制度下对自然界加以合理开发与利用,应破除物欲至上、自私自利和效率优先的狭隘的短视的价值观,树立人与自然和谐共生、有机互动的自然观,其内在意义可谓和当今的生态马克思主义者所做的生态批判殊途同归。

(三)技术意识形态的蔓延必然导致生态危机

马尔库塞在对发达工业社会做了批判性考察之后认为,随着资本主义社会的发展,技术越来越成为一种意识形态,沦为资本主义社会中统治阶级进行政治统治的得力工具。在马尔库塞的视域中,科学技术的发展为资本主义统治者提供了可以不直接控制人的思想和行动的统治工具,科学技术创造出来的各种各样的工具使得人们在自然界面前越来越"得心应手",越来越肆无忌惮,统治者通过对自然资源的疯狂掠夺、对生态环境的破坏,为人们制造出无限的虚假需求,通过对自然的控制来达到对人的控制。控制自然只是手段,控制人才是真正的目的。马尔库塞认为:"对对象世界的攻击态度,对自然的统治,最终的目标乃是人对人的统治。"[①]技术成为统治工具以后,政治对人的统治是以物质为基础的,是以物来统治人。就这样,被马克思寄予为人类的解放力量之一的科学技术变成了对自然和人自身进行双重奴役的工具。

马尔库塞对技术意识形态的批判是以揭示技术意识形态发生作用的隐秘性为前提的,其目的是祛除意识形态遮蔽的障碍。人的自然属性决定了人类离不开技术,人与自然之间关系的展开必须依赖技术的中介,在技术意识形态控制下的人们欢呼技术给

---

① 〔美〕马尔库塞:《爱欲与文明——对弗洛伊德思想的哲学探讨》,黄勇、薛民译,上海:上海译文出版社 1987 年版,第 81 页。

他们带来丰富的物质产品和便利的同时,也在不知不觉中造成了生态环境急剧恶化的后果。

技术成功地成为一种意识形态,是资本主义社会利用技术进行政治统治的关键因素,是技术政治化的第一步。而技术是人与自然进行物质、信息、能量交换的手段,在技术意识形态作用下,技术大行其道,从没有被质疑。得利的是:统治者的统治利益和被统治者的物欲需求的满足;失利的是:生态环境在全球范围内的被破坏状况和人们日益加深的被奴役状况。

身处发达工业社会,人们在技术理性支配下,自然界只是为满足人的物质欲望提供原材料,而技术的进步却确实可以把这些自然物转化为商品(可以被拿到市场上去出售),极大地丰富了人们的物质生活,再加上资产阶级别有用心的宣传,人们对技术顶礼膜拜,于是牢不可破的技术意识形态就形成了。在这种情况下,技术已失去了表面上的中立性,完全沦为统治工具,在统治阶级的引领下,自然界就成为似乎是取之不尽、用之不竭的宝库,由此社会的所有矛盾都被引向自然界,人的攻击性本能在联合起来盘剥自然的过程中得到转移、释放、发泄。在此,统治阶级与被统治阶级联合起来,以技术为武器共同与自然作斗争,抢占现有资源,窥探潜在资源。“发达工业文明的内在矛盾正在于此:其不合理成分存在于其合理性中。这就是它的各种成就的标志。掌握了科学和技术的工业社会之所以组织起来,是为了更有效地统治人和自然,是为了更好地利用其资源。”[1]

发达工业社会的统治阶级为什么要三番五次强调技术?正

---

① 〔美〕马尔库塞:《单向度的人——发达工业社会意识形态研究》,刘继译,上海:上海译文出版社 2008 年版,第 15 页。

是因为技术,人类在发达工业社会才能搜刮更多的自然资源,使社会财富急剧增加,资本家才可以在不损害自己贪财欲的前提下给被统治阶级分一杯羹。由此,资本主义的合法性危机因人们物欲的满足暂时得以被掩盖和转移,其统治地位正是"通过向工人提供他们可以有望不断增长财富的许诺来维系的"[①]。因此,要维系这种统治,统治阶级就必须持续不断地制造出越来越多的商品和财富来满足人们的这种期待,一旦这种期待破灭,其统治的合法性必然将受到质疑和挑战。而依据资本逐利的逻辑,这种许诺本质上就是为了满足资本追逐利润的需要。资本本身就有不断扩张的特点,再加上统治阶级维系统治的需要,必然使得资本主义生产体系加速向外扩张,加强对自然的盘剥力度。统治阶级要维护其统治,就不得不保持物质财富的持续增长,但对于自然界来说,生态系统无力支撑满足无限增长的要求,全球范围内环境污染、温室气体致使气温升高和南北两极的冰川融化、受资本驱使致使原始森林面积锐减等,都是在抗议发达工业社会的统治模式。

技术的进步、生产能力的强大、物质财富的积累,使得统治阶级对被统治阶级的改善生活的许诺得以部分实现。为了使这种状况可以继续,统治阶级必然要点燃人们的物欲之火,以牺牲生态环境、损毁人类持续发展为代价,换来一时的虚假繁荣。正如马尔库塞所揭示的那样:"在这一社会中,生产装备趋向于变成极权性的,它不仅决定着社会需要的职业、技能和态度,而且还决定着个人的需要和愿望。因此,它消除了私人与公众之间、个人需

---

① 〔加拿大〕本·阿格尔:《西方马克思主义概论》,慎之等译,北京:中国人民大学出版社 1991 年版,第 474 页。

要与社会需要之间的对立。对现存制度来说,技术成了社会控制和社会团结的新的、更有效的,更令人愉快的形式。”[①]这也就是说,在发达工业社会,我们所有的需要和愿望都是被决定的,个人的全面发展、人格完善在这种社会制度下是不可能实现的,“技术合理性遍布了整个的思想领域,成为知识活动的最小公分母。使知识活动都变成了技术、一种训练的问题,而不是个性的培养;需要的是专家,而不是完整的人格”[②]。人也成了按照社会需要进行加工定制的人了。也正是在技术意识形态的作用下,人们信奉技术能带来自由和幸福,资本家又用各种手段操控着人们的需求,从而彻底模糊了社会需求(指统治阶级为了维护其统治地位所需要的需求)和个人需求之间的界限,将个人需求社会化了。在发达工业社会,“社会的防卫结构使为数越来越多的人生活得更加舒适,并扩大了人对自然的控制。在这种情况下,我们的大众传播工具把特殊利益作为所有正常人的利益来兜售几乎没什么困难。社会的政治需要变成个人的需要和愿望,它们的满足刺激着商业和公共福利事业,而所有这些似乎都是理性的具体体现”[③]。

由于生产与消费是互为中介的,发达资本主义通过各种媒介刺激着人们的物质欲望,控制着人们的需求,更多欲望的满足又必然反过来促使资本主义进一步扩大生产,于是资本主义陷入了“生产扩张⟷消费膨胀”的恶性循环。而这一过程必须依赖技

---

① 〔美〕马尔库塞:《单向度的人——发达工业社会意识形态研究》,刘继译,上海:上海译文出版社 2008 年版,第 6 页。

② Herbert Marcuse, *Technology, War and Fascism*, London: Routledge, 1998, p. 56.

③ 〔美〕马尔库塞:《单向度的人——发达工业社会意识形态研究》,刘继译,上海:上海译文出版社 2008 年版,第 1 页。

术对自然的盘剥才能得以实现。技术的发展在某种程度上确实是为人类提供了“享受不用大脑的自由”。但事实上,在生产过程中人仅是一种生产工具,在消费过程中人又变成了一种消费工具。无论是生产还是消费,都负载着维持资本主义统治的政治功能,对人们获得更多财富的许诺就必然促使人们加紧搜刮自然资源。目前,能源和资源的短缺已经成为发达资本主义国家维持这种统治模式中的难题。而资本的逐利本性不会就此罢休,它必定会加强技术研究的力度,直到榨干一切可供其增殖的自然资源方可罢休。在这种情况下,生态危机将会是资本主义社会无法摆脱的宿命。

马尔库塞曾用一个简单的公式对这种社会状况进行了描述:“资本主义进步的法则寓于这样一个公式:技术进步=社会财富的增长(社会生产总值的增长)=奴役的加强。”[①]这里的“奴役的加强”包括两个方面:一方面是对人的奴役的加深。由于技术的进步、机械自动化程度的提升,人越来越沦为机器的附属物,做着单调乏味、重复性的工作,而对于工作中受到的异化和痛苦,统治阶级会用更多的消费品进行补偿,从而操纵人的需求,这使异化从生产领域渗透入消费领域,进一步强化了奴役状况。另一方面是对自然界的奴役的加强。在技术理性的支配下,人们遵从技术意识形态,联合起来盘剥大自然,自然除了能满足人的欲望这种工具价值外没有任何价值。在这种情况下,自然界只有用生态危机来警告人类的非理性行为,抗议人类对自然界的暴政。总之,在技术理性支配下,在技术意识形态的控制下,在资本逐利本性的

---

① 〔美〕马尔库塞等:《工业社会和新左派》,任立编译,北京:商务印书馆 1982 年版,第 82 页。

驱使下,在人们对虚假需求的期待下,资本主义社会除了加强对自然的盘剥,别无他法。

马尔库塞的技术理性批判理论是对特定社会历史时期、特定社会制度所做出的综合批判。他首先对技术理性观念演变的过程做了考察,使得他的批判具有了哲学根基,深入思想层面;他把技术理性批判同资本主义制度结合起来,使得他的批判具有了政治批判的向度;他把技术理性批判同对向自然进行无节制的盘剥的批判结合起来,使得他的批判具有了生态批判向度。

追随着马尔库塞开拓的生态危机理论,莱斯将生态危机与资本主义之间关系的分析继续向前推进。他指出,控制自然的观念是生态危机最深刻的根源。这里,莱斯关于控制自然的观念主要强调的是现代资本主义条件下控制自然与控制社会之间深刻的内在关联。也就是说,资本主义使得人们以对立的方式来看待、理解自然,利用对自然的控制实现对人的控制。更透彻地说,尽管控制自然的观念并非始于资本主义,但只有到资本主义社会才成为一个突出的社会问题。

不同于马尔库塞和莱斯,阿格尔明确地把生态危机与资本主义危机理论联系了起来。"这种生态危机论,或我们所说的生态学马克思主义,认为限制工业增长的迫切要求将形成重大的政治压力,这些压力也许会迫使人们对作为工业资本主义文明的目标和方法进行彻底的重新评价",这种生态危机理论"并没有像植根于国家分析的新马克思主义危机理论那样受到明显的关注,但其重要性并不亚于它"。[①] "生态学马克思主义是从不同的、更深一

---

① 〔加拿大〕本·阿格尔:《西方马克思主义概论》,慎之等译,北京:中国人民大学出版社 1991 年版,第 420 页。

层的发达资本主义的角度来理解矛盾的。它把矛盾置于资本主义生产与整个生态系统之间的基本矛盾这一高度，认为资本主义生产的扩张主义动力由于环境对增长有着不可避免的、难以消除的制约而不得不最终受到抑制。”[①]可以看出，阿格尔明确指出了资本与生态之间的对立。

生态学马克思主义与西方马克思主义理论是一脉相承的，其最典型的例子就是威廉·莱斯对其老师马尔库塞的技术理性批判理论的继承与发挥。威廉·莱斯在其代表作《自然的控制》中，充分发挥了马尔库塞的“控制自然是为了更好地控制人”的观点，从维护良好的生态环境出发，对资本主义价值观、生产方式、政治制度等做了全面的批判性的考察。从上面的分析中我们可以看出，马尔库塞的技术批判理论明显包含生态批判向度的底蕴，正因为如此，它才会被生态学马克思主义者吸收和发挥，并经由福斯特、奥康纳、科威尔等学者发展成为系统的生态批判理论。

二、福斯特：资本反生态的四法则

约翰·贝拉米·福斯特是美国俄勒冈州立大学的社会学教授、当今生态学马克思主义的代表人物之一，其代表作有《脆弱的行星》《马克思的生态学——唯物主义和自然》《生态危机与资本主义》等。福斯特认为，当今的生态问题是由资本主义造成的，而“生态和资本主义是相互对立的两个领域，这种对立不是表现在每一实例之中，而是作为一个整体表现在两者之间的相互作用之

① 〔加拿大〕本·阿格尔：《西方马克思主义概论》，慎之等译，北京：中国人民大学出版社1991年版，第421页。

中”[①]。对此,他提出了资本反生态的四法则。

第一,资本的反生态性在于,在资本主义条件下,资本增殖的要求就是割断事物间的联系并使之简化,所有的社会关系和人与自然的关系都化为金钱关系。自然并不是市场上出售的商品,环境也不能完全被纳入商品经济。然而,依据“经济简化论”,环境被分解为某些特定的物品和服务,从生物圈甚至生态系统中分离出来,以方便在某种程度上转化为商品,人们通过建立供求曲线设定这些物品和服务的价格。总的来看,金钱关系割裂了自然界中事物之间的联系,使其孤立化,所有自然要素都被简化为一个共同的交换价值,这意味着金钱关系已成为人类与自然之间的唯一联系。

第二,资本的反生态性在于,资本主义条件下的生产是从资源地到废物堆的直线运动,而不是物质的循环。在前资本主义的农业社会,生产废物能按照物质代谢规律进入循环利用。在资本主义条件下,废物很难进入物质代谢的循环再利用。福斯特发挥了马克思用物质代谢裂缝来论述资本主义生产条件下的城乡之间物质转换和流通过程中的断裂现象的观点,揭示了资本主义追求利润带来的物质代谢裂缝是生态危机的根本原因。他指出:“在马克思看来,资本主义社会的本质从一开始就建筑在城市与农村、人类与地球之间物质交换裂痕的基础上,目前裂痕的深度已超出他的想象。世界范围的资本主义社会已存在着一种不可

① 〔美〕约翰·贝拉米·福斯特:《生态危机与资本主义》,耿建新、宋兴无译,上海:上海译文出版社2006年版,第1页。

逆转的环境危机。”[①]“物质代谢裂缝理论”成为福斯特批判资本主义生态危机的核心概念。

第三,资本的反生态性在于,用市场规则支配社会的一切。自然是人类生存和社会发展的基础,但在资本主义条件下,自然却被手段化和工具化了。就好比,食物的作用本来在于为人提供营养,可是在资本主义条件下,市场主宰一切,食物成了资本增殖的手段。人们关心的焦点已经不在食物本身的营养价值,而是放在食物的包装、运输、贮藏能带来多少利润上。在资本主义社会,利润是最高目的,自然被作为市场的手段:“这种把经济增长和利润放在首要关注位置的目光短浅的行为,其后果当然是严重的,因为这将使整个世界的生存都成了问题。一个无法逃避的事实是,人类与环境关系的根本变化使人类历史走到了重大转折点。”[②]资本无休止地追求自身增殖,而自然资源是有限的,这意味着“在有限的环境中实现无限扩张本身就是一个矛盾,因而在全球资本主义和全球环境之间形成了潜在的灾难性的冲突”[③]。他说,“人类按‘唯利是图’的原则通过市场‘看不见的手’为少数人谋取狭隘机械利益的能力,不可避免地要与自然界发生冲突”[④]。因此在资本原则支配下的社会具有产生生态危机的必然性。

第四,资本的反生态性在于,资本利用自然资源时未把生态成本列入经济成本计算。福斯特指出,在单调的强调积累为社会唯一目标的地方,只要能够扩大市场并因此而增加货物的可销售

① 〔美〕约翰·贝拉米·福斯特:《生态危机与资本主义》,耿建新、宋兴无译,上海:上海译文出版社 2006 年版,第 96 页。

② 同上书,第 60 页。

③ 同上书,第 2 页。

④ 同上书,第 69 页。

性,即使到处弥漫着废物和垃圾都被认为是合理的,因为“自然和人类,只要他(它)们没有进入市场,就没有价值——以至于达到如此程度,即他(它)们进入普遍存在的经济体系,他(它)们的价值就只取决于他(它)们作为商品的抽象存在”[①]。在这里,生态成本被强加于环境和多数人身上,整个生物圈被视为一个巨大的垃圾桶使用,并同时能够从一个生态系统转移到另外一个生态系统。资本把自然资源当作“免费午餐”,吃免费午餐的代价就是生态恶化。资本在对待自然时也应该执行“获得就要付出”的原则。

在《马克思的生态学——唯物主义和自然》一书中,福斯特首次提出了“马克思主义的生态学”概念,揭示了伊壁鸠鲁、达尔文、李比希等人对马克思的思想产生的影响和历史关联,并对马克思的唯物主义理论和新陈代谢思想的生态学本质进行了论述,以证明马克思主义不仅符合生态学定义和原则,而且超越了生态学的狭义性,在更加广泛的人类与自然以及人类社会内部实践了生态学的基本原则。

福斯特十分重视马克思早年在《1844 年经济学哲学手稿》中的唯物主义自然观和唯物主义历史观思想,并强调马克思思想中的唯物主义线索。他注意到,马克思在《政治经济学批判(1857—1858 年手稿)》中谈道,在一般的商品生产中“才形成普遍的社会物质变换,全面的关系,多方面的需求以及全面的能力的体系”[②],福斯特认为这是马克思在广义上使用了“新陈代谢”这个概念。也就是说,马克思在分析资本主义的劳动、价值、货币、商品流通

① 〔美〕约翰·贝拉米·福斯特:《生态革命——与地球和平相处》,刘仁胜、李晶、董慧译,北京:人民出版社 2015 年版,第 16 页。

② 《马克思恩格斯全集》第 46 卷上,北京:人民出版社 1996 年版,第 104 页。

等诸多领域时都贯穿使用了“新陈代谢”这一概念的社会属性。马克思把商品作为社会物质变换的媒介，认为“交换过程使商品从把它们当作非使用价值的人手里转到把它们当作使用价值的人手里，就这一点说，这个过程是一种社会的物质变换”[①]。这种以商品为媒介的社会的物质变换，不仅发展了“劳动的物质代谢”，而且使整个人类社会的联系不断发展起来，为分析资本主义社会的基本矛盾奠定了基础。

福斯特发挥了马克思在《资本论》中关于“物质变换”（德文为“stoffwechse”，又译“新陈代谢”）的思想，指出马克思在两个意义上使用了“新陈代谢”这个概念。一是在自然和社会之间通过劳动而进行的实际的新陈代谢相互作用。福斯特认为，在马克思关于劳动过程的定义中，他把“新陈代谢”概念作为整个分析系统的中心，把对劳动过程的理解根植于这一概念之中。这一层意义的新陈代谢是以创造使用价值的人类一般劳动过程为中介的自然和社会间的物质代谢。这种物质代谢一方面受自然规律支配，另一方面渗入了劳动者的目的，打上了人的主观烙印。所以，福斯特认为，马克思的“新陈代谢”概念使得他对人与自然之间的基本关系描述——来源于人类劳动的人类和自然之间复杂的、动态的相互交换——更加完整而科学。“新陈代谢”概念以及它所包含的物质交换和调节活动的观念，使马克思能够把人和自然的关系表述为既包括“自然条件”又包括影响这一过程的人类的能力。二是在广义上使用这个词，用来描述一系列已经形成的，但是在资本主义条件下总是被异化地再生产出来的复杂的、动态的、相互依赖的需求和关系，以及由此而引起的人类自由的问题——所

① 《马克思恩格斯全集》第44卷，北京：人民出版社2001年版，第125页。

有这一切都可以被看作与人类和自然之间的新陈代谢相联系,而这种新陈代谢是通过人类具体的劳动组织形式表现出来的。这样,"新陈代谢"概念就既有特定的生态意义,也有广泛的社会意义。

福斯特认同蒂姆·海沃德(Tim Hayward)的观点,认为马克思的社会—生态学"新陈代谢"概念"抓住了同时作为自然和肉体存在的人类生存的基本特征:这些包括了发生在人类和他们的自然环境之间的能量和物质交换……这种新陈代谢,在自然方面由控制各种卷入其中的物理过程的自然法则调节,而在社会方面由控制劳动分工和财富分配等的制度化规范来调节"[①]。他认为,马克思的成熟作品中贯穿着"新陈代谢"概念,这一概念为马克思提供了一个表述自然异化(以及它与劳动异化的关系)概念的具体方式,并且"新陈代谢"概念——通过劳动建立人类和自然相互连接的复杂的相互依赖过程,在马克思关于生产者联合起来的未来社会的设想中起到了中心作用。

福斯特除了阐述自己对于马克思"新陈代谢"概念内涵的理解之外,还对马克思在《资本论》中所提到的"人与自然的物质代谢裂缝"给予了高度关注。他认为,马克思的"物质变换"概念不仅包含了自然同社会之间的物质变换,而且包含了以物质生产为基础的物质之间的交换。这两种交换循环于自然界和人类社会之间。然而,资本主义生产关系和生产方式却导致了城乡之间关系纽带的断裂,使这种物质变换出现了难以弥补的裂缝。这种断裂就意味着生态危机,其根本原因就在于资本主义生产关系对土

---

① 〔美〕约翰·贝拉米·福斯特:《马克思的生态学——唯物主义与自然》,刘仁胜、肖峰译,北京:高等教育出版社 2006 年版,第 177 页。

地的剥削,“资本主义积累的逻辑无情地制造了社会与自然之间物质变换的断层,切断了自然资源再生产的基本进程”[①]。这就是福斯特对资本主义生产造成生态危机的理解。

福斯特认为,马克思在《资本论》第1卷中对大规模农业和工业的论述,以及在第3卷中对资本主义地租的讨论,共同关注的是“人和土地之间的物质代谢裂缝”这个中心问题。他指出,马克思用了“裂缝”的概念,以表达资本主义社会中人类对形成其生存基础的自然条件——马克思称之为“人类生活的永恒的自然条件”——的物质异化。“人与自然的物质代谢裂缝”这个概念使得马克思能够深入研究发生在当时资本主义社会中的农业危机,使他能够对环境恶化进行批判,而这一批判中包含着许多当今的生态学思想。

福斯特认为,在马克思的分析中,资本主义社会是以社会人口的极端分化为特征的阶级社会,其根源在于人口与土地的极端分离。资本主义私有财产制度的产生是以强制力量切断了大部分人同土地的任何直接的联系为基础的,对这一点马克思在《1844年经济学哲学手稿》和《资本论》中都做了较详尽的分析。在人为的资本体制之中,资本就是寻找交换价值(也就是利润),而不是为真正的、普遍的、自然的需要服务。因此福斯特认为,马克思一直坚持强调人同土地的异化是资本主义制度的必要条件,在资本主义制度下,人与土地之间的物质代谢裂缝的产生也是必然的。资本主义的农业尽管有技术和管理上的进步,但从根本上它不可能是合理的,因为资本主义社会破坏了农业可持续性发展

---

① John Bellamy Foster, “The Ecology of Destruction,” *Monthly Review*, 2007, p. 9,转引自吴宁编著:《生态学马克思主义思想简论》上,北京:中国环境出版社2015年版,第209页。

所必需的自然条件。不仅仅是农业,“资本主义在生态、经济、政治和道德方面是不可持续的,因而必须取而代之”[1]。

在如何解决环境危机的问题上,福斯特秉承了马克思和恩格斯的一贯原则和立场。他认为,生态危机出现的原因需要超出生物学、统计学、技术的因素去寻找,这便是历史的生产方式,特别是资本主义制度。只有结合资本积累的知识来分析生态发展趋势,才能全面清晰地认识我们面临的全球生态危机。福斯特指出:“资本主义本质上是一种积累制度,特别适应资本与利润的生产,目前在世界的每个角落都处于支配地位。”[2]“过去,这种积累一直靠全球环境不断被系统地剥夺其自然财富得以维持。环境被蜕变成了索取资源的水龙头和倾倒废料(经常是有毒废料)的下水道。”[3]“正是在资本主义世界的体制中心,存在着最尖锐的不可持续发展的问题。”[4]可见,环境危机本质上是社会问题,它最主要的根源在于社会关系,因此必须进行社会和生态革命才能解决这个问题。他号召把为创建更加绿色的世界而进行的斗争与消除社会不公的斗争紧紧联系在一起。在《马克思的生态学——唯物主义与自然》一书中对于人与自然物质代谢理论进行总结时,福斯特写道:“反对资本主义的革命不仅需要推翻它对劳动进行剥削的特定关系,而且还需要超越——通过使用现代科学和工业方法以合理地调整人类和自然之间的新陈代谢关系——它对土地的异化:对资本主义来说是最终的基础/前提。只有在这些术

① 〔美〕约翰·贝拉米·福斯特:《生态危机与资本主义》,耿建新、宋兴无译,上海:上海译文出版社 2006 年版,第 61 页。

② 同上书,第 74 页。

③ 同上。

④ 同上书,第 76 页。

语中,马克思所经常号召的废除雇佣劳动才有意义。”[①]在福斯特看来,需要建立社会主义社会,沿着社会主义方向改造社会生产关系,这种社会支配力量不是追逐利润,而是满足人民的真正需要和社会生态可持续发展的要求。福斯特还对全球性生态社会做了展望,认为在全球性生态社会里,自然与人类社会将高于资本积累,公平与公正将高于个体贪婪,民主制度将高于市场经济,我们将与自然构建新的和谐关系。

作为一名当代学者,福斯特立足资本主义发展现实,对马克思的人与自然物质变换思想进行了深化和发展,积极探讨了马克思的这一理论对当今资本主义社会的意义,使马克思的思想更具生机与活力。此外,他对资本主义的批判及把生态斗争与反对资本主义的斗争相结合的号召也值得我们思考。但是福斯特的思想也有一定的局限性。首先,他在强调马克思的生态思想基础的同时,假定马克思一开始就有生态学的天赋,以至于把马克思的早期著作也作为其成熟的生态思想来分析,这有失偏颇。其次,福斯特把马克思的生态思想等同于人与自然物质代谢理论,并认为“新陈代谢”概念——通过劳动建立人类和自然相互连接的、复杂的相互依赖过程——是马克思理论的中心,这是不符合马克思的思想实际的。我们应看到,仅仅用马克思这一理论,并不能充分揭露资本主义剥削自然、人、社会的所有现象背后的本质。最后,对于怎样实现人与自然的和谐,福斯特提出了生态斗争与社会斗争相结合的口号,这只是一个经验性的原则。在实践中二者究竟怎样结合?采取怎样的斗争策略?怎样才能建立全球生态

---

① 〔美〕约翰·贝拉米·福斯特:《马克思的生态学——唯物主义与自然》,刘仁胜、肖峰译,北京:高等教育出版社 2006 年版,第 19 页。

社会而不致陷入乌托邦式的幻想？这些都需要进一步的回答。

我们要提出的问题是：其一，仅仅从物质循环被打破的角度就可以把握资本主义生产过程中人与自然关系的独特性质吗？其二，资本主义的发展为什么会造成城乡分离？什么原因支配着从乡村—土地取得的物质材料无法在被城市消费后重新回到乡村—土地，从而实现物质循环？显然，这种物质循环断裂理论并没有从资本逻辑的内部找出资本与自然冲突的必然原因，物质循环与断裂只是资本主义生产条件下的物质表象，以此来批判资本还只是停留在资本逻辑之外。

三、奥康纳：资本可持续发展的不可能性与资本主义双重矛盾

詹姆斯·奥康纳是美国加利福尼亚大学的社会学教授、当代北美生态学马克思主义的领军人物。在对生态危机问题的分析上，他最先提出了"资本与生态对立"，并进行了系统论述。在《自然的理由——生态学马克思主义研究》一书中，奥康纳通过阐述资本主义可持续发展的不可能性，论述了资本逻辑与生态之间的矛盾和对立，提出了资本主义生产双重矛盾和双重危机理论，把经济因素和生态因素结合起来，将马克思主义关于资本主义的经济危机理论，与生态学马克思主义关于资本主义的生态危机理论连接到了一起。

奥康纳首先指出了资本主义可持续发展的不可能性。针对有人提出的"可持续性的资本主义""生态资本主义""生态可持续性的资本主义"发展模式，奥康纳经过深入研究，对此给予了否定性答案。这是因为，在资本主义条件下，要实现生态可持续性

发展，必然要求资本主义采用绿色财政政策取代资本主义原有的财政政策。绿色财政政策意味着要对高消耗、高污染的产业征收重税，用以投资清洁能源与改善人们的生活条件。但是，在资本主义条件下，绿色财政政策不可能彻底落实和执行。这是因为，在西方国家提倡生态可持续性的环保运动本身就受到资本的资助。绿色环保运动与资本追逐利润本来相对立，资本为了获取更多的利润才资助绿色环保运动，也为自己塑造了绿色形象。资本主义必然要求资本的可持续发展以获取利润，但资本无限扩张的必然结果是生产成本的提高和生产条件的被破坏，其根源主要在于：一是个别资本和总体资本之间的矛盾，换句话说，个别资本为了自身增殖，必然会毁坏维护资本长期增殖的自然条件；二是新社会运动（环保运动、女权运动）必然加大资本的成本，降低资本增殖的能力，生产成本的提高反过来迫使个别资本将成本转移到自然中去，最终导致生态危机。因此，"关于'一个生态上具有可持续性的资本主义是否可能？'这个问题的完整答案是：除非等到资本改变了自身面貌以后，到那时，银行家、短期资本经营者、风险资本家以及CEO（执行总裁）们在镜子中看到的将不再是他们现在的这副尊容，舍此而外，这种生态上具有可持续性的资本主义绝无可能"[①]。奥康纳认为：可持续发展是可能的，也是必需的，但是"可持续性的资本主义"是不可能的；生态文明是应该的，"生态资本主义"是不可能的，只有生态社会主义才是可能、可行、应当之路。

其次，奥康纳基于资本主义生产条件的变化和生态危机的加

① 〔美〕奥康纳：《自然的理由——生态学马克思主义研究》，唐正东、臧佩洪译，南京：南京大学出版社2003年版，第382—383页。

重提出了双重矛盾危机理论。他通过对资本主义与生态平衡之间的对抗性进行深入剖析，指出“有两种而不是一种类型的矛盾和危机内在于资本主义中”[①]。第一种类型是由历史唯物主义所揭示的资本主义生产力和生产关系之间的矛盾，即第一重矛盾。第二种类型是资本主义生产关系(及生产力)与资本主义生产条件之间的矛盾，即第二重矛盾。资本主义的两重矛盾的存在又导致了两种不同类型的危机：第一重矛盾常常会导致由消费不足而引发的“生产相对过剩”的资本主义经济危机；第二重矛盾则不但会导致由资本赢利空间缩减而引发的“生产不足”的经济危机，还会导致由生产不足而引发的生产条件匮乏的生态危机。奥康纳着重以资本主义的第二重矛盾为视角，全面深刻地揭露了资本主义制度与生态环境之间的自然逻辑关系，即在资本主义社会背景下，生态环境必定将遭受严重破坏。奥康纳通过对资本主义社会的第二重矛盾的阐述，进一步指认了资本主义再生产不仅会造成生产过剩的经济危机，也会使我们赖以生存的自然环境遭遇前所未有的危机。一方面，资本具有追逐利润的本性，利润动机的支配必然导致资本对经济增长的执着追求，不断实现自我扩张。而这种资本对利润的无限追逐也造成在资本主义发展进程中自然界的价值始终没有得到应有的承认和尊重。自然界对于资本而言，似乎就是资源的“水龙头”、废弃物的“污水池”。资本家把自然当成私人财产，为了维持高额利润，不计后果地对自然资源进行肆意的掠夺和破坏，而对于由生产造成的环境污染，他们则想方设法地转嫁给社会、转嫁给子孙后代。另一方面，相对于资本

① 〔美〕奥康纳：《自然的理由——生态学马克思主义研究》，唐正东、臧佩洪译，南京：南京大学出版社 2003 年版，第 275 页。

主义这种不断进行自我扩张的系统，自然却无法进行自我扩张，它有限的承受能力决定了它在发展的节奏与周期方面同资本的运行永远不会同步。因此，奥康纳提出了自然的有限性和资本的无限性之间的总体性矛盾，这就说明，自然生态系统与资本主义生产之间的对立是不可调和的，进而回答了资本主义为什么必然导致生态危机的问题。[①] 对于资本主义的第二重矛盾对生态的作用机制，奥康纳分别论证了资本积累、资本主义不平衡发展以及联合发展造成的对生产条件的破坏，及其导致的生态危机。

奥康纳分别分析了在经济增长与资本利用自然效率提高两种情况下资本积累对生态的影响。资本主义的积累建立在不断降低劳动力生产和再生产的成本与不断扩大资本有机构成的基础上，即"相对剩余价值"的基础之上。在经济增长的情况下，原料需求加大，资本加大对自然资源的开采；在资本更有效地利用自然的情况下，原材料价格降低，进而导致对自然资源需求的增加。可见，资本积累在资本主义生产过程中必然导致资源的高消耗。奥康纳精辟地指出，经济危机的出现并不是简单孤立的现象，而是多种因素相互作用的结果，如对工人的经济上和生理上的压榨、成本外化力度的加大以及环境恶化程度的增强等。在经济危机和困难时期，各个企业为了降低生产成本，会通过采用对环境具有危害性的技术，来达到获取更多利润的目的。资本主义的经济危机必然会造成生态恶化，加剧生态危机的严重后果。因此奥康纳认为，资本主义制度同整个自然界处于对立与对抗之中，正是资本主义与生态发展的对抗性质导致了资本主义在生态

---

① 宿晨华：《奥康纳对资本主义的生态批判》，《学术探索》2014 年第 5 期，第 22—26 页。

上是不可持续的。奥康纳还提出,“有许多的例子可以用来补充说明‘生态危机’既是一种科学的阐释,在更大的程度上又是一个政治的和意识形态性的范畴”①。因此,生态危机和经济危机的出现往往又会引起民众的政治上的反抗,由此引发政治方面的危机。

资本主义不平衡发展如何造成生态危机呢?在奥康纳看来,不平衡发展主要是指两方面:一是指第三世界的原料供应国家与第一世界的对产品的生产加以垄断的国家之间的对立关系;二是表示世界资本主义中城乡之间、帝国主义和殖民地之间的剥削和被剥削的关系。奥康纳认为,首先,不平衡发展导致土壤肥力被破坏。城市工业生产和人口的不断集中导致对农村自然资源的利用加强;城乡分离也导致城市中的排泄物不能有效地返回乡村生态系统,造成对农村土壤肥力的破坏,人类和自然之间的物质交换中断。其次,不平衡发展导致对森林的肆意砍伐。贫穷国家为了追求出口而大量砍伐森林。最后,不平衡发展导致发达国家对自然矿物的快速开采。“帝国主义、石油垄断集团以及目光短浅的国家政策共同构成了抵制理性的能源政策的力量。”②基于此,奥康纳得出结论,不平衡发展既给发达国家带来了污染与破坏,同时也造成了贫穷地区在经济困难时期以破坏生态的方式求生存,导致了资源枯竭与生态危机,这种生态殖民主义导致了全球性生态危机。

奥康纳进一步分析了联合发展对生态环境的影响。联合发

① 〔美〕奥康纳:《自然的理由——生态学马克思主义研究》,唐正东、臧佩洪译,南京:南京大学出版社2003年版,第218页。

② 同上书,第311页。

展是指"'发展了的'地区的经济、社会和政治形态与那些'欠发展'地区(或城镇和乡村)的经济、社会和政治形态之间的一种独特的结合——社会经济或政治生活的新旧形态的混合"[①]。第一种情况是,不发达的南部国家中农村人口向城市流动,农村劳动力涌向城市,农村因缺乏劳动力而土地荒芜,生态恶化。第二种情况是,联合发展使发达国家的污染产业被转移到落后的贫穷国家,"联合的发展意味着污染的出口以及危险性产品的出口——既有生产资料的因素又有消费资料的因素。从北部国家转移到南部国家去的不仅仅是资本和技术,而且还有一连串的社会成本和环境成本"[②]。在今天,这种联合发展的最重要的例子就是"新全球经济",它所体现的是"19 世纪的劳动条件及政治形式与 21 世纪的技术之间的结合,或者说,是把追求利润最大化的发达国家与欠发达国家在一种新的统一体中结合了起来,这种新的统一体是由全球的银行业提供经济支持,由全球的跨国公司所组织起来的"[③]。在联合发展中,贫穷国家往往为了利用外资而不注重保护自然,结果必然是生态破坏。可见,奥康纳从分析资本主义生产的生态制约性出发,仅仅抓住资本主义生产同其生产条件的矛盾,展开了对资本主义的生态批判。

基于对资本主义危机的生态学反思和对资本主义制度的生态学批判,奥康纳提出了自己的生态政治战略,强调只有废除资本主义制度,才能从根本上解决生态危机。他强调,应当把社会主义与生态学结合起来,超越现存的社会主义模式,建立一种人

---

① 〔美〕奥康纳:《自然的理由——生态学马克思主义研究》,唐正东、臧佩洪译,南京:南京大学出版社 2003 年版,第 302 页。

② 同上书,第 317 页。

③ 同上书,第 302 页。

与自然和谐发展的新的社会主义模式即生态社会主义，这才是克服资本主义生态危机的根本出路。奥康纳指出，社会主义和生态学根本上不是相互矛盾的，也许它们恰恰是互补的。“社会主义需要生态学，因为后者强调地方特色和交互性，并且它还赋予了自然内部以及社会与自然之间的物质交换以特别重要的地位。生态学需要社会主义，因为前者强调民主计划以及人类相互间的社会交换的关键作用。”[①]奥康纳在生态学和社会主义结合的基础上，提出了生态社会主义者应坚持“全球性思考、全球性行动”的指导原则。因此，他强调生态运动只有具备全球性的战略思维与行动，即以“全球性思考、全球性行动”为指导原则，才能触及全球资本的权力核心，打破资本主义生产关系和全球权力关系，生态问题也才能得到根本解决。奥康纳认为，要复活社会主义的理念，实现社会主义和生态学的真正联盟，必须实现三个方面的转换：第一，以使用价值/具体劳动取代交换价值/抽象劳动，缓解生产过剩导致的经济危机和以成本危机为特征的生态危机。第二，以定性的改革实践取代定量的斗争。奥康纳指出，马克思及马克思主义理论家与工资、机器等进行的斗争都属于量的范畴，还未达到质这一度。与此相反，生态社会主义应该关注一些定性的改革实践，如“一方面，围绕着劳动过程、技术、体力劳动与脑力劳动的分工、土地利用等展开斗争；另一方面，围绕住房、食物、城市空气污染和水污染等展开斗争”[②]。第三，把生产性正义从对分配性正义的迷恋中拯救出来，以生产性正义取代分配性正义，强调生

---

① 〔美〕奥康纳：《自然的理由——生态学马克思主义研究》，唐正东、臧佩洪译，南京：南京大学出版社 2003 年版，第 434—435 页。

② 同上书，第 524 页。

产过程的正当合理性和社会生产关系的公平正义。这三方面的转换是生态学社会主义基本特质的要求[①]，只有通过这三方面的转换，社会主义和生态学才能够建立起内在的有机联系，真正实现生态学社会主义。

奥康纳的生态学马克思主义思想有其合理性。首先，奥康纳在尊重历史唯物主义经典语境的前提下，拓展了历史唯物主义在生态领域的研究空间。其次，奥康纳在马克思生产力与生产关系矛盾思想的基础上，提出了马克思、恩格斯在他们所处的年代不曾分析过的生产力和生产关系之外的第二重矛盾及由此引发的生态危机，丰富了经典马克思主义语境中关于矛盾和危机的理论，拓展了马克思主义关于社会矛盾和经济危机的思想。同时，他继承并发扬了马克思主义的批判精神，并将马克思主义的批判理论从政治经济领域延伸至生态文化领域，基于双重矛盾所形成的双重危机，尤其是生态危机的危害性，对资本主义展开了全方位的理论批判。就今天的全球化发展形势来看，他提出的双重矛盾危机理论仍然具有一定的现实性和理论前瞻性，他的设想开启了西方马克思主义对新社会主义模式的探索，丰富了马克思主义关于社会主义社会生态建设的思想。

当然，奥康纳的生态学马克思主义思想也有其自身无法克服的局限性，具体体现在：其一，奥康纳提出的历史唯物主义生态学"理论空场"及以此为出发点的历史唯物主义生态学重构设想具有形而上学的非历史性和非客观性。[②] 马克思、恩格斯所处的那

---

① 胡绪明、林艺：《奥康纳对资本的生态学批判与历史唯物主义重构》，《东吴学术》2019年第6期，第112—119页。

② 崔洁、张博颖：《奥康纳的生态学马克思主义及其当下意义》，《理论月刊》2019年第9期，第40—47页。

个时代尚未面临当今时代的这种类型和程度的生态危机问题。因此,当今时代的理论家绝不应该把当前社会新发展变化导致的新危机归咎于马克思主义理论在某些方面的理论缺失或阐释力不足。其二,奥康纳对双重危机理论的论述具有避重就轻的不彻底性。他认为,资本主义社会的生态危机相较于其经济危机具有更严重的破坏性,因而是当代资本主义社会中最严重的矛盾。这一判断放大了生产力、生产关系与生产条件之间的矛盾,过分凸显了生产条件在社会关系变革发展中的地位和作用。奥康纳将其理论重心和批判矛头主要对准了资本主义生产条件及生态问题,因而也就无法对资本主义制度的根本性矛盾危机进行有效的批判。其三,奥康纳虽然运用马克思主义方法论对资本主义和传统社会主义进行了批判,并寄希望于建构一个生态学社会主义进而从根本上克服当前的生态危机,但是他的思想具有乌托邦式的空想性,缺乏转向现实行动的具体方案,因而其可操作性不强。

四、科威尔:资本是自然的敌人

乔尔·科威尔是美国巴德学院的著名教授,是与奥康纳同时代的生态社会主义者。2002 年,他的著作《自然的敌人——资本主义的终结还是世界的毁灭?》正式出版,与奥康纳的代表作《自然的理由——生态学马克思主义研究》堪称美国生态社会主义的绿色经典姊妹篇。二人同属于一个学术共同体,并且同以福斯特为首的学术团体展开过论战。奥康纳认为,科威尔揭示了资本主义是全球性生态危机的罪魁祸首,并积极地寻求替代方案,论证了构建生态社会主义社会的必要性和可能性。如果将科威尔的生态社会主义思想放在生态社会主义学术群体中比较,科威尔对资本主义的生态批判也是独树一帜的。他展开了对资本的“癌性增长”本质的批判，认为要摆脱全球性生态危机，就必须实现一场深刻的社会制度变革。

（一）资本的反生态性源于资本扩张的本性

科威尔继承了历史唯物主义的自然观和批判精神，从日益严重的生态危机出发，以新的角度批判了资本主义。他在《自然的敌人——资本主义的终结还是世界的毁灭?》一书中，用了大约三分之二的篇幅对资本、资本主义以及资本控制自然的过程做了深入剖析，这与当代社会发展中暴露出的生态环境问题结合得更为紧密。科威尔像福斯特、奥康纳一样，把生态危机的根源归结为资本，认为资本的反生态性源于资本扩张的本性。资本的本性就是不断扩张，“每个单位的资本都要面临俗话所说的‘增长或死亡’的命运，每个资本家必须无止境地寻求扩张市场和增加利润，否则将无法维持他的等级地位”[①]。科威尔指出，资本的扩张通过资本全球化来实现，资本在全球扩张中不可能关心生态。全球化事实上是西方资本主义国家主导下的全球性“资本的扩张、殖民地化和渗透”，“资本癌症般增长的逻辑延伸”。[②] 随着资本增殖达到新的水平，货币不断克服物质形态变得越来越非物质化。“资本的物质性越少，对物质性的地球的影响就越大。”[③]资本以更迅速、更强的渗透性，把整个世界纳入自身增殖的体系。全球化加速了资本的世界性流动，“资本的流动越迅速，越不计后果，对自

---

① Joel Kovel, *The Enemy of Nature*: *The End of Capitalism or the End of the World*, London&New York: Zed Books, 2007, p. 15.

② Ibid., pp. 72-73.

③ Ibid., p. 75.

然的破坏就越大"[1]。资本在全球化进程中生产着资本增殖的机制,使得更多的国家与地区被纳入生态破坏的漩涡,特别是贫穷国家不得不通过牺牲生态来缓解债务压力。他还引用了曾担任世界银行首席经济学家的劳伦斯·萨默斯的话:"只是在你与我之间,难道世界银行不应该鼓励更多的污染工业转移到最不发达国家吗?我认为,向最低工资水平的国家倾倒有毒废物背后的经济逻辑是无可非议的。我们应该面对这一事实……我总认为非洲一些人口稀少的国家远未被污染,它们的空气质量与洛杉矶和墨西哥城相比,没有得到充分的利用。"[2]科威尔指出,萨默斯的论述指出了资本唯利是图、反生态的特性。"资本的巨浪撞击和腐蚀着生态的防护系统,从生态系统的立场上看,生态危机是全球化的结果。"[3]科威尔把资本的反生态倾向归结为如下三点:"资本往往会毁坏自身的生产条件;为了生存,资本必须永不休止地扩张;资本制造了不断加剧贫富分化的混乱的世界体系,使之无法适当地处理生态危机问题。"[4]科威尔认为,资本主义世界体制正在历史性地走向崩溃,是对马克思主义"两个必然"论在新的历史条件下的创新和发展。很显然,科威尔的这种理论分析直接继承了马克思的社会批判思想。

作为生态社会主义发展到第三阶段的代表人物,科威尔对生态社会主义社会的建构范式也充分体现了马克思的这一逻辑思路。在《自然的敌人——资本主义的终结还是世界的毁灭?》一书

---

① Joel Kovel, *The Enemy of Nature: The End of Capitalism or the End of the World*, London&New York: Zed Books, 2007, p. 5.

② Ibid., p. 82.

③ Ibid., p. 81.

④ Ibid., p. 38.

中，科威尔对生态社会主义社会的建构是建立在全面深刻的批判的基础上的，他从展现人类面临的灾难性境况破题，以批判自然的敌人——资本为逻辑起点，对资本的反生态本质进行了理论批判，得出了“资本主义世界体制正在历史性地走向崩溃”的结论。科威尔除了基于资本主义社会的实际状况来批判资本，还从理论上对资本主义生态政治学展开了批判。他对新亚当·斯密主义、社区经济学等绿色经济学，深层生态学、生物区域主义、社会生态学等生态哲学，民主主义、民粹主义和法西斯主义等思潮展开了总体批判。

在苏联解体、东欧剧变后的时代背景下，科威尔不仅着力批判了资本主义制度的反生态性，而且还对传统的苏联模式社会主义进行了生态反思。通过对苏联等传统社会主义国家的分析，他认为，曾经存在过和现在存在着的社会主义虽然已经实现了生产资料公有制，但它们在追求经济增长的同时忽视了对生态的保护，压制了人民民主，实际上背离了马克思的“生产者自由联合体”的设想；而生态社会主义是“生态”与“社会主义”的结合，是一种生态和民主共存的制度，它既强调解放劳动力，也强调保护生态系统的完整性，这无疑对历史唯物主义所缺乏的生态视野进行了丰富和发展。

正是得益于这种对“旧世界”的全面而深刻的批判，科威尔在扬弃以奥康纳为代表的改良型生态社会主义和绿色运动的非暴力原则的基础上，建构了革命型生态社会主义的历史图景，并明确提出：“满足以下条件，革命就是可行的：一个民族感到现存的社会制度难以忍受；人们认为自己能够实现一种更好的替代模式;他们的力量与体制力量之间的天平向他们这一方倾斜。"[①]科威尔以马克思主义为主要思想来源和理论基础,扬弃了西方生态运动和绿色政治中若干绿色思潮的理论主张,提出了通过激进的生态政治变革,以生态社会主义社会代替资本主义社会,最终解决生态危机的方案。

科威尔曾表示,作为其生态社会主义思想的两大重要理论来源,历史唯物主义与生态女性主义产生了深刻的影响,科威尔将其纳入自己的生态社会主义理论体系,并进行了融会和改造。

(二)生态社会主义对历史唯物主义的继承与改造

科威尔的生态社会主义思想与历史唯物主义有着丰富的内在理论关联,主要表现在:第一,他对当代生态危机产生的根源和解决途径的探索,是建立在历史唯物主义关于人与自然相互联系、相互作用的理论基础之上的;第二,他继承和发展了马克思对资本主义社会的批判,并对资本的反生态性、资本主义制度的癌性扩张、资本家的盲目追求利润和不计生态后果进行了激烈的批判,指出消灭资本主义制度是解决资本主义国家生态危机的唯一出路;第三,他以马克思对人的本质、人的本质的异化的相关论述为理论依据,批判了资本主义制度下"劳动—闲暇二元论"的现象,反对消费主义的价值观和生存方式。科威尔强调,资本异化了工人的创造能力,畸形发展的劳动者丧失了创造性参与解决生态危机的能力,因为这要求科学作为独立的力量被并入劳动过程。大众心智衰退也体现为对生态危机的无动于衷,这一状况也

---

① 〔美〕科威尔:《自然的敌人——资本主义的终结还是世界的毁灭?》,北京:中国人民大学出版社2015年版,第200页。

因为生活在资本主义社会中的持续的不安全感而日益恶化。[①]

不过，马克思所处时代及当时社会所面临的主要问题决定了他不可能对生态问题有更多的关注，因此科威尔认为，自己的首要理论创新点就在于："将人类对于自然的关系坚定地放在马克思主义的观点之内。"由此，他对资本主义生态危机、"第一时代"社会主义生态问题，及其他各类生态思潮进行了批判，并从全新的角度提出了以生态为中心的生产模式，构建出一个不同于传统社会主义的生态社会主义社会，以期彻底解决生态危机。

科威尔受其前辈奥康纳的影响，也将生态女性主义纳入其理论基础。在科威尔看来，男性和女性的关系与人和自然的关系是紧密联系的，"性别暴力是人支配自然的范型"。他还进一步指出：资本主义社会中"对劳动力的控制权起源于文明社会，这很大一部分原因需要归结于对女性的强性控制"。[②]

但科威尔认为，资产阶级的女权运动依赖资本主义制度，其性别平等仍然是资产阶级关系下的平等，这样的女权主义并没有使女性获得真正的解放。因此，生态女性主义必须与生态社会主义结合。一方面，生态女性主义要向社会主义发展，以打破资产阶级女权主义的束缚；另一方面，生态社会主义也需要生态女性主义，以克服性别与自然之间的隔阂，重新恢复自然的地位与女性的权利。

---

① 〔美〕乔尔·科维尔：《马克思与生态学》，武烜、刘东锋译，《马克思主义与现实》2011年第5期，第199—203页。

② 〔美〕科威尔：《自然的敌人——资本主义的终结还是世界的毁灭？》，北京：中国人民大学出版社2015年版，第106页。

（三）三重意蕴下的生态社会主义蓝图

1. 保留和扩展社会主义的核心

科威尔强调：生态社会主义需要保留和扩展社会主义的核心。推行以生态为中心的生产与资本主义生产方式不同，生态社会主义要推行的是以生态为中心的生产，要重建生态系统的整体性和完整性，主要体现在以下几个方面：(1)使用价值代替交换价值；(2)减少化石燃料的使用，生产与自然进化保持熵的关联；(3)重新定位人类需求，甚至“限制增长”；(4)适当使用技术，只保留“能以人道方式利用自然”的技术；(5)转变思维方式，加强自身的生态意识。

2. 跨越性别对立的二元论

要建立一个以生态为中心的生产关系，就意味着要向自然张开怀抱，而向自然张开怀抱则意味着要对生态体系有认同感，要跨越“女人=自然/男人=人类文明”的二元论，意味着不害怕男性自我主义的灭绝。因此，以生态为中心的生产，除了能够给予女性平等地位以外，也要使得女性能够享受到以前对于男性的那些保护，同时在使用价值得以实现的过程中，要彻底废除“女性工作”都是卑微的这一思想。

科威尔的生态社会主义思想也有其理论局限性。第一，科威尔对资本主义基本矛盾的阐释过分强调了生态危机的社会变革作用，从人和自然之间不可分离的角度来揭露资本主义制度的弊端，试图用“生态危机论”来取代“经济危机论”。第二，科威尔虽然也强调生态社会主义政党的重要性，但为了避免专制的形成，生态政党的功能只起示范与引导作用。如果没有坚强的领导阶级和领导核心,仅靠人们生态意识的觉醒,生态社会主义革命能否发动成功是值得质疑的。第三,科威尔虽然呼吁改变资本主义制度下的男权统治,实现男女平等,但是对女权权利的呼吁缺乏实践性。

总之,生态学马克思主义延续了西方马克思主义的批判模式,更注重与马克思历史唯物主义的结合,通过构建马克思主义生态学来揭示生态危机的本质,提出了解决生态危机的方案。随着西方社会中生态运动的蓬勃兴起,生态学马克思主义也在不断发展。显然,生态学马克思主义已成为当今西方马克思主义中最有影响的思潮。从马尔库塞区分生态逻辑与资本逻辑,认为生态危机是资本逻辑内在矛盾必然导致的结果之一,到威廉·莱斯对马克思"控制自然"思想的辩护和对异化消费的批判,本·阿格尔对从劳动异化到消费异化的逻辑的揭示,以及福斯特、奥康纳、科威尔等人对资本主义的生态批判,都包含对资本逻辑本身的探讨。他们均认为,只要资本主义生产方式存在,生态危机就不可避免。消灭生态危机只能通过改变资本主义的生产方式,进入生态社会主义的模式,即以合理的方式发展生产和技术,既维护社会正义又维护生态正义。总的来说,他们实际上是从人性、生产、消费、技术、制度等不同侧面对生态危机的原因和机制进行了分析。这些分析对于我们正确认识生态环境问题、建设生态文明无疑是大有裨益的。

第四节　理性驾驭资本,缓解生态危机

资本是现代工业社会的起点,也是现代社会发展的灵魂,同

时又是现代社会一切危机的根源。资本一方面释放着自己的能量，贪婪地满足着自己的欲望，另一方面又唤起自然界的一切力量，利用自然创造着丰富的物质财富，因此资本具有无限增殖与创造文明的双重逻辑。与此同时，资本的双重逻辑又导致了双重生态效应，这种双重生态效应要求我们必须辩证地看待资本，全面地把握资本逻辑对生态的双重影响。资本对生态的消极作用和破坏性直接体现在，生态危机作为资本逻辑运行的产物对人类生存造成了严重的威胁，并影响着社会经济的良性发展。在资本不会在最近的将来消亡的历史条件下，资本对生态治理与生态保护的积极作用和建设性体现在，不同的资本所有者或资本主体可能利用科学技术和资本，发挥其在生态建设中的积极作用。

一、资本与生态对立的逻辑困境

在对生态危机问题的分析上，生态马克思主义秉持“资本与生态对立”的基本立场，认为资本追逐利润必然破坏生态，资本是当代生态危机的根本原因，提出了保护生态、反对生态殖民等主张。生态马克思主义看到了资本与生态的对立，是正确的，但是没有考虑到生态危机出现的多方面原因。然而，值得注意的是，在非资本主义的国家或地区，同样存在不同程度的环境问题和生态危机。生态危机是涉及经济、政治、文化、社会等多方面的综合性现象，是多方面因素相互作用的结果，但其中起决定性作用的是资本的力量。必须承认，资本的唯利是图、无限增殖是造成生态危机的根本原因，或者说，在市场经济中资本是造成生态危机的最主要原因。

生态马克思主义者运用马克思经典著作中的哲学概念和理

论资源反思了生态危机与资本的关系问题，其核心是重新考察当代资本主义，反思生态危机产生的深层原因，力图寻找使人类走出生态危机、实现社会主义的新道路。但是，他们过于强调资本与生态的对立、资本是自然的敌人，形成了对资本的简单否定与直接批判，这是一种非历史的、抽象的分析问题的方式。生态马克思主义者主张消灭资本，用生态社会主义取代资本主义，从制度层面构建新的社会方案，试图以无政府主义的内容来改造科学社会主义，以分散的小生产与现代化大生产抗衡，使人类摆脱生态危机。这是一种浪漫的社会主义，带有很多空想的成分，并未给人类提供摆脱生态危机的现实出路，不可避免地遭遇了理论与现实脱节的尴尬。理论自身如果难以为人类解放自然、走出危机提供现实性的指导，那么它对生态危机的批判也就难以说是富有成效的，顶多是给了我们一些理论启发。这样来看，资本与生态完全对立的基本立场不能不说是陷入了逻辑困境。

马克思对资本的态度是辩证的，他既高度肯定和赞扬资本的革命性作用和历史意义，又敏锐地揭示了资本逻辑的矛盾及其所造成的人与自然的裂缝。在当代社会，资本成了支配社会发展的核心原则和深沉力量。资本是掩盖一切色彩的“普照的光”，也是决定事物比重的“特殊的以太”，是“支配一切的经济权力”。马克思说：“在一切社会形式中都有一种一定的生产决定其他一切生产的地位和影响，因而它的关系也决定其他一切关系的地位和影响。这是一种普照的光，它掩盖了一切其他色彩，改变着它们的特点。这是一种特殊的以太，它决定着它里面显露出来的一切存在的比重。”[①]资本增殖最初发生在经济领域，随着资本积累的增

① 《马克思恩格斯全集》第30卷，北京：人民出版社1995年版，第48页。

长,资本越出了经济领域,将自身增殖的内在原则渗透到社会的各个领域,推行以资本作为根本原则的文明,以确立其对当代世界的普遍统治。“一句话,它按照自己的面貌为自己创造出一个世界。”[①]在资本原则的支配下,资本不仅发挥着创造文明的作用,同时也体现着作为社会关系的内在矛盾所产生的消极生态后果。特别是在现代生产中,资本与科技相结合,人对自然采取征服和统治的态度,这在促进经济快速发展的同时,也带来了日益严重的生态危机。

生态危机是社会经济发展过程中的产物,它反映着人与自然、经济发展与生态保护的冲突。剖析当代生态危机,离不开对资本本身的深入理解,离开了资本逻辑,就无法深刻把握生态危机的内在本质。资本具有强大的支配属性,自然对服从人的需要始终是被动无力的。资本的支配性中有一种表现是,为劣质的重复性生产提供条件。从马克思政治经济学原理中可知,在劳动力成本不变时,生产资料的成本降低将导致利润率增加,推动资本积累扩张,这就不可避免会出现偷工减料、以次充好等不当行为,这样生产出来的商品质量普遍低劣,甚至有可能危害人体健康等。在市场规律的作用下,这些商品最终会被淘汰,这不仅导致了大量的资源浪费,而且将引发严重的环境污染。这就是因为,资本受到增殖动机的强烈驱使,在不断膨胀的增殖欲望中对自然资源进行无度的消耗与破坏,在人的世界和自然界构建各种“普遍占有”的关系,使其控制下的改造自然的实践活动逐渐超越了应有的限度。一般情况下,资本不会主动关心生态环境,除非资本增殖过程中所带来的生态环境破坏限制了资本的进一步增殖,

① 《马克思恩格斯选集》第1卷,北京:人民出版社1995年版,第276页。

迫使资本去关心生态环境，但即使是在这种情况下，资本关心生态也是为了自身进一步的扩展和增殖。资本逻辑是内在地具备生态负效应的，但是资本主义的消亡和社会主义的实现不是一蹴而就的，不能因为认识到资本逻辑内在的生态负效应，就完全否认现阶段利用资本改善生态环境的可能性。

二、解决生态危机离不开利用资本

在现阶段，资本依然是发展经济的重要手段，在社会发展中发挥着重要作用。彻底消灭资本、把资本一棒子打死显然不符合当代现实，也违背历史发展规律，因此解决生态危机离不开利用资本。生态危机的真正解决，不能脱离解决它的物质条件。资本永无休止地追逐利润所导致的生态灾难确实令人发指，但是我们不能因为其消极的生态后果而否定其在建设生态文明中的积极作用。"以资本为基础的生产，一方面创造出普遍的产业劳动，即剩余劳动，创造价值的劳动，那么，另一方面也创造出一个普遍利用自然属性和人的属性的体系，……而在这个社会生产和交换的范围之外，再也没有什么东西表现为自在的更高的东西，表现为自为的合理的东西。"[①]资本创造出了社会成员对自然和社会联系的普遍占有，"资本不可遏止地追求的普遍性，在资本本身的性质上遇到了限制，这些限制在资本发展到一定阶段时，会使人们认识到资本本身就是这种趋势的最大限制，因而驱使人们利用资本本身来消灭资本"[②]。由此可见，消灭资本不可能离开资本本身，未充分实现资本普遍性的资本也不可能来消灭其自身。

---

① 《马克思恩格斯全集》第30卷，北京：人民出版社1995年版，第389—390页。

② 同上书，第390—391页。

资本对生态的双重效应造成了鼓励利用资本与限制资本之间的矛盾冲突。我们既不能因为资本所造成的消极的生态负效应而抽象地否定资本、拒斥资本,违背社会发展规律去消灭资本的存在,也不能因为资本的积极作用而盲目地支持资本、放任资本破坏自然生态环境。因此,要采取正确的手段遏制资本的生态后果,把资本可能带来的消极生态后果控制在最小的范围内。越来越多的研究表明,保护生态环境与经济发展并不是势不两立、水火不相容的。我们在讨论资本逻辑内在蕴含生态负效应时,不得不注意到:最先遭遇可怖的生态危机袭击的发达资本主义国家近年来在环境质量上大多都实现了相当程度的改善。耶鲁大学环境法律与政策中心等单位每年会发布一份《全球环境绩效指数报告》,对全球180个经济体的环境表现进行评估,其考察项目涉及环境对健康的影响、空气质量、饮用水卫生、废水处理、农业、森林、渔业、动物及其栖息地、气候与能源9个方面。在2018年的报告中,昔日发生过化学烟雾事件的英国高居第6位,曾流行过水俣病的日本居于第20位,曾受过环境污染重创的美国居于第27位……更具有参考价值的是,排在前30位的几乎全部是发达资本主义国家和地区,而排在第100名以后的都是发展中国家和地区。这一现象向我们提出的问题是:除却发达资本主义国家向不发达的落后国家转移落后产能和技术、转嫁环境污染这一因素,资本主义自身是否存在解决生态危机的可能性?

我们以科学技术为例来探讨在资本逻辑内部解决环境问题的可行性。从英国、美国、日本等国的环境治理过程中可以看到,依靠技术发展应对生态环境问题是其共同的经验,这包括清洁能源的开发、污染物的治理、废弃物的回收利用等。从美国生态学马克思主义研究者詹姆斯·奥康纳对技术的论述中可以看到，技术主要通过两个方面来应对生态环境问题：(1)降低提取原材料和燃料的成本，以及提高原材料和燃料的使用效率；(2)开发新的消费品，替代原有的消费品。技术是中性的工具，其结果取决于如何被使用。而对技术的使用本身，则受到政治与社会力量的主导。正如奥康纳所指出的那样，科技不仅是一种技术问题，也是一种社会和政治问题。从英、美、日三国的环境治理经验中可以看到，恰恰是政府作为最强有力的推手，推动了技术被应用于治理生态环境问题。1956年，英国的《清洁空气法案》出台；1970年，美国国家环境保护局成立，联邦政府给予巨额拨款；1971年，日本环境厅正式成立，作为中央机构专门统筹协调全国环境治理问题……科学技术成为一种解决方案的背后其实是政治的力量在推动。这一问题的反面同时也昭示了，对技术的不慎使用也可能招致更可怕的环境问题。核技术是最明显的一个例子。核能可以被用作一种清洁能源。法国作为全世界利用核能的第一大国，有超过2/3的电力依靠的是核能。但是，核技术同样给世界带来了巨大的威胁。一个国家的核能不仅可能改变国家之间的战争局势，甚至具有毁灭全世界的威力。正因为如此，核问题成为世界政局中的一个重要议题。从以上讨论中我们可以看到，科学技术作为解决环境问题的方案本身不是自主、独立的议题。一方面，技术仍然通过提高劳动效率、提高原料利用率、生产新的商品等途径，通过资本逻辑起作用，并参与资本的增殖过程。另一方面，技术的使用方向由政治等因素决定。在资本主义的现实发展中，尽管我们能够观察到生态危机在某些国家通过技术和政治的力量得以缓解，但正确认识这些解决方案需要具备全球化的视野。资本的全球性扩张形成了全球范围内的不平等的分工,以及随之而来的国家间不平等的政治地位。从这个意义上而言,生态危机仅仅是实现了国别间的转移,并没有从根本上真正被解决。

如何在社会主义还未在世界范围内实现的条件下,最大限度地改善生态环境,是一个具有现实意义的课题。特别是,中国仍处在社会主义初级阶段,我们必须合理利用资本,发展生产力,才能为走出生态危机创造物质条件。改革开放四十多年来,我们既享有市场经济所带来的极大增加的物质财富,也遭遇着资本冲击下市场经济的发展所带来的生态环境破坏和环境污染。巨大的社会发展成就表明,对资本的利用给我们带来的进步远大于其产生的消极后果,我们不能因资本具有负面性而因噎废食。如果以片面的方式看待资本,那么所得出的结论不是过于乐观就是过于悲观,从而"不是遮蔽了全球化的发展所带来的种种可能产生严重后果的问题,就是遮蔽了人类其它可能的选择空间"[①]。因此,我们要辩证地看待资本:既看到资本逐利性可能造成的生态恶果,又充分肯定资本对生态文明建设的积极作用。我们既不能因为资本所造成的消极的生态负效应而抽象地否定资本、拒斥资本,或消灭资本的存在,倒退回"田园诗"般的落后生产方式,也不能因为资本具有推动社会发展的积极作用而盲目地支持资本、放任资本对自然生态的破坏。

在全球资本积累日益深入的背景下,我们既要发展市场经济,利用资本来加快生态保护、生态修复以及生态重建,又要合理管控资本,通过经济杠杆与法律手段等政策工具,抑制市场化运作中资本的逐利性对自然的破坏;在利用资本和限制资本之间保

① 王南湜:《全球化时代生存逻辑与资本逻辑的博弈》,《哲学研究》2009 年第5 期。

持合适的张力,以减少资本逻辑在生态环境领域的负面作用。为此,政府要充分利用国家权威制定相关的环保公共政策,通过经济杠杆与法律手段等政策工具,加强市场机制下经济活动对生态影响的外部规制,引导经济向有益于生态文明建设的方向发展。我们应该扬弃资本,理性地驾驭资本。只有理性地驾驭资本,既利用资本又管控资本,才能使资本更好地服务于生态文明建设。

第五章

生态文明在人类文明中的地位

生态环境危机对人类生存发展的威胁日益加剧，推动着人们更加深入地思考人类文明的未来走向。人类文明起源于对自然的利用和改造，发展于利用科学和技术对自然的大规模改造，同时也衰落于对自然生存环境的颠覆性破坏，人与自然的矛盾贯穿人类文明史始终。人类文明是在生物圈的基础上产生形成的，人类的前文明时代是蒙昧和野蛮的，传统农业的出现标志着人类历史从野蛮时代发展到了农业文明时代。工业文明推动了人类社会的高速发展，但其对自然产生的负面效应也是巨大的。这种异化现象的产生，深刻暴露出了以工业为主体的社会发展模式与人类的环境要求之间的矛盾，以一种后现代的方式将人与环境的关系问题尖锐地提交给了全人类。人类文明要想继续发展就需要改变人对自然作用的生产方式，向寻求人与自然和谐的生态化发展。正是在人类社会面临生态环境危机和发展困境的现实条件下，新的生态文明萌生于工业文明的母体中。基于人类文明发展的过程性和文明系统复杂的结构性，我们应该分别从历时性和共时性两个维度，对生态文明在人类文明中的地位加以全面认识。从人类文明发展的过程性来看，生态文明萌生于工业文明的母体中，是对工业文明的扬弃，将成为工业文明之后新的人类文明形态。从人类文明系统的结构性来看，生态文明只是人类文明系统中的一个方面，但具有基础地位，可以与物质文明、精神文明、政治文明发生交叉渗透的相互作用。

第一节　文明的起源和兴衰与生态环境的关系

历史学家在研究文明与生态环境的关系时认为，一个民族的历史越悠久，它对自然的开发就越深入，从而对它所在地区的环境破坏也就越严重。因而，“文明越是灿烂，它持续存在的时间就越短。文明之所以会在孕育了这些文明的故乡衰落，主要是由于人们糟蹋或者毁坏了帮助人类发展文明的环境”①。也就是说，“人类借助改善了的工具和提高了的技术，在无意中毁坏了土地的生产力”，乃至“文明人跨过地球表面，在他们的足迹所过之处留下一片荒漠”。② 一旦环境迅速恶化，人类文明也就随之衰落了。人类在自然基础上创造了自己的文明，但是人类最光辉的成就大多导致了奠定文明基础的自然资源的毁灭。关于文明的起源和发展与生态环境的关系问题是需要深刻反思的。

---

① 〔美〕弗·卡特、汤姆·戴尔：《表土与人类文明》，庄崚、鱼姗玲译，北京：中国环境科学出版社1987年版，第5页。

② 同上书，第3页。

一、生态环境与中国古代文明兴衰的关系

中国古代文明最早主要成长于黄河流域,黄河中下游地区大致都是平原,山地不多,其西部是现在的关中平原。整个关中平原土质疏松肥沃,十分易于耕种和农作物的生长。那时的关中平原,除了有耕地之外,还有十分丰富的植被。太行山以东与河济之间的中原地区也是平原广漠,间有丘陵。当时这一地区黄土淤积,土质肥沃,结构疏松,很容易开垦。在这个区域内,除黄河水系外,北面有海河水系,南面有部分淮河水系,并有不少沼泽、湖泊。从地理位置来看,黄河中下游地区是一个相对独立的地理区域,东临渺茫浩瀚的太平洋,北、西、南三面均有崇山或大川构成巨大的地理屏障。在人类文明成长的初期,由于生产力水平低下,交通工具落后,因此这一地区与外界其他地区的交往受到很大的限制。

上古时期,黄河中下游地区是一个非常有利于人类从事农业生产的地区,气候温和、湿润、多雨,植被茂密,有草原,有森林,很适合农作物的生长。这里物质丰富,生态良好,是孕育古代文明的沃土。考古发现证明,到原始社会晚期,黄河中下游地区的农业已经有了相当的发展,虽然人们仍从事渔猎和采集,但农业在经济生活中已经占首要地位。一些远古人类如"蓝田人""丁村人""河套人"都在这里繁衍,仰韶文化、龙山文化、许家窑文化也都发源于黄河流域。中国古代的文化中心如咸阳、西安、洛阳、开封、商丘等也都坐落在这里。南宋以前,中国历代王朝大多建都于此。农业是整个古代世界的决定性的生产部门,粮食是人类赖以生存与发展的最重要的生活资料,不同的自然条件决定着不同

的农耕起源的过程。

地理环境对物质生产活动的影响，首先十分明显地表现在农业生产方面。在古代中国黄河中下游地区，气候温暖且不乏雨水，土壤肥沃，结构疏松，十分有利于农作物的生长，因而农作物种植面积广大，品种也很多，粮食作物一向以“五谷”总归其名。一般来说，当时种植的主要农作物有黍、稷、麦、菽、麻等种类。先秦时期最主要的两种经济作物是养蚕所用之桑和纺织所用之麻。此外，黄河中下游地区蕴藏着丰富的铜、铁等矿物质，为古代金属冶炼制造业的发展提供了良好的条件，使其成为当时一个重要的手工业部门。早在新石器时代晚期，当地已经制造出了红铜器。从历代出土的商代青铜器和商代冶铜遗址的挖掘中都可以看到，殷商时期，冶铸青铜的技术已经达到很高的水平。由于冶铁比炼铜需要更复杂的技术和更完善的设备，因此冶铁业在春秋中期以前发展得相当缓慢，产量少，质量也不高。春秋中期之后，冶铁业发展加快，到春秋末期战国初期，达到了相当高的水平。到战国时期，铁器工具开始在农业生产中使用，生产力有了较大的提高，人口增加，土地开发规模扩大。这种局面发展到西汉时期达到了相当高的水平，人口增加到6000万人，全国耕地面积大约6亿亩，人均耕地面积大约10亩，当时每亩地粮食产量大约为140斤，扣除用于经济作物的耕地，西汉时期的人均粮食量已达到大约1000斤。[①]

发达的农业是中国自周代以来社会发展的主要条件。由于黄河中下游地区经营农业的自然条件比较优越，因此粮食生产基

---

① 孔繁德：《中国古代文明持续发展与生态环境的关系》，《中国环境科学》1996年第3期，第236—239页。

本可以满足人口消费的需要。占人口绝大多数的农民靠“男耕女织”解决基本的生活必需品问题，自给自足的自然经济一直占绝对的支配地位。这在很大程度上削弱了商业的意义，商业的发展缺乏有力的刺激。在春秋中期以后及整个战国时代，商业有相当的发展，但也并没有改变自给自足的自然经济占绝对支配地位的状况。中国文明、中国的社会制度和结构都是围绕农业、在农业的基础上形成和发展的。而中国古代的文明主体骨干和主要成分也是农民。这样，古代的中国文明就带上了鲜明的农业色彩。治水、用水、耕作技术、历算、天文、土地测量、饲养家畜和家禽、制陶烧瓷、冶炼等，都是服务于农业的。生产力从一定意义上说就是农业的生产力，而农业又主要是手工劳动。因此，中国先进的古代农业文明是一种农业与家庭副业相结合的分散的小农制，精耕细作，灌溉技术先进，农业生产率在前工业文明时期相当高，但仍处于自给自足的自然经济状态。中国古代可以说将农业的手工生产发展到了极限，这是其文明发达的原因，其价值观、思想和道德也是围绕农业的，包括语言文字和艺术都与农业密切相关。

传统农业的主要投入就是劳动力和土地。劳动力的投入既是扩大生产规模的前提，又是精耕细作的前提，总之它是提高粮食产量、缓解人口压力的有效措施。然而这一措施的不断强化却导致了人口的持续增加，反过来又加重了人口压力，形成恶性循环。土地的投入是在土地生产力水平一定的条件下增加粮食产出的必要条件，然而土地是有限的。据估计，北宋时期，中国人口在最多时可能已突破1亿大关，当时南方的人口就已经大大超出了北方,长江以南的人口比汉代时增长了9倍。[1] 南方山多地少、耕地面积有限,人们就向山上和水中发展,创造了梯田、围田、水田、架田等多种土地利用和开拓的形式。到了明朝中叶,中国的经济技术发展主要是,农业技术水平有所提高,粮食亩产可达200斤,但人均耕地面积下降到6亩多,人均粮食量仍然可达约1000斤。清朝中叶之后,人口急剧增加,土地开发规模随之扩大,但到清朝末年,人口已超过4亿,耕地面积虽然扩大了,但人均耕地面积已不足3亩,尽管粮食亩产可达约300斤,但人均粮食量已远远低于1000斤的水平。[2] 由此,清朝末年时出现大面积垦荒,因此所造成的生态破坏程度随之加剧,出现了全国性的森林减少、湖泊面积缩减、水土流失等生态环境后果。清朝末年以后,中国的生态环境,主要是北方的生态环境急剧恶化。这时,汉唐时在西北、华北北部的一些垦区和古城已由于沙漠化而不复存在,诸多大草原也为沙漠所吞噬。这一切清楚地显示出,土地承受了巨大的人口压力。

在没有及时建立起人口调节机制的条件下,单靠耕地扩张是无法化解人口压力的,人口压力将形成恶性循环。没有内涵式的发展,农业系统终有被压垮的一天,中国的黄土高原就是一个例证。在黄土高原这类干旱、半干旱地区,水分不足始终是限制当地农业发展的主要因素,农作物的单产一直较低。在古代传统农业时期,人口的增长必然要求扩大耕地面积,汉武帝时就曾移民70万人到黄土高原开垦荒地,使黄土高原由游牧区变成了农业

---

① 朱国宏:《可持续发展:中国现代化的抉择——中国人口·资源·环境与经济发展关系研究》,福州:福建人民出版社1997年版,第109页。

② 孔繁德:《中国古代文明持续发展与生态环境的关系》,《中国环境科学》1996年第3期,第236—239页。

区。大规模的垦荒使黄土高原的森林、草原等植被遭到严重破坏,水土流失严重,而黄河也河水变黄,下游淤积,河床抬高,且时常泛滥成灾。广种薄收的代价是破坏了草场和森林,继而引起风沙侵蚀和水土流失;风力、水力侵蚀加重了干旱,同时又加速了土壤有机质的流失和分解,导致其肥力下降。这一切又进一步影响了单产,形成恶性循环。风沙、干旱、水土流失同时加剧,生态平衡极度失调,致使黄土高原的农业系统趋向崩溃。黄河上游、丝绸古道,乃至今天的毛乌素沙漠、乌兰布和沙漠在早年都曾是"森林茂盛,水草肥美"之地,如今却"四望黄沙,城垣倾颓",成了中国最贫穷的地区之一。

中国古代文明起源广泛而多元,在不同时期,文明中心是变化的。约5000年前,中国文明中心在黄河流域。商代和西周的文明中心也在黄河流域。春秋、战国时期,长江流域经济发展很快,出现过楚、吴、越等强国,但文明的中心还是在黄河流域。秦和西汉时期,国家统一,铁器和牛耕被广泛用于农业生产,生产力达到了一个新的水平,国力强盛。秦和西汉的京城都在关中,其主要原因是政治中心与经济中心的结合。由于秦和西汉时人们在黄土高原及其北部的草原大量垦荒屯田,破坏了森林和草原,导致沙漠化和水土流失,因此黄土高原及其北部的草原农耕生产严重衰退。东汉时迁都洛阳,说明当时的经济重心已由黄河中游迁至黄河下游。但是,黄土高原的水土流失不仅破坏了黄河中游的农耕生产,而且使黄河泥沙激增,河床淤积,黄河下游洪涝频繁,因此东汉后期北方农耕生产开始衰退。魏晋南北朝时,北方战乱,人口大量南迁,北方农耕生产被严重破坏,而南方长江流域得到了进一步开发。到隋唐时,南方经济发展速度加快,隋朝修建了大运河，其主要功能是南粮北运，每年由南方向北方运送粮食500万石以上。唐宋以后，由于北方地区生态环境的不断退化，社会经济发展的重心开始南移，黄河流域逐渐失去了文明领先的地位。江南地区生态环境不断改善，社会生产力得到迅速发展。到北宋时，南方的人口超过北方，经济发展水平也超过北方，每年由南方通过运河向北方运送粮食达六七百万石。到元、明、清三代，南方的经济发展全面超过北方，通过大运河每年向元、明、清三代的政治中心——北京运送粮食达600万石左右。[①] 总之，中国南方逐步开发，向北方提供了大量的粮食、纺织品和税赋，间接减轻了北方的经济压力和生态压力，这对中国古代文明的持续发展起到了重要作用。这同时也说明，人类社会的一切活动，总是要在一定的地域范围内开展，离不开特定的生态环境，生态环境的优劣与文明的盛衰和社会历史转折密切相关，生态环境变迁和自然灾害具有潜在的社会功能。

二、生态环境与世界其他地区古代文明兴衰的关系

“刀耕火种”是人类最早的农业技术。为了发展农业和畜牧业，人们砍伐和焚烧森林，开垦土地和草原，把焚烧山林的草木灰作为土地的肥料。这样耕种土地，总是力求获得最高的产量。但是，这常常是过分利用地力，耕种几年之后，天然肥力被用尽，收成开始下降，继而人们被迫弃耕，转移到有森林的另一个地方去。这时由于土地未被根本破坏，植被可以在休耕地重新恢复，腐烂的落叶使休耕地再度肥沃起来，这样的土地可以被再度开垦。但

---

① 孔繁德：《中国古代文明持续发展与生态环境的关系》，《中国环境科学》1996年第3期，第236—239页。

是随着人口增加,越来越多的绿地上建设了城邦和乡村,越来越多的森林被砍伐而变成农田和牧场,人们反复地进行刀耕火种,反复地弃耕,特别是在一些干旱和半干旱地区(古代农业文明又主要在这些地区兴起)过分利用地力,导致土地被破坏,出现严重的水土流失,肥沃的土地变为不毛之地。

最近6000多年以来的历史记载表明:除了很少的例外情况,文明人从未能在一个地区内持续文明进步30代至60代人(800年至2000年)。文明人主宰环境的优势仅仅能持续几代人。他们的文明在一个相当优越的环境中经过几个世纪的成长与进步之后就迅速地衰落、覆灭下去,不得不转向新的土地,其平均生存周期为40代人至60代人。[①]

世界上最早的文明之一,即中美洲的玛雅文明是在中美洲热带低地森林中发展起来的农业文明,最早出现于公元前2500年。其后到公元前450年,人口一直在稳定地增长,聚居地的面积和建筑结构的复杂度也越来越大。这是一个高度文明的社会,其文明成就反映在他们对宇宙的认识程度,城市、建筑的艺术设计和独特深奥的玛雅文字方面。这样一个伟大的文明在繁荣了10多个世纪之后突然消失,过去这一直是个不解之谜。美国芝加哥大学和佛罗里达大学的研究成果表明:从公元前800年前后开始,玛雅社会的人口就不断增长,平均每隔400年翻一番,人口的压力迫使他们毁林开荒,到公元前250年,这个地区的森林几乎被砍光了,造成了严重的水土流失。公元250年,玛雅文化、建筑、人口达到鼎盛时期,从公元800年开始衰落,此后在不到100年的时间里便

① 〔美〕弗·卡特、汤姆·戴尔:《表土与人类文明》,庄崚、鱼姗玲译,北京:中国环境科学出版社1987年版,第4页。

全部毁灭了。玛雅社会终于在9世纪以后因为失去农业的支撑而崩溃，其民族和文化没有了，文化只是作为历史，被留在遗迹中。

从玛雅文明消失的原因来看，早期玛雅文明的基础，据估计，是一种"swidden agriculture"系统，即在每年12月至来年3月的旱季用石斧清除一片林地，在雨季来临之前用火烧之，然后种植玉米和大豆，秋季收获。开垦的土地在使用几年后，因肥力下降和难以清除的杂草侵入而被撂荒。应该说，这种农业系统在热带地区非常适宜，其生产力也很稳定。但废弃的土地必须等到地力恢复、丛林再生后才能再次被使用，这段时间一般需要20年或更长。所以，大片的土地只能维持小部分人的生活。然而据考古证实，当时整个玛雅低地丛林中生活的人口在最多时接近500万。如此庞大的人口数量，其生存的土地显然不可能依靠"swidden agriculture"系统来维持。据最近考古发现，后期玛雅社会已经产生了集约化程度很高的农业系统，这种系统的特点主要体现在对土地的治理上：在坡地，清理丛林后，土地被垒成了台地以防止水土流失；在低地，采用网格状的排水沟，不仅可以排出洪水，而且可以利用沟中的淤泥来抬高地表。[①] 当时玛雅人主要的作物是玉米、大豆、棉花、可可等。但是，热带雨林地区的土壤侵蚀非常严重，在这种地区，一旦森林植被破坏，土壤也就随之流失。而农业用地、木材及燃料的需求使森林消失不可避免。与之相关的是，河流中的泥沙含量增高，造成低地和沟渠淤塞，地下水面抬高。此外，土壤有机肥补充不足，环境及资源恶化直接导致农业生产力下降。公元800年，玛雅社会的食品生产量开始下降，粮食短缺和

---

① 李素清：《对人类文明兴衰与生态环境关系的反思》，《太原师范学院学报(社会科学版)》2004年第3期，第17—19页。

战争频繁导致的高死亡率使人口锐减,城市逐渐变成废墟,一个高度发达的文明随之毁灭了。

巴勒斯坦的气候是典型的地中海气候,其足量的降雨滋润着古代人民种植的作物。只要土壤还能吸收雨水,这个国家就能保持相对的繁荣与优美的环境。在公元1世纪的时候,约瑟夫斯曾经这样描绘过加利里、莎曼琳和贾迪所在的那片土地:这里的土壤出奇的肥沃,乡间水分充足适宜于农作,而且景色优美,树木茂盛,果实累累,既有野生的又有栽种的。田地无须人工灌溉,而主要靠降雨,雨水足以满足庄稼生长的需要。在公元前12世纪前后,摩西人与以色列人显然相中了这块土地才移居到这里。大约3000年前,当摩西站在尼泊山峰眺望越过约旦的"希望之乡"的时候,他曾用下面的话向他的信徒们形容这片福地:这是一片溪水潺潺的沃土,泉水从谷地与山丘上涌出;到处长满了小麦、大麦、葡萄、无花果与石榴树;到处有橄榄油和蜂蜜。在这片土地上你可以随心所欲地将面包吃够,什么都将应有尽有。遍山的石块都是铁矿,在山中则可以开采黄铜……然而,所谓的"希望之乡"如今已成了"人类是地球不胜任的管家"这一评论的可悲见证。①

在这块3000年前"遍地流淌着牛奶与蜂蜜"的"希望之乡",土壤侵蚀已达到令人害怕的地步,以致山地中有一半地区的土壤全都被冲蚀尽失。这些肥沃的表土被从山丘上冲蚀下来夹带到谷地流域,然后分成了几类,各自归宿不同:细细的土末随着洪水流泻到地中海,使湛蓝美丽的地中海海面在视野可及的范围内都呈一片黄褐色;较粗糙的土粒散布在原先的冲积平原上,人们仍

---

① 转引自〔美〕弗·卡特、汤姆·戴尔:《表土与人类文明》,庄崚、鱼姗玲译,北京:中国环境科学出版社1987年版,第65—66页。

在那儿耕作，但它的面积正不断缩小；从光秃秃的山坡上冲蚀而下的好土日渐增多，逐渐在冲积平原上冲出一条条深沟，水中携带的冲蚀土壤堵塞了贯穿海滨平原的河流大道。光阴荏苒，这些因侵蚀而流失的土壤与从海岸上被风吹刮进来的沙丘一起使这片平原变成了沼泽，接着酿成的疟疾与瘟疫在这里逞凶，洼地上的人口急剧减少，同时丘陵地区的居民也大大地减少……就这样，山区的侵蚀与沿海平原上的沼泽瘟疫很快使"希望之乡"的人口减少到只有罗马时代的三分之一。巴勒斯坦再也不能恢复到当初作为"希望之乡"时的环境了。①

公元前4000年，苏美尔人和阿卡德人在肥沃的美索不达米亚两河流域发展了灌溉农业。幼发拉底河高于底格里斯河，人们很容易用幼发拉底河的水灌溉农田，然后灌溉水被排入底格里斯河，再流入大海。他们的农业非常成功，在两河流域建立起了宏伟的城邦，这也是世界上最早使用文字的社会。苏美尔人在幼发拉底河流域修建了大量的灌溉工程，这些工程不仅浇灌了土地，而且防止了洪水。巨大的灌溉工程网提高了土地的生产力，使数百万人从土地上解放出来，去从事手工业、贸易或文化活动，他们创造了灿烂的古代文化——古巴比伦文明。然而经过1500多年的繁荣后，公元前4世纪，辉煌的古巴比伦文明却衰落了。如今在古巴比伦城池的废墟上，除了荒漠和盐碱地，再也找不到当年古文明的恢宏气势。古巴比伦文明消失的生态学原因是什么呢？古巴比伦文明从人类利用水进行灌溉开始，以不合理的灌溉所造成的土地盐渍化和灌溉渠道淤积的严重后果而告终。苏美尔人

① 〔美〕弗·卡特、汤姆·戴尔：《表土与人类文明》，庄峻、鱼姗玲译，北京：中国环境科学出版社1987年版，第65—66页。

对森林的破坏,加上地中海气候在冬季倾盆大雨的冲刷,使河道和灌溉渠道的淤积不断增加,人们不得不反复清除淤泥,甚至重新挖掘新的渠道,而后又无奈地将其放弃。这样的不良循环,使得人们越来越难以将水引到田中。与此同时,由于苏美尔人只知道灌溉,不懂得排盐,因此美索不达米亚的地下水位不断上升,给这片沃土盖上了一层厚而白的盐结壳。土地的恶化使美索不达米亚葱绿的原野渐渐枯黄,人口的增加和土地的恶化使文明的"生命支持系统"濒于崩溃,并最终导致了文明的衰落。恩格斯指出:"文明是一个对抗的过程,这个过程以其至今为止的形式使土地贫瘠,使森林荒芜,使土壤不能产生其最初的产品,并使气候恶化。"[①]例如:"美索不达米亚、希腊、小亚细亚以及其他各地的居民,为了得到耕地,毁灭了森林,但是他们做梦也想不到,这些地方今天竟因此而成为不毛之地,因为他们使这些地方失去了森林,也就失去了水分的积聚中心和贮藏库。阿尔卑斯山的意大利人,当他们在山南坡把在山北坡得到精心保护的那同一种枞树林砍光用尽时,没有预料到,这样一来,他们就把本地区的高山畜牧业的根基毁掉了;他们更没有预料到,他们这样做,竟使山泉在一年中的大部分时间内枯竭了,同时在雨季又使更加凶猛的洪水倾泻到平原上。"[②]

显然,古代农业文明大都发祥于良好的生态环境,其中有充足的雨量、繁茂的植被、丰富的动物资源以及温和的气候。人类只有先解决了吃饭问题、生存问题,有了剩余产品和闲暇时间,才有可能从事科学文化的创造和思考,才能推进早期文明的发展。

---

① 〔德〕恩格斯:《自然辩证法》,北京:人民出版社 1984 年版,第 311 页。

② 《马克思恩格斯选集》第 4 卷,北京:人民出版社 1995 年版,第 383 页。

古埃及文明、古巴比伦文明以及美洲的玛雅文明都兴盛繁荣、辉煌灿烂过十多个世纪，但后来它们却都落后、毁灭、消失了。面对这种情况，人们不禁要探寻其中的原因。古代农业文明衰落的原因固然很复杂，比如外族入侵、内部战乱、统治者的奢侈腐化等，但究其根本原因却是“生态灾难”，即破坏森林、过度使用土地、人口膨胀、水土流失导致自然环境恶化，沃野变荒漠，最终文明衰落或毁灭，人去楼空，一片荒凉。

在农业文明持续的若干个世纪中，人类用小生产的、分散的农业劳动方式去影响、干预自然，改变着自然界的面貌，而这并非都取得了成功。人类的农业生产带来的最严重问题是破坏森林植被和随之而来的破坏土地。文明人怎样毁坏了良好的生存环境呢？主要是通过耗尽或破坏自然资源。他们尽量多地把坡地、山林和峡谷森林中有用的树木砍伐或焚烧；他们过量地在草场上放牧，使之殆尽；他们捕杀了林间的绝大多数野生动物，打捞了绝大多数的鱼等水中生物。人类任凭风雨侵蚀农场的土地，掠走农田中最有生产力的表土，还放任被冲蚀的泥沙堵塞河流，沉淀于水库和灌渠，淤积物封死港口与海湾。多数情况下，人们耗用或者消费掉了多半易于开采的金属或其他矿藏。然后，他们的文明就在其自身所造成的环境毁坏之中衰落，或者人们只好转移到新的土地上去。有史以来，已经有10种至30种不同的文明（具体数目依据文明分类的方式而定）沿着这条道路走向了衰亡。[①]

所有古代文明发展的前提都是：在文明发展的土地上，生产者生产出足够多的剩余产品。因而一般地说，每一种文明在它诞

---

① 〔美〕弗·卡特、汤姆·戴尔：《表土与人类文明》，庄崚、鱼姗玲译，北京：中国环境科学出版社1987年版，第5页。

生的土地上兴旺与繁荣几百年后,原有的土地生产剩余产品的能力下降,甚至不能再养育人们,于是人们便开始征服和夺取邻近地区的土地,并利用掠得的土地使其文明再持续几个世纪。接着,在他们耗尽为其提供食物并支持其生存和发展的地力之后,文明也就开始衰落了。最后,他们被周边野蛮部族所吞没,随之出现了一个黑暗时期。这是古代文明从兴盛到毁灭的大体模式。此后,可能有新的文明在这里重新开始,并重复上述模式,直至土地被根本破坏,文明遗迹被掩埋在沙土之中。

任何一个文明社会存在的基础都是一个持续的"生命支持系统",文明得以持久延续与发展的关键是,它保持了养育人类的土地的可持续性。古代农业文明的衰落和毁灭给后人以深刻启示:任何一种环境退化都会削弱文明的基础,它们之所以走向衰落,根本原因在于其赖以生存和发展的土地资源被破坏了,进而经济走上了一条生态环境无法持续的道路。古代农业文明的衰落说明,农业社会时期同样存在人与自然的矛盾。就总体而言,由于世界人口和经济的增长比较缓慢,人类经济活动干预、影响生态系统的能力也很有限,因此人与自然的矛盾只是在一些年代和一些地区存在激烈的对抗,在更多的情况下则表现为,人类对地球生态系统资源开发利用不足。与此同时,农业社会的经济发展也十分缓慢,并最终被更为先进的工业文明所取代。

三、从自然史和人类史彼此制约看人类文明的发展进程

人类最初是自然界中普通的一员,为了种群的生存和延续,他们必须与自然界中的其他生物和非生物发生作用。人类文明是在生物圈的基础上产生、形成的。人作为地球上生命的高级形

式，在和自然发生交互作用的过程中，从发明工具入手不断提高生产力，从积累剩余入手不断改善生活，从分工入手不断强化合作机制。基于这一历史事实，人类很自然地成为自然界的独特部分。人类在与自然交互作用的过程中因为产生各种联系而形成了一个比所有物质产品都更重要的“产品”——社会。社会形成以后，就作为一个独立要素参与人与自然的相互作用，使世界成为一个由人、社会、自然三者及其互动构成的庞大的复杂巨系统，我们将其命名为“环境社会系统”，而人类社会只是它的一个子系统。[①] 环境社会系统有它自己的组织结构和运行规则，人类社会系统也有它自己的组织结构和运行规则，两者既有密切的联系又有显著的不同，可以分别被称为环境社会系统秩序和人类社会系统秩序。人类社会系统秩序的变化既决定于人类社会内部各种要素的矛盾运动，又要受到环境社会系统秩序的制约。或者说，既要受到社会与人的关系的影响，又要受到社会与自然的关系的影响。过去，我们往往只认识到了前一种关系的作用，没有认识到后一种关系巨大的甚至是根本性的作用。[②]

整个人类社会发展史贯穿着两大基本矛盾。一是，人类的生存和发展要求自然环境向人类社会源源不断地提供越来越多的物质支持，这一要求是永恒的（在整个人类或地球消亡之前），或者说是无限的，而自然环境能够提供这种支持的能力则是有限

---

① “环境社会系统”是北京大学环境学院叶文虎教授在1999年提出的一个理论概念，它是指由自然、人和社会构成的一个三元互动的整体。在这个整体的运动过程中，自然、人和社会都在不断地发生着变化。这些变化有先有后，相互激荡，相互制约。社会秩序则是这些变化的集中反映和体现。

② 叶文虎：《论人类文明的演变与演替》，《中国人口·资源与环境》2010年第4期，第106—109页。

的,这是人与自然的矛盾。二是,在人类社会内部,人们对公平(公正)分配社会物质财富的追求是无限的、永无止境的,而现实的社会制度和运行机制满足这一追求的能力则是有限的,且永远是滞后的,这是人与社会的矛盾。这两对“无限和有限”的基本矛盾相互交织,结合在一起,推动着人类社会的进步与发展。

当我们从环境社会系统的角度来探求人类社会的发展规律时会发现,物质运动层面存在三种生产活动和三种供需关系。第一,从人类社会内部看,其中存在两种生产(有物质输入和输出的全部过程)活动,即人口生产活动和物资生产活动(通常哲学术语为物质生产活动)。但从环境社会系统这个整体的角度看,除了人口生产活动、物资生产活动外,其中还存在一种环境生产活动,并且这三种生产活动呈环状紧密联系在一起(见图 5-1)。第二,物质在这三种生产活动中的流动本应是循环、畅通的,但如果人为的原因导致物质流动不畅,甚至退出循环,那么环境社会系统就不能实现稳定的运行,从而人类社会也就不能健康地发展。而现有的人类文明和社会秩序就会受到严重的挑战,直到被新的文明所取代。[①]

人类的生存和人类社会存在的基础是,物质从自然环境中被索取出来,在人类社会中经过加工、流通、消费、弃置几大环节又返回自然环境的流动。也就是说,物质在环境社会系统中的流动是人类的生存和人类社会的发展,包括人类文明的演进的基础。在上述这种物质流动链条中存在三种供需关系,即商品供需关系、自然资源供需关系和环境容量供需关系,这三大供需关系之

---

① 叶文虎、陈国谦:《三种生产论:可持续发展的基本理论》,《中国人口·资源与环境》1997 年第 2 期,第 14—18 页。

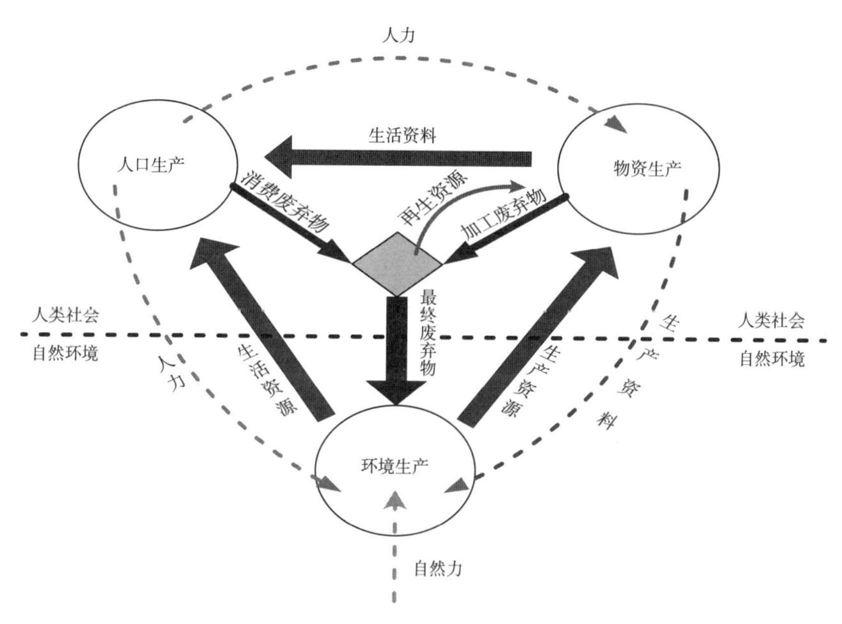

图 5-1　环境社会系统中三种生产活动的结构示意图

间有着密切的内在联系。由此可见,我们需要建立新的理论来揭示这三大供需关系与人类社会的经济活动,以及社会制度和运行机制之间的联系。①

随着人类社会的发展,人类的生存方式在逐渐改变。在前文明时代,人类通过直接消费从自然环境中索取来的资源生存。在生产力水平极其低下的情况下,"索取"主要依靠人的体力和体能。到了距今约一万年前,人类步入了农业文明时代。在这一时代,人与自然的关系突出表现为,人类由前文明时代向大自然"索取"的阶段跨入了能动地"改造自然"的阶段:人类主要通过消费其对自然资源加工所生产出的物品生存。由于当时人类能够从自然环境索取到的自然资源主要是土地、森林、草场、水面和动植

① 叶文虎、邓文碧、陈剑澜:《三种供需关系论》,《中国人口·资源与环境》2000 年第 3 期,第 1—6 页。

物等，而经加工所得的产品主要是农作物、猎获物、捕捞物和采集物等，因而社会分工开始细化并相对固定下来。到了工业文明时代，随着社会分工的进一步细化，物品作为商品来流通成为社会的必需。于是，商品的广泛流通就成为工业文明时代最具决定性意义的基本标识。由此可见，人类社会的发展与人类社会分工的细化相伴随，社会分工越细，社会的组织程度就越高，文明的形态和特点也就随之发生了变化。

从广义讲，文明是人类在征服、改造自然与社会环境过程中所获得的精神、制度和物质的所有产物。与“野蛮”相对应，“文明”是指人类社会的进步和开化状态，它反映了人类战胜野蛮的过程，也反映了人类社会的进步历程，它包括的内容和范围极其广泛，是一个大系统。英文用“civilization”一词表达，是指特定时期和地区的社会文明，具有总体性含义。

从狭义讲，文明偏重文化含义，英文用“culture”一词，是指国家或群体的风俗、信仰、艺术、生活方式及社会组织。从文化特性来看，任何一种文明的存在与其特定模式的构成，都是它所处的自然环境与社会环境互相“选择”的结果。因为区域社会生态系统不同，地理、气候的多样性加上生物的多样性就必然带来文明的多样性。

概括文明形态的坐标尺应是生产方式，它既包括生产力内容，也包括生产关系内容，以及包括由此决定的社会结构和上层建筑等各种社会现象。文明的发展水平标志着人类社会生存方式的发展变化。事实上，任何一种社会发展的最终指向都在于，追求人类社会的更高级的生存方式，实现更高层次的文明状态。

从人类利用自然、改造自然的方式即生产方式来看，虽然世界不同地区的文化特色多姿多彩，文明发展进程有先有后，每个发展阶段有长有短，发展程度也各不相同，并因此造成了文明的多样性和复杂性，但是世界文明发展的共同性也是十分明显的，有其共同规律可循。如果以生产方式为核心来划分人类文明形态的发展历程，人类历史就已经经历了前文明、农业文明、工业文明这样几个文明形态。

文明的产生是自然环境与社会环境互相选择的结果，文明的发展是人类通过不断改变生产方式推动的，文明的演替有其内在的必然性，文明的发展同时也遵循着交相更迭的规律。通常，在每一个文明形态后期，都因为出现了人与自然的尖锐矛盾，人类被迫选择新的生产方式和生存方式，而每一次新的选择都能在一定时期内有效缓解人与自然的紧张对立，使人类得以持续生存和繁衍。

人类的前文明时代是蒙昧和野蛮的。在人类初始的漫长世纪中，人类完全依靠从生态系统中取得的天然生活资料维持生存，如采集野果和昆虫、用简单的石器等工具猎杀野兽，只有依靠个体人或群体人的体力、体能去与自然环境“搏斗”才能维持自己的生存。这种活动对大自然的影响与强大的自然资源相比，则是微不足道的。在前文明时代，人仅仅是自然生态系统中的普通成员、食物链中的一个普通环节。虽然原始人与生态系统中的其他生物及其环境也存在矛盾，比如，由于火的发明和生产工具的改进大大加强了人类采集、狩猎等活动的能力和影响，因而就有可能使某些动植物资源被过度消耗，再生能力受到损害，甚至造成食物链环的缺损，但这种矛盾从根本上说，属于生态系统内部的矛盾，表现为一种自然生态过程。这时候，人与自然的关系既密切又紧张，可以称为“天人未分”时代。

传统农业的出现标志着人类历史从野蛮时代发展到了农业文明时代。在农业文明时代，人类主要以种植和养殖为生，生产力水平和对自然环境秩序的认识水平在逐步提高，达到了可以在一定区域范围内、在某些方面和一定程度上影响和改变自然环境的程度，人与自然相互作用的方式也发生了变化。与原始农业时代只将种子撒在地里任其自然生长不同，传统农业时代既种地，又养地，人类开始利用农业技术，开发农业资源。人类开始在意识上把自己与自然相分离，把个体与群体相分离，这个时期可以被称为"天人初分"时代。虽然在传统农业社会，人相对自然依然处于被动地位，其技术结构和自然系统之间没有必然的冲突，由于人口数量不多、生产力十分低下，人类对自然环境整体的冲击力并不大，但也不是什么问题都没有，最直接的问题是，土地的不合理使用造成土壤侵蚀和土地退化，社会的承灾、抗灾能力低下，各种自然灾害肆虐等。很多资料表明，玛雅文明的消失和中国黄土高原的退化都是由人口与土地的矛盾导致的人与自然的矛盾激化的结果。

工业文明是以工业化的实现为前提条件的，到 18 世纪中叶，蒸汽机等机器引起了工业生产的革命，这不仅是生产技术和生产力的革命，而且是生产关系的一次重大变革。英国是工业革命的先驱，继英国之后，法国、美国、德国、俄国以及日本，都在 19 世纪陆续发生产业革命，先后进入工业社会。这标志着，人类文明形态开始由传统的农业文明走向工业文明。在工业文明时代，社会奉"经济利益最大化"为最高价值追求。在这一追求的驱使下，人类社会依托工业文明所形成的制度体系和所激励出来的科学技术，对自然环境展开了前所未有的、大规模的、远远超出环境承载力的开发,从而使自然环境发生了威胁人类健康和幸福生存的变化。这一变化又反过来严重制约着人类社会的进一步发展。在工业文明时代,以牛顿力学和技术革命为先遣军,人类的“足迹”几乎遍及地球的所有角落,并以突飞猛进的科学技术和无比巨大的生产力作用于自然环境,干预地球上的生物、化学循环和能量流动。于是,人类开始觉得自己不但可以彻底摆脱对自然环境的依赖,而且还可以驾驭自然、做自然的主人。这一时期可以被称为“天人对立”时代。

工业的兴起彻底改变了农业社会中人与自然的相互作用方式,对人与自然关系的变化产生了重大影响。这主要体现在三个方面:第一,生产力的高度发展和人口的快速增长,使人类社会对生态系统的要求急剧增加,而遵循明显周期性变化规律的可再生能源和资源不能完全满足它的要求。第二,随着工业文明和科学技术的进步,人类干预自然、将自然资源变换为自己所需要的物质资料的能力和手段也日新月异,大量合成出来的新物质改变了地球生态环境。第三,在为满足经济增长要求而向生态系统输出大量物质能量的同时,工业生产过程中的剩余物也随着生产规模的不断扩大而成正比地增加。这些工业剩余物绝大部分作为废弃物被直接排入生态系统,从而污染了生态环境,这种状况被称为环境(资源)危机。

工业文明推动了人类社会的高速发展,但其产生的负面效应也是巨大的,使人类社会发展面临人口爆炸、资源短缺、粮食不足、能源紧张、环境污染的困境,这是人与自然的矛盾尖锐化的集中表现。过度的工业化不仅严重破坏了人类赖以生存的自然环境,也使人类自身的社会环境受到了伤害和冲击。这种异化现象的产生深刻暴露出了以工业为主体的社会发展模式与人类的环境要求之间的矛盾,以一种后现代的方式将人与环境的关系问题尖锐地提交给了全人类,人类文明要想继续发展,就需要改变人对自然作用的生产方式,向寻求人与自然和谐的生态化发展。正是在人类社会面临生态环境危机和发展困境的现实条件下,新的生态文明萌生于工业文明的母体中。

20世纪70年代至80年代,随着西方工业化达到其最高成就,其所带来的资源枯竭、生态环境恶化等严重问题使人类面临发展困境。一些社会学家、未来学家预感到了传统工业时代将结束,用不同的概念来表述西方社会正在进入的时代,如"后资本主义"社会、"后文明"时代、"后工业社会"等。在工业文明走到尽头之日,人类文明将向何处发展,已经成为有远见的未来学家、社会学家、哲学家、历史学家、科学家共同关心的问题。如果我们接受"工业文明必然将被取代"这个结论,那么接下来要思考的问题就是:取代工业文明的文明将会是一种什么样的文明?反思人类文明演替的历程和工业文明时代的实际状况后,我们不难形成一个基本看法:取代工业文明的新文明要想从根本上克服人类在工业文明时代所面临的环境(资源)危机和社会公正危机,就必须从工业文明的桎梏中解脱出来,认真改变目前的生产方式、生活方式和社会组织方式。

在人类历史上,一个新的文明时代出现的直接动力都是来自克服前一个文明时代所不能克服的生存发展危机的需要。因此,只有认真反思工业文明形成的不利于人类可持续生存发展的弊病,才能对即将到来的新的文明时代的主要特点有一个轮廓性的把握。

第二节　生态文明的理论阐释

生态文明是针对工业文明所带来的人口、资源、环境与发展的困境,人类选择和确立的一种新的生存与发展道路,它是对工业文明的辩证否定和扬弃,意味着人类在处理与自然的关系方面达到了一个更高的文明程度。从文明的一般意义上讲,生态文明是人类在利用自然界的同时又主动保护自然界、积极改善和优化人与自然的关系、建设良好的生态环境时取得的物质成果、精神成果和制度成果的总和。从生态文明的特殊性看,它包括先进的生态伦理观念、发达的生态经济、完善的生态环境管理制度、基本的生态安全和良好的生态环境。从农业文明经过工业文明而至生态文明,将是人类社会文明发展的必然趋势。

一、生态文明概念的提出

20 世纪 60 年代初,美国女科学家蕾切尔·卡森出版了《寂静的春天》一书,唤起了更多人对环境问题的关注,同时还引发了一场环境意识的革命。从 20 世纪 70 年代开始,欧美国家环保运动方兴未艾,高潮迭起。1972 年,联合国在斯德哥尔摩召开了有史以来第一次“人类环境会议”,讨论并制定了著名的《联合国人类环境会议宣言》(简称《人类环境宣言》),向全世界明确宣布:“保护和改善人类环境是关系到全世界各国人民的幸福和经济发展的重要问题,也是全世界各国人民的迫切希望和各国政府的责任。”会议呼吁,各国政府和人民要为着全体人民和他们的子孙后代的利益而做出共同的努力。同年,罗马俱乐部发表了研究报告

《增长的极限》,第一次提出了地球的极限和人类社会发展的极限的观点,警示了人们在资源有限的地球上无止境地追求经济增长所带来的必然后果。20 世纪 80 年代,人们开始对工业文明社会进行初步的反思,各国政府开始把生态保护作为一项重要的施政内容。1981 年,美国经济学家莱斯特·R. 布朗出版了《建设一个持续发展的社会》一书,首次提出了可持续发展问题。1987 年,世界环境与发展委员会发布了研究报告《我们共同的未来》,对可持续发展做了理论表述,形成了人类建构生态文明的纲领性文件。1992 年,在巴西里约热内卢召开的联合国环境与发展大会提出了全球性的可持续发展战略,真正拉开了人类自觉改变生产和生活方式、建设生态文明的序幕。

与此同时,西方社会文化领域也感受到了当代环境问题的压力,环境学、生态学以及政治理论等各种理论研究纷纷展开了对生态环境问题进行的系统和全面的反思,围绕对环境问题的探讨产生了不同的学术流派,其中生态学马克思主义和建设性后现代主义比较具有代表性。生态学马克思主义是 20 世纪 70 年代以后兴起的一股激进左翼社会思潮,是当代西方生态运动与社会主义思潮相结合的产物,其主要代表人物是威廉·莱斯、本·阿格尔和安德烈·高兹、大卫·佩珀等。他们认为,全球环境危机的根本原因在于资本主义生产方式的过度生产和过度消费,以及成本外在化和生态犯罪,并展开了对生态危机的资本批判,主张把生态保护作为社会发展的基础,经济适度增长,并且追求全面的社会公正。90 年代以后,福斯特、奥康纳、科威尔等著名学者继续秉持"资本与生态对立"的基本立场,探讨了作为现代性后果的生态问题。生态学马克思主义试图把生态学同马克思主义结合在一起,以马克思主义理论解释当代环境危机,从而为克服人类生存困境寻找一条既能消除生态危机,又能实现社会主义的新道路。

建设性后现代主义致力于倡导、推进后现代的生态意识,以大卫·格里芬、小约翰·柯布等为代表。大卫·格里芬认为,“后现代思想是彻底的生态学的”,因为“它为生态运动所倡导的持久的见解提供了哲学和意识形态方面的根据”。[①] 建设性后现代主义在批判人类中心主义的过程中提出了人与自然是一个有机整体的生态观,把世界看作一个有机体和无机体密切相互作用的、永无止境的复杂网络,实际上提出了试图超越现代文明的后现代生态文明世界观。

1995年,美国著名作家、评论家罗伊·莫里森出版了《生态民主》一书,明确提出了“生态文明”(ecological civilization)的概念。[②] 在他看来,“生态文明”应该成为“工业文明”之后的一种新的文明形式。[③] 西方学者对工业文明社会的生产方式和价值观念的反思,以及对解决生态环境问题的展望,向我们昭示:工业文明因面临多重全球问题必将发生转型,走向新的文明形态。

从20世纪70年代中期开始,以弗罗洛夫等为代表的一批苏联学者,把生态环境问题看作涉及人类生存、人类未来的大问题,将其提升到哲学高度加以研究。他们以历史唯物主义为指导,对生态问题做了比较系统的阐述和分析,试图将马克思所说的自然

---

① 〔美〕大卫·雷·格里芬编:《后现代精神》,王成兵译,北京:中央编译出版社1998年版,第157页。

② Roy Morrison, *Ecological Democracy*, Boston, U.S.: South End Press, 1995, p. 3.

③ 刘仁胜:《马克思主义生态文明观概述》,载复旦大学马克思主义研究院、中国社会科学杂志社马克思主义理论编辑室编:《当代中国马克思主义研究报告(2007—2008)》,北京:人民出版社2009年版,第255页。

界的人道主义化理论丰富起来。弗罗洛夫指出,研究生态问题的本质至少应当考虑到生态问题具有的三方面因素:一是与可能导致自然资源枯竭有关的技术经济因素;二是在世界性环境污染条件下与人类社会同自然界的生态平衡有关的狭义生态学因素;三是社会政治方面的因素。其中,社会政治因素在解决生态问题过程中具有决定性作用。[①] 他认为:"马克思主义的科学把对环境的合理组织看作形成新人的条件之一;与此相适应,也把形成合理的,有益于人的环境的过程看作生态的发展过程。这样,使所形成的自然环境最大限度地适应人的需要,就成为生态学上平衡发展战略的基本目的。"[②]

据学术考察,苏联学术界最早使用了"生态文明"的概念。《莫斯科大学学报·科学共产主义类》1984 年第 2 期发表了《在成熟社会主义条件下培养个人生态文明的途径》一文,提出培养"生态文明"(эгорогическая цивилизация)是共产主义教育的内容和结果之一。生态文明是社会对个人进行一定影响的结果,是从现代生态要求的角度看待社会与自然相互作用的特性。[③] 尽管苏联学者较早提出了"生态文明"概念,但因为工业化发展程度与西方发达国家不同,他们所界定的生态文明含义不是工业文明之后的一种文明形式,他们也并未感受到人类文明发展形态将面临转折,只是将生态文明看作生态文化、生态学修养的提升。

---

① И. Т. Фролов, *Прогресс науки и будущее человека*, Избательство политической литературы Москва, 1975, p. 80.

② 〔苏联〕И. Т. 弗罗洛夫:《人的前景》,王思斌、潘信之译,北京:中国社会科学出版社 1989 年版,第 189—190 页。

③ 张捷译介:《在成熟社会主义条件下培养个人生态文明的途径》,《科学社会主义》1985 年第 2 期。

1987年,我国著名生态学家叶谦吉先生首先使用了“生态文明”概念。[①] 叶谦吉认为,所谓生态文明就是人类既获利于自然,又还利于自然,在改造自然的同时又保护自然,人与自然之间保持着和谐统一的关系。这是从生态学及生态哲学的视角来看生态文明。1988年,著名生态经济学家刘思华提出了要“创造社会主义生态文明”,这实际上提出了建设社会主义生态文明的新命题。他指出:“人无论作为自然的人,还是作为社会的人,都不是消极适应自然,而是在适应中不断认识自然与能动利用自然,创造符合自己需要的物质文明、精神文明和生态文明,推动人类和社会不断向前发展。”[②]其后,他进一步指出,创造社会主义生态文明是社会主义现代化建设的一项战略任务。面对当时中国尚未完成工业化,将长期处于社会主义初级阶段的现实,中国学者提出建设生态文明主要是针对经济增长付出了过多的资源环境代价,强调要实现经济社会和自然生态的协调发展。2007年,中国共产党十七大报告明确提出了建设生态文明,要求加强能源资源节约和生态环境保护,增强可持续发展能力。从此,建设生态文明成为中国特色社会主义发展的方向,这将给中国社会带来生产方式、生活方式以及世界观、价值观的转变,从而形成一种新的维系社会和谐发展的力量。党的十八大以来,从山水林田湖草的“命运共同体”,到绿色发展理念,再到经济发展与生态改善逐步的良性互动,以习近平同志为核心的党中央将生态文明建设推向了新高度。

---

① 刘思华:《对建设社会主义生态文明论的若干回忆——兼述我的“马克思主义生态文明观”》,《中国地质大学学报(社会科学版)》2008年第4期。

② 《刘思华选集》,南宁:广西人民出版社2000年版,第223页。

二、对生态文明的界定

关于如何界定生态文明，近年来中国学者提出了十几种概括，但其核心思想离不开人类在改造利用自然的同时，要积极改善和优化人与自然的关系，建设良好的生态环境。

从文明的一般意义上讲，生态文明是人类在利用自然界的同时又主动保护自然界，积极改善和优化人与自然关系，建设良好的生态环境时取得的物质成果、精神成果和制度成果的总和。从生态文明的特殊性看，它包括先进的生态伦理观念、发达的生态经济、完善的生态环境管理制度、基本的生态安全和良好的生态环境。

先进的生态伦理观念是指，在价值观念上，生态文明强调给自然以人文关怀，要求实现三个转变：从人是价值的唯一主体，向自然具有内在价值转变；从传统的“向自然宣战”“征服自然”，向“人与自然和谐共处”转变；从传统的经济发展动力是利润最大化，向生态经济的全新要求是福利最大化转变。人类应当在尊重自然规律的前提下，利用、保护和发展自然，生态文化、生态意识应当成为大众文化意识，生态道德应成为社会公德并具有广泛的影响力。先进的生态伦理观念是生态文明建设的精神维度。

绿色经济、低碳经济和循环经济本质上都属于生态经济，是经济活动的生态化过程和生态化体现。绿色经济顺应时代潮流，符合现实要求，是代表未来经济发展趋势、具有广阔发展前景的新型经济形态。建设生态文明需要发展绿色经济，培育壮大绿色产业，发展清洁能源和可再生能源，提高资源利用效率，最大限度地减少污染物排放，逐步降低碳排放强度，实现碳中和；按照“减量化、再利用、资源化”的原则，开发和推广节约、替代、循环利用和减少污染的先进适用技术，进行产品和工业区的设计与改造，促进循环经济发展。发达健康的生态经济是推动生态文明建设的基本动力。

完善的生态环境管理制度是指将生态化渗入社会管理。追求代际、群体与群体之间的环境公平与正义是完善生态环境管理制度的根本目标，是实现生态文明的可靠保障。中国正在探索和实施中的生态补偿制度、领导干部的环境目标保护责任制、非污染生态项目的环境风险评价制度等，都是在寻求以生态化方式完善社会公共管理。

基本的生态安全是指，安全的生态系统在一定的时间尺度内能够维持其内部结构，也具备在一定程度的外来干扰下自我修复的能力，即它不仅能够满足人类发展对资源环境的需求，也能实现系统的自我调节和恢复。基本的生态安全本质上要求，自然资源在人口、社会经济和生态环境三个约束条件下能够稳定、协调、有序和永续利用。从国家发展来看，建立国家生态安全预警系统、及时掌握国家生态安全现状和变化趋势是维护国家安全利益的根本需求。从人的生存发展需要来看，食品、粮食和能源安全都涉及人的生存和健康状态，而生态安全为人的生存提供了基本保证。维护生态安全是生态文明建设的重要目标。

良好的生态环境是保障人类生存和发展的重要物质基础，也是人们追求美好生活的支撑和基础。清新的空气、清洁的水源、安全的食品、丰富的物产、优美的景观等是良好生态环境的基本要素。良好的生态环境是提供人类生存与发展所需给养的发源地，是人类生命健康的保障，也是人类生存、发展、享有幸福生活的基本需求,公平享受良好的生态环境应成为人们的一项基本权益。

生态文明的内涵可包括以下几个方面。

第一,生态文明是一种积极、良性发展的文明形态。生态文明绝不是拒绝发展,更不是发展的停滞或倒退,而是要更好地发展,是要充分利用自然生态系统的循环再生机制,提高人类适应自然、利用自然和修复自然的能力,实现人与自然和谐、健康的发展。

第二,生态文明是可持续发展的文明。它包括人类的可持续发展和自然的可持续发展,二者是相统一的。人类所有利用环境、开发资源的活动,都必须以环境可承载、可恢复和资源可接替为前提,必须兼顾后代人的利益,是一种可持续的开发利用。人类对自然的改造和干预既要考虑人类活动对自然的影响程度,更要考虑人类自身的可持续发展问题。因此,要维护包括人类在内的整个自然生态系统的多样性稳定,只有在多样性稳定中,人类才能实现可持续发展。

第三,生态文明应是一种科学的、自觉的文明形态。如果说农业文明中包含某些生态文明的元素,那也只是自发的、朴素的、前科学状态下的,未来的生态文明应是自觉的生态文明。对自觉的生态文明来讲,仅有"天人合一"这样的哲学观念是不够的,还必须以科技的发展为基础,自觉地转变生产、生活方式。不仅要有哲学上的自觉,也必须有科学上的自觉,这就是,要自觉运用生态科学的协同统一性原理,维护人与自然能量交换的大体平衡。①

① 王玉庆:《生态文明——人与自然和谐之道》,《北京大学学报(哲学社会科学版)》2010年第1期。

可以说，生态文明以把握自然规律、尊重和维护自然为前提，以人与自然、人与人、人与社会和谐共生为宗旨，以环境资源承载力为基础，以建立可持续的产业结构、生产方式、消费模式及增强可持续发展能力为着眼点，以正确的、绿色的环境经济政策为手段，以实现人与自然和谐发展为目的，强调人的自觉与自律，人与自然的相互依存、相互促进、共处共融。生态文明是人类文明螺旋上升发展过程中的一个阶段，是对工业文明生产方式的否定之否定。它并不是对工业文明的完全否定和遗弃，而是对工业文明的扬弃，是对以往的农业文明和现存的工业文明的优秀成果的继承和保存，同时更有超越。建设生态文明，需要依靠工业文明已有的物质基础和完善的市场机制，同时更要致力于利用生态系统自然生产的循环过程，构建人与自然的和谐，并通过生产方式的改变，不断建设性地完善这种和谐机制。当人类文明进程发展到从价值观念到生产方式、从科学技术到文化教育、从制度管理到日常行为都发生深刻变革的时候，文明形态就要开始发生转变了。从农业文明经过工业文明而至生态文明，这将是人类社会文明发展的必然趋势。

三、生态文明在人类文明中的地位

关于如何看待生态文明在人类文明中的地位，学术界有很多争论。目前国内外学者在阐述生态文明时有两种维度：一是基于文明发展的历史形态，把生态文明理解为继农业文明、工业文明之后的一种新的文明形态；二是基于文明的构成成分，从共时性角度把生态文明理解为与物质文明、精神文明以及政治文明等并列的一种新的文明成分。从目前的研究成果来看，更多的研究者是从人类社会发展的历时性角度，把生态文明看作继工业文明之后的一种新的、更高级的文明形态，是与原始文明、农业文明、工业文明前后相继的社会整体状态的文明。对于中国这样的发展中国家来说，农业文明尚有遗留，工业文明尚未完全成熟发展，生态文明初露端倪，在时空压缩下，生态文明的历时性和共时性特点同时显现，这有助于我们认识生态文明在现代人类文明系统中的地位。

事实上，基于人类文明发展的过程性和文明系统结构的复杂性，应该分别从历时性和共时性两个维度对生态文明在人类文明中的地位加以全面认识。从人类文明发展的过程性来看，生态文明萌生于工业文明的母体中，是对工业文明的扬弃，将是工业文明之后新的人类文明形态。从人类文明系统的结构性来看，生态文明只是人类文明系统中的一个方面，但具有基础地位，会与物质文明、精神文明、政治文明发生交叉渗透的相互作用。

从人类生产方式发展的历时性角度看，生态文明将是工业文明之后新的人类文明形态。它和以往的农业文明、工业文明既有连接之点，又对其有超越之处。生态文明是人类文明史在螺旋上升发展过程中的一个阶段，是对工业文明生产方式的否定之否定，是对以往的农业文明、现存的工业文明的优秀成果的继承和保存，同时更有超越。生态文明和以往的农业文明、工业文明一样，都主张在改造自然的过程中发展社会生产力，不断提高人们的物质和文化生活水平，但它又和以往的农业文明和工业文明有所不同。生态文明运用现代生态学的概念来应对工业文明所导致的人与自然关系的紧张局面，致力于生态系统生产的循环过程，构建人与自然的和谐，并通过生产方式的改变不断建设性地完善这种和谐机制。生态文明所追求的人与自然和谐,不能简单等同于传统农业文明中因为生产力落后而形成的“天人合一”理念,而是建立在工业文明所取得的深厚物质基础之上,依靠科学技术进步所带来的对自然规律及人与自然之间互动关系的深刻认识,自觉地实现人与自然的和谐共处。这种和谐共处不仅表现为物质生产方式上,向自然的索取和输出均在环境的承载力之内,也表现为精神层面上人与自然的亲和。生态文明并不排除人类活动的工具性和技术性,但生态文明要求人类在不断创造文明成果的同时,也要创造生态恢复及补偿性的文明成果。人类文明的发展需要设定关于人的生存及自然环境的生态安全,同时致力于给予自然生态人文关怀。

从系统结构角度看,文明是一个大系统,生态环境、经济、政治和文化是其中较大的子系统。与之相对应,现代人类文明从内容结构上也可分为生态文明[①]、物质文明、政治文明和精神文明。这“四个文明”各自具有不同的内涵,体现着不同的关系,发挥着不同的作用,但它们又密切关联,互为导向,交叉渗透,既彼此制约,又相辅相成,在相互交错的运动中彼此发生相互作用,共同维系社会的发展。因此,从系统结构角度看,生态文明只是人类文明系统中的一个方面。一般来说,生态环境具有基础性、前提性作用。由于自然是人类社会生存的基础,因而追求人与自然和谐的生态文明可以被看作其他三个文明的基础。生态文明以生产方式生态化为核心,将制约和影响未来的整个社会生活、政治生

① 通常“生态”“环境”概念被等同使用,但实际细分起来含义有所不同。“环境”一词表明以人为中心,人之外的自然条件构成环境,而“生态”一词表明人是生态系统的一部分,人在自然之内。“生态文明”应是指,人类要在利用自然的过程中维护生态环境整体平衡的文明状态。

活和精神生活过程,它将促使现实的物质文明、精神文明和政治文明向着生态化方向转变。

(一)生态文明推动物质文明向生态与经济协调方向发展

物质文明是人类改造自然界的物质成果的总和,表现为生产力的状况、生产规模、社会物质财富积累的程度、人们物质生活的改善程度,等等。物质文明在社会文明结构中处于最根本的地位,它通过发展生产力获得物质成果,直接而集中地体现着人与自然之间的关系。人与自然的关系应包括两个方面:一是人对自然的征服和改造,二是在征服和改造中达到人对自然的调节和改善,以期长久地利用自然,实现人类自身的可持续发展。前者突出了人与自然对立的一面,后者则强调人与自然寻求和谐统一的一面。这两个方面是对立统一、互相交融的:一方面,人类不是单纯消极地适应自然,而是能够认识和改造自然的;另一方面,人类在改变自然界为自己服务时,又不能违反客观自然规律。

在文明体系构造中,自然生态环境系统构成了社会有机体的"物质外壳",为社会系统的正常运行、为人的正常生存和发展提供了资源环境保障。因此,人类的物质(资)生产系统完整地说实际上是生态经济系统。其中,生态系统是基础结构,经济系统是主体结构,技术系统是联结二者的中介环节。现代物质文明的发展离不开三者的统一和协调发展。作为经济系统主体的人以自然生态系统作为自己的生存环境。人们在经济系统中进行生产、分配、交换、消费所需要的物质资料,无一不直接或间接地来源于生态系统。因此,生态系统是人类赖以生存和进行经济活动的自然物质基础。为了追求物质文明的高速发展,人类通过自己的经济活动和技术手段,不断地改变着自然生态的面貌,已造成了自然生态系统的严重恶化。生态破坏、资源枯竭、能源危机已造成了自然生产力的下降，这将制约物质文明的进一步发展，影响人类的物质生活质量。建设生态文明从物质层面讲就是转变高生产、高消费、高污染的工业化生产方式，以生态技术为基础实现社会物质生产的生态化，使人类生产劳动具有净化环境、节约和综合利用自然资源的新机制，其中发展循环经济成为生态文明与物质文明相统一的结合点。

首先提出"循环经济"一词的是英国环境经济学家戴维·皮尔斯。[①] 戴维·皮尔斯指出："如果我们重新考虑如何推动经济增长的话，那么，对环境的压力是可以改变的。我们必须审计我们保护能源和原材料的方式（保证物质和能源的投入没有浪费）以及我们怎样利用技术来力求减少每单位经济活动所造成的环境压力。这类技术需要注重污染源的减少，也就是说它们必须避免损失，节省生产同样数量的产品所用的能源与原材料，还要减少浪费性的使用（这就是所说的保护）。不管经济活动同环境影响之间的关联系数有多大，不让废物进入环境，就可以避免废物带来的损害。循环利用（recycling）也是避免损害的一个例子，譬如利用流动气体脱硫装置可以在矿物燃料燃烧时去除硫氧化物。"[②]

戴维·皮尔斯所讨论的就是"循环经济"问题，他主张在人、自然资源和科学技术的大系统内，在资源投入、企业生产、产品消

---

① 中国学术界一般认为，"循环经济"概念来自美国经济学家肯尼斯·博尔丁。徐嵩龄在《为循环经济定位》（《农业经济研究》2004年第6期）一文中指出，博尔丁并未明确提出"循环经济"，是英国环境经济学家戴维·皮尔斯首先提出了"循环经济"一词，皮尔斯同时承认，博尔丁的"地球飞船"和"空间人经济"对"循环经济"概念具有启发价值。

② 〔英〕戴维·皮尔斯、杰瑞米·沃福德：《世界无末日——经济学、环境与可持续发展》，张世秋等译，北京：中国财政经济出版社1996年版，第4页。

费及其废弃物处理的全过程中,把传统的依赖资源消耗的线形增长经济,转变为依靠生态型资源循环来发展的经济。传统经济是由"资源—产品—污染排放"所构成的物质单向线性流动的开环式经济过程。循环经济则是一种建立在物质不断循环利用基础上的经济发展模式,它要求经济活动按照自然生态系统的模式,组织成一个"资源—产品—资源再生"的反馈式循环过程,以期实现"最优化的生产、最适度的消费、最少量的废弃"。建设生态文明要求从现代科学技术的整体性出发,以人类与生物圈的共存为价值取向发展生产力,建立生态化的经济体制,从而保证人类的世代延续和社会—经济—自然复合系统的持续发展。

(二)生态文明把人与自然和谐提升为精神文明的重要内容

生态文明呼唤人类深刻转换价值取向,思考自然的内在价值对自己的深刻意义;生态文明促使道德规范从调整人与人之间的关系扩大到同时也调整人与自然之间的关系;生态文明提倡树立生态意识,建构以绿色消费为主要内容的科学的生活方式,推动了精神文明在各个领域的展开。

精神文明是人类改造客观世界和主观世界的精神成果的总和。它表现为教育、科学、文化知识的发达和社会政治思想、道德风貌、社会风尚以及民主发展水平的提升。生态文明从文化层面讲就是对自然的价值有明确的认识,人们在改造自然的活动中能够自觉地提高对自然的本质和规律的正确认识,生态文化、生态意识成为大众文化意识,生态道德成为民间道德并具有广泛的社会影响力。这些思想、文化和道德观念是对精神文明的补充和提升。

生态学的创立始于19世纪中期,发展至今已是一个跨学科的知识领域,对科学、教育、文化的影响越来越广泛而深入。从20世纪中叶开始,生态分析的重要价值得到越来越广泛的认同,生态学方法被应用于对人和社会的研究中,从而获得了现代意义。生态文明对人们的思维方式的变革、伦理道德观念的深刻变化和科学生活方式的形成等都具有重大影响,体现出巨大的精神文明价值,也表明了生态文明对精神文明内容的重新构建。

首先,生态文明呼唤人类深刻转换价值取向,思考自然的内在价值对自己的深刻意义。美国著名环境伦理学家霍尔姆斯·罗尔斯顿指出:"内在的价值呈现于人类的经验之中,它们不需要其他的工具性的参照,而是本身就可以作为一种享受……此外,自然的内在价值是指某些自然情景中所固有的价值,不需要以人类作为参照。"[①]罗尔斯顿所讲的自然的内在价值,实际是指自然生态系统自身的生命内在目的性,它对于维护整个生态系统的稳定、完整、有序具有价值和意义。生态伦理学认为,人这一主体与作为客体的自然物所形成的价值关系只是生态系统内的价值关系中的一种形式,不是唯一的价值关系,人的尺度不是生态系统价值评价的最终根据和唯一根据,相反,在某种意义上人要服从自然的尺度。无论是从自然尺度还是从人的尺度看,生物共同体的完整、稳定和优美都是人类和一切生命的共同利益之所在,因此需要确立和承认自然的内在价值。新的价值观既肯定人类生存发展的权利,也肯定自然界生存发展的权利。从生态伦理的角度看,包括人类在内的整个大自然中的每一个生物物种都有

① 〔美〕霍尔姆斯·罗尔斯顿:《哲学走向荒野》,刘耳、叶平译,长春:吉林人民出版社2000年版,第189页。

其生存的权利和价值,我们都有义务和责任去保护它们、珍惜它们。正是通过对其他生命的尊重和爱护,人才把自己与世界的自然关系提升为一种有教养的精神关系,从而赋予自己的存在以意义。

其次,生态文明促使道德规范从调整人与人之间的关系扩大到同时也调整人与自然之间的关系。所谓人类与自然的道德关系,包含两个相互联结的方面:自然对于人类的价值与意义、人类对于自然的权利与义务。人际道德和自然道德作为两种道德,其实并非彼此分离、彼此独立,它们在实质上同一,在内容上渗透,在功能上互补,而根本上还是人际道德问题。为了保护生态环境,我们需要确立和制定人类与自然交往的道德原则和道德规范。这就是:应当尊重、应当不破坏、应当保护与促进自然的多样性统一及其完整与稳定。这既指出了人类在改造自然的实践中能够做什么,又指出了人类在改造自然的实践中不能做什么。它标志着新时代人类的道德进步和道德完善,也标志着一种人类处理生态环境问题的新视角、新思路。环境道德是一种新的世界道德,是反映人的道德素质的新内容,极大地丰富了精神文明的内容,体现了精神文明的时代要求。

最后,生态文明提倡树立生态意识,建构以绿色消费为主要内容的科学的生活方式,推动了精神文明在各个领域的展开。生态意识作为人类思想的先进观念,产生于20世纪后半叶。它既是一种反映人与自然和谐发展的价值观念,也是一种人类面对环境污染、生态破坏的自我保护意识。生态意识的产生来源于人们对于以往因人类活动违背生态规律带来的严重不良后果的反思;来源于对现存严重生态危机的觉醒;来源于对人类可持续发展的关注,以及对后代生存和保护地球的责任感;来源于对地球生态系统整体性的认识。生态文明建设与精神文明建设具有一致性,都呼吁人类改变高消费、高享受、高浪费的消费观念与生活方式,提倡一种既符合物质生产发展水平,又符合生态环境水平,既能满足人的消费需求,又不对生态环境造成危害的消费观念。它突出强调良好的生态环境能够满足人的精神、心理需要,使人达到精神完善和身体完善,在人与自然和谐中得到全面发展。

树立生态意识要求社会成员具有保护自然、保护地球的全球意识和宽广的胸怀。因为,人是自然的一员而不是自然的主人,应承认自然界本身具有发展权;人类的发展必须充分考虑自然成本,并不能把自然当作恣意索取和随意处置的场所。因此,人口、环境、资源、粮食等成为人们连环思考的主要对象,从现在开始就要对发展主体的发展行为进行某种程度的自律,以适应地球的承载力。树立生态意识要求社会成员拥有广博的知识和较高的文化水平:要了解人类发展和自然发展的历史,要懂得人和自然的关系,要知道怎样善待自然、保护环境,等等。这些都是现代知识的范畴,也是现代人应有的基本素养。生态文明把人与自然和谐提升为精神文明的重要内容,其目的在于使人具备一种"生态良知",将保护生态的意识内化到每个人心底,并使其转化成积极的保护自然的行动,以期通过发挥人的个体力量,实现整体生态环境的改善。

(三)生态文明扩大政治文明的视野,拓宽公众参与的民主途径

政治文明是指人类社会政治生活的进步状态和政治发展取得的成果,主要包括政治制度和政治观念两个层面的内容。生态

环境问题在从自然向社会领域转移并危及人类的生存发展时就演变成了政治问题。建设生态文明虽然是针对工业社会中人与自然的矛盾尖锐化提出的,但是解决人与自然的矛盾必须通过解决社会矛盾来实现。马克思说过,物与物的关系后面,从来是人与人的关系,这使生态环境问题被提到了政治高度(生态环境问题政治化),进入了国家和世界的政治结构。

在全球化背景下,政治与生态环境问题的关系更加紧密。随着市场经济体制在全球扩张,各个资本家、垄断集团都围绕资源展开了自发的无序竞争,将进一步加剧环境利益分配的不公,因此大规模的生态环境问题既影响国际关系,也影响国内政治稳定。在国际上,围绕着对资源和能源尤其是稀缺性战略资源和能源而展开的争夺,将是国际纠纷的深层原因。在民族国家中,围绕着作为生产资料的自然财富的所有权、占有权、使用权而展开的争夺,将使国家内部矛盾加剧。对中国来说,生态破坏与工业化、城市化、就业压力、资源短缺、贫富差距等问题搅在一起相互作用、相互制约,累积成当前中国严峻的社会难题。这些都要求各国政府扩大政治视野,调整政治策略,用更加民主的方式解决生态环境问题带来的政治影响。

自然生态系统是决定人类共同体命运的外部因素,因此解决全球性生态环境危机需要有人类命运共同体意识。从范围来看,人类命运共同体是人类最大的超级共同体,它本身强调的是全人类同呼吸、共命运的价值共识,是一种价值共同体,而不是实体共同体。决定人类共同体命运的因素有内外两方面。一方面,从内部因素来看,人类共同体内部有各种不同类型、错综复杂的共同体,如民族、国家、群体、利益集团等。如果人类内部各种共同体因利益激化矛盾，引发极端冲突，就会带来一损俱损的结果，如核武器的大规模使用、恐怖主义的全球蔓延、无药可治的传染病的广泛传播等，都将影响人类自身的命运。从外部因素来看，人类命运共同体的外部关系在逻辑上只有人类与非人类的关系。人类诞生于地球生物圈，作为自然界中的一个物种，是在自然进化中发展的，人类依赖从自然界索取物质生活资料来维持生命和生活。从本体论意义上说，人类的命运离不开其所从属的自然生态系统的命运。另一方面，从外部关系来看，人类的命运取决于自然界是否适合人类生存。人们因生活在同一个地球、生活在同一个无法区隔的自然生态环境系统中，因维护人类世世代代生存、传承、繁衍的共同目标而产生了共同的利益和需求。这个共同利益和共同需求的本质，就是永续性地维护人类赖以生存和繁衍的自然生态系统及其生态功能的完好性。如果自然生态系统的完好性无法永续，那么人类世代的生存环境将会日益恶化。因此，这一共同利益构成了对人类各主体行为的基础性约束。在这个意义上，“人类整体”在与外部自然的关系上结成了“人类命运共同体”。

随着全球生态环境问题的日益严峻，全球社会越来越关注“人类整体”的命运，因此必须从本体论意义上来认识生态环境问题。在“人类命运共同体”中，当代表人类整体利益的各个主体面对外部自然时，需要在以下三方面发挥主体性。

其一，追求人类作为一个整体的共同利益。人类作为自然界中的一个物种，有着其种群生存传承的价值和利益，这决定了人类成员个体天然地具有维护共同体利益的特性。如果共同体利益得不到保障的话，那么个体成员的利益（特别是长远利益）也难以得到保障。人类整体需要共同面对生态环境危机,这些危机是长期以来人类的生产范式、竞争行为累积起来共同作用的结果。所以,人类整体必须基于共同体利益而采取协同行动。

其二,维护自然生态系统的完好性。自然生态系统是人类赖以生存的基本条件,完好的自然生态环境系统是人类生存发展的基础,人类整体及其个体成员必须自觉维护自然生态环境系统的良性运行。只有自然生态系统完好了,才能使人类各层面的利益得到基本的保障。生物多样性、重要生态功能区得以被保护,人类经济活动不超过生态承载力等,是自然生态系统完好性的基本表征。反之,如果自然生态环境系统的生态功能遭受破坏而不断损耗的话,人类整体的生存、传承条件就会不断恶化。在工业化、城市化、全球化发展过程中,人类社会在较短的时间内超越自然生态系统的承载力,获得了较多的短期经济利益,导致自然生态系统被严重破坏,而这一后果反作用于人类,使人类发展难以为继。可见,人类在实现当代人利益的过程中必须从全球范围来看待经济活动的生态环境影响,把维护自然生态系统功能的完好性作为人类行为的基本约束,这是人类命运共同体利益的一种体现。

其三,追求人类各世代间的代际公平。人类作为自然界的一个物种(种群),人类个体作为这一种群的一个成员,都具有维护人类能够在生态环境完好条件下世世代代永续传承的基本属性,这是大自然的一个基本法则。所以,人类必须考虑后代人的利益,在当代人与后代人之间的利益相冲突时,应当兼顾并等同视之,绝不应只顾当代人利益而损害后代人利益。世代间的公平问题产生于当代人获取利益的行为对后代人获取其利益权利的影响。因此，代际公平也是共同体利益的一个重要方面，涉及人类自身的可持续性。没有自然生态系统的可持续平衡，就不会有人类自身发展的可持续性。

生态文明无论是对政治制度还是对政治观念都将产生积极影响。生态学认为，任何生物都有其存在的合理性，物种间不论强弱、大小、进化时间的长短，在生态系统中的地位都是平等的。因此，在国际政治新秩序中各国也应遵循这一平等性原则，减少或消除强权和霸权政治，避免地区或国家间的冲突。同时它要求世界各国无论大小贫富，在符合国际公约的基础上，在开发、利用自然资源，获取本国应有的环境利益以满足社会需要方面，都享有平等的权利；也要求一国内部的人们在利用自然资源满足自己利益的过程中，遵循机会平等、责任共担、合理分配和补偿的原则，平等地享有环境权利，公平地履行环境义务。

一方面，在当代，生态文明建设已经成为政府的自觉行为，特别是国家参与环境管理，设置环境保护的国家机构，行使管理环境的国家职能，既推动了社会关系的调整和变化，也推动了政治文明的进步和发展。近年来世界上许多政党和政府都针对本国的实际情况，对有关生态环境问题进行了相应的立法并进一步完善了生态法规，以确保生态环境问题法制化，从而加快了政治制度文明发展的进程。

另一方面，生态环境问题的日益突出不自觉地促进了公众的政治参与，这将对政府决策具有极为重要的影响，也成为解决生态环境问题的有效途径之一。公众参与生态文明建设的合法性基础源于“环境公民权”所赋予的普遍权利。1972 年 6 月，联合国召开的人类环境会议上通过了《人类环境宣言》，该宣言指出，“人类有权在一种能够过尊严和福利生活的环境中,享有自由、平等和充足的生活条件的基本权利,并且负有保护和改善这一代和将来世世代代的环境的庄严责任"[①],标志着"环境权"首次在国际上获得了认可。在随后的一年,《欧洲自然资源人权草案》(1973)再次确立了环境权的主张,将环境权的地位上升为一项新的人权,环境权作为一项基本人权得到了欧洲国家及世界其他国家的肯定。1992年,联合国《里约环境与发展宣言》也强调:"人类处于广受关注的可持续发展问题的中心,且享有以与自然和谐相处的方式过上健康和富足的生活的权利。"[②]自1972年"环境权"在国际上被承认至今已半个世纪。这半个世纪以来,世界各国在保护地球生态、改善人类居住环境等方面做出了巨大努力,人们对于环境公民权的认识也在不断加深。环境公民权对公民个人来说,就是享有在安全和舒适的环境中生存和发展的基本权利,其中主要包括环境资源的利用权、环境状况的知情权和环境被侵害的求偿权。

"环境公民权"作为严格的法律概念还需要进行深入研究并做出科学界定,但它确实是一项与人的生命健康和生存发展紧密关联的权利。生命安全是指人的生命受法律保护、不受任何非法剥夺的权利。健康是生命安全的更高层面,是公民从事各种民事行为的身体基础和最基本条件。因此,生命健康权是人的最基本的权利。工业革命以来,随着重化工业的不断发展,空气、水、海洋、土壤、森林等自然资源受到了不同程度的污染和破坏,一系列

---

① 《人类环境宣言》,参见 http://www.china.com.cn/chinese/huanjing/320178.html,2022年2月1日访问。

② 《里约热内卢环境与发展宣言》,参见 http://www.chinadmd.com/file/ouixpec6rv6oarusae3wsx6x_1.html,2021年10月25日访问。

生态环境问题极大地威胁着人类的生命健康,癌症等多种致命疾病日益高发。现在人们普遍认识到,良好的生态环境是人类生命健康的保障,也是人类生存、发展、享有幸福生活的基本需求,可以说,环境公民权与人的生命健康权密不可分。有些学者认为环境权的核心是生存权。[1] 生存权包括两方面的内容:一方面是生命权;另一方面是生命延续权,即人作为人应当具备基本的生存条件,如衣、食、住、行等方面的物质保障。由于生态环境问题日益严重,人类面临由环境问题导致的生存危机,因此环境权与生存权具有密切联系。正因为如此,斯德哥尔摩的《人类环境宣言》宣布:"人类既是他的环境的创造物,又是他的环境的塑造者,环境给予人以维持生存的东西,并给他提供了在智力、道德、社会和精神等方面获得发展的机会。生存在地球上的人类,在漫长和曲折的进化过程中,已经达到这样一个阶段,即由于科学技术发展的迅速加快,人类获得了以无数方法和在空前的规模上改造其环境的能力。人类环境的两个方面,即天然和人为的两个方面,对于人类的幸福和对于享受基本人权,甚至生存权利本身,都是必不可少的。"[2]总之,人的健康生存需要一定的环境质量作为保障,生命权、健康权、财产权、幸福生活权等基本人权只有在适宜的生态环境中才能实现。在这个意义上,保护环境就是保障基本人权。

公众参与生态文明建设是指,社会组织、公民、大众传媒等主体通过监督环境问题、参与环境决策、培育环保意识、实践环保理

---

① 吕忠梅:《环境法》,北京:法律出版社 1997 年版,第 116 页。

② 《人类环境宣言》,参见 http://www.china.com.cn/chinese/huanjing/320178.html,2021 年 10 月 25 日访问。

念等方式,参与和生态文明建设相关的决策、实施、评估的全过程。公众参与生态文明建设是民间百姓以"自下而上"的方式参与环境治理的过程,其本质是民主治理在生态环境领域的反映。科尔曼认为,公众应该是最了解环境的人,也是"最贴近环境而生活的人","只有广泛的民主参与形式才能使公众能够争取到一个希冀于公众福祉与环境福祉的社会"。[①] 从这个意义上说,环境问题的公共决策与监督权应交由广大公众来行使。

首先,公众可以通过多种途径有效监督破坏生态环境的行为,即用良好的生态意识参与生态文明建设。诸如,通过互联网等大众传媒及时披露环境污染状况,以此给政府部门和破坏环境的企业施加环保责任压力,推动政府部门有所作为,迫使企业纠正错误行为。

其次,公众在参与生态文明建设中可以发挥预警装置和传送带的作用[②],还可以促使政府出台和落实环境保护的公共决策。保证环境决策中的开放性与民主性,使得政府部门在对环境问题的回应上更具有代表性,从而在更广泛的意义上维护公共利益,可以实现公权力的再分配和社会利益结构的重组。[③]

最后,公众参与生态文明建设可以促使利己的理性人向具有公共精神的现代公民转化。公众参与生态文明建设的过程也是全体公众的生态文明观念不断形成的过程,生态文明建设的根本

---

① 〔美〕丹尼尔·A. 科尔曼:《生态政治:建设一个绿色社会》,梅俊杰译,上海:上海译文出版社 2006 年版,转引自赵万忠:《我国生态文明建设的公众参与制度》,《经济与社会发展》2015 年第 2 期。

② 李劲:《我国生态文明建设中公众参与机制研究》,《辽宁行政学院学报》2015 年第 9 期。

③ 李艳芳:《公众参与环境影响评价制度研究》,北京:中国人民大学出版社 2004 年版,第 29 页。

目标在于,生态文明观念在全社会牢固树立,最终成为社会全体成员的共同价值追求。公众在参与环境决策、监督环境污染、维护自身环境权益的过程中,可以不断增强自身的环境保护责任意识,从而能够自觉自愿地承担起环境保护的责任和义务,最大限度避免"公地悲剧"的上演。

公众参与环境保护的程度是民主政治的一种反映,它将改变传统的"经济靠市场,环保靠政府"的消极观念。公众通过政治选举、投票及环保宣传等方式影响政府的决策,有助于实现对政府的监督,避免政府失灵,从而促进政府公共决策朝着更为科学、民主的方向迈进。世界环保事业的最初推动力量来自公众,没有公众参与就没有环境保护运动。方兴未艾的生态环境运动和环境非政府组织正在成为建设生态文明的政治力量,也推进着政治文明的发展。

生态文明是针对工业文明所带来的人口、资源、环境与发展的困境,人类选择和确立的一种新的生存与发展道路,它是对工业文明的辩证否定和扬弃,意味着人类在处理与自然的关系方面达到了一个更高的文明程度。从农业文明经过工业文明而至生态文明,将是人类社会文明发展的必然趋势。21 世纪,人类文明发展将进入生态化时代,生态化将全面渗透到物质文明、精神文明、政治文明之中,发展循环经济将引导物质文明的成长,人与自然和谐将成为精神文明的重要内容,推动环境友好将成为政治文明的重要策略。自然生态与经济、政治、文化的互动共存与和谐发展表明,生态文明作为社会文明的一个方面在现代文明系统中具有基础地位。

第三节 建设生态文明是当代中国的必然选择

经过四十多年的改革开放,中国社会进入了高速发展期,既有经济跨越式发展的明显特征,又面对“时空压缩”的复杂性问题。目前,结构性和复合型、压缩型的环境问题已经开始制约中国经济社会的发展。因此,建设生态文明就成为当代中国的必然选择。中国的生态文明建设既不能脱离人类文明的发展轨道,也不能脱离中国现代化建设的发展实际。建设生态文明需要破解两个难题:一个是如何走生态文明道路,完成工业化进程,实现跨越式发展?另一个是如何化解环境与发展的非此即彼的二元对立,使环境保护能够推动经济发展,给个人、企业、国家带来经济利益?中国生态文明建设的着重点应是:促进生产方式生态化、消费模式适度化、生态意识大众化,推进工业化、城市化、农村现代化进程中人与自然的和谐互动和可持续发展。

一、选择生态文明之路的必然性

我国工业化的起步比西方先期工业化国家晚了两百多年,真正意义上的中国工业化进程是在20世纪50年代初揭开帷幕的。1949年中华人民共和国成立之时,从生产力发展水平来说,当时的中国基本上是一个农业文明国家,只有沿海少数城市如天津、上海等有一定的工商业,但并不发达,处于工业化的早期阶段。新中国伊始,经过了三年的国民经济恢复,国家开始制定并贯彻五年发展规划。中国社会发展跨越资本主义制度,直接进入了社会主义国家建设阶段,但是它所面对的是工业化程度低、商品经济很不发达、经济文化都比较落后的国情。很长时期以来,中国在种种内外因素的制约之下实现工业化的进程步履蹒跚,历经坎坷。真正全面的加速发展则是最近四十多年的事情,中国在四十多年中坚持改革开放,快速实现工业化,大体完成了先期工业化国家花了两三百年才完成的任务,取得了令世人瞩目的成就。但是过去几十年的高速增长是一种粗放型的经济增长模式,主要依靠的是以物质要素的投入来增加产品的数量。然而这种粗放型的经济增长模式却是低效的。与发达国家相比,我国每增加单位 GDP 的废水排放量要高出 4 倍,单位工业产值生产的固体废弃物要高出 10 倍以上;中国单位 GDP 的能耗是日本的 7 倍、美国的 6 倍,甚至是印度的 2.8 倍。[①] 此外,我国资源利用效率低,资源、能源消耗量大。这种高投入、高消耗、高排放、低效率的粗放型经济增长方式难以为继。必须清楚认识到,我国目前还处于工业化的中期阶段,面临的生态环境问题却是发达国家在工业化后期遭遇的。不沿袭工业文明的老路,继续走完工业化的道路,也就是破解"走生态文明路,补工业文明课",进一步实现跨越式发展,是中国面对的时代命题。

人类历史上出现过跨越式发展的先例。比如中世纪,西欧的农业文明远远落后于同时期的中国古代农业文明,但是欧洲独特的地理条件、社会状态、价值取向却使工业革命出现在西欧,结果西方率先把世界推入近代工业文明。19 世纪末美国超过英国,第二次世界大战后日本追赶美国,20 世纪 60 年代"亚洲四小龙"经济体追赶发达国家水平,以及 20 世纪 90 年代印度开始追赶发达

---

① 《我国单位 GDP 废水排量比发达国家高 4 倍》,人民网,http://scitech.people.com.cn/n/2012/0904/c1007-18910457.html,2021 年 10 月 2 日访问。

国家,均利用了全球化机遇,充分使用了各种全球性资源。中国改革开放四十多年来之所以能有效地实施追赶策略,最根本的,就是因为主动参与了世界经济一体化进程。中国处于不发达的工业文明阶段,面临的资源环境问题异常严峻,如果能够认真吸取、借鉴发达国家的经验教训和先进技术,转变工业发展模式,采取有效的制度管理措施,是有可能实现跨越式发展、提早进行生态文明建设的。我们的有利条件在于:第一,可吸取西方先进经验和科学技术,使大量尚待开发的工业化项目提高产业层次;第二,可继承发展中国农业文明中的天人和谐理念和养护自然的优秀传统;第三,中国特色社会主义制度具有强大的国家意志力和执行力。

面对工业化中产生的人与自然之间的冲突,传统的发达国家依靠扩张式的发展来缓解矛盾。在资本主义发展初期,依靠的是对外侵略和殖民政策来掠夺海外资源,积累本国发展的资本。而在资本主义发展后期,依靠的是将污染工艺、企业和技术向落后国家转移,实现污染的输出。这样一种扩张式的发展帮助传统的发达国家缓解了人与自然之间的矛盾,完成了自身的工业化进程。我国所处的经济发展起点及其实力决定了,作为后发展国家,一方面我们面临的内部环境压力越来越大,另一方面又不可能进行扩张式发展、向外输出污染。因此,中国的发展只能以"内生式发展"为主,依靠经济发展模式的优化等内部调节措施来应对人与自然之间的矛盾激化,取得进一步发展。

内生式发展格局决定了,中国只能依据自身资源环境条件,运用创新思维,不断探索符合中国国情的环境保护新道路。一是从传统的工业化向实施"以生态为导向的工业化"转变,既要使生产规模不断地扩大,又要使这种生产不会变成“过度生产”,要着眼于改变和调节生产,从而使生产能真正达到既为满足人的真实需要服务,又为满足非人类生命物种生存发展的需要服务之目的。二是从“大量生产、大量消费、大量废弃”的重化工业生产、消费模式向生态型、节约型的循环经济模式、绿色消费模式转变,加大文化消费活动在整个消费活动中的比重,让消费不至于突破生态容量的底线。三是改革政府职能和完善市场经济。合理配置资源,有效利用能源,减少环境污染,既是政府的职能,也是市场经济完善的表征之一,应避免政府失灵和市场失灵并存的现象。市场并非万能的,它对自动配置资源、合理利用能源的调节是有限的。因此,必须通过法律、行政、技术等方法对市场经济加以引导和完善。

建设生态文明不同于传统意义上的污染控制和生态恢复,而是要克服工业文明弊端,具有前瞻性地探索资源节约型、环境友好型发展道路,促进由工业文明向生态文明转变,这是社会主义的内在本质要求。生态文明建设不仅是中国现代化建设的主要领域,而且是中国特色现代化建设总体布局的一个基本方面,是中国特色社会主义发展的方向。

因此,中国的生态文明建设必先始于物质文明建设而向生态化方向发展:首先以环境保护为抓手,协调人与自然的关系;而最终在精神文明建设中得到提升,重构和谐的人与人、人与社会的关系。目前,中国生态文明建设的着重点应是:促进生产方式生态化、消费模式适度化、生态意识大众化,推进工业化、城市化、农村现代化进程中人与自然的和谐互动和可持续发展。从这个意义上说,中国生态文明建设的复杂性会在不同层次和阶段中得以体现。

从初级层次看,生态文明建设指的是,在工业文明已经取得的成果基础上,用更文明的态度对待自然,不野蛮开发、不粗暴对待大自然,努力改善和优化人与自然的关系,认真保护和积极建设良好的生态环境。这是在通常意义上大多数人理解并广泛使用的建设生态文明的含义,也是生态文明所具有的初级形态。在推进中国实现可持续发展的道路上,我们现在努力建设的也是这个层次的生态文明。中国社会发展水平尚未达到工业化已经完成、促使文明形态发生转变的阶段。

在人类文明发展的高级阶段,生态文明社会应具有这样几个明显特征:第一,在生产方式上,转变高生产、高消耗、高污染的工业化生产方式,以生态技术为基础实现社会物质生产的生态化,使生态化产业在产业结构中居于主导地位,成为经济发展的主要源泉。第二,在生活方式上,人们追求的不再是对物质财富的过度享受,而是一种既满足自身需要又不损害自然生态的生活。第三,在社会管理方式上,生态化渗入社会管理,以合理配置资源为前提,以公正、民主决策为准则。第四,在文化价值观上,对自然的价值有明确认识,生态文化、生态意识成为大众文化意识,生态道德成为民间道德并具有广泛的社会影响力。生态文明社会的这些特征并不是全新的,而是在对传统工业文明的修正和完善中建设的生态文明。生态文明是以环境资源承载力为基础,以自然规律为准则,以可持续的社会经济政策为手段,以构造一个人与自然和谐发展的社会为目的的文明形态。

生态文明作为社会文明的一个方面,在现代文明系统中具有基础地位。建设生态文明具有多重意义:它既是文明形态的一种进步，又是社会制度的一种完善；既是文化观念的一种提升，又是经济发展方式的一种转变。生态文明建设本身就具有综合性的特点，它既具有自身建设的独立内容，同时又与经济、政治、文化、社会建设具有高度的相关性。因此要推进中国生态文明建设，就要赋予经济建设、政治建设、文化建设、社会建设以生态尺度，使中国生态文明建设具有现实可操作性，并能达到预期效果。

二、生态文明建设的哲学理论要点

生态文明建设所追求的是，在更高层次上实现人与自然、环境与经济、人与社会的和谐。传统工业文明导致了人与自然的对立，而生态文明建设则首先要重构人与自然的和谐。这种和谐不是回归农业文明的和谐，而是在继承和发展人类文明现有成果的基础上，达到自觉的、长期的、高水平的和谐。人与自然和谐、环境与经济和谐，必将大大促进人与社会的和谐。

生态文明建设的理论出发点应是：坚持和谐原则，为提升人的素质、促进人的全面发展创造安全、健康的生态环境条件；坚持循环原则，从根本上解决发展无限与资源能源有限之间的矛盾；坚持协调原则，与政治、经济、文化、社会建设同步；坚持适度原则，为人类社会长远发展预留空间，积蓄潜力；坚持优先原则，实施严格的环境保护措施，加快调整经济结构和转变发展方式，提升经济社会发展质量；坚持人文原则，把重要生态系统看作与人类密切相关又具有独立存在价值的生命体，给自然生态以人文关怀。生态文明着眼于文明的可持续发展，蕴含了和谐、循环、协同、适度、优先、人文等内在规则。

(一)以人为本、构建人与自然和谐是建设生态文明的着眼点

“以人为本”最早是 2500 年前由中国古代思想家、政治家管仲提出来的,是“民本”思想的另一种表达。人本主义在西方同样有着悠久的历史传统,近 300 年来,它一直是支撑人类实践活动的理论基石。我们需要在继承中西方文化传统的基础上,赋予“以人为本”新的含义,使之成为不同于人类中心主义的实现科学发展的核心理念和各项建设事业都必须贯彻的指导思想。当然生态文明建设也应如此,必须以广大人民的需要和利益为出发点、落脚点和评价标准。

作为一项崇高事业,建设生态文明的目的就是满足社会全体成员生存发展的基本需要,使人人都能享用清洁的水和食物,都能呼吸新鲜的空气,都能得到生命健康保障。也就是说,要消除生态环境破坏给人民造成的危害,使建设生态文明的成果为人民所共享。建设生态文明离不开人的自身建设,其中最重要的是提高人口素质,人们只有在人口整体素质得到提高、具有保护生态环境的现代意识的前提下,才能加速推进社会向生态文明方向发展。良好的生态环境能促使人保持心理平衡,并充分发挥出主体创造性和各种潜能,人们只有在清新、安宁、自由的环境下,精神和体力才能健康发展。从长远来看,建设生态文明,就是要在生态环境方面创造良好的条件,使每个人都能获得自由全面发展的机会,都能过上幸福的生活,使我们的民族以至于整个人类能够一代又一代地健康成长和持续发展下去。为此,必须树立符合生态文明要求的价值观念和行为规范,正确处理涉及生态环境问题的利益关系,诸如个人、集体与社会之间以及地区之间、国家之间

的关系。

以人为本、建设生态文明，不是要走向对自然巧取豪夺的个人主义、利己主义，而是要以人类的整体利益和长远利益为中心；不是指少数人或少数富裕地区要改善环境，追求发展，而是指世界各国、各地区、各民族人民都要得到公平的发展，得到公平的环境权益。在处理人与自然的关系方面，要坚持人类价值的本位性，强调人在自然生态系统中的优先地位，但是也必须承认，自然生态系统内除了人类有其自身生存和发展的要求，非人类的自然物种同样也有其生存和发展的需要。要防止因误解“以人为本”、追求人的短期利益而对自然造成更大破坏，在对自然的利用和索取上，这种思想和行动往往将导致个人主义、地区主义、集团主义、国家主义以及大量的短期行为，造成人类对其生存环境的破坏，最终造成人类无本可依。

坚持以人为本、建设生态文明，是要在关注民生、重视民生、保障民生、改善民生中解决生态环境问题，只有这样才能建立起新的科学的生产方式和生活方式，让人口—资源—生产—消费—环境之间形成互相依存、互相促进的良性循环，最终建成生态文明的社会。

（二）遵循自然规律是生态文明建设之准则

16 世纪英国哲学家培根指出，人是自然的仆役和解释者，要命令自然就必须服从自然。他告诫说，要按世界的本来面目，而不是按我们理智的意愿，在人类认识中建立起一个真正的世界模型。18 世纪法国启蒙思想家霍尔巴赫在其《自然的体系》中有句名言：我们要向自然请教！他说，“人是自然的产物，存在于自然之中，服从自然的法则，不能越出自然”[1]，“人们的一切错误都是物理学方面的错误；只有在疏忽大意，没有追问自然、求教于自然的法则、求援于经验的帮助的时候，人们才犯错误”[2]。他还指出：“人之所以陷于无知状态中不能自拔，或者为改善自己的命运而迈出的步子非常缓慢、非常不稳，其原因仍不外是对自然及其法则没有进行研究，没有设法揭明它的底蕴和特性。”[3]这些思想对于我们今天建设生态文明仍具有重要的借鉴意义。

人和其他所有的生物一样，都受普遍的自然规律支配，因此生态文明建设必须以自然规律为准则。自然生态大系统中固有的物质循环性、生物多样性以及功能协同性，是生态文明建设必须借鉴、吸收、利用的原理和规则。

在现代生态学中，“生态系统”是指在一定空间中共同栖居着的所有生物与环境之间的由于不断地进行物质循环和能量流动过程而形成的统一整体。这一概念强调一定地域中各种生物相互之间、它们与环境之间功能上的协同性，隐含了生态系统的以下几个特性：(1)全面性，生态学将生物和其所生存的环境放置到同一个系统中加以考虑；(2)关联性，生物与生物之间、生物与其所生存的环境之间并不是孤立的，而是相互联系、相互作用的；(3)统一性，生物之间、生物与环境之间的关系是协同统一的。建立在现代生态学思想基础上的生态文明同样要遵循这些原理。

通过能量流动和物质循环这两个基本过程，生态系统内各个营养级之间和各个成分（非生物和生物）之间组成了一个完整的

---

① 北京大学哲学系外国哲学史教研室编译：《西方哲学原著选读》下卷，北京：商务印书馆1982年版，第203页。

② 同上书，第206页。

③ 同上书，第207页。

功能单位。物质循环需要能量流动驱动，物质循环也承载着能量流动。在自然状态下，一切生物的生命终结都紧随着微生物的分解，从而使物质和能量再度从植物——食物链的起点——回馈到生态系统当中。生态系统的物质循环需要处于稳定的平衡状态，物质循环的稳态使得生态系统能够维持稳定和持久。对于人与自然构成的这一庞大生态系统来说也一样，当人的行为造成的物质和能量流动过量，自然无法消纳与承受时，就必须通过污染治理、资源回收等人为手段，助推生态系统完成循环，否则势必造成生态系统的退化。如果要靠自然规律来调节人类过度扩张，人类社会势必遭遇更大的危机。生态文明的实现有赖于维持物质循环的稳态交流，有赖于维护包括人类在内的整个自然生态系统的多样性稳定，因此需要建立可持续的产业结构、生产方式和消费模式。

（三）坚持可持续、适度发展是生态文明建设之目标

生态文明与可持续发展具有内在一致性，二者是统一的。建设生态文明的目的和宗旨是追求人类的可持续发展。现代化及其带来的一系列前所未有的新问题，把人类推上了理论思考的新高度。这种思考的内涵包括两方面：一方面是，人类社会的发展如何同大自然保持和谐，避免由于对自然的过分掠夺而自毁家园；另一方面是，社会发展如何实现内部机制的合理化，使社会的经济、政治、人口、文化、生态等诸因素的演进与互动更符合人的本性，而不是带来人的异化和丧失自由。

现代系统科学告诉我们，任何一个事物，都存在于与之相关的系统之中，而且又包含一定的子系统；任何事物的运动，都是系统整体的运动，而不是单一系统或单一因素的运动。可持续发展

理论是一种发展问题上的系统论,它对发展的诠释可分为如下层次:一是既要当前发展,又要协调永续发展,即发展阶段性与连续性的统一;二是既要经济的发展,又要相应的社会、科技、文化的全面发展,即各发展要素的相互联系与整体的协调;三是既要人和社会的发展,又要自然、环境的相应发展(平衡、再生也是一种发展)。也就是说,它把宇宙、地球与人类,把社会经济与科技、文化,把物质领域、精神领域与自然生态领域都置入一个动态的系统,综合地进行思考和把握,寻求达到整个系统的最佳选择和结果,从而实现社会整体的全面进步。如果社会活动在每一个时间、空间范围内都能保持适度,实现资源、经济、社会同环境的协调,社会发展就符合了可持续发展的要求,整个社会就进入了生态文明状态。

"适度"的含义是指,人类生存发展的各类行为要控制在一定强度范围内,以不损害自然生态系统的维持平衡、修复自我和消解吸纳污染的能力为前提。如果人类的活动使这个自然界的空气、水越来越污浊,动植物物种灭绝的速度越来越快,可供人类利用的资源越来越少,那么人类自身就不能够持续地生存和发展。正在兴起的生态文明,已经在保护和发展自然方面为我们展示了一种光明的前景。可持续发展和生态文明都凝结着对人类的普遍关怀和终极关怀,给人类提供了一种面向未来、走向21世纪的生存模式和发展道路。

实现可持续发展,必须以"适度"为准绳,构筑自觉自律的生产生活方式。生态文明追求经济与生态系统之间的良性互动,坚持经济运行生态化,要改变高消耗、高排放、高污染的生产方式,以生态技术为基础实现社会物质生产的良性循环,使绿色产业和环境友好产业在产业结构中居于主导地位，并成为经济增长的重要源泉。人们应克制对物质财富的过度享受，倡导和践行绿色消费，选择既满足自身需要又不损害自然环境的生活方式。

（四）实施休养生息是生态文明建设之人文策略

“人文”本质上是与人的价值、人的本性、人的尊严、人的生存及其意义相联系的概念。让重要的生态系统“休养生息”，是强调给自然生态以人文关怀的治理思路与措施。当前，有效地配置自然资本已经成为经济发展的重要内容，这里的“自然资本”不仅包括传统的自然资源供给能力，也包括地球对于污染的吸收和降解能力，以及生态愉悦等生态系统为人类提供的服务。休养生息的实质是提高自然资源供给能力的过程，是摒弃“先污染、后治理”的治污理念，遵循“天人合一”的人文法则，实施人本化管理，进行生态环境的综合治理、系统修复、功能更新，不断提高环境对发展的承载力，建立人与自然和谐共处的良好互动关系。

人类在地球上的形成和产生，从自然史的角度来说，是物质自然界自行分化和自行结合的结果，是在生命自然进化的基础上，在漫长的自然运动变化过程中，经过无数的系列演化而实现的。人是一种有生命的实体，因此它的存在必须遵循生物运动新陈代谢的普遍规律，同外界不间断地进行物质、能量、信息的交换，来获得生存所必需的空气、阳光和水，以及衣、食、住、行等物质生活资料。一个不可否认的科学事实是，人只能在适合其生存的地球生态系统中生活，因此生态环境就是人得以生存发展的基础条件。人类之所以要认识自然和改造自然，从最低目的来看，原因在于满足人的肉体生存和精神享受的需要。而从最高目的来看，则在于服从人的发展的需要，得以最后摆脱动物本能而自由全面地发展其个性和潜能。因此,人类在其文明发展历程中,立足自然生态系统,建立了日益复杂的生产系统、社会组织系统和各种文化系统。由此可见,在人类生存和发展的最基础层面上,生活、生产与生态三者之间是相互联系、密不可分的。

在以往的传统农业文明社会,生活、生产与生态三者之间没有明显的必然割裂。但是近代以来,工业文明的发展长期割裂了生活、生产和生态三者的内在联系,按照“先生产、后生活”“先开发、后整治”的原则去组织发展经济社会活动,其结果是,人类面临严重的生态环境危机,人类的生存发展陷入困境。我国经济正由高速增长阶段向高质量发展阶段迈进,在目前的生态文明建设中,我们提倡的“三生共赢”是指:“生活、生产与生态的共同发展,它要求提高人们的生活水平与质量,应该以生产能力与生态环境状况为基础;生产的发展也必须在以生活为直接目的的同时,尽量避免生产大量对生活没有直接与间接价值的产品,减少资源与环境的浪费性使用;生态与生活、生产相比较,虽然并不表现直接的主动性,但是生态系统并不是完全被动或者绝对静止的‘无生命之物’,它的系统性与稳定性将最终反作用于生产与生活。”[①]因此,以牺牲生活、生产、生态中的任何一方为代价谋求的发展都是不可取的。生态文明建设应将“三生共赢”作为其追求目标,具体来讲,就是生活水平提高、生产力发展与生态环境改善。中国的生态文明建设必须在可持续发展道路上推进才可能是科学的,因此生活、生产与生态的共赢,既是生态文明建设的目标准则,也是生态文明建设的行为判断准则。

---

① 田大庆、王奇、叶文虎:《三生共赢:可持续发展的根本目标与行为准则》,《中国人口·资源与环境》2004 年第 2 期,第 8—11 页。

三、生态文明建设的多重维度

生态文明建设与环境保护是有机统一体,具有内在一致性和高度契合性。生态文明建设内含环境保护,环境保护是建设生态文明的内在要求。生态文明是环境保护的最高境界。提出建设生态文明首先是基于生态环境问题的尖锐化,而传统意义上的污染控制和生态恢复已不能有效解决工业化急速发展过程中所带来的环境与发展之间的矛盾。不追求生态文明的更高境界、单纯追求经济增长的结果,很可能造成大多数人还没有享受到工业文明的积极成果,却要为工业文明的推进付出巨大的健康代价。提出建设生态文明就是要通过生活、生产方式的变革,节约资源,保护环境,其中心任务就是要合理利用和保护生态系统,谋求人与自然的和谐,兼顾人类的眼前利益和长远利益、局部利益和整体利益,避免吃"祖宗饭、断子孙路"的现象。2007 年,党的十七大报告首次提出建设生态文明的执政理念,"生态文明"被写入党代会报告,标志着生态文明由"语词"及其"理论"向"发展观"的全面转折,成为时代的转折、历史性的转变。2012 年,党的十八大报告用独立章节阐述了生态文明建设,更加强调了生态文明建设的重要意义,并提出了生态文明建设的理念、原则和目标以及努力方向,标志着生态文明建设理论逐渐成熟和清晰起来。党的十八大以来,我国在推动生态文明制度体系改革的同时,不断增强生态文明制度体系的执行力,推动了生态治理体系和治理能力现代化水平不断提高。把生态文明建设上升到治国理政的高度,标志着我国环境保护已由技术、政策层次的单一领域,向经济基础及上层建筑等领域渗透,直至全方位地影响整个社会文明系统。

建设生态文明是环境保护的目标指向，环境保护是生态文明建设的核心内容。一方面，建设生态文明对环境保护提出了更高的要求，也是提高我国环境保护水平的重大机遇，其目标是为社会经济发展和人类生活、生产提供一个生态良性循环、环境质量健康的生活生产空间。另一方面，中国的环境形势依然十分严峻，改善环境质量、维护生态安全是建设生态文明的迫切要求。环境保护取得的任何成效，都将改善自然系统运行的安全状况，直接影响中国生态文明建设的进展。

（一）生态文明在经济建设中的表征：绿色、循环、低碳

建设生态文明与转变经济发展方式二者之间有着内在的密切联系。生态文明要求我们创新发展模式，破解发展难题，循环经济就是一种新的发展模式，能够实现物质文明与生态文明的共赢。基于对生态环境的理解和认识，人类在经济发展过程中经历了三种模式，代表了三个不同的阶段。第一种是传统模式。它不考虑环境因素，一味强调对环境的征服，缺乏保护环境的意识，是一种“资源—产品—污染排放”的单向线性开放式经济过程。第二种是过程末端治理模式。它开始注意环境问题，但具体做法是“先污染、后治理”，强调在生产过程的末端采取措施治理污染。但是，治理难度大，治理成本畸高，遏制生态环境恶化的代价极大，经济效益、社会效益和环境效益都很难达到预期目的。第三种是循环经济模式。它要求遵循生态学规律，合理利用自然资源和环境容量，在物质不断循环利用的基础上发展经济，使经济系统和谐地纳入自然生态系统的物质循环过程，实现经济活动的生态化。循环经济模式本质上是一种生态经济，倡导的是一种与环境和谐的经济发展模式，遵循“减量化、再使用、再循环”原则，以

减少进入生产流程的物质量，最大限度实现废弃物的资源化，强调“清洁生产”，构建了一种“资源—产品—再生资源”的闭路反馈式循环模式，从而实现“最佳生产，适度消费，最少废弃”。发展循环经济符合中国传统的天人和谐理念，是建设生态文明的基本模式，它可以把以往经济增长与生态环境保护脱节甚至对立的发展方式转变过来，通过转变经济发展方式和优化经济结构来减轻资源和环境的压力，从源头上遏制对生态环境的破坏。

纵观人类历史，科学技术一直是人类发展和社会变革的直接推动力，建设生态文明同样需要依靠科技的进步。过去，新技术研发强调的是提高劳动生产率和经济效益。现在，自然资本正在迅速成为制约因素，而人力资本相对充裕，新技术的研发方向应更多地强调提高资源生产率和环境承载力，即发展绿色技术。绿色技术包括传统的污染防治技术，如废水、废气净化处理技术；包括提高资源能源效率、减少污染物排放的环境友好技术，如清洁生产、清洁能源、资源综合利用及再生技术、绿色建筑技术等；包括生态保护技术，如生态修复技术、生物多样性保护技术等。发达国家在绿色技术研发方面已有几十年的积累，占明显优势。作为人口众多的发展中大国，我们已没有发达国家工业化初期的那种充裕的资源和环境条件，在现代化进程中，要发挥后发优势，必须把握未来技术发展的方向，占领绿色技术制高点，以此推动绿色经济和绿色产业的发展。如果我们能从目的、手段和措施基本一致的角度来认识和建设生态文明，就能使生态文明在经济建设中有明确的立足点和可操作性。

目前，中国经济发展已经同时进入“高成长期”和“高成本期”。一方面，我国经济仍处在经济周期的上升阶段，经济仍会以较快速度增长；另一方面，经济增长的约束条件增加，经济发展的总成本进一步上升。2020年5月8日，著名环境经济学家马中教授以"环境政策与打好环境攻坚战"为主题进行了发言，指出：四十年来，中国经济平均增长率达到9.4%，其中"十三五"期间的经济增长率也在6.5%以上。随着经济的快速发展，中国成为世界第二大经济体，其实现和取得背后是巨大的资源、能源的支撑，同时也产生了大量的污染物排放。我国的三大环境要素——空气、水和土壤都不同程度地遭受了严重污染。真正要实现环境保护目标、实现环境质量的根本改善，须从以下几方面着手：努力调整能源结构、产业结构，结合工业污染综合防治方法，实现区域环境质量改善，利用经济政策、产业政策，采用新型的治理模式。[①] 发展循环经济、走可持续发展之路是必然的选择。

1962年，美国学者鲍丁的"宇宙飞船经济理论"被视为循环经济理论的雏形，但我们仔细阅读《资本论》中的有关章节，结合现有的循环经济理论与实践，就会发现，马克思的《资本论》中已经包含了现代循环经济理论的萌芽。正如日本学者植野和弘所说："马克思的物质代谢理论是环境经济学的理论基础，马克思的思路是环境经济学中的'物质代谢的方法论'。"[②]一般而言，学界认为，所谓的"循环经济"一词是对物质闭环流动型经济的简称，以物质、能量的闭路循环使用为特征。在资源环境方面表现为资源高效利用、污染低排放甚至"零排放"。21世纪初，中国国家发展

---

① 《经济增长需兼顾环保：绿色发展之路如何推行？》，新京报，2020年5月29日，https://baijiahao.baidu.com/s?id=1667995796175168884&wfr=spider&for=pc，2021年3月28日访问。

② 韩立新：《马克思的物质代谢概念与环境保护思想》，《哲学研究》2002年第2期，第13页。

和改革委员会环境和资源综合利用司（现为资源节约和环境保护司）研究提出，循环经济应当是指通过资源的循环利用和节约，实现以最小的资源消耗、最少的污染获取最大的发展效益的经济增长模式。[①] 马克思在《资本论》中十分重视废弃物（废料）在生产中的作用，最早系统地分析了废弃物的循环利用，并对不同种类的废弃物做了区分。马克思写道："所谓的废料，几乎在每一种产业中都起着重要的作用。"[②]他还区分了生产排泄物与消费排泄物，认为："生产排泄物和消费排泄物的利用，随着资本主义生产方式的发展而扩大。我们所说的生产排泄物，是指工业和农业的废料；消费排泄物则部分地指人的自然的新陈代谢所产生的排泄物，部分地指消费品消费以后残留下来的东西。"[③]"关于生产条件节约的另一个大类，情况也是如此。我们指的是生产排泄物，即所谓的生产废料再转化为同一个产业部门或另一个产业部门的新的生产要素；这是这样一个生产过程，通过这个过程，这种所谓的排泄物就再回到生产从而消费（生产消费或个人消费）的循环中。"[④]在这里，马克思认为，废弃物被循环使用并转化为生产要素是对生产条件的节约，可以提高利润率。目前，在国内外这种利用使大规模社会劳动所产生的大批量废料再回到生产进而消费的循环经济发展中去，从而大大提高利润率和经济效益的领域，已经越来越多了。

根据现在学术界的看法，循环经济有"3R"操作原则，即"减量化"（reduce）、"再利用"（reuse）和"再循环"（recycle）。马克思在

---

① 崔兆杰、张凯编著：《循环经济理论与方法》，北京：科学出版社 2008 年版，第 13 页。

② 《马克思恩格斯全集》第 46 卷，北京：人民出版社 2003 年版，第 116 页。

③ 同上书，第 115 页。

④ 同上书，第 94 页。

《资本论》里的相关论述与这三条原则惊人的一致。在“生产排泄物的利用”这一节里,马克思区分了两种不同类型的节约,即废弃物利用率的节约和资源利用率的节约。马克思认为:“应该把这种通过生产排泄物的再利用而造成的节约和由于废料的减少而造成的节约区别开来,后一种节约是把生产排泄物减少到最低限度和把一切进入生产中去的原料和辅助材料的直接利用提到最高限度。”[①]按照马克思的见解,利用废弃物应当建立在对原材料高效使用的基础上,并且首先是要最大限度地提高原材料的利用率和减少废弃物。这就是今天我们所说的资源消耗减量化,即减少进入生产和消费流程的物质量,注意在经济活动的源头节约资源和减少污染。

“再循环”原则是循环经济中很重要的一条原则。“再循环”原则要求生产出来的物品在完成其使用功能后能重新变成可以利用的资源,也就是通过废品的回收利用和废物的综合利用,尽可能地以多次或以多种方式使用物品,避免其过早地成为不可回收的垃圾。马克思很重视循环利用,还在《资本论》里具体提出了实现废弃物质的循环利用再资源化需要具备的条件。他指出:“总的说来,这种再利用的条件是:这种排泄物必须是大量的,而这只有在大规模的劳动的条件下才有可能;机器的改良,使那些在原有形式上本来不能利用的物质,获得一种在新的生产中可以利用的形态;科学的进步,特别是化学的进步,发现了那些废物的有用性质。”[②]从这段话中,不难看出,在马克思看来,要实现对废弃物的充分有效利用必须具备三个条件:规模经济、机器的改良

---

① 《马克思恩格斯全集》第46卷,北京:人民出版社2003年版,第117页。

② 同上书,第115页。

和科技的进步。机器和工具的改进,可以有效地减少生产排泄物的产生,从而减少污染。如用水渍法和机械梳理法精细加工处理加工亚麻产生的废料,要比靠水力推动的小型梳麻设备加工亚麻时产生的废料少得多。在这三个条件中,马克思尤其强调科技的进步,认为实现废弃物质循环利用再资源化的过程,是在对自然资源和废弃物质的认识和利用方面的科学技术不断进步的过程。他以当时的化学工业为例,认为:"化学工业提供了废物利用的最显著的例子。它不仅找到新的方法来利用本工业的废料,而且还利用其他各种各样工业的废料,例如,把以前几乎毫无用处的煤焦油转化为苯胺染料,茜红染料(茜素),近来甚至转化为药品。"①马克思还提出,废物的减少及其充分利用,同原料本身的质量有密切的关系,而原料本身的质量又取决于当时的科技水平。他细致地观察到,磨谷技术的改进使谷物利用率越来越高,明显地减少了废物,人们制造面包时所用的谷物量相对减少了。虽然在《资本论》里这些论述是零散的,但是我们依然能看出来,当时马克思已经敏锐地触及了废弃物的循环利用问题,相关论述十分贴合当今循环经济中的"再循环"原则的内涵,为我们提供了一定的启示。

结合今天的现实,回望马克思和恩格斯的思想,不得不佩服思想巨人的远见卓识。在他们生活的时代,生态问题已经大量出现,但是还没有像今天这样严重地威胁到人类的生存和发展。当时的社会危机主要集中于政治、经济和精神领域,生态问题是社会的边缘问题,而不是中心问题,因而马克思和恩格斯对于生态问题也主要是在对资本主义生产方式的批判过程中,从不同的角

① 《马克思恩格斯全集》第46卷,北京:人民出版社2003年版,第117页。

度和层面提出的。尽管如此,其深刻性和远见性仍超出了同时代的其他所有思想家,至今仍具有重要的指导意义。正如苏联学者И. T. 弗罗洛夫所说:“无论现在的生态环境与马克思当时所处的情况多么不同,马克思对这个问题的理解、他的方法、他的解决社会和自然相互作用问题的观点,在今天仍然是非常现实而有效的。”[①]中国正面临巨大的环境压力与挑战,通过发展循环经济,我们一定可以将基于人类劳动的经济活动所引发的人与自然之间的物质代谢及其产物,逐步地,比较均衡、和谐、顺畅、平稳与持续地融入自然生态系统自身的物质代谢,实现人与自然的协调发展。

(二)生态文明在文化建设中的表征:人与自然和谐的理念

生态文明从文化层面讲,就是对自然的价值有明确的认识,人们在改造自然的活动中能够尊重自然,爱护自然,减少对自然的破坏或损害,生态文化、生态意识成为大众文化意识。余谋昌先生认为:“从狭义理解,生态文化是以生态价值观为指导的社会意识形态、人类精神和社会制度。如生态哲学,生态伦理学,生态经济学,生态法学,生态文艺学,生态美学,等等。从广义理解,生态文化是人类新的生存方式,即人与自然和谐发展的生存方式。”[②]应该说,生态文化是人类有史以来对人与自然关系的深刻总结和反思,是一种更深入地认识自然、理解自然的文化类型。生态文化是人类思索人与自然关系的结晶,也是人类优秀思想文

① 〔苏〕И. T. 弗罗洛夫:《人的前景》,王思斌、潘信之译,北京:中国社会科学出版社1989年版,第153页。

② 余谋昌:《生态文化:21世纪人类新文化》,《新视野》2003年第4期,第37页。

化的延伸。生态文化的理念中涵盖着和谐共生的思想，其所强调的是人与自然共同存在、和谐相处，并且能够共同进化的状态，这是生态文明的最终理想状态。

生态文化内涵丰富，是一种崛起的新文化，它不仅涉及生态与文化之间的关系，更加凸显了人类与自然、人类与自身文化历史的关系维度。中国古代生态文化主要体现在"天人合一"的自然本体思想、"仁民爱物"的生态伦理思想、"取用有节"的生态保护思想和"以时禁发"的环境管理思想等方面，以"天人合一"为核心的中国古代生态思想，贡献了深刻而独到的中国传统生态智慧，对于当代生态文化建设具有极为重要的参考价值。欧美国家在工业化早期就开始关注和探究人类发展与生态环境之间的关系。17 世纪末至 18 世纪初，威廉·配第、马尔萨斯、约翰·穆勒等古典经济学家就认识到了经济增长受环境容量的制约，增长应控制在环境可承载的范围内。马克思和恩格斯更提出了著名的真正解决人和自然界之间、人和人之间两大矛盾的思想。20 世纪 50 年代以来，科技的进步与环境的恶化更激发了社会生态意识的觉醒，形成了生态主义浪潮。世界各国丰富多样的生态文化资源以及它们相对成熟的文化传播模式和体系，是我们培育、发展、繁荣具有中国特色生态文化的他山之石。

生态文化具有一定的道德导向，在对人们当前的行为观念进行反思和总结的同时，能够对人们对待环境和看待世界的方式产生指导性的影响。如果说生态文明制度是强制性约束人们对待自然的行为，那么生态文化就是更深层次、在意识形态领域对人们的影响，使人们能够自觉地对自己的行为进行反思的内在动力；它通过生态伦理和自然道德的途径约束人们的行为，让人们即使脱离制度的约束，也能够自然地达到与自然和谐共生的状态。生态文明促使道德规范从调整人与人之间的关系扩大到同时也调整人与自然的关系，它标志着新时代人类的道德进步和道德完善，也标志着人类处理生态环境问题的一种新视角、新思路，极大地丰富了文化建设的内容，体现了精神文明的时代要求。生态文明把人与自然和谐提升为文化理念，在自然价值观和生态道德方面丰富了文化建设的内容，促进了文化发展。也只有在文化价值观上把建设生态文明的旗帜树立起来，才能在生态文明建设的轨道上走得更正确、更远。

生态文化需要以一种普及的姿态、共识的认知体现出生态文明对现代社会的重大影响。生态文化的普及包括生态法律法规的合理建立、生态教育的具体实施以及生态哲学的社会化共识等方面。从多个具体方面落实生态文化建设的整体系列，才能使生态文化作为一种知识形态推动生态文明的发展，影响人类的生存方式，促进人类开展各种保护生态环境的活动。

（三）生态文明在政治建设中的表征：政制、法制及公众参与

生态文明建设已经成为政府的自觉行为，被提升到了治国理政的高度。生态治理是国家治理现代化进程中一个不可或缺的重要方面，需要在国家治理现代化总目标的指引下，构建“政府为主导、企业为主体、社会组织和公众共同参与的环境治理体系”，这是生态文明建设的一个重要课题。

政府在环境治理中处于主导地位。政府是生态文明建设的推动者和维护者，主导地位就是指其“统领者”的地位，要从宏观上对其他主体进行引领。从国家层面看，中央政府为了使全社会

的环境保护效益最大化，必须充分运用行政、法律、经济、财税等多种手段，制定相关政策法规进行宏观调控，积极引导企业、社会组织和公众共同推动绿色发展，约束企业和民众对生态环境的破坏行为，倡导保护生态环境的行为规范和行为准则。

企业既是市场经济的主体，又是环境治理的主体。当赋予企业环境治理主体地位时，就意味着承认资本、市场在环境治理体系中发挥了极其重要的作用。通常，企业生产的目的在于追求利益最大化，把自然资源当作生产要素，在有用的意义上对待自然，使自然沦为工具。企业所代表的资本为了利润，会不顾一切和不择手段，并不关心生态环境的好坏，这使得资本生产的无限性必然与自然承载能力形成冲突。但是历史发展也表明，资本利用自然创造着丰富的物质财富，推动了人类社会的物质文明和精神文明的全面进步。在现实中，资本投向环保领域对于环境治理的作用日益凸显，解决环境污染问题主要还是依托环保投资以及环保技术的升级，而环保技术的升级也紧紧依赖资本投资，因此资本的积极作用不容忽视。这就是资本具有反生态性与创造文明的双重逻辑。企业是社会产品的生产者，同时又是大部分污染物的制造者，其生产行为将直接影响环境质量。发挥企业在环境治理体系中的主体作用，就要引导企业向符合环保要求的方向发展，使企业生产环保化。

社会组织和公众是环境治理中必不可少的参与者。中国的环境保护非政府组织在应对突发环境事件、参与政府环境决策以及提起环境公益诉讼等方面发挥了积极作用。中国的环境保护非政府组织本身发起于并多数代表民间意愿的阶层，以团体组织的形式集中反映着不同的政策建议及要求，使公民的利益需求和愿望得到充分表达，是维护公众环境权益的重要力量。公众是环境污染的直接受害者，公众的权利、环境意识的觉醒和公共事务参与度的提高，也是推动环境保护的重要力量。公众参与是生态文明建设的基础，对于生态环境治理有着不可忽视的重要作用，如果企业周边的居民和民间环境保护组织能够自觉监督企业对环境的污染、破坏情况，并加大曝光力度，就会迫使企业减少环境污染、加强对排放污染物的处理，这将对环境治理起到非常积极的正面作用。

政府、企业、社会组织和公众三者之间存在相互制约的利益关系，这其实是三者之间的一场相互制约的利益博弈，这种交叉性的制约关系也决定了不同主体选择各自不同的发展策略，进而影响最终的环境保护结果。因此，三个行为主体——政府、企业、社会组织和公众，应该结合成统一的有机整体，形成三者互相制衡、有序竞争的机制，这样才能有效推动环境治理。

治理环境、提供公共服务是政府义不容辞的职责，必须根据社会的需要、公众的环境需求和政府的能力，按照合理性、科学性和有效性的原则确定政府的环境责任，将那些影响全局、需要政府管且能管出实际成效的环境治理工作规定为政府的环境责任。企业是否履行环境责任，主要取决于外部监督是否有效。中央政府和地方政府各部门应加强合作，在制度层面运用多种方式，规范企业在生产过程中的环保责任，严格监督、检查企业的环境责任履行情况，加大环境执法力度，提高对环境违法处罚力度。环境保护组织的壮大可在社会领域中增强公众参与环境治理的力量，政府与民间环保组织应建立互信互助的合作关系，共同发挥作用。中国的环保非政府组织以志愿者形式储备了很多人才与智力资源，依靠其组织成员的经验、智慧、知识和技术资源优势，发挥其专业技术特长，可以在很大程度上弥补政府部门在环境保护领域的知识和技能的匮乏与欠缺。要提高公众参与环境保护的有效性，就需要改变社会组织和公众与企业环境行为信息不对称的格局，推动环境信息公开化，完善环境污染举报制度，充分保障公众对政府与企业的监督权。

生态文明建设离不开生态文明法制建设，生态文明法制建设是依法治国的重要组成部分。我国目前已建立了以环境保护基本法为核心，自然保护法、自然资源法、污染防治法等为主的生态法律框架，未来的各种环境立法也将融入更多的具有生态文明理念的制度和规范。第一，随着生态文明法制观念的普及，应进一步完善环境司法，构建专门司法体系，建立环境法庭。因环境案件本身具有专业性和复杂性，建立专门的环境法庭可以减轻普通法院的压力，保证环境纠纷能够得到及时有效的解决。第二，要完善环境公益诉讼制度。根据我国民诉法相关规定，符合法律规定的相关机关、组织都可以对可能发生的环境侵害提起公益诉讼，这样可以达到防患于未然的效果。公益诉讼使环境诉讼的门槛相对降低，并且把环境案件的解决放于公众监督之下，有利于引起人们的关注、实现权力的制衡。对于司法实践中出现的新情况、新问题，应继续完善立法，出台相关司法解释，进一步促进生态文明法律制度体系逐步完善。

应借鉴发达国家和地区的经验，强调“多元主体通过协商协作方式实现对环境保护事务的合作管理”[1]。要清楚政府、企业、

---

① 林红：《社会治理体系视角下台湾生态文明建设的经验与启示》，《中共福建省委党校学报》2014 年第 9 期。

社会组织与公众等社会治理主体的环保行动并不是互不相关的孤立存在，整个社会的环境保护集体行动所产生的整合效应将是一加一大于二，各个行动主体间的相互协作和制约将自组织地形成一个结构交叉的环境治理主体系统和行动系统。这一系统如能良性运转，将会取得整个社会环保集体行动的综合性结果。一个运作良好的环境社会治理体系，至少应具有以下特征：环境信息公开，环境决策透明，环境信息反馈机制健全；环境伦理高尚，环境权益责任明确，环境社会规则清晰；环境参与机制健全，环境社会主体互动便捷顺畅且力量平衡。① 因此需要遵循生态善治的原则，发展参与型基层民主，以由利益共同体、命运共同体和价值共同体所组成的生态环境治理联盟推进生态文明建设，并加快建立"生态环境治理协商民主制度"和"生态环境治理集体行动制度"②，通过一系列制度设计和制度创新，促进生态环境治理体系和治理能力的现代化，使生态文明建设助推社会文明进步。

（四）生态文明在社会建设中的表征：环境公平促进社会和谐

建设生态文明是针对人与自然的矛盾尖锐化提出的，解决人与自然的矛盾也需要通过解决社会矛盾来实现。实现人与自然和谐相处的前提是实现人与人之间的社会关系的和谐，构建和谐社会的总要求中就包括人与自然和谐相处的内容。当然，人与自然关系的紧张反过来也会给社会关系带来消极影响。

---

① 王华、郭红燕：《国家环境社会治理工作存在的问题与对策建议》，《环境保护》2015年第11期。

② 方世南：《生态合作治理制度建设：价值、困境与对策》，《南京林业大学学报（人文社会科学版）》2014年第4期。

我国地区层次上的环境公平问题有着各种表现,主要有两个:一是,在城市环境整体上有所改善的同时,环境污染向农村扩散,农村环境状况堪忧;二是,东部地区与西部地区在获取资源利益与承担环境保护责任上不协调。群体层次上的环境公平问题也有各种表现,尤其两类问题需要关注:一是,社会上较富裕群体在占有较多环境收益的同时,却不太愿意积极尽保护环境的义务;二是,由于财富的增加,富裕群体的消费水平提高,它所耗费的资源就更多,与此同时向环境排放的废物也更多。但是,在现实生活中,富裕群体在攫取财富和享受优渥生活的同时,履行保护环境的义务的意愿却不是很强,与一般社会成员的期待还有差距,这影响着社会和谐发展。

就国际关系而言,环境问题对国际政治产生了深刻影响,既是促进国家间合作的新议题,也是国际社会产生纷争的新领域。当今世界,全球性环境危机的日益加剧使得人们的注意力集中到整个人类所面临的威胁上,越来越多人在谈论气候变暖、臭氧层空洞和生物多样性减少等问题。但是,人类在解决这些问题方面所取得的进展并不尽如人意。问题的症结在于,发达国家不能公平地承担与其责任相称的义务,总是过多地责备发展中国家,企图靠牺牲发展中国家的经济发展来解决问题。公平地说,全球性环境危机加剧的主要责任在发达国家。发达国家在其长期的工业化过程中,向大气层中排放了更多的温室气体,并在城市化以及集约化、专业化农业的基础上,大大损害了其国土上的生物多样性,进而削弱了全球生物多样性。中国作为一个发展中国家,同样面临国际层次上的环境不公问题。对中国来说,环境问题的国际应对也成为外交领域和经贸领域的一个新的议题。

“正义”(justice)为正当、公平之意,与“公正”同义,也有人译其为公正。它是指对调整社会关系的规则制度等的价值评价,也是指规定着社会成员具体的基本权利和义务的制度设计、行为规范、思想观点等,具有公正性、合理性的特点。[①] 这一概念的涵盖面很广,通常是对政治、法律、道德等领域中的是非、善恶做出的肯定判断,既涉及社会发展的基本宗旨以及社会的基本制度,也涉及社会成员的基本行为取向。就制度安排而言,衡量正义的客观标准是:一种制度规定是否能够促进人类文明和社会进步,满足社会中绝大多数人的最大利益的需要,符合人类社会发展的规律。正义的制度能够保障人民的生命和财产安全,能够通过制度调节避免严重的社会分化,使人民得以自由全面地发展,也有利于社会健康、持续地发展。从社会成员的基本行为取向看,正义主要是指符合一定社会道德规范的行为,要看是否每个人都得到了应有的权利、履行了应有的义务。换句话说:正义表现为“给每一个人他所应得的”这种基本的形式。[②]

“环境正义”是社会正义在环境领域的延伸,是指所有主体都应享有平等的环境权利,并根据实际享受的环境权益履行相应的环境义务,即环境利益上的社会公正,它是社会正义的重要组成部分。环境正义突出表现为:反对力量较强群体对力量较弱群体的环境剥削和掠夺、环境资源的不公平分配,以及环境负担的不公平承担;当环境受到侵害时,所有被侵害者都有资格得到及时有效的救济和赔偿。环境正义涉及范围非常广泛,它不仅是一个

---

① 徐春:《社会公平视域下的环境正义》,《中国特色社会主义研究》2012 年第 6 期,第 95—99 页。

② 〔英〕A. J. M. 米尔恩:《人的权利与人的多样性——人权哲学》,夏勇、张志铭译,北京:中国大百科全书出版社 1995 年版,第 58 页。

国家内部存在的环境利益与负担在社会各个阶层或群体中的分配不公平问题,也是一个各主权国家之间存在的涉及环境争端的国际问题。国际环境正义强调,世界各国,不论其大小强弱,都不应该承担不成比例的有害的环境后果和解决环境问题的成本。环境正义具体体现为时空两个维度的公正:在空间维度上,主要是指地理区域上的环境公平问题和社会结构意义上的区域环境公平问题,既包括国际公正、域际公正,也包括族际公正、群际公正;在时间维度上,主要表现为代内环境正义和代际环境正义。

环境正义的原则主要有以下六点:(1)保证地球母亲的神圣、生态系统的统一、所有物种的相互依赖性和免受生态破坏的权利;(2)要求公共政策必须以给予所有人民尊重和正义为基础,不得有任何形式的歧视和偏见;(3)保护人民,使之免遭核试验、有毒或危险废物及毒药的危害,不使核试验威胁其享受清洁空气、土地、水、食物的基本权利;(4)确保全体人民政治、经济、文化和环境自决的基本权利;(5)停止生产各种有毒物品、危险废物和放射性物质,所有过去和当前的生产者必须对人民极其负责,在生产现场消除毒性,抑制危害;(6)全体人民享有作为平等的伙伴参与各个级别的决策的权利,这些决策包括需求和评估。[①] 在生态环境危机日益加深的情况下,环境正义已经与社会公正紧密相连。如果任凭环境不公发展下去,将会加剧社会的不公,因为环境不公本身就是社会不公的结果。在某种意义上,“环境不公”现象比环境污染更可怕,因此环境正义不仅关系到环境保护事业自身的发展,更关系到实现社会和谐进步的问题。

实现人与自然和谐相处的前提是实现人与人之间社会关系

---

① 张斌、陈学谦:《环境正义研究述评》,《伦理学研究》2008年第4期,第61页。

的和谐,构建和谐社会的总要求中就包括人与自然和谐相处的内容。生态文明作为工业文明之后的新的文明形态,追求的是人与自然的和谐,而且是一种科学的、自觉的、高水平的和谐。在生态文明指导下的中国环境保护新道路,并不是要放弃工业文明,而是要放弃传统的经济发展模式,用生态文明修正和扬弃工业文明的成果,并指导正在进行中的工业化、城镇化和农业现代化建设,以使其高质量发展。

参考文献

第一章　生态文明的自然观哲学基础

（一）论著

北京大学哲学系编:《人与自然》,北京:北京大学出版社 1989 年版。

北京大学哲学系外国哲学教研室编译:《西方哲学原著选读》下卷,北京:商务印书馆 1982 年版。

戴震:《原善 孟子字义疏证》,章锡琛点校,上海:上海古籍出版社 1956 年版。

〔德〕黑格尔:《小逻辑》,贺麟译,北京:商务印书馆 1980 年版。

〔德〕黑格尔:《自然哲学》,梁志学等译,北京:商务印书馆 1980 年版。

〔德〕康德:《判断力批判》下册,韦卓民译,北京:商务印书馆 1964 年版。

〔德〕康德:《宇宙发展史概论》,上海外国自然科学哲学著作编译组译,上海:上海人民出版社 1972 年版。

冯友兰:《中国哲学史》,北京:中华书局 1961 年版。

〔古希腊〕亚里士多德:《物理学》,张竹明译,北京:商务印书馆 1982 年版。

〔古希腊〕亚里士多德:《形而上学》,吴寿彭译,北京:商务印书馆 1959 年版。

韩东晖:《智慧的探险——西方哲学史话》,北京:中国人民大学出版社 2003 年版。

何怀宏主编:《生态伦理——精神资源与哲学基础》,保定:河北大学出版社 2002 年版。

贺麟:《现代西方哲学讲演集》,上海:上海人民出版社 1984 年版。

《老子·庄子》,北京:京华出版社 1999 年版。

《论语·孟子》,北京:京华出版社1999年版。

〔美〕埃伦·G. 杜布斯:《文艺复兴时期的人与自然》,陆建华、刘源译,杭州:浙江人民出版社1988年版。

〔美〕大卫·雷·格里芬编:《后现代精神》,王成兵译,北京:中央编译出版社1998年版。

〔美〕怀特海:《思维方式》,刘放桐译,北京:商务印书馆2004年版。

〔美〕加勒特·汤姆森、马歇尔·米斯纳:《亚里士多德》,张晓林译,北京:中华书局2002年版。

乔清举:《儒家生态思想通论》,北京:北京大学出版社2013年版。

(宋)程颢、程颐:《二程遗书》,潘富恩导读,上海:上海古籍出版社2020年版。

(宋)黎靖德:《朱子语类》,北京:中华书局1986年版。

(宋)张载:《张载集》,章锡琛校,北京:中华书局1978年版。

〔苏〕古列维奇:《中世纪文化范畴》,庞玉洁、李学智译,杭州:浙江人民出版社1992年版。

孙周兴选编:《海德格尔选集》,上海:上海三联书店1996年版。

(唐)刘禹锡:《刘禹锡全集》,瞿蜕园校点,上海:上海古籍出版社1999年版。

王先谦:《荀子集解》,沈啸寰、王星贤点校,北京:中华书局1988年版。

吴光等编校:《王阳明全集》,上海:上海古籍出版社2011年版。

吴国盛:《科学的历程》,长沙:湖南科学技术出版社1997年版。

谢阳举:《老庄道家与环境哲学会通研究》,北京:科学出版社2014年版。

杨伯峻译注:《论语译注》,北京:中华书局1980年版。

〔英〕G. E. R. 劳埃德:《早期希腊科学:从泰勒斯到亚里士多德》,孙小淳译,上海:上海科技教育出版社2004年版。

〔英〕基托:《希腊人》,徐卫翔、黄韬译,上海:上海人民出版社1998年版。

〔英〕罗宾·科林伍德:《自然的观念》,吴国盛、柯映红译,北京:华夏出版社1999年版。

〔英〕培根:《新工具》,许宝骙译,北京:商务印书馆1984年版。

〔英〕泰勒:《从开端到柏拉图》,韩东晖等译,北京:中国人民大学出版社2003

年版。

张云飞:《天人合一——儒学与生态环境》,成都:四川人民出版社 1995 年版。

赵杏根:《中国古代生态思想史》,南京:东南大学出版社 2014 年版。

French, R., and A. Cunningham, *Before Science: The Invention of the Friars' Natural Philosophy*, Hants: Social Press, 1996.

Mary Evelyn Tucker、John Berthrong 编:《儒学与生态》,彭国祥、张容南译,南京:江苏教育出版社 2008 年版。

(二) 论文

陈炜:《黑格尔目的论思想述评》,《上饶师范学院学报》2013 年第 2 期。

方克立:《"天人合一"与中国古代的生态智慧》,《当代思潮》2003 年第 4 期。

何怀宏:《儒家生态伦理思想述略》,《中国人民大学学报》2000 年第 2 期。

贺麟:《论自然的目的论》,《中国社会科学院研究生院学报》1986 年第 2 期。

黄成勇:《庄子"天人合一"思想初探》,《长春理工大学学报(社会科学版)》2006 年第 2 期。

李春平:《论先秦儒道的天人观》,《清华大学学报(哲学社会科学版)》1988 年第 2 期。

李聪明、谢鸿昆:《论近代自然哲学的生成》,《中州大学学报》2006 年第 4 期。

梁志学:《黑格尔的自然哲学》,《哲学研究》1979 年第 10 期。

刘福森:《从机械论到有机论:文化观念变革与唯物史观研究中的问题》,《人文杂志》1994 年第 3 期。

刘立夫:《"天人合一"不能归约为"人与自然和谐相处"》,《哲学研究》2007 年第 2 期。

刘笑敢:《老子之自然与无为概念新诠》,《中国社会科学》1996 年第 6 期。

蒙培元:《中国的天人合一哲学与可持续发展》,《中国哲学史》1998 年第 3 期。

蒙培元:《中国哲学生态观论纲》,《中国哲学史》2003 年第 1 期。

彭新武:《现代西方自然观的"有机论转向"》,《学术月刊》2008 年第 7 期。

申建林:《康德提出自然目的论的思路》,《湖北大学学报(哲学社会科学版)》1997 年第 5 期。

施璇:《笛卡尔的机械论解释与目的论解释》,《世界哲学》2014 年第 6 期。
唐代虎:《柏拉图的宇宙观及其哲学意义》,《佳木斯大学社会科学学报》2011 年第 1 期。
王海成:《儒、道“天人合一”的不同形态及其生态伦理意蕴》,《江汉大学学报(社会科学版)》2016 年第 4 期。
王平:《目的论的谱系及其历史意义: 从古希腊到康德》,《兰州学刊》2011 年第 12 期。
王崎峰、王威孚:《道家“天人合一”思想的现代环境伦理价值》,《求索》2009 年第 6 期。
王中江:《道与事物的自然:老子“道法自然”实义考论》,《哲学研究》2010 年第 8 期。
肖显静:《古希腊自然哲学中的科学思想成份探究》,《科学技术与辩证法》2008 年第 4 期。
张岱年:《天人合一评议》,《社会科学战线》1998 年第 3 期。
张岱年:《中国哲学中“天人合一”思想的剖析》,《北京大学学报(哲学社会科学版)》1985 年第 1 期。
张世英:《中国古代的“天人合一”思想》,《求是》2007 年第 7 期。
张学智:《从人生境界到生态意识——王阳明“良知上自然的条理”论析》,《天津社会科学》2004 年第 6 期。
赵林:《希腊形而上学对基督教神学的初期影响》,《圣经文学研究》2015 年第 1 期。

第二章　唯物史观视域下的发展观反思

(一) 论著

〔德〕《黑格尔历史哲学》,潘高峰译,北京:九州出版社 2011 年版。
〔德〕黑格尔:《历史哲学》,王造时译,北京:商务印书馆 2007 年版。
〔德〕马克思:《1844 年经济学哲学手稿》,北京:人民出版社 2014 年版。
〔俄〕В. Л. 伊诺泽姆采夫:《后工业社会与可持续发展问题研究——俄罗斯学者看世界》,安启念等译,北京:中国人民大学出版社 2004 年版。

〔法〕弗朗索瓦·佩鲁:《新发展观》,张宁、丰子义译,北京:华夏出版社 1987 年版。

〔法〕霍尔巴赫:《自然的体系》,北京:商务印书馆 2013 年版。

〔法〕孟德斯鸠:《论法的精神》上卷,许明龙译,北京:商务印书馆 2016 年版。

甘师俊主编:《可持续发展——跨世纪的抉择》,北京:中共中央党校出版社、广东科技出版社 1997 年版。

郭家骥:《生态文化与可持续发展》,北京:中国书籍出版社 2004 年版。

黄鼎成、王毅、康晓光:《人与自然关系导论》,武汉:湖北科学技术出版社 1997 年版。

景天魁主编:《中国社会发展观》,昆明:云南人民出版社 1997 年版。

李文华、杨修编著:《环境与发展》,北京:科学技术文献出版社 1994 年版。

刘学华:《当代环境与心理行为》,北京:气象出版社 1991 年版。

刘永佶:《中国现代化导论》,保定:河北大学出版社 1995 年版。

罗荣渠:《现代化新论——世界与中国的现代化进程》,北京:北京大学出版社 1993 年版。

罗荣渠:《现代化新论续篇——东亚与中国的现代化进程》,北京:北京大学出版社 1997 年版。

《马克思恩格斯全集》第 1 卷,北京:人民出版社 1956 年版。①

《马克思恩格斯全集》第 3 卷,北京:人民出版社 2002 年版。

《马克思恩格斯全集》第 13 卷,北京:人民出版社 1962 年版。

《马克思恩格斯全集》第 21 卷,北京:人民出版社 1972 年版。

《马克思恩格斯全集》第 26 卷,北京:人民出版社 1972 年版。

《马克思恩格斯全集》第 30 卷,北京:人民出版社 1995 年版。

《马克思恩格斯全集》第 32 卷,北京:人民出版社 1998 年版。

《马克思恩格斯全集》第 44 卷,北京:人民出版社 2001 年版。

---

① 说明:马克思主义经典著作参考的是人民出版社的《马克思恩格斯全集》50 卷,1956—1985 年第一版,部分卷次参考了 1995 年以来出版的第二版和《马克思恩格斯选集》1995 年版。

《马克思恩格斯全集》第46卷上册,北京:人民出版社1979年版。
《马克思恩格斯全集》第46卷下册,北京:人民出版社1980年版。
《马克思恩格斯文集》第2卷,北京:人民出版社2009年版。
《马克思恩格斯文集》第3卷,北京:人民出版社1999年版。
《马克思恩格斯文集》第5卷,北京:人民出版社2009年版。
《马克思恩格斯文集》第7卷,北京:人民出版社2009年版。
《马克思恩格斯文集》第8卷,北京:人民出版社2009年版。
《马克思恩格斯文集》第9卷,北京:人民出版社2009年版。
《马克思恩格斯选集》第1卷,北京:人民出版社1995年版。
《马克思恩格斯选集》第2卷,北京:人民出版社1995年版。
《马克思恩格斯选集》第3卷,北京:人民出版社1995年版。
《马克思恩格斯选集》第4卷,北京:人民出版社1995年版。
〔美〕D. 梅多斯等:《增长的极限》,于树生译,北京:商务印书馆1984年版。
〔美〕E. 拉兹洛:《决定命运的选择:21世纪的生存抉择》,李吟波等译,北京:生活·读书·新知三联书店1997年版。
〔美〕阿尔·戈尔:《濒临失衡的地球——生态与人类精神》,陈嘉映等译,北京:中央编译出版社1997年版。
〔美〕芭芭拉·沃德、勒内·杜博斯:《只有一个地球——对一个小小行星的关怀和维护》,国外公害资料编译组译,长春:吉林人民出版社1997年版。
〔美〕大卫·雷·格里芬编:《后现代精神》,王成兵译,北京:中央编译出版社1998年版。
〔美〕大卫·雷·格里芬:《后现代科学——科学魅力的再现》,北京:中央编译出版社1998年版。
〔美〕丹尼尔·贝尔:《后工业社会的来临》,北京:商务印书馆1984年版。
〔美〕加勒特·哈丁:《生活在极限之内:生态学、经济学和人口禁忌》,戴星翼、张真译,上海:上海译文出版社2001年版。
〔美〕杰里米·里夫金、特德·霍华德:《熵:一种新的世界观》,吕明、袁舟译,上海:上海译文出版社1987年版。

〔美〕莱斯特·R. 布朗:《建设一个持续发展的社会》,祝友三等译,北京:科学技术文献出版社 1984 年版。

牛文元、毛志峰:《可持续发展理论的系统解析》,武汉:湖北科学技术出版社 1998 年版。

《普列汉诺夫哲学著作选集》第 1 卷,北京:生活·读书·新知三联书店 1959 年版。

《普列汉诺夫哲学著作选集》第 2 卷,北京:生活·读书·新知三联书店 1961 年版。

《普列汉诺夫哲学著作选集》第 3 卷,北京:生活·读书·新知三联书店 1962 年版。

《普列汉诺夫哲学著作选集》第 4 卷,北京:生活·读书·新知三联书店 1962 年版。

秦麟征:《破损的世界——现代文明的阴影》,哈尔滨:东北林业大学出版社 1996 年版。

〔日〕岩佐茂:《环境的思想——环境保护与马克思主义的结合处》,韩立新等译,北京:中央编译出版社 1997 年版。

〔瑞士〕苏伦·埃尔克曼:《工业生态学:怎样实施超工业化社会的可持续发展》,徐兴元译,北京:经济日报出版社 1999 年版。

世界环境与发展委员会:《我们共同的未来》,王之佳等译,长春:吉林人民出版社 1997 年版。

田雪原主编:《人口·经济·社会可持续发展》,北京:中国经济出版社 2003 年版。

王干梅:《生态经济理论与实践》,成都:四川省社会科学院出版社 1988 年版。

王小岩:《经济·社会·生态的可持续发展》,太原:书海出版社 2005 年版。

王荫庭编:《普列汉诺夫读本》,北京:中央编译出版社 2008 年版。

徐春:《人类生存危机的沉思》,北京:北京大学出版社 1994 年版。

许涤新主编:《生态经济学》,杭州:浙江人民出版社 1987 年版。

叶峻主编:《社会生态经济协同发展论——可持续发展的战略创新》,合肥:安徽大学出版社 1999 年版。

〔意〕奥尔利欧·佩奇:《世界的未来——关于未来问题一百页 罗马俱乐部主席的见解》,北京:中国对外翻译出版公司1985年版。

〔印度〕萨拉·萨卡:《生态社会主义还是生态资本主义》,张淑兰译,济南:山东大学出版社2008年版。

〔英〕汤因比:《一个历史学家的宗教观》,晏可佳、张龙华译,成都:四川人民出版社1990年版。

〔英〕亚·沃尔夫:《十六、十七世纪科学、技术和哲学史》,北京:商务印书馆1984年版。

于中涛、周庆华:《地理环境的社会作用与科学发展观》,天津:天津社会科学院出版社2005年版。

张华金、王森祥主编:《社会发展论纲》,上海:上海社会科学院出版社1996年版。

张华金:《文明与社会进步》,上海:上海社会科学院出版社1998年版。

赵家祥等主编:《历史唯物主义原理(新编本)》,北京:北京大学出版社1992年版。

郑积源主编:《跨世纪科技与社会可持续发展》,北京:人民出版社1998年版。

朱国宏:《可持续发展:中国现代化的抉择——中国人口·资源·环境与经济发展关系研究》,福州:福建人民出版社1997年版。

朱国宏主编:《通向可持续发展的道路》,上海:复旦大学出版社1998年版。

Moore, G. E., *Philosophical Studies*, London, 1922.

(二)论文

韩震:《论孟德斯鸠的历史哲学》,《青海社会科学》1991年第4期。

李学智:《地理环境与人类社会——孟德斯鸠、黑格尔"地理环境决定论"史观比较》,《东方论坛》2009年第4期。

刘福森:《可持续发展观的哲学前提》,《人文杂志》1998年第6期。

刘福森:《论"发展伦理学"的人学基础》,《自然辩证法研究》2005年第3期。

滕裕生:《黑格尔〈历史哲学〉中唯物史观因素的探讨》,《内蒙古师范大学学报(哲学社会科学版)》1985年第4期。

王诺:《生态危机的思想文化根源——当代西方生态思潮的核心问题》,《南京大学学报(哲学·人文科学·社会科学版)》2006年第4期。
王荫庭:《普列汉诺夫对马克思主义地理环境学说的重大贡献》,《哲学研究》1980年第10期。
张秀清:《论孟德斯鸠的地理环境学说》,《前沿》2004年第10期。

第三章 生态文明的价值观基础

(一) 论著

〔法〕阿尔贝特·施韦泽:《敬畏生命——五十年来的基本论述》,陈泽环译,上海:上海社会科学院出版社2003年版。
〔法〕阿尔贝特·史怀泽:《敬畏生命》,陈泽环译,上海:上海社会科学院出版社1992年版。
傅华:《生态伦理学探究》,北京:华夏出版社2002年版。
〔古希腊〕亚里士多德:《亚里士多德选集 政治学卷》,北京:商务印书馆1999年版。
何怀宏主编:《生态伦理——精神资源与哲学基础》,保定:河北大学出版社2002年版。
雷毅:《深层生态学思想研究》,北京:清华大学出版社2001年版。
李培超:《伦理拓展主义的颠覆——西方环境伦理思潮研究》,长沙:湖南师范大学出版社2004年版。
李培超:《自然的伦理尊严》,南昌:江西人民出版社2001年版。
李秋零主编:《康德著作全集》第4卷,北京:中国人民大学出版社2013年版。
卢风、刘湘荣主编:《现代发展观与环境伦理》,保定:河北大学出版社2004年版。
卢风:《启蒙之后——近代以来西方人价值追求的得与失》,长沙:湖南大学出版社2003年版。
〔美〕奥尔多·利奥波德:《沙乡年鉴》,侯文惠译,北京:商务印书馆2016年版。
〔美〕彼得·S. 温茨:《现代环境伦理》,宋玉波、朱丹琼译,上海:上海人民出版社2007年版。
〔美〕戴斯·贾丁斯:《环境伦理学:环境哲学导论》,林官明、杨爱民译,北京:北京大学出版社2004年版。

〔美〕霍尔姆斯·罗尔斯顿 Ⅲ:《环境伦理学——大自然的价值以及人对大自然的义务》,杨通进译,北京:中国社会科学出版社 2000 年版。

〔美〕霍尔姆斯·罗尔斯顿 Ⅲ:《哲学走向荒野》,刘耳、叶平译,长春:吉林人民出版社 2000 年版。

〔美〕蕾切尔·卡森:《寂静的春天》,韩正译,北京:人民教育出版社 2017 年版。

〔美〕纳什:《大自然的权利》,杨通进译,青岛:青岛出版社 1999 年版。

〔美〕汤姆·雷根:《动物权利研究》,李曦译,北京:北京大学出版社 2009 年版。

〔美〕唐纳德·沃斯特:《自然的经济体系:生态思想史》,侯文蕙译,北京:商务印书馆 1999 年版。

任俊华、刘晓华:《环境伦理的文化阐释——中国古代生态智慧探考》,长沙:湖南师范大学出版社 2004 年版。

〔瑞士〕克里斯托弗·司徒博:《环境与发展——一种社会伦理学的考量》,邓安庆译,北京:人民出版社 2008 年版。

佘正荣:《中国生态伦理传统的诠释与重建》,北京:人民出版社 2002 年版。

孙道进:《马克思主义环境哲学研究》,北京:人民出版社 2008 年版。

孙周兴选编:《海德格尔选集》,上海:上海三联书店 1996 年版。

王正平:《环境哲学——环境伦理的跨学科研究(第二版)》,上海:上海教育出版社 2014 年版。

叶平:《环境科学及其特殊对象的哲学与伦理学问题研究》,北京:中国环境科学出版社 2014 年版。

余谋昌、王耀先主编:《环境伦理学》,北京:高等教育出版社 2004 年版。

周辅成编:《西方伦理学名著选辑》上,北京:商务印书馆 1964 年版。

Homes Rolston Ⅲ, *Environment Ethics: Duties to and Value in the Natural World*, Philadelphia: Temple University Press, 1988.

(二) 论文

福克斯:《深生态学:我们时代的一种新哲学》,《国外社会科学动态》1985 年第 7 期。

高山:《从环境美德的视角来看罗尔斯顿的内在价值观》,《鄱阳湖学刊》2017年第1期。

韩璞庚:《超越人类中心主义——海德格尔哲学的启示》,《江苏社会科学》1995年第3期。

何怀宏:《儒家生态伦理思想述略》,《中国人民大学学报》2000年第2期。

雷毅:《整合与超越:道家深层生态学的现代解读》,《思想战线》2007年第6期。

李建珊、胡军:《价值的泛化与自然价值的提升——对罗尔斯顿自然价值论的辨析》,《自然辩证法通讯》2003年第6期。

刘晓华:《论内在价值论在环境伦理学中的必然性——从康德到罗尔斯顿》,《哲学动态》2008年第9期。

〔美〕J. B. 科利考特:《罗尔斯顿论内在价值:一种解构》,雷毅译,《哲学译丛》1999年第2期。

〔美〕W. H. 默迪:《一种现代的人类中心主义》,章建刚译,《哲学译丛》1999年第2期。

舒年春:《走入真正的人类中心主义》,《广西大学学报(哲学社会科学版)》2002年第2期。

宋文新:《海德格尔:环境伦理学的先驱?》,《长白学刊》2003年第6期。

王方园:《论罗尔斯顿的自然内在价值论》,《南京政治学院学报》2012年第1期。

王诺:《生态危机的思想文化根源——当代西方生态思潮的核心问题》,《南京大学学报(哲学·人文科学·社会科学版)》2006年第4期。

薛勇民、路强:《论人对自然的责任意蕴——基于海德格尔思想的探析》,《科学技术与辩证法》2008年第5期。

杨通进:《争论中的环境伦理学:问题与焦点》,《哲学动态》2005年第1期。

杨英姿:《返本开新:从“天人合一”到生态伦理》,《伦理学研究》2016年第5期。

杨英姿:《略论罗尔斯顿环境伦理学价值范式的生态转向》,《伦理学研究》2012年第2期。

叶平:《关于环境伦理学的一些问题——访霍尔姆斯·罗尔斯顿教授》,《哲学动态》1999年第9期。

张德昭、徐小钦:《重建人和自然界的价值论地位——霍尔姆斯·罗尔斯顿的价值范畴》,《自然辩证法研究》2004 年第 3 期。

第四章　对资本逻辑生态负效应的社会批判

(一) 论著

陈学明:《谁是罪魁祸首:追寻生态危机的根源》,北京:人民出版社 2012 年版。

〔德〕汉斯·萨克塞:《生态哲学》,文韬、佩云译,北京:东方出版社 1991 年版。

〔德〕卢森堡、布哈林:《帝国主义与资本积累》,柴金如等译,哈尔滨:黑龙江人民出版社 1982 年版。

〔德〕施密特:《马克思的自然概念》,欧力同等译,北京:商务印书馆 1988 年版。

郇庆治:《当代西方绿色左翼政治理论》,北京:北京大学出版社 2011 年版。

郇庆治:《当代西方生态资本主义理论》,北京:北京大学出版社 2015 年版。

〔加拿大〕本·阿格尔:《西方马克思主义概论》,慎之等译,北京:中国人民大学出版社 1991 年版。

〔加拿大〕罗伯特·阿尔布里坦等主编:《资本主义的发展阶段:繁荣、危机和全球化》,张余文等译,北京:经济科学出版社 2003 年版。

〔加拿大〕威廉·莱斯:《自然的控制》,岳长龄、李建华译,重庆:重庆出版社 1993 年版。

解保军:《马克思自然观的生态哲学意蕴——"红"与"绿"结合的理论先声》,哈尔滨:黑龙江人民出版社 2002 年版。

李泊言:《绿色政治》,北京:中国国际广播出版社 1999 年版。

李惠斌、薛晓源、王治河主编:《生态文明与马克思主义》,北京:中央编译出版社 2008 年版。

刘仁胜:《生态马克思主义概论》,北京:中央编译出版社 2007 年版。

刘思华:《生态马克思主义经济学原理》,北京:人民出版社 2006 年版。

《马克思恩格斯全集》第 31 卷,北京:人民出版社 1995 年版。

《马克思恩格斯全集》第 44 卷,北京:人民出版社 2001 年版。

《马克思恩格斯全集》第 45 卷,北京:人民出版社 2003 年版。

《马克思恩格斯全集》第 46 卷,北京:人民出版社 2003 年版。

〔美〕奥康纳:《自然的理由——生态学马克思主义研究》,唐正东、臧佩洪译,南京:南京大学出版社2003年版。

〔美〕巴里·康芒纳:《封闭的循环——自然、人和技术》,侯文蕙译,长春:吉林人民出版社1997年版。

〔美〕丹尼尔·A.科尔曼:《生态政治:建立一个绿色社会》,梅俊杰译,上海:上海译文出版社2006年版。

〔美〕菲利普·克莱顿等:《有机马克思主义——生态灾难与资本主义的替代选择》,孟献丽等译,北京:人民出版社2015年版。

〔美〕科威尔:《自然的敌人——资本主义的终结还是世界的毁灭?》,杨燕飞、冯春涌译,北京:中国人民大学出版社2015年版。

〔美〕马尔库塞:《爱欲与文明——对弗洛伊德思想的哲学探讨》,黄勇、薛民译,上海:上海译文出版社1987年版。

〔美〕马尔库塞:《单向度的人——发达工业社会意识形态研究》,刘继译,上海:上海译文出版社2008年版。

〔美〕马尔库塞等:《工业社会和新左派》,任立编译,北京:商务印书馆1982年版。

〔美〕马尔库塞:《审美之维》,李小兵译,桂林:广西师范大学出版社2001年版。

〔美〕沃斯特:《自然的经济体系:生态思想史》,侯文蕙译,北京:商务印书馆1999年版。

〔美〕约翰·贝拉米·福斯特:《马克思的生态学——唯物主义与自然》,刘仁胜、肖峰译,北京:高等教育出版社2006年版。

〔美〕约翰·贝拉米·福斯特:《生态革命——与地球和平相处》,刘仁胜、李晶、董慧译,北京:人民出版社2015年版。

〔美〕约翰·贝拉米·福斯特:《生态危机与资本主义》,耿建新译,上海:上海译文出版社2006年版。

南宫梅芳:《生态女性主义》,北京:社会科学文献出版社2011年版。

〔日〕池田大作、〔意〕奥锐利欧·贝恰:《二十一世纪的警钟》,卞立强译,北京:中国国际广播出版社1998年版。

〔日〕岩佐茂:《环境的思想——环境保护与马克思主义的结合处》,韩立新等译,北京:中央编译出版社1997年版。

孙道进:《马克思主义环境哲学研究》,北京:人民出版社2008年版。

肖显静:《生态政治——面对环境问题的国家抉择》,太原:山西科学技术出版社2003年版。

徐艳梅:《生态马克思主义研究》,北京:社会科学文献出版社2007年版。

〔英〕戴维·佩珀:《生态社会主义——从深生态学到社会正义》,刘颖译,济南:山东大学出版社2005年版。

〔英〕休斯:《生态与历史唯物主义》,张晓琼、侯晓滨译,南京:江苏人民出版社2011年版。

曾文婷:《"生态学马克思主义"研究》,重庆:重庆出版社2008年版。

Beton, Ted, *The Greening of Marxism*, London and New York: The Guilford Press, 1996.

Burkett, Paul, *Marxism and Natrue: A Red and Green Perspective*, London: Macmillan Press LTD, 1999.

Foster, John Bellamy, *Marx's Ecology: Materialism and Natrue*, New York: Monthly Review Press, 2000.

Foster, John Bellamy, *The Ecology of Destruction*, New York: Monthly Review, 2007.

Grundmann, Reiner, *Marxism and Ecology*, Oxford: Clarendon Press, 1991.

Kovel, Joel, *The Enemy of Nature: The End of Capitalism or the End of the World*, London & New York: Zed Books, 2007.

Marcuse, Herbert, *Technology, War and Fascism*, London: Routledge, 1998.

O'Connor, James, *Natural Causes: Essays in Ecological Marxism*, New York: The Guilford Press, 2003.

Parsons, Howard L., *Marx and Engels on Ecology*, London: Greenwood Press, 1977.

(二)论文

蔡陈聪等:《马克思物质变换理论及其对生态文明建设的启示》,《东南大学学报(哲学社会科学版)》2010年第6期。

常红利:《马克思"资本"范畴的生态本质和职能》,《内蒙古师范大学学报(哲学社会科学版)》2012 年第 2 期。

陈墀成等:《物质变换的调节控制——〈资本论〉中的生态哲学思想探微》,《厦门大学学报(哲学社会科学版)》2009 年第 2 期。

陈学明:《论福斯特的生态马克思主义给予我们的启示》,《苏州大学学报》2011 年第 6 期。

程万里:《试论市场经济体制下环境保护中的经济杠杆作用》,《环境污染与防治》1996 年第 2 期。

崔洁、张博颖:《奥康纳的生态学马克思主义及其当下意义》,《理论月刊》2019 年第 9 期。

丰子义:《全球化与资本的双重逻辑》,《北京大学学报(哲学社会科学版)》2009 年第 3 期。

龚万达等:《从马克思物质变换理论看城镇化与生态文明建设》,《重庆大学学报》2015 年第 4 期。

龚玉荣、沈颂东:《环保投资现状及问题的研究》,《工业技术经济》2002 年第 2 期。

郭剑仁:《评福斯特对马克思的物质变换裂缝理论的建构及其当代意义》,《武汉大学学报》2006 年第 2 期。

韩永进:《马克思对人与自然关系之生态阐释》,《哲学研究》2010 年第 11 期。

胡家勇等:《〈资本论〉中的生态思想及其当代价值》,《经济学动态》2015 年第 7 期。

胡绪明、林艺:《奥康纳对资本的生态学批判与历史唯物主义重构》,《东吴学术》2019 年第 6 期。

郇庆治:《从批判理论到生态马克思主义:对马尔库塞、莱斯、阿格尔的分析》,《江西师范大学学报》2014 年第 3 期。

李富华:《成都平原农用土壤重金属污染现状及防治对策》,《四川环境》2009 年第 4 期。

李劼:《社会资本及其在自然资源管理中的作用》,《林业经济》2008 年第 10 期。

李娟:《〈资本论〉中的自然观思想及其启示》,《教学与研究》2017 年第 1 期。

林英晖、王为人、屠梅曾:《利用私人资本进行环保基础设施建设》,《城市环境与城市生态》2003 年第 6 期。

刘锦、阚凯:《社会资本导入环境治理与新时期生态文明建设》,《探求》2015 年第 1 期。

刘仁胜:《德国生态治理及其对中国的启示》,《红旗文稿》2008 年第 20 期。

刘仁胜:《马克思主义生态文明观概述》,载复旦大学马克思主义研究院、中国社会科学杂志社马克思主义理论编辑室编:《当代中国马克思主义研究报告》,北京:人民出版社 2009 年版。

刘希刚等:《马克思恩格斯物质变换理论及其对生态文明建设的启示》,《理论学刊》2014 年第 3 期。

鲁长安、张欢:《乔尔·科威尔对传统社会主义的生态批判及其当代启示》,《新疆财经大学学报》2015 年第 4 期。

鲁品越:《〈资本论〉的生态哲学思想研究》,《学习与探索》2015 年第 1 期。

〔美〕哈维:《时空之间》,载包亚明主编:《现代性与空间的生产》,上海:上海教育出版社 2003 年版。

〔美〕乔尔·科维尔:《马克思与生态学》,武烜、刘东锋译,《马克思主义与现实》2011 年第 5 期。

〔美〕乔尔·科威尔、迈克尔·洛威:《生态社会主义宣言》,李楠译,《绿叶》2008 年第 12 期。

〔美〕乔尔·科威尔:《资本主义与生态危机:生态社会主义的视野》,郎廷建译,《国外理论动态》2014 年第 10 期。

莫放春:《国外学者对〈资本论〉生态思想的研究》,《马克思主义研究》2011 年第 7 期。

时青昊:《"物质变换"与马克思的生态思想》,《科学社会主义》2007 年第 5 期。

宿晨华:《奥康纳对资本主义的生态批判》,《学术探索》2014 年第 5 期。

孙磊:《〈资本论〉生态思想研究现状及趋向》,《哲学动态》2016 年第 7 期。

王南湜:《全球化时代生存逻辑与资本逻辑的博弈》,《哲学研究》2009 年第 5 期。

徐水华:《从“对象性关系”到“物质变换关系”——论马克思生态哲学思想的逻辑发展》,《生态经济》2014年第1期。

〔英〕戴维·佩珀:《论当代生态社会主义》,刘颖译,《马克思主义与现实》2005年第4期。

余源培:《资本与中国社会主义建设》,《上海财经大学学报》2006年第4期。

张秀芬等:《马克思物质变换范畴的生态维度研究评析》,《中国社会科学院研究生院学报》2015年第6期。

张秀芬等:《马克思〈资本论〉生态思想及其论辩之争》,《自然辩证法研究》2016年第5期。

朱炳元:《关于〈资本论〉中的生态思想》,《马克思主义研究》2009年第1期。

第五章　生态文明在人类文明中的地位

(一) 论著

北京大学哲学系外国哲学史教研室编译:《西方哲学原著选读》下卷,北京:商务印书馆1982年版。

陈敏豪:《人类生态学——一种面向未来世界的文化》,上海:上海交通大学出版社1988年版。

陈敏豪:《生态文化与文明前景》,武汉:武汉出版社1995年版。

崔兆杰、张凯编著:《循环经济理论与方法》,北京:科学出版社2008年版。

〔德〕恩格斯:《自然辩证法》,北京:人民出版社1984年版。

谷文耀、章岳云等:《精神文明建设过程论》,广州:广州出版社1997年版。

李欣广:《生态文明观与马克思主义经济理论创新》,北京:中国环境科学出版社2011年版。

李艳芳:《公众参与环境影响评价制度研究》,北京:中国人民大学出版社2004年版。

廖福霖:《生态文明建设理论与实践》,北京:中国林业出版社2003年版。

刘思华:《管理思维经营技巧大全》第六卷,北京:科学出版社1991年版。

刘思华:《刘思华选集》,南宁:广西人民出版社2000年版。

柳树滋:《通向二十一世纪的绿色道路》,哈尔滨:东北林业大学出版社1996年版。

吕忠梅:《环境法》,北京:法律出版社 1997 年版。

《马克思恩格斯全集》第 46 卷,北京:人民出版社 2003 年版。

〔美〕大卫·雷·格里芬编:《后现代精神》,王成兵译,北京:中央编译出版社 1998 年版。

〔美〕丹尼尔·A. 科尔曼:《生态政治:建设一个绿色社会》,梅俊杰译,上海:上海译文出版社 2002 年版。

〔美〕弗·卡特、汤姆·戴尔:《表土与人类文明》,庄崚、鱼姗玲译,北京:中国环境科学出版社 1987 年版。

〔美〕马文·佩里主编:《西方文明史》,胡万里等译,北京:商务印书馆 1993 年版。

齐建国等:《现代循环经济理论与运行机制》,北京:新华出版社 2006 年版。

钱乘旦主编:《现代文明的起源与演进》,南京:南京大学出版社 1991 年版。

〔日〕岸根卓郎:《文明论——文明兴衰的法则》,王冠明等译,北京:北京大学出版社 1992 年版。

〔苏〕И. Т. 弗罗洛夫:《人的前景》,王思斌、潘信之译,北京:中国社会科学出版社 1989 年版。

汪家齐、董禧祯等:《精神文明建设系统论》,广州:广州出版社 1997 年版。

王明初、杨英姿:《社会主义生态文明建设的理论与实践》,北京:人民出版社 2011 年版。

徐春:《可持续发展与生态文明》,北京:北京出版社 2001 年版。

许崇正、杨鲜兰:《生态文明与人的发展》,北京:中国财政经济出版社 2011 年版。

〔英〕A. J. M. 米尔恩:《人的权利与人的多样性——人权哲学》,夏勇、张志铭译,北京:中国大百科全书出版社 1995 年版。

〔英〕戴维·皮尔斯、杰瑞米·沃福德:《世界无末日——经济学、环境与可持续发展》,张世秋等译,北京:中国财政经济出版社 1996 年版。

于法稳、胡剑锋主编:《生态经济与生态文明》,北京:社会科学文献出版社 2012 年版。

于晓雷等编著:《中国特色社会主义生态文明建设——人与自然高度和谐的生态文明发展之路》,北京:中共中央党校出版社 2013 年版。

余谋昌:《环境哲学:生态文明的理论基础》,北京:中国环境科学出版社 2010 年版。

余谋昌:《生态文化的理论阐释》,哈尔滨:东北林业大学出版社 1996 年版。

张树栋、刘广明主编:《古代文明的起源与演进》,南京:南京大学出版社 1991 年版。

周鑫:《西方生态现代化理论与当代中国生态文明建设》,北京:光明日报出版社 2012 年版。

左亚文等:《资源 环境 生态文明——中国特色社会主义生态文明建设》,武汉:武汉大学出版社 2014 年版。

Callicott, J. Baird, and James McRae, *Environmental Philosophy in Asian Traditions of Thought*, New York: State University of New York, 2014.

Curry, Patrick, *Ecological Ethics: An Introduction*, 2nd edition, Cambridge: Polity Press, 2011.

Desjardins, Joseph R., *Environmental Ethics: An Introduction to Environmental Philosophy*, 5th edition, Wadsworth: Cengage Learning, 2013.

Gruen, Lori, Dale Jamieson, and Christopher Schlottmann, *Reflecting on Nature: Readings in Environmental Ethics and Philosophy*, 2nd edition, New York: Oxford University Press, 2012.

Kirby, Joseph, "Toward an Ecological and Cosmonautical Philosophy," in Institute for Christian Studies, ed., *Journal of Evolution and Technology*, Vol. 23, Iss. 1, July 2013, Toronto, Canada.

Morrison, Roy, *Ecological Democracy*, Boston: South End Press, 1995.

O. Connor, David, *Managing the Environment with Rapid Industrialization: From the East Asian Experience*, Development Center of the OECD, 1994.

Oksanen, Markku, and Juhani Pietarinen, *Philosophy and Biodiversity*, Cambridge: Cambridge University Press, 2004.

Sarkar, Sahotra, *Environmental Philosophy: From Theory to Practice*, John Wiley & Sons, Inc., 2012.

Фролов, И. Т., *Прогресс науки и будущее человека*, Избательство политической литературы Москва, 1975.

(二) 论文

韩立新:《马克思的物质代谢概念与环境保护思想》,《哲学研究》2002 年第 2 期。

孔繁德:《中国古代文明持续发展与生态环境的关系》,《中国环境科学》1996 年第 3 期。

李劲:《我国生态文明建设中公众参与机制研究》,《辽宁行政学院学报》2015 年第 9 期。

李素清:《对人类文明兴衰与生态环境关系的反思》,《太原师范学院学报(社会科学版)》2004 年第 3 期。

刘仁胜:《马克思主义生态文明观概述》,载复旦大学马克思主义研究院、中国社会科学杂志社马克思主义理论编辑室编:《当代中国马克思主义研究报告》,北京:人民出版社 2009 年版。

刘思华:《对建设社会主义生态文明论的若干回忆——兼述我的“马克思主义生态文明观”》,《中国地质大学学报(社会科学版)》 2008 年第 4 期。

田大庆、王奇、叶文虎:《三生共赢:可持续发展的根本目标与行为准则》,《中国人口 · 资源与环境》2004 年第 2 期。

王玉庆:《生态文明——人与自然和谐之道》,《北京大学学报(哲学社会科学版)》2010 年第 1 期。

徐春:《对生态文明概念的理论阐释》,《北京大学学报(哲学社会科学版)》2010 年第 1 期。

徐春:《萨兰 · 萨卡生态社会主义的中国价值》,《岭南学刊》2011 年第 1 期。

徐春:《社会公平视域下的环境正义》,《中国特色社会主义研究》2012 年第 6 期。

叶文虎、陈国谦:《三种生产论:可持续发展的基本理论》,《中国人口 · 资源与环境》1997 年第 2 期。

叶文虎、邓文碧、陈剑澜:《三种供需关系论》,《中国人口 · 资源与环境 》2000 年第 3 期。

叶文虎:《论人类文明的演变与演替》,《中国人口 · 资源与环境》2010 年第 4 期。

余谋昌:《生态文化:21 世纪人类新文化》,《新视野》2003 年第 4 期。

张斌、陈学谦:《环境正义研究述评》,《伦理学研究》2008 年第 4 期。

张捷译介:《在成熟社会主义条件下培养个人生态文明的途径》,《科学社会主义》1985 年第 2 期。

张艳等:《生态文明建设的理论基础及其路径选择——马克思主义政治经济学视角》,《西北大学学报(哲学与社会科学版)》2016 年第 2 期。

后　记

自1991年起，我在北京大学哲学系开设“环境哲学”课程，至今已三十年时间。当时对环境问题进行哲学研究在中国学术界才刚刚起步，所思考研究的问题主要集中在从生产力的深层矛盾、社会经济体制、认识方式、思维方式、文化传统、价值观念等方面，对生态环境危机的产生进行哲学分析。随着生态环境危机的加剧，无论是政府还是学界，都对生态环境问题的研究和解决加以高度重视，与此同时，环境哲学的研究也在不断深入，取得了很多理论成果，但至今仍未形成较为系统的理论学科。近年来对生态文明的研究成为理论热点，但是对生态文明的哲学基础尚缺乏较系统的研究。其实，生态文明的哲学基础问题也是环境哲学的基础问题。

2015年，在北京大学中国特色社会主义理论体系研究中心的杨河教授、王东教授推动下，我申请并承担了教育部人文社会科学重点研究基地重大项目“生态文明的哲学基础”（项目批准号：15JJD710001），经过长时间的思考，我选择从自然观、历史观、价值观三个维度阐述生态文明的哲学基础。因为需要对中西哲学史所涉及的众多问题、重要思想家的相关论述进行梳理，本书的写作有一定难度。近年来，国际学术界对生态学马克思主义、生态伦理问题研究较多，思想也很丰富，我只能选择有重大意义、重要影响的基础性问题进行阐述。因此，本书选择对在哲学史上有重要代表性的哲学家的思想进行论述，试图从学术传承中梳理出生态文明的哲学基础；同时，针对现代生态环境危机的挑战，探讨了人类文明的未来走向。因本书涉及理论和现实问题众多，加之哲学史源远流长，经典作家较多，难免有分析把握不到位之处，恳切希望学术界同人、广大读者予以批评指正。

近年来，我在指导博士研究生王日鹏，硕士研究生李珏、吴安东、黄朵、王悦等同学撰写学位论文时也涉及讨论生态学马克思主义等相关问题，在本书写作过程中对他们论文中的部分内容有所吸收，硕士研究生王玥、吴易浩参与了对书稿的校对、核查工作，在此加以说明并表示感谢！

感谢杨河教授、王东教授、丰子义教授、陈兰芳老师等对本课题顺利完成给予的大力支持！本书的出版得到了“北京大学人文学科文库”的大力支持和帮助，被列入其中的“北大马克思主义哲学研究丛书”；北京大学出版社董郑芳编辑为本书的编辑出版提出了宝贵的意见，付出了大量辛劳，在此一并表示诚挚的感谢！

徐 春

2021 年 1 月